U0174376

华章原创精品

第2版

设计模式之禅

The Zen
of Design Patterns Second Edition

秦小波 著

机械工业出版社
CHINA MACHINE PRESS

图书在版编目（CIP）数据

设计模式之禅/秦小波著. —2版. —北京：机械工业出版社，2013.10（2024.8重印）
（华章原创精品）

ISBN 978-7-111-43787-1

I. 设…　II. 秦…　III. 软件设计　IV. TP311.5

中国版本图书馆CIP数据核字（2013）第201756号

　　本书是设计模式领域公认的3本经典著作之一，"极具趣味，容易理解，但讲解又极为严谨和透彻"是本书的写作风格和方法的最大特点。第1版2010年出版，畅销至今，广受好评，是该领域的里程碑著作。深刻解读6大设计原则和28种设计模式的准确定义、应用方法和最佳实践，全方位比较各种同类模式之间的异同，详细讲解将不同的模式组合使用的方法。第2版在第1版的基础上有两方面的改进，一方面结合读者的意见和建议对原有内容中的瑕疵进行了修正和完善，另一方面增加了4种新的设计模式，希望这一版能为广大程序员们奉上一场更加完美的设计模式盛宴！

　　全书共38章，分为五部分：第一部分（第1～6章），以一种全新的视角对面向对象程序设计的6大原则进行了深刻解读，旨在让读者能更深刻且准确地理解这些原则，为后面的学习打下基础；第二部分（第7～29章）通过大量生动的案例讲解和分析了23种最常用的设计模式，并进行了扩展讲解，通俗易懂，趣味性极强而又紧扣模式的核心；第三部分（第30～33章）对同类型和相关联的模式进行了深入分析和比较，旨在阐明各种设计模式之间的差别以及它们的理想应用场景；第四部分（第34～36章）探讨了如何在实际开发中将各种设计模式混合起来使用，以发挥设计模式的最大效用；第五部分（第37～38章）是本书的扩展篇，首先从实现的角度对MVC框架的原理进行了深入分析，然后讲解了5种新的设计模式的原理、意图和最佳实践。本书最后附有一份精美的设计模式彩图，可以裁剪，便于参考。

机械工业出版社（北京市西城区百万庄大街22号　　　邮政编码　100037）
责任编辑：陈佳媛　迟振春　刘立卿
北京建宏印刷有限公司印刷
2024年8月第2版第20次印刷
186mm×240mm　·　35.75印张
插　　页：4
标准书号：ISBN 978-7-111-43787-1
定　　价：89.00元

客服电话：（010）88361066　68326294

前　言

为什么写这本书

2009年5月份，我在JavaEye上发了一个帖子，其中提到自己已经工作9年了，总觉得这9年不应该就这么荒废了，应该给自己这9年的工作写一个总结，总结的初稿就是这本书。

在谈为什么写这本书之前，先抖抖自己前9年的职业生涯吧。大学时我是学习机械的，当时计算机刚刚热起来，自己也喜欢玩一些新奇的东西，记得最清楚的是用VB写了一个自由落体的小程序，模拟小球从桌面掉到地板上，然后计算反弹趋势，很有成就感。于是2000年毕业时，我削尖了脑袋进入了IT行业，成为了一名真正的IT男，干着起得比鸡早、睡得比狗晚的程序员工作，IT男的辛酸有谁知晓！

坦白地说，我的性格比较沉闷，属于典型的程序员型闷骚，比较适合做技术研究。在这9年里，项目管理做过，系统分析做过，小兵当过，团队领导人也当过，但至今还是一个做技术的。要总结这9年技术生涯，总得写点什么吧，最好是还能对其他人有点儿用的。那写什么好呢？Spring、Struts等工具框架类的书太多太多，很难再写出花样来，经过一番思考，最后选择了一个每一位技术人员都需要掌握的、但普及程度还不是非常高的、又稍微有点难度的主题——设计模式（Design Pattern, DP）。

中国人有不破不立的思维，远的如秦始皇焚书坑儒、项羽火烧阿房宫，近的如破"四旧"。正是由于有了这样的思想，于是乎能改的就改，不能改的就推翻重写，没有一个持续开发蓝图。为什么要破才能立呢？为什么不能持续地发展？你说这是谁的错呢？是你架构师的错，你不能持续地拥抱变化，这是一个系统最失败的地方。那怎么才能实现拥抱变化的理想呢？设计模式！

设计模式是什么？它是一套理论，由软件界的先辈们（The Gang of Four：包括Erich Gamma、Richard Helm、Ralph Johnson、John Vlissides）总结出的一套可以反复使用的经验，它可以提高代码的可重用性，增强系统的可维护性，以及解决一系列的复杂问题。做软件的人都知道需求是最难把握的，我们可以分析现有的需求，预测可能发生的变更，但是我们不能控制需求的变更。问题来了，既然需求的变更是不可控的，那如何拥抱变化呢？幸运的是，设计模式给了我们指导，专家们首先提出了6大设计原则，但这6大设计原则仅仅是一系列"口号"，真正付诸实施还需要有详尽的指导方法,于是23种设计模式出现了。

设计模式已经诞近20年了,其间出版了很多关于它的经典著作,相信大家都能如数家珍。尽管有这么多书,工作5年了还不知道什么是策略模式、状态模式、责任链模式的程序员大有人在。不信?你找个机会去"虚心"地请教一下你的同事,看看他对设计模式有多少了解。不要告诉我要翻书才明白!设计模式不是工具,它是软件开发的哲学,它能指导你如何去设计一个优秀的架构、编写一段健壮的代码、解决一个复杂的需求。

因为它是软件行业的经验总结,因此它具有更广泛的适应性,不管你使用什么编程语言,不管你遇到什么业务类型,设计模式都可以自由地"侵入"。

因为它不是工具,所以它没有一个可以具体测量的标尺,完全以你自己的理解为准,你认为自己多了解它,你就有可能产生多少的优秀代码和设计。

因为它是指导思想,你可以在此基础上自由发挥,甚至是自己设计出一套设计模式。

世界上最难的事有两件:一是让人心甘情愿地把钱掏出来给你,二是把自己的思想灌输到别人的脑子里。设计模式就属于第二种,它不是一种具体的技术,不像Struts、Spring、Hibernate等框架。一个工具用久了可以熟能生巧,就像砌墙的工人一样,长年累月地砌墙,他也知道如何把墙砌整齐,如何多快好省地干活,这是一个人的本能。我们把Struts用得很溜,把Spring用得很顺手,这非常好,但这只是一个合格的程序员应该具备的基本能力!于是我们被冠以代码工人(Code Worker)——软件行业的体力劳动者。

如果你通晓了这23种设计模式就不同了,你可以站在一个更高的层次去赏析程序代码、软件设计、架构,完成从代码工人到架构师的蜕变。注意,我说的是"通晓",别告诉我你把23种设计模式的含义、适应性、优缺点都搞清楚了就是通晓。错了!没有工作经验的积累是不可能真正理解设计模式的,这就像大家小时候一直不明白为什么爸爸妈妈要工作而不能每天陪自己玩一样。

据说有的大学已经开了设计模式这门课,如果仅仅是几堂课,让学生对设计模式有一个初步的了解,我觉得并无不妥,但如果是专门的一门课程,我建议取消它!因为对一个尚无项目开发经验的学生来说,理解设计模式不是一般困难,而是非常非常困难!之前没有任何的实战经验,之后也没有可以立即付诸实践的场景,这样能理解设计模式吗?

在编写本书之前,23种设计模式我都用过,而且还算比较熟练,但是当真正要写到书中时,感觉心里没谱儿了。这个定义是这样的吗?是需要用抽象类还是应该用接口?为什么在这里不能抽取抽象呢?为什么在实际项目中这个模式要如此蜕化?这类小问题有时候很纠结,需要花费大量的精力和时间去分析和确认。所以,在写作的过程中我有过很多忧虑,担心书中会有太多瑕疵,这种忧虑现在仍然存在。遇到挫折的时候也气馁过,但是我坚信一句话:"开弓没有回头箭,回头即是空",既然已经开始,就一定要圆满完成。

第2版与第1版的区别

　　本书是第2版，在写作中吸取了读者对上一版的许多意见和建议，修订了一些代码的变量、类、方法名称，以更加符合自然语言，删除了部分有争议的内容（如单例模式的垃圾回收问题），修改了一些常用的名词，确保与编程人员的习惯相匹配。希望通过这些改进，给读者提供一个更完美的设计模式盛宴，弥补上一版中的诸多不足。

　　第2版第38章中新增了4种新的设计模式：对象池模式、雇工模式、黑板模式、空指针模式。这些模式是我们在实际工作中经常遇到，或者在开源代码时常看到的，但是我们却没有升级到"模式"这一理性高度。特别是像空指针模式，我们在编码中经常会遇到空值判断问题，但我们没有去想一想是否可以有更好的方式解决。第2版对空指针模式进行了讲解，虽然简单，但相信对你提升编码质量有很大的帮助。

本书的特色

　　简单、通俗、易懂，但又不肤浅，这是本书的最大特色。 自己看过的技术书还算比较多，很痛恨那种大块头的巨著，搁家里当枕头都觉得太硬。如果要是再晦涩难懂点，那根本没法看，看起来实在是太累。设计模式原本就是理论性的知识，讲解的难度比较大，但我相信这本书能够把你对设计模式的恐惧一扫而光。不信？挑几页先看看！

　　我的理念是：**像看小说一样阅读本书。** 我尽量用浅显通俗的语言讲解，尽量让你有继续看下去的欲望，尽量努力让你有兴趣进入设计模式的世界，兴趣是第一老师嘛！虽然我尽量让这本书浅显、通俗、易懂，但并不代表我的讲解就很肤浅。每个设计模式讲解完毕之后，我都附加了两个非常精华的部分：设计模式扩展和最佳实践，这是俺压箱底的技能了，为了博君一看，没招了，抖出来吧！**尤为值得一提的是，本书还有设计模式PK和混编设计模式两部分内容教你如何自如地去运用这些设计模式，这是当前所有设计模式类的图书都不具备的，连最权威的那本书也不例外。**

　　我很讨厌技术文章中夹杂着的那些晦涩难懂的文字，特别是一堆又一堆的名词堆砌，让人看着就反胃。但是为了学习技术，为了生存，还是必须看下去。国内的技术文档，基本上都是板着一副冷面孔讲技术，为什么要把技术弄得这么生硬呢？技术也有它幽默、柔情的一面，只是被我们的"孔夫子们"掩盖了，能用萝卜、白菜这种寻常人都熟悉的知识来讲解原子弹理论的人，那是牛人，我佩服这样的人。记住，用一堆名词把你忽悠晕的人很可能什么都不懂！

　　本书想告诉你的是，技术也可以很有乐趣，也可以让你不用皱着眉头思考，等待你的只是静静地看，慢慢地思考，本书的内容会润物细无声地融入你的思维中。

本书面向的读者

热爱技术并且讨厌枯燥乏味技术文章的读者都可以看本书；

你是**程序员**，没问题，本书能够让你写出更加高效、优雅的代码；

你是**架构师**，那更好，设计模式可让你设计出健壮、稳定、高效的系统，并且自动地预防未来业务变化可能对系统带来的影响；

你是**项目经理**，也OK，设计模式可以让你的工期大大缩短，让你的项目团队成员快速地理解你的意图，最终的成果就是优质的项目：高可靠性、高稳定性、高效率和低维护成本。

如何阅读本书

首先声明，本书中所有的例子都是用Java语言来实现的，但是你可以随手翻翻看，基本上能保证每三条语句一个注释，可以说是在用咱们的母语讲解设计模式。即使你不懂Java语言，也没有关系，只要知道在Java中双斜杠（//）代表注释就足够了，况且Java如此强大和盛行，多了解一点没有坏处。类图看不懂？没关系，不影响你理解设计模式，多看看就懂了！

如果你还没有编程经验，我建议你把它当做小说来看，懂行的看门道，不懂行的看热闹，这里的热闹足够多，够你看一壶的了。你现在能看懂多少是多少，不懂没有关系，你要知道，经验不是像长青春痘一样，说长就长出来了，它是需要时间积累的，需要你用心去感受，然后才能明白为什么要如此设计。

如果你已经对编程有感觉了（至少两年开发经验），我相信你都能看懂，但能"懂"到什么程度，就很难说了，看你的水平了。但是，我可以保证，这里的设计模式都是你能看懂的，没有你看不懂的！我建议你通读这本书，然后挑门你最得意的编程语言，动手写吧！给自己制定一个计划，每天编写一段代码，不需要太多，200行足够，时不时地把设计模式融入你的代码中。甭管是什么代码，比如你想编写一个识别美女图片的程序，好呀，抓紧时间去写吧，写好了就不用到处看美女了，程序一跑就把网上的美女图片都抓过来了，牛呀（记住，程序写好了要分享给我）。看吧，坚持下去，一年以后你再跟你的同侪比较一下，那差距肯定不是一般的大。

如果你是资深工程师、架构师、技术顾问等高等级的技术人员，那我告诉你，你找对这本书了。系统架构没有思路？没有问题，看看扩展部分，它会开阔你的思路。系统的维护成本居高不下？看看本书，设计模式也许能帮你省点银子。开发资源无法保证？设计模式能让你用有限的资源（软硬件资源和人力资源）设计出一个优秀的系统。项目质量参差不齐，缺陷一大堆？多用设计模式，它会给你意想不到的效果。给人讲课没有素材？没问题，本书中的素材足以让你赢得阵阵掌声！

编程是一门艺术活，我有一个同事，能把类图画成一个小乌龟的形状，天才呀！作为一位技术人员，最基本的品质就是诚实，"知之为知之，不知为不知，是知也"，自己不懂没有关系，去学，学无止境，但是千万不要贪多，这抓一点，那挖一点，好像什么都懂，其实什么都不懂。中国一直推崇复合型人才，我不是很赞成，因为这对年轻人来说是一个误导。先精一项技术，然后再发散学习，先点后面才是正道。

记得《武林外传》中有这样一段对话：

刑捕头：手中无刀，心中有刀。

老白：错了，最高境界是手中无刀，心中也无刀。

体验一下吧，我们的设计模式就是一把刀，极致的境界就是心中无设计模式，代码亦无设计模式——设计模式随处可见，俯拾皆是，已经融入软件设计的灵魂中，这才是高手中的高手，简称高高手。

哦，最最重要的忘记说了，请把附录中的"23种设计模式附图"撕下来，贴在你的办公桌前，时不时地看看，也让老板看看，咱是多么地用心！

关于书名

乍一看，书名和内容貌似不相符呀，其实不然！

在我们的常规思维中，"禅"应该是很高深的东西，只可意会，不可言传。没错，禅宗也是如此说。禅是得道者的"悟"，是不能用言语来表达的，但是得道者为了能让更多的人"悟"，就必须用最容易让人理解的文字把自己的体会表达出来。本书的"禅"是作者对设计模式的"悟"，本书的"形"就是你现在看到的这些极其简单、通俗、易懂的文字。

至此，大家应该不会再对书名有疑虑了吧，嘿嘿。

致谢

本书第1版的写作耗时7个月，第2版的更新又花了4个月，可以说是榨干了海绵里所有的水——基本上能用的时间都用上了。在公交车上打腹稿，干过！在马桶上查资料，干过！在睡梦中思考案例，也有过！就差没有走火入魔了！

首先，感谢杨福川编辑，没有他的慧眼，这本书不可能出版。其次，感谢妻子和儿子，每天下班回到家，一按门铃，儿子就在里面叫："我来开门，我来开门。"儿子三岁，太调皮了，他不睡觉我基本上是不能开写的，我一旦开始写东西，他就跑过来问："爸爸，你在干什么呀"，紧接着下一句就是"爸爸，你陪我玩"，基本都是拿我当玩具，别的小朋友都是把父亲当马骑，他却不，他把我当摩托车骑，还要加油门，发动……小家伙脚太重了，再骑摩托，非被他踩死不可。

　　还要感谢我的朋友王璁，周末只要小家伙在家，我只有找地方写书的份儿，王璁非常爽快地把钥匙给我，让我有一个安静的地方写书。一个人沉浸在自己喜欢的世界里也是一件非常幸福的事。

　　当然，还要感谢JavaEye上所有顶帖的网友，没有你们的支持我就没有写作的动力，就像希腊神话中的巨人安泰失去了大地的力量一样，是你们的回帖让我觉得不孤单，让我知道我不是一个人在战斗！

　　最后，再次对本书中可能出现的错误表示歉意，真诚地接受大家轰炸！如果你在阅读本书时发现错误或有问题想讨论，请发邮件给我。

目 录

第三部分 谁的地盘谁做主——设计模式PK

附录　23种设计模式彩图

第一部分

大旗不挥，谁敢冲锋
——6大设计原则全新解读

第 1 章

单一职责原则

1.1 我是"牛"类，我可以担任多职吗

单一职责原则的英文名称是Single Responsibility Principle，简称是SRP。这个设计原则备受争议，只要你想和别人争执、怄气或者是吵架，这个原则是屡试不爽的。如果你是老大，看到一个接口或类是这样或那样设计的，你就问一句："你设计的类符合SRP原则吗？"保准对方立马"萎缩"掉，而且还一脸崇拜地看着你，心想："老大确实英明"。这个原则存在争议之处在哪里呢？就是对职责的定义，什么是类的职责，以及怎么划分类的职责。我们先举个例子来说明什么是单一职责原则。

只要做过项目，肯定要接触到用户、机构、角色管理这些模块，基本上使用的都是RBAC模型（Role-Based Access Control，基于角色的访问控制，通过分配和取消角色来完成用户权限的授予和取消，使动作主体（用户）与资源的行为（权限）分离），确实是一个很好的解决办法。我们这里要讲的是用户管理、修改用户的信息、增加机构（一个人属于多个机构）、增加角色等，用户有这么多的信息和行为要维护，我们就把这些写到一个接口中，都是用户管理类嘛，我们先来看它的类图，如图1-1所示。

太Easy的类图了，我相信，即使是一个初级的程序员也可以看出这个接口设计得有问题，用户的属性和用户的行为没有分开，这是一个严重的错误！这个接口确实设计得一团糟，应该把用户的信息抽取成一个BO（Business Object，业务对象），把行为抽取成一个Biz（Business Logic，业务逻辑），按照这个思路对类图进行修正，如图1-2所示。

重新拆封成两个接口，IUserBO负责用户的属性，简单地说，IUserBO的职责就是收集和反馈用户的属性信息；IUserBiz负责用户的行为，完成用户信息的维护和变更。各位可能要说了，这个与我实际工作中用到的User类还是有差别的呀！别着急，我们先来看一看分拆成两个接口怎么

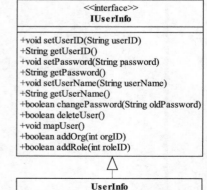

图1-1 用户信息维护类图

使用。OK，我们现在是面向接口编程，所以产生了这个UserInfo对象之后，当然可以把它当IUserBO接口使用。也可以当IUserBiz接口使用，这要看你在什么地方使用了。要获得用户信息，就当是IUserBO的实现类；要是希望维护用户的信息，就把它当作IUserBiz的实现类就成了，如代码清单1-1所示。

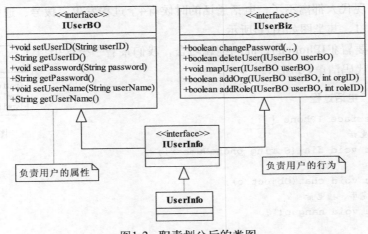

图1-2 职责划分后的类图

代码清单1-1 分清职责后的代码示例

```
......
IUserInfo userInfo = new UserInfo();
//我要赋值了，我就认为它是一个纯粹的BO
IUserBO userBO = (IUserBO)userInfo;
userBO.setPassword("abc");
//我要执行动作了，我就认为是一个业务逻辑类
IUserBiz userBiz = (IUserBiz)userInfo;
userBiz.deleteUser();
......
```

确实可以如此，问题也解决了，但是我们来分析一下刚才的动作，为什么要把一个接口拆分成两个呢？其实，在实际的使用中，我们更倾向于使用两个不同的类或接口：一个是IUserBO，一个是IUserBiz，类图如图1-3所示。

以上我们把一个接口拆分成两个接口的动作，就是依赖了单一职责原则，那什么是单一职责原则呢？单一职责原则的定义是：应该有且仅有一个原因引起类的变更。

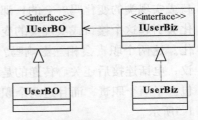

图1-3 项目中经常采用的SRP类图

1.2 绝杀技，打破你的传统思维

解释到这里，估计你已经很不屑了，"切！这么简单的东西还要讲？！"好，我们来讲点

复杂的。SRP的原话解释是：

There should never be more than one reason for a class to change.

这句话初中生都能看懂，不多说，但是看懂是一码事，实施就是另外一码事了。上面讲的例子很好理解，在实际项目中大家都已经这么做了，那我们再来看看下面这个例子是否好理解。电话这玩意，是现代人都离不了，电话通话的时候有4个过程发生：拨号、通话、回应、挂机，那我们写一个接口，其类图如图1-4所示。

我不是有意要冒犯IPhone的，同名纯属巧合，我们来看一个这个过程的代码，如代码清单1-2所示。

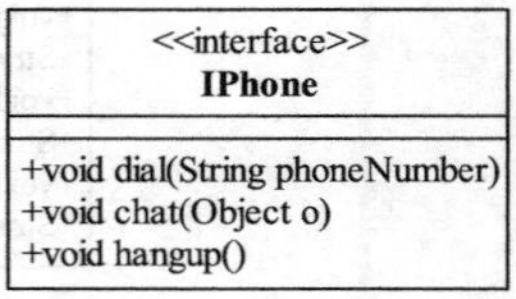

图1-4　电话类图

代码清单1-2　电话过程

```java
public interface IPhone {
    //拨通电话
    public void dial(String phoneNumber);
    //通话
    public void chat(Object o);
    //通话完毕，挂电话
    public void hangup();
}
```

实现类也比较简单，我就不再写了，大家看看这个接口有没有问题？我相信大部分的读者都会说这个没有问题呀，以前我就是这么做的呀，某某书上也是这么写的呀，还有什么什么的源码也是这么写的！是的，这个接口接近于完美，看清楚了，是"接近"！单一职责原则要求一个接口或类只有一个原因引起变化，也就是一个接口或类只有一个职责，它就负责一件事情，看看上面的接口只负责一件事情吗？是只有一个原因引起变化吗？好像不是！

IPhone这个接口可不是只有一个职责，它包含了两个职责：一个是协议管理，一个是数据传送。dial()和hangup()两个方法实现的是协议管理，分别负责拨号接通和挂机；chat()实现的是数据的传送，把我们说的话转换成模拟信号或数字信号传递到对方，然后再把对方传递过来的信号还原成我们听得懂的语言。我们可以这样考虑这个问题，协议接通的变化会引起这个接口或实现类的变化吗？会的！那数据传送（想想看，电话不仅仅可以通话，还可以上网）的变化会引起这个接口或实现类的变化吗？会的！那就很简单了，这里有两个原因都引起了类的变化。这两个职责会相互影响吗？电话拨号，我只要能接通就成，甭管是电信的还是网通的协议；电话连接后还关心传递的是什么数据吗？通过这样的分析，我们发现类图上的IPhone接口包含了两个职责，而且这两个职责的变化不相互影响，那就考虑拆分成两个接口，其类图如图1-5所示。

这个类图看上去有点复杂了，完全满足了单一职责原则的要求，每个接口职责分明，结构清晰，但是我相信你在设计的时候肯定不会采用这种方式，一个手机类要把ConnectionManager和DataTransfer组合在一块才能使用。组合是一种强耦合关系，你和我都有共同的生命期，这样的强耦合关系还不如使用接口实现的方式呢，而且还增加了类的复杂性，多了两个类。经过这样的思考后，我们再修改一下类图，如图1-6所示。

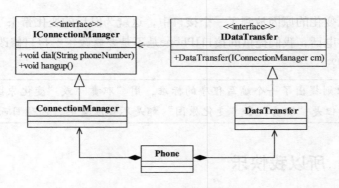

图1-5 职责分明的电话类图

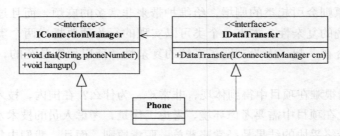

图1-6 简洁清晰、职责分明的电话类图

这样的设计才是完美的，一个类实现了两个接口，把两个职责融合在一个类中。你会觉得这个Phone有两个原因引起变化了呀，是的，但是别忘记了我们是面向接口编程，我们对外公布的是接口而不是实现类。而且，如果真要实现类的单一职责，这个就必须使用上面的组合模式了，这会引起类间耦合过重、类的数量增加等问题，人为地增加了设计的复杂性。

通过上面的例子，我们来总结一下单一职责原则有什么好处：

❑ 类的复杂性降低，实现什么职责都有清晰明确的定义；

❑ 可读性提高，复杂性降低，那当然可读性提高了；

❑ 可维护性提高，可读性提高，那当然更容易维护了；

❑ 变更引起的风险降低，变更是必不可少的，如果接口的单一职责做得好，一个接口修改只对相应的实现类有影响，对其他的接口无影响，这对系统的扩展性、维护性都有非常大的帮助。

看过电话这个例子后，是不是想反思一下了，我以前的设计是不是有点问题了？不，不是的，不要怀疑自己的技术能力，单一职责原则最难划分的就是职责。一个职责一个接口，但问题是"职责"没有一个量化的标准，一个类到底要负责那些职责？这些职责该怎么细化？细化后是否都要有一个接口或类？这些都需要从实际的项目去考虑，从功能上来说，定义一个IPhone接口也没有错，实现了电话的功能，而且设计还很简单，仅仅一个接口一个实现类，实际的项目我想大家都会这么设计。项目要考虑可变因素和不可变因素，以及相关的收益成本比率，因此设计一个IPhone接口也可能是没有错的。但是，如果纯从"学究"理论上分析就有问题了，有两个可以变化的原因放到了一个接口中，这就为以后的变化带来了风险。如果以后模拟电话升级到数字电话，我们提供的接口IPhone是不是要修改了？接口修改对其他的Invoker类是不是有很大影响？

注意　单一职责原则提出了一个编写程序的标准，用"职责"或"变化原因"来衡量接口或类设计得是否优良，但是"职责"和"变化原因"都是不可度量的，因项目而异，因环境而异。

1.3　我单纯，所以我快乐

对于接口，我们在设计的时候一定要做到单一，但是对于实现类就需要多方面考虑了。生搬硬套单一职责原则会引起类的剧增，给维护带来非常多的麻烦，而且过分细分类的职责也会人为地增加系统的复杂性。本来一个类可以实现的行为硬要拆成两个类，然后再使用聚合或组合的方式耦合在一起，人为制造了系统的复杂性。所以原则是死的，人是活的，这句话很有道理。

单一职责原则很难在项目中得到体现，非常难，为什么？在国内，技术人员的地位和话语权都比较低，因此在项目中需要考虑环境，考虑工作量，考虑人员的技术水平，考虑硬件的资源情况，等等，最终妥协的结果是经常违背单一职责原则。而且，我们中华文明就有很多属于混合型的产物，比如筷子，我们可以把筷子当做刀来使用，分割食物；还可以当叉使用，把食物从盘子中移动到口中。而在西方的文化中，刀就是刀，叉就是叉，你去吃西餐的时候这两样肯定都是有的，刀就是切割食物，叉就是固定食物或者移动食物，分工很明晰。这种文化的差异很难一步改造过来，但是我相信随着技术的深入，单一职责原则必然会深入到项目的设计中，而且这个原则是那么的简单，简单得不需要我们更加深入地思考，单从字面上大家都应该知道是什么意思，单一职责嘛！

单一职责适用于接口、类，同时也适用于方法，什么意思呢？一个方法尽可能做一件事情，比如一个方法修改用户密码，不要把这个方法放到"修改用户信息"方法中，这个方法的颗粒度很粗，比如图1-7中所示的方法。

图1-7　一个方法承担多个职责

在IUserManager中定义了一个方法changeUser，根据传递的类型不同，把可变长度参数changeOptions修改到userBO这个对象上，并调用持久层的方法保存到数据库中。在我的项目组中，如果有人写了这样一个方法，我不管他写了多少程序，花了多少工夫，一律重写！原因很简单：方法职责不清晰，不单一，不要让别人猜测这个方法可能是用来处理什么逻辑的。比较好的设计如图1-8所示。

通过类图可知，如果要修改用户名称，就调用changeUserName方法；要修改家庭地址，就调用changeHomeAddress方法；要修改单位电话，就调用changeOfficeTel方法。每个方法的职责非常清晰明确，不仅开发简单，而且日后的维护也非常容易，大家可以逐渐养成这样的习惯。

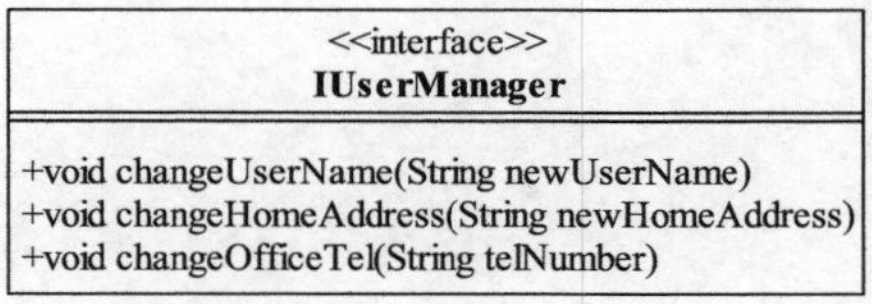

```
<<interface>>
IUserManager
─────────────────────────────────────────
+void changeUserName(String newUserName)
+void changeHomeAddress(String newHomeAddress)
+void changeOfficeTel(String telNumber)
```

图1-8　一个方法承担一个职责

所以，如果对接口、类、方法使用了单一职责原则，那么快乐的就不仅仅是你了，还有你的项目组成员，大家可以轻松而又愉快地进行开发；还有你的老板，减少了因为变更引起的工作量，减少了无谓的人员和资金消耗。当然，最快乐的也许就是你了，因为加官晋爵可能等着你哟！

1.4　最佳实践

阅读到这里，可能有人会问我，你写的是类的设计原则吗？你通篇都在说接口的单一职责，类的单一职责你都违背了呀！呵呵，这个还真是的，我的本意是想把这个原则讲清楚，类的单一职责嘛，这个很简单，但当我回头写的时候，发觉并不是这么回事，翻看了以前的一些设计和代码，基本上拿得出手的类设计都是与单一职责相违背的。静下心来回忆，发觉每一个类这样设计都是有原因的。我查阅了Wikipedia、OODesign等几个网站，专家和我也有类似的经验，基本上类的单一职责都用了类似的一句话来说"This is sometimes hard to see"，这句话翻译过来就是"这个有时候很难说"。是的，类的单一职责确实受非常多因素的制约，纯理论地来讲，这个原则是非常优秀的，但是现实有现实的难处，你必须去考虑项目工期、成本、人员技术水平、硬件情况、网络情况甚至有时候还要考虑政府政策、垄断协议等因素。比如，2004年我就做过一个项目，做加密处理的，甲方就甩过来一句话，你什么都不用管，调用这个API就可以了，不用考虑什么传输协议、异常处理、安全连接等。所以，我们就直接使用了JNI与加密厂商提供的API通信，什么单一职责原则，根本就不用考虑，因为对方不公布通信接口和异常判断。

对于单一职责原则，我的建议是接口一定要做到单一职责，类的设计尽量做到只有一个原因引起变化。

第 2 章

里氏替换原则

2.1 爱恨纠葛的父子关系

在面向对象的语言中，继承是必不可少的、非常优秀的语言机制，它有如下优点：

- ❑ 代码共享，减少创建类的工作量，每个子类都拥有父类的方法和属性；
- ❑ 提高代码的重用性；
- ❑ 子类可以形似父类，但又异于父类，"龙生龙，凤生凤，老鼠生来会打洞"是说子拥有父的"种"，"世界上没有两片完全相同的叶子"是指明子与父的不同；
- ❑ 提高代码的可扩展性，实现父类的方法就可以"为所欲为"了，君不见很多开源框架的扩展接口都是通过继承父类来完成的；
- ❑ 提高产品或项目的开放性。

自然界的所有事物都是优点和缺点并存的，即使是鸡蛋，有时候也能挑出骨头来，继承的缺点如下：

- ❑ 继承是侵入性的。只要继承，就必须拥有父类的所有属性和方法；
- ❑ 降低代码的灵活性。子类必须拥有父类的属性和方法，让子类自由的世界中多了些约束；
- ❑ 增强了耦合性。当父类的常量、变量和方法被修改时，需要考虑子类的修改，而且在缺乏规范的环境下，这种修改可能带来非常糟糕的结果——大段的代码需要重构。

Java使用extends关键字来实现继承，它采用了单一继承的规则，C++则采用了多重继承的规则，一个子类可以继承多个父类。从整体上来看，利大于弊，怎么才能让"利"的因素发挥最大的作用，同时减少"弊"带来的麻烦呢？解决方案是引入里氏替换原则（Liskov Substitution Principle，LSP），什么是里氏替换原则呢？它有两种定义：

- ❑ 第一种定义，也是最正宗的定义：If for each object o1 of type S there is an object o2 of type T such that for all programs P defined in terms of T, the behavior of P is unchanged when o1 is substituted for o2 then S is a subtype of T. （如果对每一个类型为S的对象o1，都有类型为T的对象o2，使得以T定义的所有程序P在所有的对象o1都代换成o2时，程序

P的行为没有发生变化，那么类型S是类型T的子类型。）

❏ 第二种定义：Functions that use pointers or references to base classes must be able to use objects of derived classes without knowing it.（所有引用基类的地方必须能透明地使用其子类的对象。）

第二个定义是最清晰明确的，通俗点讲，只要父类能出现的地方子类就可以出现，而且替换为子类也不会产生任何错误或异常，使用者可能根本就不需要知道是父类还是子类。但是，反过来就不行了，有子类出现的地方，父类未必就能适应。

2.2 纠纷不断，规则压制

里氏替换原则为良好的继承定义了一个规范，一句简单的定义包含了4层含义。

1. 子类必须完全实现父类的方法

我们在做系统设计时，经常会定义一个接口或抽象类，然后编码实现，调用类则直接传入接口或抽象类，其实这里已经使用了里氏替换原则。我们举个例子来说明这个原则，大家都打过CS吧，非常经典的FPS类游戏，我们来描述一下里面用到的枪，类图如图2-1所示。

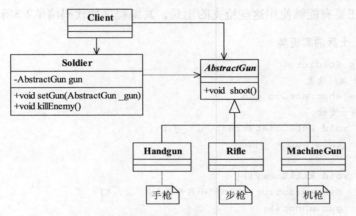

图2-1 CS游戏中的枪支类图

枪的主要职责是射击，如何射击在各个具体的子类中定义，手枪是单发射程比较近，步枪威力大射程远，机枪用于扫射。在士兵类中定义了一个方法killEnemy，使用枪来杀敌人，具体使用什么枪来杀敌人，调用的时候才知道，AbstractGun类的源程序如代码清单2-1所示。

代码清单2-1 枪支的抽象类

```
public abstract class AbstractGun {
    //枪用来干什么的? 杀敌!
    public abstract void shoot();
}
```

手枪、步枪、机枪的实现类如代码清单2-2所示。

代码清单2-2 手枪、步枪、机枪的实现类

```java
public class Handgun extends AbstractGun {
    //手枪的特点是携带方便，射程短
    @Override
    public void shoot() {
        System.out.println("手枪射击...");
    }
}
public class Rifle extends AbstractGun{
    //步枪的特点是射程远，威力大
    public void shoot(){
        System.out.println("步枪射击...");
    }
}
public class MachineGun extends AbstractGun{
    public void shoot(){
        System.out.println("机枪扫射...");
    }
}
```

有了枪支，还要有能够使用这些枪支的士兵，其源程序如代码清单2-3所示。

代码清单2-3 士兵的实现类

```java
public class Soldier {
    //定义士兵的枪支
    private AbstractGun gun;
    //给士兵一支枪
    public void setGun(AbstractGun _gun){
        this.gun = _gun;
    }
    public void killEnemy(){
        System.out.println("士兵开始杀敌人...");
        gun.shoot();
    }
}
```

注意粗体部分，定义士兵使用枪来杀敌，但是这把枪是抽象的，具体是手枪还是步枪需要在上战场前（也就是场景中）前通过setGun方法确定。场景类Client的源代码如代码清单2-4所示。

代码清单2-4 场景类

```java
public class Client {
    public static void main(String[] args) {
        //产生三毛这个士兵
        Soldier sanMao = new Soldier();
        //给三毛一支枪
        sanMao.setGun(new Rifle());
```

```
                sanMao.killEnemy();
        }
}
```

有人，有枪，也有场景，运行结果如下所示。

```
士兵开始杀敌人...
步枪射击...
```

在这个程序中，我们给三毛这个士兵一把步枪，然后就开始杀敌了。如果三毛要使用机枪，当然也可以，直接把sanMao.setGun(new Rifle())修改为sanMao.setGun(new MachineGun())即可，在编写程序时Solider士兵类根本就不用知道是哪个型号的枪（子类）被传入。

注意 在类中调用其他类时务必要使用父类或接口，如果不能使用父类或接口，则说明类的设计已经违背了LSP原则。

我们再来想一想，如果我们有一个玩具手枪，该如何定义呢？我们先在类图2-1上增加一个类ToyGun，然后继承于AbstractGun类，修改后的类图如图2-2所示。

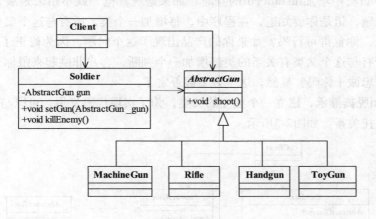

图2-2 枪支类图

首先我们想，玩具枪是不能用来射击的，杀不死人的，这个不应该写在shoot方法中。新增加的ToyGun的源代码如代码清单2-5所示。

代码清单2-5 玩具枪源代码

```
public class ToyGun extends AbstractGun {
        //玩具枪是不能射击的，但是编译器又要求实现这个方法，怎么办？虚构一个呗！
        @Override
        public void shoot() {
                //玩具枪不能射击，这个方法就不实现了
        }
}
```

由于引入了新的子类，场景类中也使用了该类，Client稍作修改，源代码如代码清单2-6所示。

代码清单2-6　场景类

```
public class Client {
    public static void main(String[] args) {
        //产生三毛这个士兵
        Soldier sanMao = new Soldier();
        sanMao.setGun(new ToyGun());
        sanMao.killEnemy();
    }
}
```

修改了粗体部分,把玩具枪传递给三毛用来杀敌,代码运行结果如下所示:

士兵开始杀敌人...

坏了,士兵拿着玩具枪来杀敌人,射不出子弹呀!如果在CS游戏中有这种事情发生,那你就等着被人爆头吧,然后看着自己凄惨地倒地。在这种情况下,我们发现业务调用类已经出现了问题,正常的业务逻辑已经不能运行,那怎么办?好办,有两种解决办法:

❏ 在Soldier类中增加instanceof的判断,如果是玩具枪,就不用来杀敌人。这个方法可以解决问题,但是你要知道,在程序中,每增加一个类,所有与这个父类有关系的类都必须修改,你觉得可行吗?如果你的产品出现了这个问题,因为修正了这样一个Bug,就要求所有与这个父类有关系的类都增加一个判断,客户非跳起来跟你干架不可!你还想要客户忠诚于你吗?显然,这个方案被否定了。

❏ ToyGun脱离继承,建立一个独立的父类,为了实现代码复用,可以与AbastractGun建立关联委托关系,如图2-3所示。

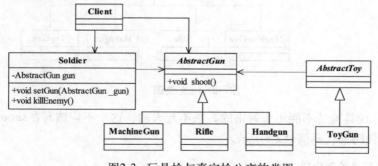

图2-3　玩具枪与真实枪分离的类图

　　例如,可以在AbstractToy中声明将声音、形状都委托给AbstractGun处理,仿真枪嘛,形状和声音都要和真实的枪一样了,然后两个基类下的子类自由延展,互不影响。

　　在Java的基础知识中都会讲到继承,Java的三大特征嘛,封装、继承、多态。继承就是告诉你拥有父类的方法和属性,然后你就可以重写父类的方法。按照继承原则,我们上面的玩具枪继承AbstractGun是绝对没有问题的,玩具枪也是枪嘛,但是在具体应用场景中就要考虑下面这个问题了:子类是否能够完整地实现父类的业务,否则就会出现像上面的拿枪杀敌人时却发现是把玩具枪的笑话。

注意 如果子类不能完整地实现父类的方法，或者父类的某些方法在子类中已经发生"畸变"，则建议断开父子继承关系，采用依赖、聚集、组合等关系代替继承。

2. 子类可以有自己的个性

子类当然可以有自己的行为和外观了，也就是方法和属性，那这里为什么要再提呢？是因为里氏替换原则可以正着用，但是不能反过来用。在子类出现的地方，父类未必就可以胜任。还是以刚才的关于枪支的例子为例，步枪有几个比较"响亮"的型号，比如AK47、AUG狙击步枪等，把这两个型号的枪引入后的Rifle子类图如图2-4所示。

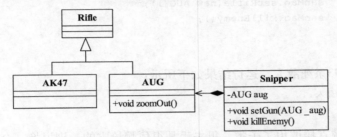

图2-4 增加AK47和AUG后的Rifle子类图

很简单，AUG继承了Rifle类，狙击手（Snipper）则直接使用AUG狙击步枪，源代码如代码清单2-7所示。

代码清单2-7 AUG狙击枪源码代码

```
public class AUG extends Rifle {
    //狙击枪都携带一个精准的望远镜
    public void zoomOut(){
        System.out.println("通过望远镜察看敌人...");
    }
    public void shoot(){
        System.out.println("AUG射击...");
    }
}
```

有狙击枪就有狙击手，狙击手类的源代码如代码清单2-8所示。

代码清单2-8 AUG狙击手类的源码代码

```
public class Snipper {
    public void killEnemy(AUG aug){
        //首先看看敌人的情况，别杀死敌人，自己也被人干掉
        aug.zoomOut();
        //开始射击
        aug.shoot();
    }
}
```

狙击手，为什么叫Snipper？Snipe翻译过来就是鹬，就是"鹬蚌相争，渔人得利"中的那

只鸟，英国贵族到印度打猎，发现这个鹬很聪明，人一靠近就飞走了，没办法就开始伪装、远程精准射击，于是乎Snipper就诞生了。

狙击手使用狙击枪来杀死敌人，业务场景Client类的源代码如代码清单2-9所示。

代码清单2-9　狙击手使用AUG杀死敌人

```
public class Client {
    public static void main(String[] args) {
        //产生三毛这个狙击手
        Snipper sanMao = new Snipper();
        sanMao.setRifle(new AUG());
        sanMao.killEnemy();
    }
}
```

狙击手使用G3杀死敌人，运行结果如下所示：

```
通过望远镜察看敌人...
AUG射击...
```

在这里，系统直接调用了子类，狙击手是很依赖枪支的，别说换一个型号的枪了，就是换一个同型号的枪也会影响射击，所以这里就直接把子类传递了进来。这个时候，我们能不能直接使用父类传递进来呢？修改一下Client类，如代码清单2-10所示。

代码清单2-10　使用父类作为参数

```
public class Client {
    public static void main(String[] args) {
        //产生三毛这个狙击手
        Snipper sanMao = new Snipper();
        sanMao.setRifle((AUG)(new Rifle()));
        sanMao.killEnemy();
    }
}
```

显示是不行的，会在运行期抛出java.lang.ClassCastException异常，这也是大家经常说的向下转型（downcast）是不安全的，从里氏替换原则来看，就是有子类出现的地方父类未必就可以出现。

3. 覆盖或实现父类的方法时输入参数可以被放大

方法中的输入参数称为前置条件，这是什么意思呢？大家做过Web Service开发就应该知道有一个"契约优先"的原则，也就是先定义出WSDL接口，制定好双方的开发协议，然后再各自实现。里氏替换原则也要求制定一个契约，就是父类或接口，这种设计方法也叫做Design by Contract（契约设计），与里氏替换原则有着异曲同工之妙。契约制定了，也就同时制定了前置条件和后置条件，前置条件就是你要让我执行，就必须满足我的条件；后置条件就是我执行完了需要反馈，标准是什么。这个比较难理解，我们来看一个例子，我们先定义一个Father类，如代码清单2-11所示。

代码清单2-11 Father类源代码

```
public class Father {
    public Collection doSomething(HashMap map){
            System.out.println("父类被执行...");
            return map.values();
    }
}
```

这个类非常简单，就是把HashMap转换为Collection集合类型，然后再定义一个子类，源代码如代码清单2-12所示。

代码清单2-12 子类源代码

```
public class Son extends Father {
    //放大输入参数类型
    public Collection doSomething(Map map){
            System.out.println("子类被执行...");
            return map.values();
    }
}
```

请注意粗体部分，与父类的方法名相同，但又不是覆写（Override）父类的方法。你加个@Override试试看，会报错的，为什么呢？方法名虽然相同，但方法的输入参数不同，就不是覆写，那这是什么呢？是重载（Overload）！不用大惊小怪的，不在一个类就不能是重载了？继承是什么意思，子类拥有父类的所有属性和方法，方法名相同，输入参数类型又不相同，当然是重载了。父类和子类都已经声明了，场景类的调用如代码清单2-13所示。

代码清单2-13 场景类源代码

```
public class Client {
    public static void invoker(){
            //父类存在的地方，子类就应该能够存在
            Father f = new Father();
            HashMap map = new HashMap();
            f.doSomething(map);
    }
    public static void main(String[] args) {
            invoker();
    }
}
```

代码运行后的结果如下所示：

父类被执行...

根据里氏替换原则，父类出现的地方子类就可以出现，我们把上面的粗体部分修改为子类，如代码清单2-14所示。

代码清单2-14 子类替换父类后的源代码

```java
public class Client {
    public static void invoker(){
            //父类存在的地方,子类就应该能够存在
            Son f =new Son();
            HashMap map = new HashMap();
            f.doSomething(map);
    }
    public static void main(String[] args) {
            invoker();
    }
}
```

运行结果还是一样,看明白是怎么回事了吗?父类方法的输入参数是HashMap类型,子类的输入参数是Map类型,也就是说子类的输入参数类型的范围扩大了,子类代替父类传递到调用者中,子类的方法永远都不会被执行。这是正确的,如果你想让子类的方法运行,就必须覆写父类的方法。大家可以这样想,在一个Invoker类中关联了一个父类,调用了一个父类的方法,子类可以覆写这个方法,也可以重载这个方法,前提是要扩大这个前置条件,就是输入参数的类型宽于父类的类型覆盖范围。这样说可能比较难理解,我们再反过来想一下,如果Father类的输入参数类型宽于子类的输入参数类型,会出现什么问题呢?会出现父类存在的地方,子类就未必可以存在,因为一旦把子类作为参数传入,调用者就很可能进入子类的方法范畴。我们把上面的例子修改一下,扩大父类的前置条件,源代码如代码清单2-15所示。

代码清单2-15 父类的前置条件较大

```java
public class Father {
    public Collection doSomething(Map map){
            System.out.println("父类被执行...");
            return map.values();
    }
}
```

把父类的前置条件修改为Map类型,我们再修改一下子类方法的输入参数,相对父类缩小输入参数的类型范围,也就是缩小前置条件,源代码如代码清单2-16所示。

代码清单2-16 子类的前置条件较小

```java
public class Son extends Father {
    //缩小输入参数范围
    public Collection doSomething(HashMap map){
            System.out.println("子类被执行...");
            return map.values();
    }
}
```

在父类的前置条件大于子类的前置条件的情况下,业务场景的源代码如代码清单2-17所示。

代码清单2-17 子类的前置条件较小

```java
public class Client {
    public static void invoker(){
            //有父类的地方就有子类
            Father f= new Father();
            HashMap map = new HashMap();
            f.doSomething(map);
    }
    public static void main(String[] args) {
            invoker();
    }
}
```

代码运行结果如下所示：

父类被执行...

那我们再把里氏替换原则引入进来会有什么问题？有父类的地方子类就可以使用，好，我们把这个Client类修改一下，源代码如代码清单2-18所示。

代码清单2-18 采用里氏替换原则后的业务场景类

```java
public class Client {
    public static void invoker(){
            //有父类的地方就有子类
            Son f =new Son();
            HashMap map = new HashMap();
            f.doSomething(map);
    }
    public static void main(String[] args) {
            invoker();
    }
}
```

代码运行后的结果如下所示：

子类被执行...

完蛋了吧？！子类在没有覆写父类的方法的前提下，子类方法被执行了，这会引起业务逻辑混乱，因为在实际应用中父类一般都是抽象类，子类是实现类，你传递一个这样的实现类就会"歪曲"了父类的意图，引起一堆意想不到的业务逻辑混乱，所以**子类中方法的前置条件必须与超类中被覆写的方法的前置条件相同或者更宽松**。

4. 覆写或实现父类的方法时输出结果可以被缩小

这是什么意思呢，父类的一个方法的返回值是一个类型T，子类的相同方法（重载或覆写）的返回值为S，那么里氏替换原则就要求S必须小于等于T，也就是说，要么S和T是同一个类型，要么S是T的子类，为什么呢？分两种情况，如果是覆写，父类和子类的同名方法的输入参数是相同的，两个方法的范围值S小于等于T，这是覆写的要求，这才是重中之重，子类覆写父类的方法，天经地义。如果是重载，则要求方法的输入参数类型或数量不相同，在里氏替换原则要求下，就是子类的输入参数宽于或等于父类的输入参数，也就是说你写的这个方法是不会被调用的，参考上面讲的前置条件。

采用里氏替换原则的目的就是增强程序的健壮性，版本升级时也可以保持非常好的兼容性。即使增加子类，原有的子类还可以继续运行。在实际项目中，每个子类对应不同的业务含义，使用父类作为参数，传递不同的子类完成不同的业务逻辑，非常完美！

2.3　最佳实践

在项目中，采用里氏替换原则时，尽量避免子类的"个性"，一旦子类有"个性"，这个子类和父类之间的关系就很难调和了，把子类当做父类使用，子类的"个性"被抹杀——委屈了点；把子类单独作为一个业务来使用，则会让代码间的耦合关系变得扑朔迷离——缺乏类替换的标准。

第 3 章

依赖倒置原则

3.1 依赖倒置原则的定义

依赖倒置原则（Dependence Inversion Principle，DIP）这个名字看着有点别扭，"依赖"还"倒置"，这到底是什么意思？依赖倒置原则的原始定义是：

High level modules should not depend upon low level modules. Both should depend upon abstractions. Abstractions should not depend upon details. Details should depend upon abstractions.

翻译过来，包含三层含义：

❑ 高层模块不应该依赖低层模块，两者都应该依赖其抽象；

❑ 抽象不应该依赖细节；

❑ 细节应该依赖抽象。

高层模块和低层模块容易理解，每一个逻辑的实现都是由原子逻辑组成的，不可分割的原子逻辑就是低层模块，原子逻辑的再组装就是高层模块。那什么是抽象？什么又是细节呢？在Java语言中，抽象就是指接口或抽象类，两者都是不能直接被实例化的；细节就是实现类，实现接口或继承抽象类而产生的类就是细节，其特点就是可以直接被实例化，也就是可以加上一个关键字new产生一个对象。依赖倒置原则在Java语言中的表现就是：

❑ 模块间的依赖通过抽象发生，实现类之间不发生直接的依赖关系，其依赖关系是通过接口或抽象类产生的；

❑ 接口或抽象类不依赖于实现类；

❑ 实现类依赖接口或抽象类。

更加精简的定义就是"面向接口编程"——OOD（Object-Oriented Design，面向对象设计）的精髓之一。

3.2　言而无信，你太需要契约

　　采用依赖倒置原则可以减少类间的耦合性，提高系统的稳定性，降低并行开发引起的风险，提高代码的可读性和可维护性。

　　证明一个定理是否正确，有两种常用的方法：一种是根据提出的论题，经过一番论证，推出和定理相同的结论，这是顺推证法；还有一种是首先假设提出的命题是伪命题，然后推导出一个荒谬、与已知条件互斥的结论，这是反证法。我们今天就用反证法来证明依赖倒置原则是多么优秀和伟大！

　　论题： 依赖倒置原则可以减少类间的耦合性，提高系统的稳定性，降低并行开发引起的风险，提高代码的可读性和可维护性。

　　反论题： 不使用依赖倒置原则也可以减少类间的耦合性，提高系统的稳定性，降低并行开发引起的风险，提高代码的可读性和可维护性。

　　我们通过一个例子来说明反论题是不成立的。现在的汽车越来越便宜了，一个卫生间的造价就可以买到一辆不错的汽车，有汽车就必然有人来驾驶，司机驾驶奔驰车的类图如图3-1所示。

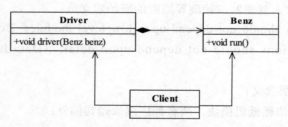

图3-1　司机驾驶奔驰车类图

　　奔驰车可以提供一个方法run，代表车辆运行，实现过程如代码清单3-1所示。

代码清单3-1　司机源代码

```
public class Driver {
    //司机的主要职责就是驾驶汽车
    public void drive(Benz benz){
        benz.run();
    }
}
```

　　司机通过调用奔驰车的run方法开动奔驰车，其源代码如代码清单3-2所示。

代码清单3-2　奔驰车源代码

```
public class Benz {
    //汽车肯定会跑
    public void run(){
        System.out.println("奔驰汽车开始运行...");
    }
}
```

有车，有司机，在Client场景类产生相应的对象，其源代码如代码清单3-3所示。

代码清单3-3 场景类源代码

```
public class Client {
    public static void main(String[] args) {
        Driver zhangSan = new Driver();
        Benz benz = new Benz();
        //张三开奔驰车
        zhangSan.drive(benz);
    }
}
```

通过以上的代码，完成了司机开动奔驰车的场景，到目前为止，这个司机开奔驰车的项目没有任何问题。我们常说"危难时刻见真情"，我们把这句话移植到技术上就成了"变更才显真功夫"，业务需求变更永无休止，技术前进就永无止境，在发生变更时才能发觉我们的设计或程序是否是松耦合。我们在一段貌似磐石的程序上加上一块小石头：张三司机不仅要开奔驰车，还要开宝马车，又该怎么实现呢？麻烦出来了，那好，我们走一步是一步，我们先把宝马车产生出来，实现过程如代码清单3-4所示。

代码清单3-4 宝马车源代码

```
public class BMW {
    //宝马车当然也可以开动了
    public void run(){
        System.out.println("宝马汽车开始运行...");
    }
}
```

宝马车也产生了，但是我们却没有办法让张三开动起来，为什么？张三没有开动宝马车的方法呀！一个拿有C驾照的司机竟然只能开奔驰车而不能开宝马车，这也太不合理了！在现实世界都不允许存在这种情况，何况程序还是对现实世界的抽象，我们的设计出现了问题：司机类和奔驰车类之间是紧耦合的关系，其导致的结果就是系统的可维护性大大降低，可读性降低，两个相似的类需要阅读两个文件，你乐意吗？还有稳定性，什么是稳定性？固化的、健壮的才是稳定的，这里只是增加了一个车类就需要修改司机类，这不是稳定性，这是易变性。被依赖者的变更竟然让依赖者来承担修改的成本，这样的依赖关系谁肯承担！证明到这里，我们已经知道反论题已经部分不成立了。

注意 设计是否具备稳定性，只要适当地"松松土"，观察"设计的蓝图"是否还可以苗壮地成长就可以得出结论，稳定性较高的设计，在周围环境频繁变化的时候，依然可以做到"我自岿然不动"。

我们继续证明，"减少并行开发引起的风险"，什么是并行开发的风险？并行开发最大的风险就是风险扩散，本来只是一段程序的错误或异常，逐步波及一个功能，一个模块，甚至到最后毁坏了整个项目。为什么并行开发就有这样的风险呢？一个团队，20个开发人员，各人负责

不同的功能模块，甲负责汽车类的建造，乙负责司机类的建造，在甲没有完成的情况下，乙是不能完全地编写代码的，缺少汽车类，编译器根本就不会让你通过！在缺少Benz类的情况下，Driver类能编译吗？更不要说是单元测试了！在这种不使用依赖倒置原则的环境中，所有的开发工作都是"单线程"的，甲做完，乙再做，然后是丙继续……这在20世纪90年代"个人英雄主义"编程模式中还是比较适用的，一个人完成所有的代码工作。但在现在的大中型项目中已经是完全不能胜任了，一个项目是一个团队协作的结果，一个"英雄"再牛也不可能了解所有的业务和所有的技术，要协作就要并行开发，要并行开发就要解决模块之间的项目依赖关系，那然后呢？依赖倒置原则就隆重出场了！

根据以上证明，如果不使用依赖倒置原则就会加重类间的耦合性，降低系统的稳定性，增加并行开发引起的风险，降低代码的可读性和可维护性。承接上面的例子，引入依赖倒置原则后的类图如图3-2所示。

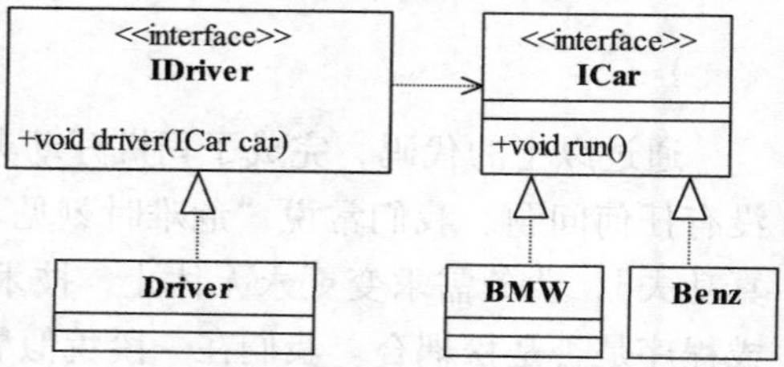

图3-2 引入依赖倒置原则后的类图

建立两个接口：IDriver和ICar，分别定义了司机和汽车的各个职能，司机就是驾驶汽车，必须实现drive()方法，其实现过程如代码清单3-5所示。

代码清单3-5 司机接口

```java
public interface IDriver {
    //是司机就应该会驾驶汽车
    public void drive(ICar car);
}
```

接口只是一个抽象化的概念，是对一类事物的最抽象描述，具体的实现代码由相应的实现类来完成，Driver实现类如代码清单3-6所示。

代码清单3-6 司机类的实现

```java
public class Driver implements IDriver{
    //司机的主要职责就是驾驶汽车
    public void drive(ICar car){
        car.run();
    }
}
```

在IDriver中，通过传入ICar接口实现了抽象之间的依赖关系，Driver实现类也传入了ICar接口，至于到底是哪个型号的Car，需要在高层模块中声明。

ICar及其两个实现类的实现过程如代码清单3-7所示。

代码清单3-7 汽车接口及两个实现类

```java
public interface ICar {
    //是汽车就应该能跑
    public void run();
```

```
    }
    public class Benz implements ICar{
        //汽车肯定会跑
        public void run(){
                System.out.println("奔驰汽车开始运行...");
        }
    }
    public class BMW  implements ICar{
        //宝马车当然也可以开动了
        public void run(){
                System.out.println("宝马汽车开始运行...");
        }
    }
```

在业务场景中，我们贯彻"抽象不应该依赖细节"，也就是我们认为抽象（ICar接口）不依赖BMW和Benz两个实现类（细节），因此在高层次的模块中应用都是抽象，Client的实现过程如代码清单3-8所示。

代码清单3-8　业务场景

```
public class Client {
    public static void main(String[] args) {
            IDriver zhangSan = new Driver();
            ICar benz = new Benz();
            //张三开奔驰车
            zhangSan.drive(benz);
    }
}
```

Client属于高层业务逻辑，它对低层模块的依赖都建立在抽象上，zhangSan的表面类型是IDriver，Benz的表面类型是ICar，也许你要问，在这个高层模块中也调用到了低层模块，比如new Driver()和new Benz()等，如何解释？确实如此，zhangSan的表面类型是IDriver，是一个接口，是抽象的、非实体化的，在其后的所有操作中，zhangSan都是以IDriver类型进行操作，屏蔽了细节对抽象的影响。当然，张三如果要开宝马车，也很容易，我们只要修改业务场景类就可以，实现过程如代码清单3-9所示。

代码清单3-9　张三驾驶宝马车的实现过程

```
public class Client {
    public static void main(String[] args) {
            IDriver zhangSan = new Driver();
            ICar bmw = new BMW();
            //张三开奔驰车
            zhangSan.drive(bmw);
    }
}
```

在新增加低层模块时，只修改了业务场景类，也就是高层模块，对其他低层模块如Driver

类不需要做任何修改，业务就可以运行，把"变更"引起的风险扩散降到最低。

注意   在Java中，只要定义变量就必然要有类型，一个变量可以有两种类型：表面类型和实际类型，表面类型是在定义的时候赋予的类型，实际类型是对象的类型，如zhangSan的表面类型是IDriver，实际类型是Driver。

我们再来思考依赖倒置对并行开发的影响。两个类之间有依赖关系，只要制定出两者之间的接口（或抽象类）就可以独立开发了，而且项目之间的单元测试也可以独立地运行，而TDD（Test-Driven Development，测试驱动开发）开发模式就是依赖倒置原则的最高级应用。我们继续回顾上面司机驾驶汽车的例子，甲程序员负责IDriver的开发，乙程序员负责ICar的开发，两个开发人员只要制定好了接口就可以独立地开发了，甲开发进度比较快，完成了IDriver以及相关的实现类Driver的开发工作，而乙程序员滞后开发，那甲是否可以进行单元测试呢？答案是可以，我们引入一个JMock工具，其最基本的功能是根据抽象虚拟一个对象进行测试，测试类如代码清单3-10所示。

代码清单3-10　测试类

```
public class DriverTest extends TestCase{
    Mockery context = new JUnit4Mockery();
    @Test
    public void testDriver() {
        //根据接口虚拟一个对象
        final ICar car = context.mock(ICar.class);
        IDriver driver = new Driver();
        //内部类
        context.checking(new Expectations(){{
                oneOf (car).run();
        }});
        driver.drive(car);
    }
}
```

注意粗体部分，我们只需要一个ICar的接口，就可以对Driver类进行单元测试。从这一点来看，两个相互依赖的对象可以分别进行开发，孤立地进行单元测试，进而保证并行开发的效率和质量，TDD开发的精髓不就在这里吗？测试驱动开发，先写好单元测试类，然后再写实现类，这对提高代码的质量有非常大的帮助，特别适合研发类项目或在项目成员整体水平比较低的情况下采用。

抽象是对实现的约束，对依赖者而言，也是一种契约，不仅仅约束自己，还同时约束自己与外部的关系，其目的是保证所有的细节不脱离契约的范畴，确保约束双方按照既定的契约（抽象）共同发展，只要抽象这根基线在，细节就脱离不了这个圈圈，始终让你的对象做到"言必信，行必果"。

3.3 依赖的三种写法

依赖是可以传递的，A对象依赖B对象，B又依赖C，C又依赖D……生生不息，依赖不止，记住一点：只要做到抽象依赖，即使是多层的依赖传递也无所畏惧！

对象的依赖关系有三种方式来传递，如下所示。

1. 构造函数传递依赖对象

在类中通过构造函数声明依赖对象，按照依赖注入的说法，这种方式叫做构造函数注入，按照这种方式的注入，IDriver和Driver的程序修改后如代码清单3-11所示。

代码清单3-11　构造函数传递依赖对象

```
public interface IDriver {
    //是司机就应该会驾驶汽车
    public void drive();
}
public class Driver implements IDriver{
    private ICar car;
    //构造函数注入
    public Driver(ICar _car){
        this.car = _car;
    }
    //司机的主要职责就是驾驶汽车
    public void drive(){
        this.car.run();
    }
}
```

2. Setter方法传递依赖对象

在抽象中设置Setter方法声明依赖关系，依照依赖注入的说法，这是Setter依赖注入，按照这种方式的注入，IDriver和Driver的程序修改后如代码清单3-12所示。

代码清单3-12　Setter依赖注入

```
public interface IDriver {
    //车辆型号
    public void setCar(ICar car);
    //是司机就应该会驾驶汽车
    public void drive();
}
public class Driver implements IDriver{
    private ICar car;
    public void setCar(ICar car){
        this.car = car;
    }
    //司机的主要职责就是驾驶汽车
    public void drive(){
```

```
                    this.car.run();
        }
}
```

3. 接口声明依赖对象

在接口的方法中声明依赖对象，3.2节的例子就采用了接口声明依赖的方式，该方法也叫做接口注入。

3.4　最佳实践

依赖倒置原则的本质就是通过抽象（接口或抽象类）使各个类或模块的实现彼此独立，不互相影响，实现模块间的松耦合，我们怎么在项目中使用这个规则呢？只要遵循以下的几个规则就可以：

❑ 每个类尽量都有接口或抽象类，或者抽象类和接口两者都具备

这是依赖倒置的基本要求，接口和抽象类都是属于抽象的，有了抽象才可能依赖倒置。

❑ 变量的表面类型尽量是接口或者是抽象类

很多书上说变量的类型一定要是接口或者是抽象类，这个有点绝对化了，比如一个工具类，xxxUtils一般是不需要接口或是抽象类的。还有，如果你要使用类的clone方法，就必须使用实现类，这个是JDK提供的一个规范。

❑ 任何类都不应该从具体类派生

如果一个项目处于开发状态，确实不应该有从具体类派生出子类的情况，但这也不是绝对的，因为人都是会犯错误的，有时设计缺陷也是在所难免的，因此只要不超过两层的继承都是可以忍受的。特别是负责项目维护的同志，基本上可以不考虑这个规则，为什么？维护工作基本上都是进行扩展开发，修复行为，通过一个继承关系，覆写一个方法就可以修正一个很大的Bug，何必去继承最高的基类呢？（当然这种情况尽量发生在不甚了解父类或者无法获得父类代码的情况下。）

❑ 尽量不要覆写基类的方法

如果基类是一个抽象类，而且这个方法已经实现了，子类尽量不要覆写。类间依赖的是抽象，覆写了抽象方法，对依赖的稳定性会产生一定的影响。

❑ 结合里氏替换原则使用

在第2章中我们讲解了里氏替换原则，父类出现的地方子类就能出现，再结合本章的讲解，我们可以得出这样一个通俗的规则： 接口负责定义public属性和方法，并且声明与其他对象的依赖关系，抽象类负责公共构造部分的实现，实现类准确的实现业务逻辑，同时在适当的时候对父类进行细化。

讲了这么多，估计大家对"倒置"这个词还是有点不理解，那到底什么是"倒置"呢？我们先说"正置"是什么意思，依赖正置就是类间的依赖是实实在在的实现类间的依赖，也就是面向实现编程，这也是正常人的思维方式，我要开奔驰车就依赖奔驰车，我要使用笔记本电脑

就直接依赖笔记本电脑，而编写程序需要的是对现实世界的事物进行抽象，抽象的结果就是有了抽象类和接口，然后我们根据系统设计的需要产生了抽象间的依赖，代替了人们传统思维中的事物间的依赖，"倒置"就是从这里产生的。

依赖倒置原则的优点在小型项目中很难体现出来，例如小于10个人月的项目，使用简单的SSH架构，基本上不费太大力气就可以完成，是否采用依赖倒置原则影响不大。但是，在一个大中型项目中，采用依赖倒置原则有非常多的优点，特别是规避一些非技术因素引起的问题。项目越大，需求变化的概率也越大，通过采用依赖倒置原则设计的接口或抽象类对实现类进行约束，可以减少需求变化引起的工作量剧增的情况。人员的变动在大中型项目中也是时常存在的，如果设计优良、代码结构清晰，人员变化对项目的影响基本为零。大中型项目的维护周期一般都很长，采用依赖倒置原则可以让维护人员轻松地扩展和维护。

依赖倒置原则是6个设计原则中最难以实现的原则，它是实现开闭原则的重要途径，依赖倒置原则没有实现，就别想实现对扩展开放，对修改关闭。在项目中，大家只要记住是"面向接口编程"就基本上抓住了依赖倒置原则的核心。

讲了这么多依赖倒置原则的优点，我们也来打击一下大家，在现实世界中确实存在着必须依赖细节的事物，比如法律，就必须依赖细节的定义。"杀人偿命"在中国的法律中古今有之⊖，那这里的"杀人"就是一个抽象的含义，怎么杀，杀什么人，为什么杀人，都没有定义，只要是杀人就统统得偿命，这就是有问题了，好人杀了坏人，还要陪上自己的一条性命，这是不公正的，从这一点看，我们在实际的项目中使用依赖倒置原则时需要审时度势，不要抓住一个原则不放，每一个原则的优点都是有限度的，并不是放之四海而皆准的真理，所以别为了遵循一个原则而放弃了一个项目的终极目标：投产上线和盈利。作为一个项目经理或架构师，应该懂得技术只是实现目的的工具，惹恼了顶头上司，设计做得再漂亮，代码写得再完美，项目做得再符合标准，一旦项目亏本，产品投入大于产出，那整体就是扯淡！你自己也别想混得更好！

⊖ 当年汉高祖刘邦入关后与老百姓约法三章，其中有一条就是："杀人者死，伤人及盗抵罪。"

第 4 章

接口隔离原则

4.1 接口隔离原则的定义

在讲接口隔离原则之前，先明确一下我们的主角——接口。接口分为两种：

□ 实例接口（Object Interface），在Java中声明一个类，然后用new关键字产生一个实例，它是对一个类型的事物的描述，这是一种接口。比如你定义Person这个类，然后使用Person zhangSan = new Person()产生了一个实例，这个实例要遵从的标准就是Person这个类，Person类就是zhangSan的接口。疑惑？看不懂？不要紧，那是因为让Java语言浸染的时间太长了，只要知道从这个角度来看，Java中的类也是一种接口。

□ 类接口（Class Interface），Java中经常使用的interface关键字定义的接口。

主角已经定义清楚了，那什么是隔离呢？它有两种定义，如下所示：

□ Clients should not be forced to depend upon interfaces that they don't use.（客户端不应该依赖它不需要的接口。）

□ The dependency of one class to another one should depend on the smallest possible interface.（类间的依赖关系应该建立在最小的接口上。）

新事物的定义一般都比较难理解，晦涩难懂是正常的。我们把这两个定义剖析一下，先说第一种定义："客户端不应该依赖它不需要的接口"，那依赖什么？依赖它需要的接口，客户端需要什么接口就提供什么接口，把不需要的接口剔除掉，那就需要对接口进行细化，保证其纯洁性；再看第二种定义："类间的依赖关系应该建立在最小的接口上"，它要求是最小的接口，也是要求接口细化，接口纯洁，与第一个定义如出一辙，只是一个事物的两种不同描述。

我们可以把这两个定义概括为一句话：建立单一接口，不要建立臃肿庞大的接口。再通俗一点讲：接口尽量细化，同时接口中的方法尽量少。看到这里大家有可能要疑惑了，这与单一职责原则不是相同的吗？错，接口隔离原则与单一职责的审视角度是不相同的，单一职责要求的是类和接口职责单一，注重的是职责，这是业务逻辑上的划分，而接口隔离原则要求接口的方法尽量少。例如一个接口的职责可能包含10个方法，这10个方法都放在一个接口中，并且提供给多个模块访问，各个模块按照规定的权限来访问，在系统外通过文档约束"不使用的方法不要访问"，按照单一职责原则是允许的，按照接口隔离原则是不允许的，因为它要求"尽量使用多个专门的接口"。专门的接口指什么？就是指提供给每个模块的都应该是单一接口，提供给几个模块就应该有几个接口，而不是建立一个庞大的臃肿的接口，容纳所有的客户端访问。

4.2 美女何其多，观点各不同

我们举例来说明接口隔离原则到底对我们提出了什么要求。现在男生对小姑娘的称呼，使用频率最高的应该是"美女"了吧，你在大街上叫一声："嗨，美女！"估计10个有8个回头，其中包括那位著名的如花。美女的标准各不相同，首先就需要定义一下什么是美女：首先要面貌好看，其次是身材要窈窕，然后要有气质，当然了，这三者各人的排列顺序不一样，总之要成为一名美女就必须具备：面貌、身材和气质，我们用类图体现一下星探（当然，你也可以把自己想象成星探）找美女的过程，如图4-1所示。

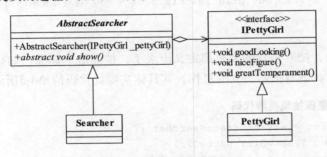

图4-1 星探寻找美女的类图

定义了一个IPettyGirl接口，声明所有的美女都应该有goodLooking、niceFigure和great-Temperament，然后又定义了一个抽象类AbstractSearcher，其作用就是搜索美女并显示其信息，只要美女都按照这个规范定义，Searcher（星探）就轻松多了，美女类的实现如代码清单4-1所示。

代码清单4-1 美女类
```java
public interface IPettyGirl {
    //要有较好的面孔
    public void goodLooking();
    //要有好身材
    public void niceFigure();
    //要有气质
    public void greatTemperament();
}
```
美女的标准定义完毕，具体的美女实现类如代码清单4-2所示。

代码清单4-2 美女实现类
```java
public class PettyGirl implements IPettyGirl {
```

```java
        private String name;
        //美女都有名字
        public PettyGirl(String _name){
                this.name=_name;
        }
        //脸蛋漂亮
        public void goodLooking() {
                System.out.println(this.name + "---脸蛋很漂亮!");
        }
        //气质要好
        public void greatTemperament() {
                System.out.println(this.name + "---气质非常好!");
        }
        //身材要好
        public void niceFigure() {
                System.out.println(this.name + "---身材非常棒!");
        }
}
```

通过三个方法，把对美女的要求都定义出来了，按照这个标准，如花姑娘被排除在美女标准之外了。有美女，就有搜索美女的星探，其具体实现如代码清单4-3所示。

代码清单4-3　星探抽象类源代码

```java
public abstract class AbstractSearcher {
    protected IPettyGirl pettyGirl;
    public AbstractSearcher(IPettyGirl _pettyGirl){
            this.pettyGirl = _pettyGirl;
    }
    //搜索美女，列出美女信息
    public abstract void show();
}
```

星探的实现类就比较简单了，其源代码如代码清单4-4所示。

代码清单4-4　星探类

```java
public class Searcher extends AbstractSearcher{
    public Searcher(IPettyGirl _pettyGirl){
            super(_pettyGirl);
    }
    //展示美女的信息
    public void show(){
            System.out.println("--------美女的信息如下: ---------------");
            //展示面容
            super.pettyGirl.goodLooking();
            //展示身材
            super.pettyGirl.niceFigure();
            //展示气质
```

```
            super.pettyGirl.greatTemperament();
    }
}
```

场景中的两个角色美女和星探都已经出现了，需要写一个场景类来串联起各个角色，场景类的实现如代码清单4-5所示。

代码清单4-5 场景类

```
public class Client {
    //搜索并展示美女信息
    public static void main(String[] args) {
        //定义一个美女
        IPettyGirl yanYan = new PettyGirl("嫣嫣");
        AbstractSearcher searcher = new Searcher(yanYan);
        searcher.show();
    }
}
```

星探搜索美女的运行结果如下所示：

```
--------美女的信息如下：----------------
嫣嫣---脸蛋很漂亮！
嫣嫣---身材非常棒！
嫣嫣---气质非常好！
```

星探寻找美女的程序开发完毕了，运行结果也正确。我们回头来想想这个程序有没有问题，思考一下IPettyGirl这个接口，这个接口是否做到了最优化设计？答案是没有，还可以对接口进行优化。

我们的审美观点都在改变，美女的定义也在变化。唐朝的杨贵妃如果活在现在这个年代非羞愧而死不可，为什么？胖呀！但是胖并不影响她入选中国四大美女，说明当时的审美观与现在是有差异的。当然，随着时代的发展我们的审美观也在变化，当你发现有一个女孩，脸蛋不怎么样，身材也一般般，但是气质非常好，我相信大部分人都会把这样的女孩叫美女，审美素质提升了，就产生了气质型美女，但是我们的接口却定义了美女必须是三者都具备，按照这个标准，气质型美女就不能算美女，那怎么办？可能你要说了，我重新扩展一个美女类，只实现greatTemperament方法，其他两个方法置空，什么都不写，不就可以了吗？聪明，但是行不通！为什么呢？星探AbstractSearcher依赖的是IPettyGirl接口，它有三个方法，你只实现了两个方法，星探的方法是不是要修改？我们上面的程序打印出来的信息少了两条，还让星探怎么去辨别是不是美女呢？

分析到这里，我们发现接口IPettyGirl的设计是有缺陷的，过于庞大了，容纳了一些可变的因素，根据接口隔离原则，星探AbstractSearcher应该依赖于具有部分特质的女孩子，而我们却把这些特质都封装了起来，放到了一个接口中，封装过度了！问题找到了，我们重新设计一下类图，修改后的类图如图4-2所示。

把原IPettyGirl接口拆分为两个接口，一种是外形美的美女IGoodBodyGirl，这类美女的特点就是脸蛋和身材极棒，超一流，但是没有审美素质，比如随地吐痰，文化程度比较低；另外一种是气质美的美女IGreatTemperamentGirl，谈吐和修养都非常高。我们把一个比较臃肿的接口拆分成了两个专门的接口，灵活性提高了，可维护性也增加了，不管以后是要外形美的美女还是气质美的美女都可以轻松地通过PettyGirl定义。两种类型的美女定义如代码清单4-6所示。

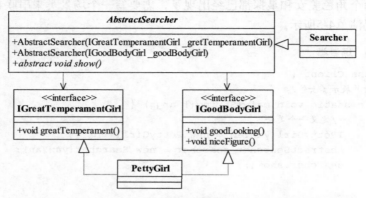

图4-2　修改后的星探寻找美女类图

代码清单4-6　两种类型的美女定义

```java
public interface IGoodBodyGirl {
    //要有姣好的面孔
    public void goodLooking();
    //要有好身材
    public void niceFigure();
}
public interface IGreatTemperamentGirl {
    //要有气质
    public void greatTemperament();
}
```

按照脸蛋、身材、气质都具备才算美女，实现类实现两个接口，如代码清单4-7所示。

代码清单4-7　最标准的美女

```java
public class PettyGirl implements IGoodBodyGirl,IGreatTemperamentGirl {
    private String name;
    //美女都有名字
    public PettyGirl(String _name){
        this.name=_name;
    }
    //脸蛋漂亮
    public void goodLooking() {
        System.out.println(this.name + "---脸蛋很漂亮!");
    }
    //气质要好
    public void greatTemperament() {
        System.out.println(this.name + "---气质非常好!");
    }
}
```

```
        //身材要好
        public void niceFigure() {
                System.out.println(this.name + "---身材非常棒!");
        }
}
```

通过这样的重构以后，不管以后是要气质美女还是要外形美女，都可以保持接口的稳定。当然，你可能要说了，以后可能审美观点再发生改变，只有脸蛋好看就是美女，那这个IGoodBody接口还是要修改的呀，确实是，但是设计是有限度的，不能无限地考虑未来的变更情况，否则就会陷入设计的泥潭中而不能自拔。

以上把一个臃肿的接口变更为两个独立的接口所依赖的原则就是接口隔离原则，让星探AbstractSearcher依赖两个专用的接口比依赖一个综合的接口要灵活。接口是我们设计时对外提供的契约，通过分散定义多个接口，可以预防未来变更的扩散，提高系统的灵活性和可维护性。

4.3 保证接口的纯洁性

接口隔离原则是对接口进行规范约束，其包含以下4层含义：

❑ 接口要尽量小

这是接口隔离原则的核心定义，不出现臃肿的接口（Fat Interface），但是"小"是有限度的，首先就是不能违反单一职责原则，什么意思呢？我们在单一职责原则中提到一个IPhone的例子，在这里，我们使用单一职责原则把两个职责分解到两个接口中，类图如图4-3所示。

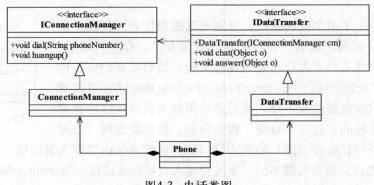

图4-3 电话类图

仔细分析一下IConnectionManager接口是否还可以再继续拆分下去，挂电话有两种方式：一种是正常的电话挂断，一种是电话异常挂机，比如突然没电了，通信当然就断了。这两种方式的处理应该是不同的，为什么呢？正常挂电话，对方接受到挂机信号，计费系统也就停止计费了，那手机没电了这种方式就不同了，它是信号丢失了，中继服务器检查到了，然后通知计费系统停止计费，否则你的费用不是要疯狂地增长了吗？

思考到这里，我们是不是就要动手把IConnectionManager接口拆封成两个，一个接口是负责连接，一个接口是负责挂电话？是要这样做吗？且慢，让我们再思考一下，如果拆分了，那就不符合单一职责原则了，因为从业务逻辑上来讲，通信的建立和关闭已经是最小的业务单位了，再细分下去就是对业务或是协议（其他业务逻辑）的拆分了。想想看，一个电话要关心3G协议，要考虑中继服务器，等等，这个电话还怎么设计得出来呢？从业务层次来看，这样的设计就是一个失败的设计。一个原则要拆，一个原则又不要拆，那该怎么办？好办，**根据接口隔离原则拆分接口时，首先必须满足单一职责原则。**

❑ 接口要高内聚

什么是高内聚？高内聚就是提高接口、类、模块的处理能力，减少对外的交互。比如你告诉下属"到奥巴马的办公室偷一个×××文件"，然后听到下属用坚定的口吻回答你："是，保证完成任务！"一个月后，你的下属还真的把×××文件放到你的办公桌上了，这种不讲任何条件、立刻完成任务的行为就是高内聚的表现。具体到接口隔离原则就是，要求在接口中尽量少公布public方法，接口是对外的承诺，承诺越少对系统的开发越有利，变更的风险也就越少，同时也有利于降低成本。

❑ 定制服务

一个系统或系统内的模块之间必然会有耦合，有耦合就要有相互访问的接口（并不一定就是Java中定义的Interface，也可能是一个类或单纯的数据交换），我们设计时就需要为各个访问者（即客户端）定制服务，什么是定制服务？定制服务就是单独为一个个体提供优良的服务。我们在做系统设计时也需要考虑对系统之间或模块之间的接口采用定制服务。采用定制服务就必然有一个要求：只提供访问者需要的方法，这是什么意思？我们举个例子来说明，比如我们开发了一个图书管理系统，其中有一个查询接口，方便管理员查询图书，其类图如图4-4所示。

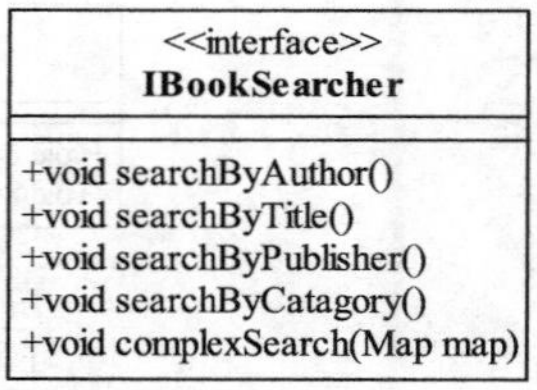

在接口中定义了多个查询方法，分别可以按照作者、标题、出版社、分类进行查询，最后还提供了混合查询方式。程序写好了，投产上线了，突然有一天发现系统速度非常慢，然后就开始痛苦地分析，最终发现是访问接口中的complexSearch(Map map)方法并发量太大，导致应用服务器性能下降，然后继续跟踪下去发现这些查询都是从公网上发起的，进一步分析，找到问题：提供给公网（公网项目是另外一个项目组开发的）的查询接口和提供给系统内管理人员的接口是相同的，都是IBookSearcher接口，但是权限不同，系统管理人员可以通过接口的complexSearch方法查询到所有的书籍，而公网的这个方法是被限制的，不返回任何值，在设计时通过口头约束，这个方法是不可被调用的，但是由于公网项目组的疏忽，这个方法还是公布了出去，虽然不能返回结果，但是还是引起了应用服务器的性能巨慢的情况发生，这就是一个臃肿接口引起性能故障的案例。

问题找到了，就需要把这个接口进行重构，将IBookSearcher拆分为两个接口，分别为两个模块提供定制服务，修改后的类图如图4-5所示。

<<interface>> IBookSearcher
+void searchByAuthor() +void searchByTitle() +void searchByPublisher() +void searchByCatagory() +void complexSearch(Map map)

图4-4　图书查询类图

图4-5 修改后的图书查询类图

提供给管理人员的实现类同时实现了ISimpleBookSearcher和IComplexBookSearcher两个接口，原有程序不用做任何改变，而提供给公网的接口变为ISimpleBookSearcher，只允许进行简单的查询，单独为其定制服务，减少可能引起的风险。

❑ 接口设计是有限度的

接口的设计粒度越小，系统越灵活，这是不争的事实。但是，灵活的同时也带来了结构的复杂化，开发难度增加，可维护性降低，这不是一个项目或产品所期望看到的，所以接口设计一定要注意适度，这个"度"如何来判断呢？根据经验和常识判断，没有一个固化或可测量的标准。

4.4 最佳实践

接口隔离原则是对接口的定义，同时也是对类的定义，接口和类尽量使用原子接口或原子类来组装。但是，这个原子该怎么划分是设计模式中的一大难题，在实践中可以根据以下几个规则来衡量：

❑ 一个接口只服务于一个子模块或业务逻辑；

❑ 通过业务逻辑压缩接口中的public方法，接口时常去回顾，尽量让接口达到"满身筋骨肉"，而不是"肥嘟嘟"的一大堆方法；

❑ 已经被污染了的接口，尽量去修改，若变更的风险较大，则采用适配器模式进行转化处理；

❑ 了解环境，拒绝盲从。每个项目或产品都有特定的环境因素，别看到大师是这样做的你就照抄。千万别，环境不同，接口拆分的标准就不同。深入了解业务逻辑，最好的接口设计就出自你的手中！

接口隔离原则和其他设计原则一样，都需要花费较多的时间和精力来进行设计和筹划，但是它带来了设计的灵活性，让你可以在业务人员提出"无理"要求时轻松应付。贯彻使用接口隔离原则最好的方法就是一个接口一个方法，保证绝对符合接口隔离原则（有可能不符合单一职责原则），但你会采用吗？不会，除非你是疯子！那怎么才能正确地使用接口隔离原则呢？答案是根据经验和常识决定接口的粒度大小，接口粒度太小，导致接口数据剧增，开发人员呛死在接口的海洋里；接口粒度太大，灵活性降低，无法提供定制服务，给整体项目带来无法预料的风险。

怎么准确地实践接口隔离原则？实践、经验和领悟！

第 5 章

迪米特法则

5.1 迪米特法则的定义

迪米特法则（Law of Demeter，LoD）也称为最少知识原则（Least Knowledge Principle，LKP），虽然名字不同，但描述的是同一个规则：一个对象应该对其他对象有最少的了解。通俗地讲，一个类应该对自己需要耦合或调用的类知道得最少，你（被耦合或调用的类）的内部是如何复杂都和我没关系，那是你的事情，我就知道你提供的这么多public方法，我就调用这么多，其他的我一概不关心。

5.2 我的知识你知道得越少越好

迪米特法则对类的低耦合提出了明确的要求，其包含以下4层含义。

1. 只和朋友交流

迪米特法则还有一个英文解释是：Only talk to your immediate friends（只与直接的朋友通信。）什么叫做直接的朋友呢？每个对象都必然会与其他对象有耦合关系，两个对象之间的耦合就成为朋友关系，这种关系的类型有很多，例如组合、聚合、依赖等。下面我们将举例说明如何才能做到只与直接的朋友交流。

传说中有这样一个故事，老师想让体育委员确认一下全班女生来齐没有，就对他说："你去把全班女生清一下。"体育委员没听清楚，就问道："呀，……那亲哪个？"老师无语了，我们来看这个笑话怎么用程序来实现，类图如图5-1所示。

Teacher类的commond方法负责发送命令给体育会员，命令他清点女生，其实现过程如代码清单5-1所示。

图5-1　老师要求清点女生类图

代码清单5-1 老师类

```java
public class Teacher {
    //老师对学生发布命令,清一下女生
    public void commond(GroupLeader groupLeader){
        List<Girl> listGirls = new ArrayList();
        //初始化女生
        for(int i=0;i<20;i++){
            listGirls.add(new Girl());
        }
        //告诉体育委员开始执行清查任务
        groupLeader.countGirls(listGirls);
    }
}
```

老师只有一个方法commond,先定义出所有的女生,然后发布命令给体育委员,去清点一下女生的数量。体育委员GroupLeader的实现过程如代码清单5-2所示。

代码清单5-2 体育委员类实现过程

```java
public class GroupLeader {
    //清查女生数量
    public void countGirls(List<Girl> listGirls){
        System.out.println("女生数量是: "+listGirls.size());
    }
}
```

老师类和体育委员类都对女生类产生依赖,而且女生类不需要执行任何动作,因此定义一个空类,其实现过程如代码清单5-3所示。

代码清单5-3 女生类

```java
public class Girl {
}
```

故事中的三个角色都已经有了,再定义一个场景类来描述这个故事,其实现过程如代码清单5-4所示。

代码清单5-4 场景类

```java
public class Client {
    public static void main(String[] args) {
        Teacher teacher= new Teacher();
        //老师发布命令
        teacher.commond(new GroupLeader());
    }
}
```

运行结果如下所示:

女生数量是: 20

体育委员按照老师的要求对女生进行了清点，并得出了数量。我们回过头来思考一下这个程序有什么问题，首先确定Teacher类有几个朋友类，它仅有一个朋友类——GroupLeader。为什么Girl不是朋友类呢？Teacher也对它产生了依赖关系呀！朋友类的定义是这样的：出现在成员变量、方法的输入输出参数中的类称为成员朋友类，而出现在方法体内部的类不属于朋友类，而Girl这个类就是出现在commond方法体内，因此不属于Teacher类的朋友类。迪米特法则告诉我们一个类只和朋友类交流，但是我们刚刚定义的commond方法却与Girl类有了交流，声明了一个List<Girls>动态数组，也就是与一个陌生的类Girl有了交流，这样就破坏了Teacher的健壮性。方法是类的一个行为，类竟然不知道自己的行为与其他类产生依赖关系，这是不允许的，严重违反了迪米特法则。

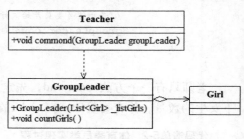

图5-2 修改后的类图

问题已经发现，我们修改一下程序，将类图稍作修改，如图5-2所示。

在类图中去掉Teacher对Girl类的依赖关系，修改后的Teacher类如代码清单5-5所示。

代码清单5-5 修改后的老师类

```
public class Teacher {
    //老师对学生发布命令，清一下女生
    public void commond(GroupLeader groupLeader){
        //告诉体育委员开始执行清查任务
        groupLeader.countGirls();
    }
}
```

修改后的GroupLeader类如代码清代5-6所示。

代码清单5-6 修改后的体育委员类

```
public class GroupLeader {
    private List<Girl> listGirls;
    //传递全班的女生进来
    public GroupLeader(List<Girl> _listGirls){
        this.listGirls = _listGirls;
    }
    //清查女生数量
    public void countGirls(){
        System.out.println("女生数量是: "+this.listGirls.size());
    }
}
```

在GroupLeader类中定义了一个构造函数，通过构造函数传递了依赖关系。同时，对场景类也进行了一些修改，如代码清单5-7所示。

代码清单5-7 修改后的场景类

```
public class Client {
    public static void main(String[] args) {
        //产生一个女生群体
        List<Girl> listGirls = new ArrayList<Girl>();
        //初始化女生
        for(int i=0;i<20;i++){
            listGirls.add(new Girl());
        }
        Teacher teacher= new Teacher();
        //老师发布命令
        teacher.commond(new GroupLeader(listGirls));
    }
}
```

对程序进行了简单的修改，把Teacher中对List<Girl>的初始化移动到了场景类中，同时在GroupLeader中增加了对Girl的注入，避开了Teacher类对陌生类Girl的访问，降低了系统间的耦合，提高了系统的健壮性。

注意 一个类只和朋友交流，不与陌生类交流，不要出现getA().getB().getC().getD()这种情况（在一种极端的情况下允许出现这种访问，即每一个点号后面的返回类型都相同），类与类之间的关系是建立在类间的，而不是方法间，因此一个方法尽量不引入一个类中不存在的对象，当然，JDK API提供的类除外。

2. 朋友间也是有距离的

人和人之间是有距离的，太远关系逐渐疏远，最终形同陌路；太近就相互刺伤。对朋友关系描述最贴切的故事就是：两只刺猬取暖，太远取不到暖，太近刺伤了对方，必须保持一个既能取暖又不刺伤对方的距离。迪米特法则就是对这个距离进行描述，即使是朋友类之间也不能无话不说，无所不知。

我们在安装软件的时候，经常会有一个导向动作，第一步是确认是否安装，第二步确认License，再然后选择安装目录……这是一个典型的顺序执行动作，具体到程序中就是：调用一个或多个类，先执行第一个方法，然后是第二个方法，根据返回结果再来看是否可以调用第三个方法，或者第四个方法，等等，其类图如图5-3所示。

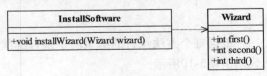

图5-3 软件安装过程类图

很简单的类图，实现软件安装的过程，其中first方法定义第一步做什么，second方法定义第二步做什么，third方法定义第三步做什么，其实现过程如代码清单5-8所示。

代码清单5-8 导向类

```
public class Wizard {
    private Random rand = new Random(System.currentTimeMillis());
```

```
//第一步
public int first(){
        System.out.println("执行第一个方法...");
        return rand.nextInt(100);
}
//第二步
public int second(){
        System.out.println("执行第二个方法...");
        return rand.nextInt(100);
}
//第三个方法
public int third(){
        System.out.println("执行第三个方法...");
        return rand.nextInt(100);
}
}
```

在Wizard类中分别定义了三个步骤方法，每个步骤中都有相关的业务逻辑完成指定的任务，我们使用一个随机函数来代替业务执行的返回值。软件安装InstallSoftware类如代码清单5-9所示。

代码清单5-9 InstallSoftware类

```
public class InstallSoftware {
    public void installWizard(Wizard wizard){
            int first = wizard.first();
            //根据first返回的结果，看是否需要执行second
            if(first>50){
                    int second = wizard.second();
                    if(second>50){
                            int third = wizard.third();
                            if(third >50){
                                    wizard.first();
                            }
                    }
            }
    }
}
```

根据每个方法执行的结果决定是否继续执行下一个方法，模拟人工的选择操作。场景类如代码清单5-10所示。

代码清单5-10 场景类

```
public class Client {
    public static void main(String[] args) {
            InstallSoftware invoker = new InstallSoftware();
            invoker.installWizard(new Wizard());
    }
}
```

以上程序很简单，运行结果和随机数有关，每次的执行结果都不相同，需要读者自己运行并查看结果。程序虽然简单，但是隐藏的问题可不简单，思考一下程序有什么问题。Wizard类把太多的方法暴露给InstallSoftware类，两者的朋友关系太亲密了，耦合关系变得异常牢固。如果要将Wizard类中的first方法返回值的类型由int改为boolean，就需要修改InstallSoftware类，从而把修改变更的风险扩散开了。因此，这样的耦合是极度不合适的，我们需要对设计进行重构，重构后的类图如图5-4所示。

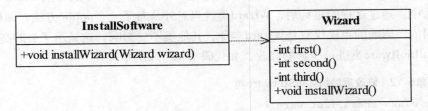

图5-4　重构后的软件安装过程类图

在Wizard类中增加一个installWizard方法，对安装过程进行封装，同时把原有的三个public方法修改为private方法，如代码清单5-11所示。

代码清单5-11　修改后的导向类实现过程

```java
public class Wizard {
    private Random rand = new Random(System.currentTimeMillis());
    //第一步
    private int first(){
        System.out.println("执行第一个方法...");
        return rand.nextInt(100);
    }
    //第二步
    private int second(){
        System.out.println("执行第二个方法...");
        return rand.nextInt(100);
    }
    //第三个方法
    private int third(){
        System.out.println("执行第三个方法...");
        return rand.nextInt(100);
    }
    //软件安装过程
    public void installWizard(){
        int first = this.first();
        //根据first返回的结果，看是否需要执行second
        if(first>50){
            int second = this.second();
            if(second>50){
                int third = this.third();
```

```
                                 if(third >50){
                                         this.first();
                                 }
                         }
                 }
         }
}
```

将三个步骤的访问权限修改为private，同时把InstallSoftware中的方法installWizad移动到Wizard方法中。通过这样的重构后，Wizard类就只对外公布了一个public方法，即使要修改first方法的返回值，影响的也仅仅只是Wizard本身，其他类不受影响，这显示了类的高内聚特性。

对InstallSoftware类进行少量的修改，如代码清单5-12所示。

代码清单5-12　修改后的InstallSoftware类

```
public class InstallSoftware {
    public void installWizard(Wizard wizard){
            //直接调用
            wizard.installWizard();
    }
}
```

场景类Client没有任何改变，如代码清单5-10所示。通过进行重构，类间的耦合关系变弱了，结构也清晰了，变更引起的风险也变小了。

一个类公开的public属性或方法越多，修改时涉及的面也就越大，变更引起的风险扩散也就越大。因此，为了保持朋友类间的距离，在设计时需要反复衡量：是否还可以再减少public方法和属性，是否可以修改为private、package-private（包类型，在类、方法、变量前不加访问权限，则默认为包类型）、protected等访问权限，是否可以加上final关键字等。

注意　迪米特法则要求类"羞涩"一点，尽量不要对外公布太多的public方法和非静态的public变量，尽量内敛，多使用private、package-private、protected等访问权限。

3. 是自己的就是自己的

在实际应用中经常会出现这样一个方法：放在本类中也可以，放在其他类中也没有错，那怎么去衡量呢？你可以坚持这样一个原则：**如果一个方法放在本类中，既不增加类间关系，也对本类不产生负面影响，那就放置在本类中。**

4. 谨慎使用Serializable

在实际应用中，这个问题是很少出现的，即使出现也会立即被发现并得到解决。是怎么回事呢？举个例子来说，在一个项目中使用RMI（Remote Method Invocation，远程方法调用）方式传递一个VO（Value Object，值对象），这个对象就必须实现Serializable接口（仅仅是一个标志性接口，不需要实现具体的方法），也就是把需要网络传输的对象进行序列化，否则就会出现NotSerializableException异常。突然有一天，客户端的VO修改了一个属性的访问权限，从private变更为public，访问权限扩大了，如果服务器上没有做出相应的变更，就会报序列化失败，就这么简单。但是这个问题的产生应该属于项目管理范畴，一个类或接口在客户端已经变更了，而服务器端却没有同步更新，难道不是项目管理的失职吗？

5.3　最佳实践

迪米特法则的核心观念就是类间解耦，弱耦合，只有弱耦合了以后，类的复用率才可以提高。其要求的结果就是产生了大量的中转或跳转类，导致系统的复杂性提高，同时也为维护带来了难度。读者在采用迪米特法则时需要反复权衡，既做到让结构清晰，又做到高内聚低耦合。

不知道大家有没有听过这样一个理论："任何两个素不相识的人中间最多只隔着6个人，即只通过6个人就可以将他们联系在一起"，这就是著名的"六度分隔理论"。如果将这个理论应用到我们的项目中，也就是说，我和我要调用的类之间最多有6次传递。呵呵，这只能让大家当个乐子来看，在实际应用中，如果一个类跳转两次以上才能访问到另一个类，就需要想办法进行重构了，为什么是两次以上呢？因为一个系统的成功不仅仅是一个标准或是原则就能够决定的，有非常多的外在因素决定，跳转次数越多，系统越复杂，维护就越困难，所以只要跳转不超过两次都是可以忍受的，这需要具体问题具体分析。

迪米特法则要求类间解耦，但解耦是有限度的，除非是计算机的最小单元——二进制的0和1。那才是完全解耦，在实际的项目中，需要适度地考虑这个原则，别为了套用原则而做项目。原则只是供参考，如果违背了这个原则，项目也未必会失败，这就需要大家在采用原则时反复度量，不遵循是不对的，严格执行就是"过犹不及"。

第 6 章

开 闭 原 则

6.1 开闭原则的定义

在哲学上，矛盾法则即对立统一的法则，是唯物辩证法的最根本法则。本章要讲的开闭原则是不是也有同样的重要性且具有普遍性呢？确实，开闭原则是Java世界里最基础的设计原则，它指导我们如何建立一个稳定的、灵活的系统，先来看开闭原则的定义：

Software entities like classes, modules and functions should be open for extension but closed for modifications.（一个软件实体如类、模块和函数应该对扩展开放，对修改关闭。）

初看到这个定义，可能会很迷惑，对扩展开放？开放什么？对修改关闭，怎么关闭？没关系，我会一步一步带领大家解开这些疑惑。

我们做一件事情，或者选择一个方向，一般需要经历三个步骤：What——是什么，Why——为什么，How——怎么做（简称3W原则，How取最后一个w）。对于开闭原则，我们也采用这三步来分析，即什么是开闭原则，为什么要使用开闭原则，怎么使用开闭原则。

6.2 开闭原则的庐山真面目

开闭原则的定义已经非常明确地告诉我们：软件实体应该对扩展开放，对修改关闭，其含义是说一个软件实体应该通过扩展来实现变化，而不是通过修改已有的代码来实现变化。那什么又是软件实体呢？软件实体包括以下几个部分：

❑ 项目或软件产品中按照一定的逻辑规则划分的模块。

❑ 抽象和类。

❑ 方法。

一个软件产品只要在生命期内，都会发生变化，既然变化是一个既定的事实，我们就应该在设计时尽量适应这些变化，以提高项目的稳定性和灵活性，真正实现"拥抱变化"。开闭原则告诉我们应尽量通过扩展软件实体的行为来实现变化，而不是通过修改已有的代码来完成变化，它是为软件实体的未来事件而制定的对现行开发设计进行约束的一个原则。我们举例说明什么是开闭原则，以书店销售书籍为例，其类图如图6-1所示。

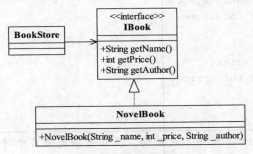

图6-1 书店售书类图

IBook定义了数据的三个属性：名称、价格和作者。小说类NovelBook是一个具体的实现类，是所有小说书籍的总称，BookStore指的是书店，IBook接口如代码清单6-1所示。

代码清单6-1 书籍接口

```
public interface IBook {
    //书籍有名称
    public String getName();
    //书籍有售价
    public int getPrice();
    //书籍有作者
    public String getAuthor();
}
```

目前书店只出售小说类书籍，小说类如代码清单6-2所示。

代码清单6-2 小说类

```
public class NovelBook implements IBook {
    //书籍名称
    private String name;
    //书籍的价格
    private int price;
    //书籍的作者
    private String author;
    //通过构造函数传递书籍数据
    public NovelBook(String _name,int _price,String _author){
        this.name = _name;
        this.price = _price;
        this.author = _author;
    }
    //获得作者是谁
    public String getAuthor() {
        return this.author;
    }
```

```
    //书籍叫什么名字
    public String getName() {
            return this.name;
    }
    //获得书籍的价格
    public int getPrice() {
            return this.price;
    }
}
```

注意 我们把价格定义为int类型并不是错误，在非金融类项目中对货币处理时，一般取2位精度，通常的设计方法是在运算过程中扩大100倍，在需要展示时再缩小100倍，减少精度带来的误差。

书店售书的过程如代码清单6-3所示。

代码清单6-3 书店售书类

```
public class BookStore {
    private final static ArrayList<IBook> bookList = new ArrayList<IBook>();
    //static静态模块初始化数据，实际项目中一般是由持久层完成
    static{
            bookList.add(new NovelBook("天龙八部",3200,"金庸"));
            bookList.add(new NovelBook("巴黎圣母院",5600,"雨果"));
            bookList.add(new NovelBook("悲惨世界",3500,"雨果"));
            bookList.add(new NovelBook("金瓶梅",4300,"兰陵笑笑生"));
    }
    //模拟书店买书
    public static void main(String[] args) {
            NumberFormat formatter = NumberFormat.getCurrencyInstance();
            formatter.setMaximumFractionDigits(2);
            System.out.println("-----------书店卖出去的书籍记录如下：-----------");
            for(IBook book:bookList){
                    System.out.println("书籍名称： " + book.getName()+"\t书籍作者： " +
                    book.getAuthor()+"\t书籍价格："+ formatter.format (book.getPrice()/
                    100.0)+"元");
            }
    }
}
```

在BookStore中声明了一个静态模块，实现了数据的初始化，这部分应该是从持久层产生的，由持久层框架进行管理，运行结果如下：

```
-----------书店卖出去的书籍记录如下：-----------
书籍名称：天龙八部      书籍作者：金庸        书籍价格：￥32.00元
书籍名称：巴黎圣母院    书籍作者：雨果        书籍价格：￥56.00元
书籍名称：悲惨世界      书籍作者：雨果        书籍价格：￥35.00元
书籍名称：金瓶梅        书籍作者：兰陵笑笑生  书籍价格：￥43.00元
```

　　项目投产了，书籍正常销售出去，书店也赢利了。从2008年开始，全球经济开始下滑，对零售业影响比较大，书店为了生存开始打折销售：所有40元以上的书籍9折销售，其他的8折销售。对已经投产的项目来说，这就是一个变化，我们应该如何应对这样一个需求变化？有如下三种方法可以解决这个问题：

❑ 修改接口

　　在IBook上新增加一个方法getOffPrice()，专门用于进行打折处理，所有的实现类实现该方法。但是这样修改的后果就是，实现类NovelBook要修改，BookStore中的main方法也修改，同时IBook作为接口应该是稳定且可靠的，不应该经常发生变化，否则接口作为契约的作用就失去了效能。因此，该方案否定。

❑ 修改实现类

　　修改NovelBook类中的方法，直接在getPrice()中实现打折处理，好办法，我相信大家在项目中经常使用的就是这样的办法，通过class文件替换的方式可以完成部分业务变化（或是缺陷修复）。该方法在项目有明确的章程（团队内约束）或优良的架构设计时，是一个非常优秀的方法，但是该方法还是有缺陷的。例如采购书籍人员也是要看价格的，由于该方法已经实现了打折处理价格，因此采购人员看到的也是打折后的价格，会因信息不对称而出现决策失误的情况。因此，该方案也不是一个最优的方案。

❑ 通过扩展实现变化

　　增加一个子类OffNovelBook，覆写getPrice方法，高层次的模块（也就是static静态模块区）通过OffNovelBook类产生新的对象，完成业务变化对系统的最小化开发。好办法，修改也少，风险也小，修改后的类图如图6-2所示。

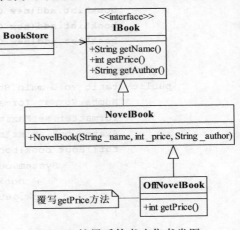

图6-2 扩展后的书店售书类图

　　OffNovelBook类继承了NovelBook，并覆写了getPrice方法，不修改原有的代码。新增加的子类OffNovelBook如代码清单6-4所示。

代码清单6-4 打折销售的小说类

```
public class OffNovelBook extends NovelBook {
    public OffNovelBook(String _name,int _price,String _author){
        super(_name,_price,_author);
    }
    //覆写销售价格
    @Override
    public int getPrice(){
        //原价
        int selfPrice = super.getPrice();
        int offPrice=0;
        if(selfPrice>4000){  //原价大于40元，则打9折
```

```
                    offPrice = selfPrice * 90 /100;
            }else{
                    offPrice = selfPrice * 80 /100;
            }
            return offPrice;
    }
}
```

很简单，仅仅覆写了getPrice方法，通过扩展完成了新增加的业务。书店类BookStore需要依赖子类，代码稍作修改，如代码清单6-5所示。

代码清单6-5 书店打折销售类

```
public class BookStore {
    private final static ArrayList<IBook> bookList = new ArrayList<IBook>();
    //static静态模块初始化数据，实际项目中一般是由持久层完成
    static{
        bookList.add(new OffNovelBook("天龙八部",3200,"金庸"));
        bookList.add(new OffNovelBook("巴黎圣母院",5600,"雨果"));
        bookList.add(new OffNovelBook("悲惨世界",3500,"雨果"));
        bookList.add(new OffNovelBook("金瓶梅",4300,"兰陵笑笑生"));
    }
    //模拟书店买书
    public static void main(String[] args) {
        NumberFormat formatter = NumberFormat.getCurrencyInstance();
        formatter.setMaximumFractionDigits(2);
        System.out.println("-----------书店卖出去的书籍记录如下：-----------");
        for(IBook book:bookList){
            System.out.println("书籍名称： " + book.getName()+"\t书籍作者：
            " + book.getAuthor()+ "\t书籍价格： " + formatter.format
            (book.getPrice()/100.0)+"元");
        }
    }
}
```

我们只修改了粗体部分，其他的部分没有任何改动，运行结果如下所示。

```
------------书店卖出去的书籍记录如下：---------------------
书籍名称：天龙八部        书籍作者：金庸            书籍价格：￥25.60元
书籍名称：巴黎圣母院      书籍作者：雨果            书籍价格：￥50.40元
书籍名称：悲惨世界        书籍作者：雨果            书籍价格：￥28.00元
书籍名称：金瓶梅          书籍作者：兰陵笑笑生      书籍价格：￥38.70元
```

OK，打折销售开发完成了。看到这里，各位可能有想法了：增加了一个OffNoveBook类后，你的业务逻辑还是修改了，你修改了static静态模块区域。这部分确实修改了，该部分属于高层次的模块，是由持久层产生的，在业务规则改变的情况下高层模块必须有部分改变以适应新业务，改变要尽量地少，防止变化风险的扩散。

注意 开闭原则对扩展开放，对修改关闭，并不意味着不做任何修改，低层模块的变更，必然要有高层模块进行耦合，否则就是一个孤立无意义的代码片段。

我们可以把变化归纳为以下三种类型：

❏ 逻辑变化

只变化一个逻辑，而不涉及其他模块，比如原有的一个算法是a*b+c，现在需要修改为a*b*c，可以通过修改原有类中的方法的方式来完成，前提条件是所有依赖或关联类都按照相同的逻辑处理。

❏ 子模块变化

一个模块变化，会对其他的模块产生影响，特别是一个低层次的模块变化必然引起高层模块的变化，因此在通过扩展完成变化时，高层次的模块修改是必然的，刚刚的书籍打折处理就是类似的处理模块，该部分的变化甚至会引起界面的变化。

❏ 可见视图变化

可见视图是提供给客户使用的界面，如JSP程序、Swing界面等，该部分的变化一般会引起连锁反应（特别是在国内做项目，做欧美的外包项目一般不会影响太大）。如果仅仅是界面上按钮、文字的重新排布倒是简单，最司空见惯的是业务耦合变化，什么意思呢？一个展示数据的列表，按照原有的需求是6列，突然有一天要增加1列，而且这一列要跨N张表，处理M个逻辑才能展现出来，这样的变化是比较恐怖的，但还是可以通过扩展来完成变化，这就要看我们原有的设计是否灵活。

我们再来回顾一下书店销售书籍的程序，首先是我们有一个还算灵活的设计（不灵活是什么样子？BookStore中所有使用到IBook的地方全部修改为实现类，然后再扩展一个ComputerBook书籍，你就知道什么是不灵活了）；然后有一个需求变化，我们通过扩展一个子类拥抱了变化；最后把子类投入运行环境中，新逻辑正式投产。通过分析，我们发现并没有修改原有的模块代码，IBook接口没有改变，NovelBook类没有改变，这属于已有的业务代码，我们保持了历史的纯洁性。放弃修改历史的想法吧，一个项目的基本路径应该是这样的：项目开发、重构、测试、投产、运维，其中的重构可以对原有的设计和代码进行修改，运维尽量减少对原有代码的修改，保持历史代码的纯洁性，提高系统的稳定性。

6.3 为什么要采用开闭原则

每个事物的诞生都有它存在的必要性，存在即合理，那开闭原则的存在也是合理的，为什么这么说呢？

首先，开闭原则非常著名，只要是做面向对象编程的，甭管是什么语言，Java也好，C++也好，或者是Smalltalk，在开发时都会提及开闭原则。

其次，开闭原则是最基础的一个原则，前五章节介绍的原则都是开闭原则的具体形态，也就是说前五个原则就是指导设计的工具和方法，而开闭原则才是其精神领袖。换一个角度来理解，依照Java语言的称谓，开闭原则是抽象类，其他五大原则是具体的实现类，开闭原则在面向对象设计领域中的地位就类似于牛顿第一定律在力学、勾股定律在几何学、质能方程在狭义相对论中的地位，其地位无人能及。

最后，开闭原则是非常重要的，可通过以下几个方面来理解其重要性。

1. 开闭原则对测试的影响

所有已经投产的代码都是有意义的，并且都受系统规则的约束，这样的代码都要经过"千锤百炼"的测试过程，不仅保证逻辑是正确的，还要保证苛刻条件（高压力、异常、错误）下不产生"有毒代码"（Poisonous Code），因此有变化提出时，我们就需要考虑一下，原有的健壮代码是否可以不修改，仅仅通过扩展实现变化呢？否则，就需要把原有的测试过程回笼一遍，需要进行单元测试、功能测试、集成测试甚至是验收测试，现在虽然在大力提倡自动化测试工具，但是仍然代替不了人工的测试工作。

以上面提到的书店售书为例，IBook接口写完了，实现类NovelBook也写好了，我们需要写一个测试类进行测试，测试类如代码清单6-6所示。

代码清单6-6 小说类的单元测试

```java
public class NovelBookTest extends TestCase {
    private String name = "平凡的世界";
    private int price = 6000;
    private String author = "路遥";
    private IBook novelBook = new NovelBook(name,price,author);
    //测试getPrice方法
    public void testGetPrice() {
        //原价销售，根据输入和输出的值是否相等进行断言
        super.assertEquals(this.price, this.novelBook.getPrice());
    }
}
```

单元测试通过，显示绿条。在单元测试中，有一句非常有名的话，叫做"Keep the bar green to keep the code clean"，即保持绿条有利于代码整洁，这是什么意思呢？绿条就是Junit运行的两种结果中的一种：要么是红条，单元测试失败；要么是绿条，单元测试通过。一个方法的测试方法一般不少于3种，为什么呢？首先是正常的业务逻辑要保证测试到，其次是边界条件要测试到，然后是异常要测试到，比较重要的方法的测试方法甚至有十多种，而且单元测试是对类的测试，类中的方法耦合是允许的，在这样的条件下，如果再想着通过修改一个方法或多个方法代码来完成变化，基本上就是痴人说梦，该类的所有测试方法都要重构，想象一下你在一堆你并不熟悉的代码中进行重构时的感觉吧！

在书店售书的例子中，增加了一个打折销售的需求，如果我们直接修改getPrice方法来实现业务需求的变化，那就要修改单元测试类。想想看，我们举的这个例子是非常简单的，如果是一个复杂的逻辑，你的测试类就要修改得面目全非。还有，在实际的项目中，一个类一般只有一个测试类，其中可以有很多的测试方法，在一堆本来就很复杂的断言中进行大量修改，难

免会出现测试遗漏情况，这是项目经理很难容忍的事情。

所以，我们需要通过扩展来实现业务逻辑的变化，而不是修改。上面的例子中通过增加一个子类OffNovelBook来完成了业务需求的变化，这对测试有什么好处呢？我们重新生成一个测试文件OffNovelBookTest，然后对getPrice进行测试，单元测试是孤立测试，只要保证我提供的方法正确就成了，其他的我不管，OffNovelBookTest如代码清单6-7所示。

代码清单6-7　打折销售的小说类单元测试

```
public class OffNovelBookTest extends TestCase {
    private IBook below40NovelBook = new OffNovelBook("平凡的世界",3000,"路遥");
    private IBook above40NovelBook = new OffNovelBook("平凡的世界",6000,"路遥");
    //测试低于40元的数据是否是打8折
    public void testGetPriceBelow40() {
            super.assertEquals(2400, this.below40NovelBook.getPrice());
    }
    //测试大于40的书籍是否打9折
    public void testGetPriceAbove40(){
            super.assertEquals(5400, this.above40NovelBook.getPrice());
    }
}
```

新增加的类，新增加的测试方法，只要保证新增加类是正确的就可以了。

2. 开闭原则可以提高复用性

在面向对象的设计中，所有的逻辑都是从原子逻辑组合而来的，而不是在一个类中独立实现一个业务逻辑。只有这样代码才可以复用，粒度越小，被复用的可能性就越大。那为什么要复用呢？减少代码量，避免相同的逻辑分散在多个角落，避免日后的维护人员为了修改一个微小的缺陷或增加新功能而要在整个项目中到处查找相关的代码，然后发出对开发人员"极度失望"的感慨。那怎么才能提高复用率呢？缩小逻辑粒度，直到一个逻辑不可再拆分为止。

3. 开闭原则可以提高可维护性

一款软件投产后，维护人员的工作不仅仅是对数据进行维护，还可能要对程序进行扩展，维护人员最乐意做的事情就是扩展一个类，而不是修改一个类，甭管原有的代码写得多么优秀还是多么糟糕，让维护人员读懂原有的代码，然后再修改，是一件很痛苦的事情，不要让他在原有的代码海洋里游弋完毕后再修改，那是对维护人员的一种折磨和摧残。

4. 面向对象开发的要求

万物皆对象，我们需要把所有的事物都抽象成对象，然后针对对象进行操作，但是万物皆运动，有运动就有变化，有变化就要有策略去应对，怎么快速应对呢？这就需要在设计之初考虑到所有可能变化的因素，然后留下接口，等待"可能"转变为"现实"。

6.4　如何使用开闭原则

开闭原则是一个非常虚的原则，前面5个原则是对开闭原则的具体解释，但是开闭原则并不局限于这么多，它"虚"得没有边界，就像"好好学习，天天向上"的口号一样，告诉我们要好好学习，但是学什么，怎么学并没有告诉我们，需要去体会和掌握，开闭原则也是一个口号，那我们怎么把这个口号应用到实际工作中呢？

1. 抽象约束

抽象是对一组事物的通用描述，没有具体的实现，也就表示它可以有非常多的可能性，可以跟随需求的变化而变化。因此，通过接口或抽象类可以约束一组可能变化的行为，并且能够实现对扩展开放，其包含三层含义：第一，通过接口或抽象类约束扩展，对扩展进行边界限定，不允许出现在接口或抽象类中不存在的public方法；第二，参数类型、引用对象尽量使用接口或者抽象类，而不是实现类；第三，抽象层尽量保持稳定，一旦确定即不允许修改。还是以书店为例，目前只是销售小说类书籍，单一经营毕竟是有风险的，于是书店新增加了计算机书籍，它不仅包含书籍名称、作者、价格等信息，还有一个独特的属性：面向的是什么领域，也就是它的范围，比如是和编程语言相关的，还是和数据库相关的，等等，修改后的类图如图6-3所示。

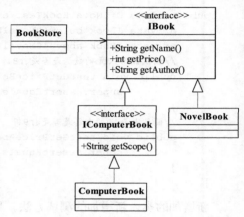

图6-3　增加业务品种后的书店售书类图

增加了一个接口IComputerBook和实现类Computer-Book，而BookStore不用做任何修改就可以完成书店销售计算机书籍的业务。计算机书籍接口如代码清单6-8所示。

代码清单6-8　计算机书籍接口

```
public interface IComputerBook extends IBook{
    //计算机书籍是有一个范围
    public String getScope();
}
```

很简单，计算机书籍增加了一个方法，就是获得该书籍的范围，同时继承IBook接口，毕竟计算机书籍也是书籍，其实现如代码清单6-9所示。

代码清单6-9　计算机书籍类

```
public class ComputerBook implements IComputerBook {
    private String name;
    private String scope;
    private String author;
    private int price;
    public ComputerBook(String _name,int _price,String _author,String _scope){
        this.name=_name;
        this.price = _price;
        this.author = _author;
        this.scope = _scope;
    }
```

```java
public String getScope() {
        return this.scope;
}
public String getAuthor() {
        return this.author;
}
public String getName() {
        return this.name;
}
public int getPrice() {
        return this.price;
}
```

这也很简单，实现IComputerBook就可以，而BookStore类没有做任何的修改，只是在static静态模块中增加一条数据，如代码清单6-10所示。

代码清单6-10 书店销售计算机书籍

```java
public class BookStore {
        private final static ArrayList<IBook> bookList = new ArrayList<IBook>();
        //static静态模块初始化数据，实际项目中一般是由持久层完成
        static{
                bookList.add(new NovelBook("天龙八部",3200,"金庸"));
                bookList.add(new NovelBook("巴黎圣母院",5600,"雨果"));
                bookList.add(new NovelBook("悲惨世界",3500,"雨果"));
                bookList.add(new NovelBook("金瓶梅",4300,"兰陵笑笑生"));
                //增加计算机书籍
                bookList.add(new ComputerBook("Think in Java",4300,"Bruce Eckel","
                编程语言"));
        }
        //模拟书店卖书
        public static void main(String[] args) {
                NumberFormat formatter = NumberFormat.getCurrencyInstance();
                formatter.setMaximumFractionDigits(2);
                System.out.println("-----------书店卖出去的书籍记录如下：-----------");
                for(IBook book:bookList){
                        System.out.println("书籍名称：" + book.getName()+"\t书籍作者：
                        " + book.getAuthor()+ "\t书籍价格：" + formatter.format
                        (book.getPrice()/100.0)+"元");
                }
        }
}
```

书店开始销售计算机书籍，运行结果如下所示。

```
-------------书店卖出去的书籍记录如下：--------------------
书籍名称：天龙八部          书籍作者：金庸          书籍价格：￥32.00元
```

书籍名称：巴黎圣母院	书籍作者：雨果	书籍价格：¥56.00元
书籍名称：悲惨世界	书籍作者：雨果	书籍价格：¥35.00元
书籍名称：金瓶梅	书籍作者：兰陵笑笑生	书籍价格：¥43.00元
书籍名称：Think in Java	书籍作者：Bruce Eckel	书籍价格：¥43.00元

如果我是负责维护的，我就非常乐意做这样的事情，简单而且不需要与其他的业务进行耦合。我唯一需要做的事情就是在原有的代码上添砖加瓦，然后就可以实现业务的变化。我们来看看这段代码有哪几层含义。

首先，ComputerBook类必须实现IBook的三个方法，是通过IComputerBook接口传递进来的约束，也就是我们制定的IBook接口对扩展类ComputerBook产生了约束力，正是由于该约束力，BookStore类才不需要进行大量的修改。

其次，如果原有的程序设计采用的不是接口，而是实现类，那会出现什么问题呢？我们把BookStore类中的私有变量bookList修改一下，如下面的代码所示。

```
private final static ArrayList<NovelBook> bookList = new ArrayList<NovelBook>();
```

把原有IBook的依赖修改为对NovelBook实现类的依赖，想想看，我们这次的扩展是否还能继续下去呢？一旦这样设计，我们就根本没有办法扩展，需要修改原有的业务逻辑（也就是main方法），这样的扩展基本上就是形同虚设。

最后，如果我们在IBook上增加一个方法getScope，是否可以呢？答案是不可以，因为原有的实现类NovelBook已经在投产运行中，它不需要该方法，而且接口是与其他模块交流的契约，修改契约就等于让其他模块修改。因此，接口或抽象类一旦定义，就应该立即执行，不能有修改接口的思想，除非是彻底的大返工。

所以，要实现对扩展开放，首要的前提条件就是抽象约束。

2. 元数据（metadata）控制模块行为

编程是一个很苦很累的活，那怎么才能减轻我们的压力呢？答案是尽量使用元数据来控制程序的行为，减少重复开发。什么是元数据？用来描述环境和数据的数据，通俗地说就是配置参数，参数可以从文件中获得，也可以从数据库中获得。举个非常简单的例子，login方法中提供了这样的逻辑：先检查IP地址是否在允许访问的列表中，然后再决定是否需要到数据库中验证密码（如果采用SSH架构，则可以通过Struts的拦截器来实现），该行为就是一个典型的元数据控制模块行为的例子，其中达到极致的就是控制反转（Inversion of Control），使用最多的就是Spring容器，在SpringContext配置文件中，基本配置如代码清单6-11所示。

代码清单6-11　SpringContext的基本配置文件

```
<bean id="father" class="xxx.xxx.xxx.Father" />
<bean id="xx" class="xxx.xxx.xxx.xxx">
      <property name="biz" ref="father"></property>
</bean>
```

然后，通过建立一个Father类的子类Son，完成一个新的业务，同时修改SpringContext文件，修改后的文件如代码清单6-12所示。

代码清单6-12　扩展后的SpringContext配置文件

```
<bean id="son" class="xxx.xxx.xxx.Son" />
<bean id="xx" class="xxx.xxx.xxx.xxx">
        <property name="biz" ref="son"></property>
</bean>
```

通过扩展一个子类，修改配置文件，完成了业务变化，这也是采用框架的好处。

3. 制定项目章程

在一个团队中，建立项目章程是非常重要的，因为章程中指定了所有人员都必须遵守的约定，对项目来说，约定优于配置。相信大家都做过项目，会发现一个项目会产生非常多的配置文件。举个简单的例子，以SSH项目开发为例，一个项目中的Bean配置文件就非常多，管理非常麻烦。如果需要扩展，就需要增加子类，并修改SpringContext文件。然而，如果你在项目中指定这样一个章程：所有的Bean都自动注入，使用Annotation进行装配，进行扩展时，甚至只用写一个子类，然后由持久层生成对象，其他的都不需要修改，这就需要项目内约束，每个项目成员都必须遵守，该方法需要一个团队有较高的自觉性，需要一个较长时间的磨合，一旦项目成员都熟悉这样的规则，比通过接口或抽象类进行约束效率更高，而且扩展性一点也没有减少。

4. 封装变化

对变化的封装包含两层含义：第一，将相同的变化封装到一个接口或抽象类中；第二，将不同的变化封装到不同的接口或抽象类中，不应该有两个不同的变化出现在同一个接口或抽象类中。封装变化，也就是受保护的变化（protected variations），找出预计有变化或不稳定的点，我们为这些变化点创建稳定的接口，准确地讲是封装可能发生的变化，一旦预测到或"第六感"发觉有变化，就可以进行封装，23个设计模式都是从各个不同的角度对变化进行封装的，我们会在各个模式中逐步讲解。

6.5　最佳实践

软件设计最大的难题就是应对需求的变化，但是纷繁复杂的需求变化又是不可预料的。我们要为不可预料的事情做好准备，这本身就是一件非常痛苦的事情，但是大师们还是给我们提出了非常好的6大设计原则以及23个设计模式来"封装"未来的变化，我们在前5章中讲过如下设计原则。

❑ Single Responsibility Principle：单一职责原则
❑ Open Closed Principle：开闭原则
❑ Liskov Substitution Principle：里氏替换原则
❑ Law of Demeter：迪米特法则
❑ Interface Segregation Principle：接口隔离原则
❑ Dependence Inversion Principle：依赖倒置原则

把这6个原则的首字母（里氏替换原则和迪米特法则的首字母重复，只取一个）联合起来就是SOLID（solid，稳定的），其代表的含义也就是把这6个原则结合使用的好处：建立稳定、灵活、健壮的设计，而开闭原则又是重中之重，是最基础的原则，是其他5大原则的精神领袖。我们在使用开闭原则时要注意以下几个问题。

❑ 开闭原则也只是一个原则

开闭原则只是精神口号，实现拥抱变化的方法非常多，并不局限于这6大设计原则，但是遵循这6大设计原则基本上可以应对大多数变化。因此，我们在项目中应尽量采用这6大原则，适当时候可以进行扩充，例如通过类文件替换的方式完全可以解决系统中的一些缺陷。大家在开发中比较常用的修复缺陷的方法就是类替换，比如一个软件产品已经在运行中，发现了一个缺陷，需要修正怎么办？如果有自动更新功能，则可以下载一个.class文件直接覆盖原有的class，重新启动应用（也不一定非要重新启动）就可以解决问题，也就是通过类文件的替换方式修正了一个缺陷，当然这种方式也可以应用到项目中，正在运行中的项目发现需要增加一个新功能，通过修改原有实现类的方式就可以解决这个问题，前提条件是：类必须做到高内聚、低耦合，否则类文件的替换会引起不可预料的故障。

❑ 项目规章非常重要

如果你是一位项目经理或架构师，应尽量让自己的项目成员稳定，稳定后才能建立高效的团队文化，章程是一个团队所有成员共同的知识结晶，也是所有成员必须遵守的约定。优秀的章程能带给项目带来非常多的好处，如提高开发效率、降低缺陷率、提高团队士气、提高技术成员水平，等等。

❑ 预知变化

在实践中过程中，架构师或项目经理一旦发现有发生变化的可能，或者变化曾经发生过，则需要考虑现有的架构是否可以轻松地实现这一变化。架构师设计一套系统不仅要符合现有的需求，还要适应可能发生的变化，这才是一个优良的架构。

开闭原则是一个终极目标，任何人包括大师级人物都无法百分之百做到，但朝这个方向努力，可以非常显著地改善一个系统的架构，真正做到"拥抱变化"。

第二部分

真刀实枪
——23种设计模式完美演绎

第 7 章

单 例 模 式

7.1 我是皇帝我独苗

自从秦始皇确立了皇帝这个位置以后，同一时期基本上就只有一个人孤零零地坐在这个位置。这种情况下臣民们也好处理，大家叩拜、谈论的时候只要提及皇帝，每个人都知道指的是谁，而不用在皇帝前面加上特定的称呼，如张皇帝、李皇帝。这一个过程反应到设计领域就是，要求一个类只能生成一个对象（皇帝），所有对象对它的依赖都是相同的，因为只有一个对象，大家对它的脾气和习性都非常了解，建立健壮稳固的关系，我们把皇帝这种特殊职业通过程序来实现。

皇帝每天要上朝接待臣子、处理政务，臣子每天要叩拜皇帝，皇帝只能有一个，也就是一个类只能产生一个对象，该怎么实现呢？对象产生是通过new关键字完成的（当然也有其他方式，比如对象复制、反射等），这个怎么控制呀，但是大家别忘记了构造函数，使用new关键字创建对象时，都会根据输入的参数调用相应的构造函数，如果我们把构造函数设置为private私有访问权限不就可以禁止外部创建对象了吗？臣子叩拜唯一皇帝的过程类图如图7-1所示。

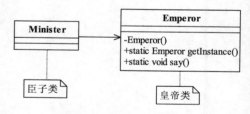

图7-1 臣子叩拜皇帝类图

只有两个类，Emperor代表皇帝类，Minister代表臣子类，关联到皇帝类非常简单。Emperor如代码清单7-1所示。

代码清单7-1 皇帝类

```java
public class Emperor {
    private static final Emperor emperor =new Emperor();  //初始化一个皇帝
    private Emperor(){
            //世俗和道德约束你，目的就是不希望产生第二个皇帝
    }
    public static Emperor getInstance(){
            return emperor;
    }
```

```
        //皇帝发话了
        public static void say(){
                System.out.println("我就是皇帝某某某....");
        }
}
```

通过定义一个私有访问权限的构造函数，避免被其他类new出来一个对象，而Emperor自己则可以new一个对象出来，其他类对该类的访问都可以通过getInstance获得同一个对象。

皇帝有了，臣子要出场，其类如代码清单7-2所示。

代码清单7-2 臣子类

```
public class Minister {
    public static void main(String[] args) {
            for(int day=0;day<3;day++){
                    Emperor  emperor=Emperor.getInstance();
                    emperor.say();
            }
            //三天见的皇帝都是同一个人，荣幸吧!
    }
}
```

臣子参拜皇帝的运行结果如下所示。

我就是皇帝某某某....
我就是皇帝某某某....
我就是皇帝某某某....

臣子天天要上朝参见皇帝，今天参拜的皇帝应该和昨天、前天的一样（过渡期的不考虑，别找茬哦），大臣磕完头，抬头一看，嗨，还是昨天那个皇帝，老熟人了，容易讲话，这就是单例模式。

7.2 单例模式的定义

单例模式（Singleton Pattern）是一个比较简单的模式，其定义如下：

Ensure a class has only one instance, and provide a global point of access to it. （确保某一个类只有一个实例，而且自行实例化并向整个系统提供这个实例。）

单例模式的通用类图如图7-2所示。

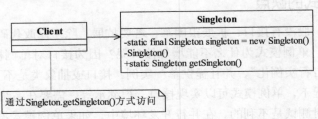

图7-2 单例模式通用类图

Singleton类称为单例类，通过使用private的构造函数确保了在一个应用中只产生一个实例，并且是自行实例化的（在Singleton中自己使用new Singleton()）。单例模式的通用源代码如代码清单7-3所示。

代码清单7-3　单例模式通用代码

```java
public class Singleton {
    private static final Singleton singleton = new Singleton();
    //限制产生多个对象
    private Singleton(){
    }
    //通过该方法获得实例对象
    public static Singleton getSingleton(){
            return singleton;
    }
    //类中其他方法，尽量是static
    public static void doSomething(){
    }
}
```

7.3　单例模式的应用

7.3.1　单例模式的优点

❑ 由于单例模式在内存中只有一个实例，减少了内存开支，特别是一个对象需要频繁地创建、销毁时，而且创建或销毁时性能又无法优化，单例模式的优势就非常明显。

❑ 由于单例模式只生成一个实例，所以减少了系统的性能开销，当一个对象的产生需要比较多的资源时，如读取配置、产生其他依赖对象时，则可以通过在应用启动时直接产生一个单例对象，然后用永久驻留内存的方式来解决（在Java EE中采用单例模式时需要注意JVM垃圾回收机制）。

❑ 单例模式可以避免对资源的多重占用，例如一个写文件动作，由于只有一个实例存在内存中，避免对同一个资源文件的同时写操作。

❑ 单例模式可以在系统设置全局的访问点，优化和共享资源访问，例如可以设计一个单例类，负责所有数据表的映射处理。

7.3.2　单例模式的缺点

❑ 单例模式一般没有接口，扩展很困难，若要扩展，除了修改代码基本上没有第二种途径可以实现。单例模式为什么不能增加接口呢？因为接口对单例模式是没有任何意义的，它要求"自行实例化"，并且提供单一实例、接口或抽象类是不可能被实例化的。当然，在特殊情况下，单例模式可以实现接口、被继承等，需要在系统开发中根据环境判断。

❑ 单例模式对测试是不利的。在并行开发环境中，如果单例模式没有完成，是不能进行测试的，没有接口也不能使用mock的方式虚拟一个对象。

❏ 单例模式与单一职责原则有冲突。一个类应该只实现一个逻辑，而不关心它是否是单例的，是不是要单例取决于环境，单例模式把"要单例"和业务逻辑融合在一个类中。

7.3.3 单例模式的使用场景

在一个系统中，要求一个类有且仅有一个对象，如果出现多个对象就会出现"不良反应"，可以采用单例模式，具体的场景如下：

❏ 要求生成唯一序列号的环境；

❏ 在整个项目中需要一个共享访问点或共享数据，例如一个Web页面上的计数器，可以不用把每次刷新都记录到数据库中，使用单例模式保持计数器的值，并确保是线程安全的；

❏ 创建一个对象需要消耗的资源过多，如要访问IO和数据库等资源；

❏ 需要定义大量的静态常量和静态方法（如工具类）的环境，可以采用单例模式（当然，也可以直接声明为static的方式）。

7.3.4 单例模式的注意事项

首先，在高并发情况下，请注意单例模式的线程同步问题。单例模式有几种不同的实现方式，上面的例子不会出现产生多个实例的情况，但是如代码清单7-4所示的单例模式就需要考虑线程同步。

代码清单7-4　线程不安全的单例

```
public class Singleton {
    private static Singleton singleton = null;
    //限制产生多个对象
    private Singleton(){
    }
    //通过该方法获得实例对象
    public static Singleton getSingleton(){
            if(singleton == null){
                    singleton = new Singleton();
            }
            return singleton;
    }
}
```

该单例模式在低并发的情况下尚不会出现问题，若系统压力增大，并发量增加时则可能在内存中出现多个实例，破坏了最初的预期。为什么会出现这种情况呢？如一个线程A执行到singleton = new Singleton()，但还没有获得对象（对象初始化是需要时间的），第二个线程B也在执行，执行到（singleton == null）判断，那么线程B获得判断条件也是为真，于是继续运行下去，线程A获得了一个对象，线程B也获得了一个对象，在内存中就出现两个对象！

解决线程不安全的方法很多，可以在getSingleton方法前加synchronized关键字，也可以在getSingleton方法内增加synchronized来实现，但都不是最优秀的单例模式，建议读者使用如代码清单7-3所示的方式（有的书上把代码清单7-3中的单例称为饿汉式单例，在代码清单7-4中增加了synchronized的单例称为懒汉式单例）。

其次，需要考虑对象的复制情况。在Java中，对象默认是不可以被复制的，若实现了Cloneable接口，并实现了clone方法，则可以直接通过对象复制方式创建一个新对象，对象复制是不用调用类的构造函数，因此即使是私有的构造函数，对象仍然可以被复制。在一般情况下，类复制的情况不需要考虑，很少会出现一个单例类会主动要求被复制的情况，解决该问题的最好方法就是单例类不要实现Cloneable接口。

7.4　单例模式的扩展

如果一个类可以产生多个对象，对象的数量不受限制，则是非常容易实现的，直接使用new关键字就可以了，如果只需要一个对象，使用单例模式就可以了，但是如果要求一个类只能产生两三个对象呢？该怎么实现？我们还以皇帝为例来说明。

一般情况下，一个朝代的同一个时代只有一个皇帝，那有没有出现两个皇帝的情况呢？确实有，就出现在明朝，那三国期间的算不算？不算，各自称帝，各有各的地盘，国号不同。大家还记得《石灰吟》这首诗吗？作者是谁？于谦。他是被谁杀死的？明英宗朱祁镇。对，就是那个在土木堡之变中被瓦剌俘虏的皇帝，被俘房后，他弟弟朱祁钰当上了皇帝，就是明景帝，估计刚当上皇帝乐疯了，忘记把他哥哥朱祁镇升级为太上皇，在那个时期就出现了两个皇帝，这期间的大臣是非常郁闷的，为什么呀？因为可能出现今天参拜的皇帝和昨天的皇帝不相同，昨天给那个皇帝汇报，今天还要给这个皇帝汇报一遍，该情况的类图如图7-3所示。

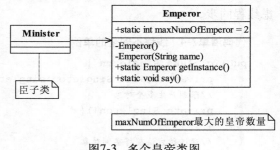

图7-3　多个皇帝类图

这个类图看起来还算简单，但是实现就有点复杂了。Emperor类如代码清单7-5所示。

代码清单7-5　固定数量的皇帝类

```java
public class Emperor {
    //定义最多能产生的实例数量
    private static int maxNumOfEmperor = 2;
    //每个皇帝都有名字，使用一个ArrayList来容纳，每个对象的私有属性
    private static ArrayList<String> nameList=new ArrayList<String>();
    //定义一个列表，容纳所有的皇帝实例
    private static ArrayList<Emperor> emperorList=new ArrayList<Emperor>();
    //当前皇帝序列号
    private static int countNumOfEmperor =0;
    //产生所有的对象
```

```
static{
        for(int i=0;i<maxNumOfEmperor;i++){
                emperorList.add(new Emperor("皇"+(i+1)+"帝"));
        }
    }
    private Emperor(){
            //世俗和道德约束你，目的就是不产生第二个皇帝
    }
    //传入皇帝名称，建立一个皇帝对象
    private Emperor(String name){
            nameList.add(name);
    }
    //随机获得一个皇帝对象
    public static Emperor getInstance(){
            Random random = new Random();
            //随机拉出一个皇帝，只要是个精神领袖就成
            countNumOfEmperor = random.nextInt(maxNumOfEmperor);
            return emperorList.get(countNumOfEmperor);
    }
    //皇帝发话了
    public static void say(){
            System.out.println(nameList.get(countNumOfEmperor));
    }
}
```

在Emperor中使用了两个ArrayList分别存储实例和实例变量。当然，如果考虑到线程安全问题可以使用Vector来代替。臣子参拜皇帝的过程如代码清单7-6所示。

代码清单7-6 臣子参拜皇帝的过程

```
public class Minister {
    public static void main(String[] args) {
            //定义5个大臣
            int ministerNum =5;
            for(int i=0;i<ministerNum;i++){
                    Emperor emperor = Emperor.getInstance();
                    System.out.print("第"+(i+1)+"个大臣参拜的是: ");
                    emperor.say();
            }
    }
}
```

大臣参拜皇帝的结果如下所示。

第1个大臣参拜的是: 皇1帝
第2个大臣参拜的是: 皇2帝
第3个大臣参拜的是: 皇1帝
第4个大臣参拜的是: 皇1帝
第5个大臣参拜的是: 皇2帝

看，果然每个大臣参拜的皇帝都可能不一样，大臣们就开始糊涂了，A大臣给皇1帝汇报了一件事情，皇2帝不知道，然后就开始怀疑大臣A是皇1帝的亲信，然后就想办法开始整……

这种需要产生固定数量对象的模式就叫做有上限的多例模式，它是单例模式的一种扩展，采用有上限的多例模式，我们可以在设计时决定在内存中有多少个实例，方便系统进行扩展，修正单例可能存在的性能问题，提供系统的响应速度。例如读取文件，我们可以在系统启动时完成初始化工作，在内存中启动固定数量的reader实例，然后在需要读取文件时就可以快速响应。

7.5   最佳实践

单例模式是23个模式中比较简单的模式，应用也非常广泛，如在Spring中，每个Bean默认就是单例的，这样做的优点是Spring容器可以管理这些Bean的生命期，决定什么时候创建出来，什么时候销毁，销毁的时候要如何处理，等等。如果采用非单例模式（Prototype类型），则Bean初始化后的管理交由J2EE容器，Spring容器不再跟踪管理Bean的生命周期。

第 8 章

工厂方法模式

8.1　女娲造人的故事

东汉《风俗通》记录了一则神话故事："开天辟地，未有人民，女娲搏黄土做人"，讲述的内容就是大家非常熟悉的女娲造人的故事。开天辟地之初，大地上并没有生物，只有苍茫大地，纯粹而洁净的自然环境，寂静而又寂寞，于是女娲决定创造一个新物种（即人类）来增加世界的繁荣，怎么制造呢？

别忘了女娲是神仙，没有办不到的事情，造人的过程是这样的：首先，女娲采集黄土捏成人的形状，然后放到八卦炉中烧制，最后放置到大地上生长，工艺过程是没有错的，但是意外随时都会发生：

第一次烤泥人，感觉应该熟了，往大地上一放，哇，没烤熟！于是一个白人诞生了！（这也是缺乏经验的最好证明。）

第二次烤泥人，上一次没烤熟，这次多烤一会儿，放到世间一看，嘿，熟过头了，于是黑人诞生了！

第三次烤泥人，一边烧制一边察看，直到表皮微黄，嘿，刚刚好，于是黄色人种出现了！

这个造人过程是比较有意思的，是不是可以通过软件开发来实现这个过程呢？古人云："三人行，必有我师焉"，在面向对象的思维中，万物皆对象，是对象我们就可以通过软件设计来实现。首先对造人过程进行分析，该过程涉及三个对象：女娲、八卦炉、三种不同肤色的人。女娲可以使用场景类Client来表示，八卦炉类似于一个工厂，负责制造生产产品（即人类），三种不同肤色的人，他们都是同一个接口下的不同实现类，都是人嘛，只是肤色、语言不同，对于八卦炉来说都是它生产出的产品。分析完毕，我们就可以画出如图8-1所示的类图。

类图比较简单，AbstractHumanFactory是一个抽象类，定义了一个八卦炉具有的整体功能，HumanFactory为实现类，完成具体的任务——创建人类；Human接口是人类的总称，其三个实现类分别为三类人种；NvWa类是一个场景类，负责模拟这个场景，执行相关的任务。

我们定义的每个人种都有两个方法：getColor（获得人的皮肤颜色）和talk（交谈），其源代码如代码清单8-1所示。

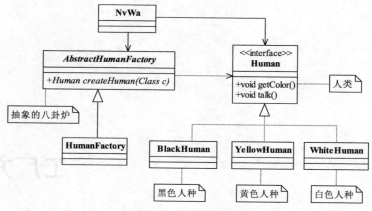

图8-1 女娲造人类图

代码清单8-1 人类总称

```
public interface Human {
        //每个人种的皮肤都有相应的颜色
        public void getColor();
        //人类会说话
        public void talk();
}
```

接口Human是对人类的总称，每个人种都至少具有两个方法，黑色人种、黄色人种、白色人种的代码分别如代码清单8-2、代码清单8-3、代码清单8-4所示。

代码清单8-2 黑色人种

```
public class BlackHuman implements Human {
        public void getColor(){
                System.out.println("黑色人种的皮肤颜色是黑色的！");
        }
        public void talk() {
                System.out.println("黑人会说话，一般人听不懂。");
        }
}
```

代码清单8-3 黄色人种

```
public class YellowHuman implements Human {
        public void getColor(){
                System.out.println("黄色人种的皮肤颜色是黄色的！");
        }
        public void talk() {
                System.out.println("黄色人种会说话，一般说的都是双字节。");
        }
}
```

代码清单8-4 白色人种

```
public class WhiteHuman implements Human {
    public void getColor(){
        System.out.println("白色人种的皮肤颜色是白色的！");
    }
    public void talk() {
        System.out.println("白色人种会说话，一般都是但是单字节。");
    }
}
```

所有的人种定义完毕，下一步就是定义一个八卦炉，然后烧制人类。我们想象一下，女娲最可能给八卦炉下达什么样的生产命令呢？应该是"给我生产出一个黄色人种（YellowHuman类）"，而不会是"给我生产一个会走、会跑、会说话、皮肤是黄色的人种"，因为这样的命令增加了交流的成本，作为一个生产的管理者，只要知道生产什么就可以了，而不需要事物的具体信息。通过分析，我们发现八卦炉生产人类的方法输入参数类型应该是Human接口的实现类，这也解释了为什么类图上的AbstractHumanFactory抽象类中createHuman方法的参数为Class类型。其源代码如代码清单8-5所示。

代码清单8-5 抽象人类创建工厂

```
public abstract class AbstractHumanFactory {
    public abstract <T extends Human> T createHuman(Class<T> c);
}
```

注意，我们在这里采用了泛型（Generic），通过定义泛型对createHuman的输入参数产生两层限制：

❑ 必须是Class类型；
❑ 必须是Human的实现类。

其中的"T"表示的是，只要实现了Human接口的类都可以作为参数，泛型是JDK 1.5中的一个非常重要的新特性，它减少了对象间的转换，约束其输入参数类型，对Collection集合下的实现类都可以定义泛型。有关泛型的详细知识，请参考相关的Java语法文档。

目前女娲只有一个八卦炉，其实现生产人类的方法，如代码清单8-6所示。

代码清单8-6 人类创建工厂

```
public class HumanFactory extends AbstractHumanFactory {
    public <T extends Human> T createHuman(Class<T> c){
        //定义一个生产的人种
        Human human=null;
        try {
            //产生一个人种
            human = (T)Class.forName(c.getName()).newInstance();
        } catch (Exception e) {
            System.out.println("人种生成错误！");
        }
```

```
                return (T)human;
        }
    }
```

人种有了，八卦炉也有了，剩下的工作就是女娲采集黄土，然后命令八卦炉开始生产，其
过程如代码清单8-7所示。

代码清单8-7　女娲类

```
public class NvWa {
    public static void main(String[] args) {
            //声明阴阳八卦炉
            AbstractHumanFactory YinYangLu = new HumanFactory();
            //女娲第一次造人，火候不足，于是白人产生了
            System.out.println("--造出的第一批人是白色人种--");
            Human whiteHuman = YinYangLu.createHuman(WhiteHuman.class);
            whiteHuman.getColor();
            whiteHuman.talk();
            //女娲第二次造人，火候过足，于是黑人产生了
            System.out.println("\n--造出的第二批人是黑色人种--");
            Human blackHuman = YinYangLu.createHuman(BlackHuman.class);
            blackHuman.getColor();
            blackHuman.talk();
            //第三次造人，火候刚刚好，于是黄色人种产生了
            System.out.println("\n--造出的第三批人是黄色人种--");
            Human yellowHuman = YinYangLu.createHuman(YellowHuman.class);
            yellowHuman.getColor();
            yellowHuman.talk();
    }
}
```

人种有了，八卦炉有了，负责生产的女娲也有了，激动人心的时刻到来了，我们运行一下，
结果如下所示。

```
--造出的第一批人是白色人种--
白色人种的皮肤颜色是白色的！
白色人种会说话，一般都是单字节。
--造出的第二批人是黑色人种--
黑色人种的皮肤颜色是黑色的！
黑人会说话，一般人听不懂。
--造出的第三批人是黄色人种--
黄色人种的皮肤颜色是黄色的！
黄色人种会说话，一般说的都是双字节。
```

哇，人类的生产过程就展现出来了！这个世界就热闹起来了，黑人、白人、黄人都开始活
动了，这也正是我们现在的真实世界。以上就是工厂方法模式（没错，对该部分有疑问，请继
续阅读下去）。

8.2 工厂方法模式的定义

工厂方法模式使用的频率非常高，在我们日常的开发中总能见到它的身影。其定义为：

Define an interface for creating an object, but let subclasses decide which class to instantiate. Factory Method lets a class defer instantiation to subclasses.

（定义一个用于创建对象的接口，让子类决定实例化哪一个类。工厂方法使一个类的实例化延迟到其子类。）

工厂方法模式的通用类图如图8-2所示。

在工厂方法模式中，抽象产品类Product负责定义产品的共性，实现对事物最抽象的定义；Creator为抽象创建类，也就是抽象工厂，具体如何创建产品类是由具体的实现工厂ConcreteCreator完成的。工厂方法模式的变种较多，我们来看一个比较实用的通用源码。

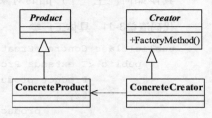

图8-2 工厂方法模式通用类图

抽象产品类代码如代码清单8-8所示。

代码清单8-8 抽象产品类

```
public abstract class Product {
    //产品类的公共方法
    public void method1(){
        //业务逻辑处理
    }
    //抽象方法
    public abstract void method2();
}
```

具体的产品类可以有多个，都继承于抽象产品类，其源代码如代码清单8-9所示。

代码清单8-9 具体产品类

```
public class ConcreteProduct1 extends Product {
    public void method2() {
        //业务逻辑处理
    }
}
public class ConcreteProduct2 extends Product {
    public void method2() {
        //业务逻辑处理
    }
}
```

抽象工厂类负责定义产品对象的产生，源代码如代码清单8-10所示。

代码清单8-10 抽象工厂类

```
public abstract class Creator {
    /*
    * 创建一个产品对象，其输入参数类型可以自行设置
```

```
     * 通常为String、Enum、Class等，当然也可以为空
     */
    public abstract <T extends Product> T createProduct(Class<T> c);
}
```

具体如何产生一个产品的对象，是由具体的工厂类实现的，如代码清单8-11所示。

代码清单8-11　具体工厂类

```
public class ConcreteCreator extends Creator {
    public <T extends Product> T createProduct(Class<T> c){
        Product product=null;
        try {
            product = (Product)Class.forName(c.getName()).newInstance();
        } catch (Exception e) {
            //异常处理
        }
        return (T)product;
    }
}
```

场景类的调用方法如代码清单8-12所示。

代码清单8-12　场景类

```
public class Client {
    public static void main(String[] args) {
        Creator creator = new ConcreteCreator();
        Product product = creator.createProduct(ConcreteProduct1.class);
        /*
         * 继续业务处理
         */
    }
}
```

该通用代码是一个比较实用、易扩展的框架，读者可以根据实际项目需要进行扩展。

8.3　工厂方法模式的应用

8.3.1　工厂方法模式的优点

首先，良好的封装性，代码结构清晰。一个对象创建是有条件约束的，如一个调用者需要一个具体的产品对象，只要知道这个产品的类名（或约束字符串）就可以了，不用知道创建对象的艰辛过程，降低模块间的耦合。

其次，工厂方法模式的扩展性非常优秀。在增加产品类的情况下，只要适当地修改具体的工厂类或扩展一个工厂类，就可以完成"拥抱变化"。例如在我们的例子中，需要增加一个棕色人种，则只需要增加一个BrownHuman类，工厂类不用任何修改就可完成系统扩展。

再次，屏蔽产品类。这一特点非常重要，产品类的实现如何变化，调用者都不需要关心，它只需要关心产品的接口，只要接口保持不变，系统中的上层模块就不要发生变化。因为产品类的实例化工作是由工厂类负责的，一个产品对象具体由哪一个产品生成是由工厂类决定的。在数据库开发中，大家应该能够深刻体会到工厂方法模式的好处：如果使用JDBC连接数据库，数据库从MySQL切换到Oracle，需要改动的地方就是切换一下驱动名称（前提条件是SQL语句是标准语句），其他的都不需要修改，这是工厂方法模式灵活性的一个直接案例。

最后，工厂方法模式是典型的解耦框架。高层模块值需要知道产品的抽象类，其他的实现类都不用关心，符合迪米特法则，我不需要的就不要去交流；也符合依赖倒置原则，只依赖产品类的抽象；当然也符合里氏替换原则，使用产品子类替换产品父类，没问题！

8.3.2　工厂方法模式的使用场景

首先，工厂方法模式是new一个对象的替代品，所以在所有需要生成对象的地方都可以使用，但是需要慎重地考虑是否要增加一个工厂类进行管理，增加代码的复杂度。

其次，需要灵活的、可扩展的框架时，可以考虑采用工厂方法模式。万物皆对象，那万物也就皆产品类，例如需要设计一个连接邮件服务器的框架，有三种网络协议可供选择：POP3、IMAP、HTTP，我们就可以把这三种连接方法作为产品类，定义一个接口如IConnectMail，然后定义对邮件的操作方法，用不同的方法实现三个具体的产品类（也就是连接方式）再定义一个工厂方法，按照不同的传入条件，选择不同的连接方式。如此设计，可以做到完美的扩展，如某些邮件服务器提供了WebService接口，很好，我们只要增加一个产品类就可以了。

再次，工厂方法模式可以用在异构项目中，例如通过WebService与一个非Java的项目交互，虽然WebService号称是可以做到异构系统的同构化，但是在实际的开发中，还是会碰到很多问题，如类型问题、WSDL文件的支持问题，等等。从WSDL中产生的对象都认为是一个产品，然后由一个具体的工厂类进行管理，减少与外围系统的耦合。

最后，可以使用在测试驱动开发的框架下。例如，测试一个类A，就需要把与类A有关联关系的类B也同时产生出来，我们可以使用工厂方法模式把类B虚拟出来，避免类A与类B的耦合。目前由于JMock和EasyMock的诞生，该使用场景已经弱化了，读者可以在遇到此种情况时直接考虑使用JMock或EasyMock。

8.4　工厂方法模式的扩展

工厂方法模式有很多扩展，而且与其他模式结合使用威力更大，下面将介绍4种扩展。

1. 缩小为简单工厂模式

我们这样考虑一个问题：一个模块仅需要一个工厂类，没有必要把它产生出来，使用静态的方法就可以了，根据这一要求，我们把上例中的AbstarctHumanFactory修改一下，类图如图8-3所示。

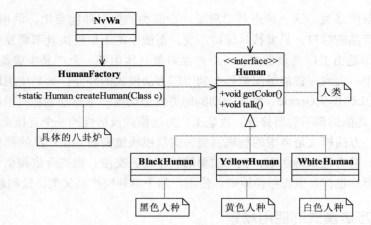

图8-3 简单工厂模式类图

我们在类图中去掉了AbstractHumanFactory抽象类，同时把createHuman方法设置为静态类型，简化了类的创建过程，变更的源码仅仅是HumanFactory和NvWa类，HumanFactory如代码清单8-13所示。

代码清单8-13 简单工厂模式中的工厂类

```java
public class HumanFactory {
    public static <T extends Human> T createHuman(Class<T> c){
        //定义一个生产出的人种
        Human human=null;
        try {
            //产生一个人种
            human = (Human)Class.forName(c.getName()).newInstance();
        } catch (Exception e) {
            System.out.println("人种生成错误!");
        }
        return (T)human;
    }
}
```

HumanFactory类仅有两个地方发生变化：去掉继承抽象类，并在createHuman前增加static关键字；工厂类发生变化，也同时引起了调用者NvWa的变化，如代码清单8-14示。

代码清单8-14 简单工厂模式中的场景类

```java
public class NvWa {
    public static void main(String[] args) {
        //女娲第一次造人，火候不足，于是白色人种产生了
        System.out.println("--造出的第一批人是白色人种--");
        Human whiteHuman = HumanFactory.createHuman(WhiteHuman.class);
        whiteHuman.getColor();
        whiteHuman.talk();
        //女娲第二次造人，火候过足，于是黑色人种产生了
```

```
System.out.println("\n--造出的第二批人是黑色人种--");
Human blackHuman = HumanFactory.createHuman(BlackHuman.class);
blackHuman.getColor();
blackHuman.talk();
//第三次造人，火候刚刚好，于是黄色人种产生了
System.out.println("\n--造出的第三批人是黄色人种--");
Human yellowHuman = HumanFactory.createHuman(YellowHuman.class);
yellowHuman.getColor();
yellowHuman.talk();
    }
}
```

运行结果没有发生变化，但是我们的类图变简单了，而且调用者也比较简单，该模式是工厂方法模式的弱化，因为简单，所以称为简单工厂模式（Simple Factory Pattern），也叫做静态工厂模式。在实际项目中，采用该方法的案例还是比较多的，其缺点是工厂类的扩展比较困难，不符合开闭原则，但它仍然是一个非常实用的设计模式。

2. 升级为多个工厂类

当我们在做一个比较复杂的项目时，经常会遇到初始化一个对象很耗费精力的情况，所有的产品类都放到一个工厂方法中进行初始化会使代码结构不清晰。例如，一个产品类有5个具体实现，每个实现类的初始化（不仅仅是new，初始化包括new一个对象，并对对象设置一定的初始值）方法都不相同，如果写在一个工厂方法中，势必会导致该方法巨大无比，那该怎么办？

考虑到需要结构清晰，我们就为每个产品定义一个创造者，然后由调用者自己去选择与哪个工厂方法关联。我们还是以女娲造人为例，每个人种都有一个固定的八卦炉，分别造出黑色人种、白色人种、黄色人种，修改后的类图如图8-4所示。

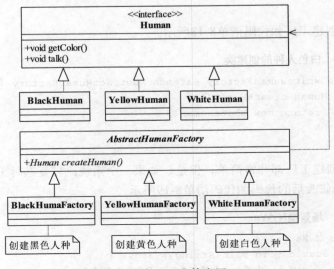

图8-4 多个工厂类的类图

每个人种（具体的产品类）都对应了一个创建者，每个创建者都独立负责创建对应的产品对象，非常符合单一职责原则，按照这种模式我们来看看代码变化。

多工厂模式的抽象工厂类如代码清单8-15所示。

代码清单8-15 多工厂模式的抽象工厂类

```
public abstract class AbstractHumanFactory {
    public abstract Human createHuman();
}
```

注意 抽象方法中已经不再需要传递相关参数了，因为每一个具体的工厂都已经非常明确自己的职责：创建自己负责的产品类对象。

黑色人种的创建工厂如代码清单8-16所示。

代码清单8-16 黑色人种的创建工厂实现

```
public class BlackHumanFactory extends AbstractHumanFactory {
    public Human createHuman() {
        return new BlackHuman();
    }
}
```

黄色人种的创建工厂如代码清单8-17所示。

代码清单8-17 黄色人种的创建类

```
public class YellowHumanFactory extends AbstractHumanFactory {
    public Human createHuman() {
        return new YellowHuman();
    }
}
```

白色人种的创建工厂如代码清单8-18所示。

代码清单8-18 白色人种的创建类

```
public class whiteHumanFactory extends AbstractHumanFactory {
    public Human createHuman() {
        return new WhiteHuman();
    }
}
```

三个具体的创建工厂都非常简单，但是，如果一个系统比较复杂时工厂类也会相应地变复杂。场景类NvWa修改后的代码如代码清单8-19所示。

代码清单8-19 场景类NvWa

```
public class NvWa {
    public static void main(String[] args) {
        //女娲第一次造人，火候不足，于是白色人种产生了
```

```
        System.out.println("--造出的第一批人是白色人种--");
        Human whiteHuman = (new WhiteHumanFactory()).createHuman();
        whiteHuman.getColor();
        whiteHuman.talk();
        //女娲第二次造人，火候过足，于是黑色人种产生了
        System.out.println("\n--造出的第二批人是黑色人种--");
        Human blackHuman = (new BlackHumanFactory()).createHuman();
        blackHuman.getColor();
        blackHuman.talk();
        //第三次造人，火候刚刚好，于是黄色人种产生了
        System.out.println("\n--造出的第三批人是黄色人种--");
        Human yellowHuman = (new YellowHumanFactory()).createHuman();
        yellowHuman.getColor();
        yellowHuman.talk();
    }
}
```

运行结果还是相同。我们回顾一下，每一个产品类都对应了一个创建类，好处就是创建类的职责清晰，而且结构简单，但是给可扩展性和可维护性带来了一定的影响。为什么这么说呢？如果要扩展一个产品类，就需要建立一个相应的工厂类，这样就增加了扩展的难度。因为工厂类和产品类的数量相同，维护时需要考虑两个对象之间的关系。

当然，在复杂的应用中一般采用多工厂的方法，然后再增加一个协调类，避免调用者与各个子工厂交流，协调类的作用是封装子工厂类，对高层模块提供统一的访问接口。

3. 替代单例模式

第7章讲述了单例模式以及扩展出的多例模式，并且指出了单例和多例的一些缺点，我们是不是可以采用工厂方法模式实现单例模式的功能呢？单例模式的核心要求就是在内存中只有一个对象，通过工厂方法模式也可以只在内存中生产一个对象，类图如图8-5所示。

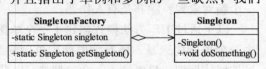

图8-5 工厂方法模式替代单例模式类图

非常简单的类图，Singleton定义了一个private的无参构造函数，目的是不允许通过new的方式创建一个对象，如代码清单8-20所示。

代码清单8-20 单例类

```
public class Singleton {
    //不允许通过new产生一个对象
    private Singleton(){
    }
    public void doSomething(){
            //业务处理
    }
}
```

Singleton保证不能通过正常的渠道建立一个对象，那SingletonFactory如何建立一个单例对

象呢？答案是通过反射方式创建，如代码清单8-21所示。

代码清单8-21 负责生成单例的工厂类

```java
public class SingletonFactory {
    private static Singleton singleton;
    static{
        try {
            Class cl= Class.forName(Singleton.class.getName());
            //获得无参构造
            Constructor constructor=cl.getDeclaredConstructor();
            //设置无参构造是可访问的
            constructor.setAccessible(true);
            //产生一个实例对象
            singleton = (Singleton)constructor.newInstance();
        } catch (Exception e) {
            //异常处理
        }
    }
    public static Singleton getSingleton(){
        return singleton;
    }
}
```

通过获得类构造器，然后设置访问权限，生成一个对象，然后提供外部访问，保证内存中的对象唯一。当然，其他类也可以通过反射的方式建立一个单例对象，确实如此，但是一个项目或团队是有章程和规范的，何况已经提供了一个获得单例对象的方法，为什么还要重新创建一个新对象呢？除非是有人作恶。

以上通过工厂方法模式创建了一个单例对象，该框架可以继续扩展，在一个项目中可以产生一个单例构造器，所有需要产生单例的类都遵循一定的规则（构造方法是private），然后通过扩展该框架，只要输入一个类型就可以获得唯一的一个实例。

4. 延迟初始化

何为延迟初始化（Lazy initialization）？一个对象被消费完毕后，并不立刻释放，工厂类保持其初始状态，等待再次被使用。延迟初始化是工厂方法模式的一个扩展应用，其通用类图如图8-6所示。

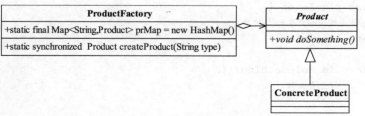

图8-6 延迟初始化的通用类图

ProductFactory负责产品类对象的创建工作，并且通过prMap变量产生一个缓存，对需要再次被重用的对象保留，Product和ConcreteProduct是一个示例代码，请参考代码清单8-8和代码清单8-9。ProductFactory如代码清单8-22所示。

代码清单8-22　延迟加载的工厂类

```java
public class ProductFactory {
    private static final Map<String,Product> prMap = new HashMap();
    public static synchronized  Product createProduct(String type) throws Exception{
            Product product =null;
            //如果Map中已经有这个对象
            if(prMap.containsKey(type)){
                    product = prMap.get(type);
            }else{
                    if(type.equals("Product1")){
                            product = new ConcreteProduct1();
                    }else{
                            product = new ConcreteProduct2();
                    }
                    //同时把对象放到缓存容器中
                    prMap.put(type,product);
            }
            return product;
    }
}
```

代码还比较简单，通过定义一个Map容器，容纳所有产生的对象，如果在Map容器中已经有的对象，则直接取出返回；如果没有，则根据需要的类型产生一个对象并放入到Map容器中，以方便下次调用。

延迟加载框架是可以扩展的，例如限制某一个产品类的最大实例化数量，可以通过判断Map中已有的对象数量来实现，这样的处理是非常有意义的，例如JDBC连接数据库，都会要求设置一个MaxConnections最大连接数量，该数量就是内存中最大实例化的数量。

延迟加载还可以用在对象初始化比较复杂的情况下，例如硬件访问，涉及多方面的交互，则可以通过延迟加载降低对象的产生和销毁带来的复杂性。

8.5　最佳实践

工厂方法模式在项目中使用得非常频繁，以至于很多代码中都包含工厂方法模式。该模式几乎尽人皆知，但不是每个人都能用得好。熟能生巧，熟练掌握该模式，多思考工厂方法如何应用，而且工厂方法模式还可以与其他模式混合使用（例如模板方法模式、单例模式、原型模式等），变化出无穷的优秀设计，这也正是软件设计和开发的乐趣所在。

第 9 章

抽象工厂模式

9.1　女娲的失误

第8章讲了女娲造人的故事。人是造出来了，世界也热闹了，可是低头一看，都是清一色的类型，缺少关爱、仇恨、喜怒哀乐等情绪，人类的生命太平淡了，女娲一想，猛然一拍脑袋，忘记给人类定义性别了，那怎么办？抹掉重来，于是人类经过一次大洗礼，所有的人种都消灭掉了，世界又是空无一物，寂静而又寂寞。

由于女娲之前的准备工作花费了非常大的精力，比如准备黄土、八卦炉等，从头开始建立所有的事物也是不可能的，那就想在现有的条件下重新造人，尽可能旧物利用嘛。人种（Product产品类）应该怎么改造呢？怎么才能让人类有爱有恨呢？是神仙当然有办法了，定义互斥的性别，然后在每个个体中埋下一颗种子：异性相吸，成熟后就一定会去找个异性（这就是我们说的爱情原动力）。从设计角度来看，一个具体的对象通过两个坐标就可以确定：肤色和性别，如图9-1所示。

产品类分析完毕了，生产的工厂类（八卦炉）该怎么改造呢？只有一个生产设备，要么生产出来的全都是男性，要么都是女性。那不行呀，这么翻天覆地的改造就是为了产生不同性别的人类。有办法了！把目前已经有的生产设备——八卦炉拆开，于是女娲就使用了"八卦复制术"，把

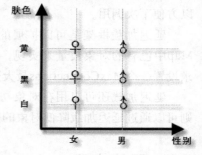

图9-1　肤色性别坐标图

原先的八卦炉一个变两个，并且略加修改，就成了女性八卦炉（只生产女性人种）和男性八卦炉（只生产男性人种），于是乎女娲就开始准备生产了，其类图如图9-2所示。

这个类图虽然大，但是比较简单。Java的典型类图，一个接口，多个抽象类，然后是N个实现类，每个人种都是一个抽象类，性别是在各个实现类中实现的。特别需要说明的是HumanFactory接口，在这个接口中定义了三个方法，分别用来生产三个不同肤色的人种，也就是我们在图9-1中的Y坐标，它的两个实现类分别是性别，也就是图9-1中的X坐标，通过X坐标（性别）和Y坐标（肤色）唯一确定了一个生产出来的对象。我们来看看相关的实现，Human接

口如代码清单9-1所示。

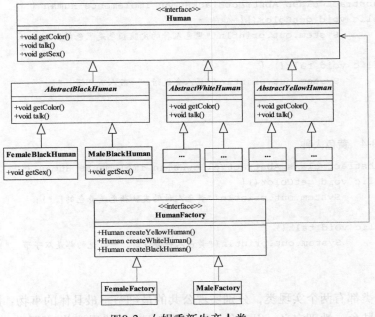

图9-2 女娲重新生产人类

代码清单9-1 人种接口

```
public interface Human {
        //每个人种都有相应的颜色
        public void getColor();
        //人类会说话
        public void talk();
        //每个人都有性别
        public void getSex();
}
```

人种有三个抽象类，负责人种的抽象属性定义：肤色和语言。白色人种、黑色人种、黄色人种分别如代码清单9-2、代码清单9-3、代码清单9-4所示。

代码清单9-2 白色人种

```
public abstract class AbstractWhiteHuman implements Human {
        //白色人种的皮肤颜色是白色的
        public void getColor(){
                System.out.println("白色人种的皮肤颜色是白色的！");
        }
        //白色人种讲话
        public void talk() {
                System.out.println("白色人种会说话，一般说的都是单字节。");
        }
}
```

代码清单9-3　黑色人种

```java
public abstract class AbstractBlackHuman implements Human {
    public void getColor(){
        System.out.println("黑色人种的皮肤颜色是黑色的！");
    }
    public void talk() {
        System.out.println("黑人会说话，一般人听不懂。");
    }
}
```

代码清单9-4　黄色人种

```java
public abstract class AbstractYellowHuman implements Human {
    public void getColor(){
        System.out.println("黄色人种的皮肤颜色是黄色的！");
    }
    public void talk() {
        System.out.println("黄色人种会说话，一般说的都是双字节。");
    }
}
```

每个抽象类都有两个实现类，分别实现公共的最细节、最具体的事物：肤色和语言。具体的实现类实现肤色、性别定义，以黄色女性人种为例，如代码清单9-5所示。

代码清单9-5　黄色女性人种

```java
public class FemaleYellowHuman extends AbstractYellowHuman {
    //黄人女性
    public void getSex() {
        System.out.println("黄人女性");
    }
}
```

黄色男性人种如代码清单9-6所示。

代码清单9-6　黄色男性人种

```java
public class MaleYellowHuman extends AbstractYellowHuman {
    //黄人男性
    public void getSex() {
        System.out.println("黄人男性");
    }
}
```

其他的黑色人种、白色人种的男性和女性的代码与此类似，不再重复编写。到此为止，我们已经把真实世界的人种都定义出来了，剩下的工作就是怎么制造人类。接口HumanFactory如代码清单9-7所示。

代码清单9-7 八卦炉定义

```
public interface HumanFactory {
        //制造一个黄色人种
        public Human createYellowHuman();
        //制造一个白色人种
        public Human createWhiteHuman();
        //制造一个黑色人种
        public Human createBlackHuman();
}
```

在接口中，我们看到八卦炉是可以生产出不同肤色人种的（当然了，女娲的失误嘛），那它有多少个八卦炉呢？两个，分别生产女性和男性，女性和男性八卦炉分别如代码清单9-8和代码清单9-9所示。

代码清单9-8 生产女性的八卦炉

```
public class FemaleFactory implements HumanFactory {
        //生产出黑人女性
        public Human createBlackHuman() {
                return new FemaleBlackHuman();
        }
        //生产出白人女性
        public Human createWhiteHuman() {
                return new FemaleWhiteHuman();
        }
        //生产出黄人女性
        public Human createYellowHuman() {
                return new FemaleYellowHuman();
        }
}
```

代码清单9-9 生产男性的八卦炉

```
public class MaleFactory implements HumanFactory {
        //生产出黑人男性
        public Human createBlackHuman() {
                return new MaleBlackHuman();
        }
        //生产出白人男性
        public Human createWhiteHuman() {
                return new MaleWhiteHuman();
        }
        //生产出黄人男性
        public Human createYellowHuman() {
                return new MaleYellowHuman();
        }
}
```

人种有了，八卦炉也有了，我们就来重现一下当年女娲造人的光景，如代码清单9-10所示。

代码清单9-10 女娲重造人类

```java
public class NvWa {
    public static void main(String[] args) {
        //第一条生产线，男性生产线
        HumanFactory maleHumanFactory = new MaleFactory();
        //第二条生产线，女性生产线
        HumanFactory femaleHumanFactory = new FemaleFactory();
        //生产线建立完毕，开始生产人了：
        Human maleYellowHuman = maleHumanFactory.createYellowHuman();
        Human femaleYellowHuman = femaleHumanFactory.createYellowHuman();
        System.out.println("---生产一个黄色女性---");
        femaleYellowHuman.getColor();
        femaleYellowHuman.talk();
        femaleYellowHuman.getSex();
        System.out.println("\n---生产一个黄色男性---");
        maleYellowHuman.getColor();
        maleYellowHuman.talk();
        maleYellowHuman.getSex();
        /*
         * ......
         * 后面继续创建
         */
    }
}
```

运行结果如下所示：

```
---生产一个黄色女性---
黄色人种的皮肤颜色是黄色的！
黄色人种会说话，一般说的都是双字节。
黄人女性
---生产一个黄色男性---
黄色人种的皮肤颜色是黄色的！
黄色人种会说话，一般说的都是双字节。
黄人男性
```

各种肤色的男性、女性都制造出来了，两性之间产生了相互吸引力，于是情感产生，这个世界就多了一种小说的题材"爱情"。回头来想想我们的设计，不知道大家有没有去过工厂，每个工厂分很多车间，每个车间又分多条生产线，分别生产不同的产品，我们可以把八卦炉比喻为车间，把八卦炉生产的工艺（生产白人、黑人还是黄人）称为生产线，如此来看就是一个女性生产车间，专门生产各种肤色的女性，一个是男性生产车间，专门生产各种肤色男性，生产完毕就可以在系统外组装，什么是组装？嘿嘿，自己思考！在这样的设计下，各个车间和各条生产线的职责非常明确，在车间内各个生产出来的产品可以有耦合关系，你要知道世界上黑、黄、白人种的比例是：1∶4∶6，那这就需要女娲娘娘在烧制的时候就要做好比例分配，在一个车间内协调好。这就是抽象工厂模式。

9.2　抽象工厂模式的定义

抽象工厂模式（Abstract Factory Pattern）是一种比较常用的模式，其定义如下：

Provide an interface for creating families of related or dependent objects without specifying their concrete classes.（为创建一组相关或相互依赖的对象提供一个接口，而且无须指定它们的具体类。）

抽象工厂模式的通用类图如图9-3所示。

抽象工厂模式是工厂方法模式的升级版本，在有多个业务品种、业务分类时，通过抽象工厂模式产生需要的对象是一种非常好的解决方式。我们来看看抽象工厂的通用源代码，首先有两个互相影响的产品线（也叫做产品族），例如制造汽车的左侧门和右侧门，这两个应该是数量相等的——两个对象之间的约束，每个型号的车门都是不一样的，这是产品等级结构约束的，我们先看看两个产品族的类图，如图9-4所示。

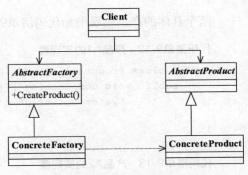

图9-3　抽象工厂模式的通用类图

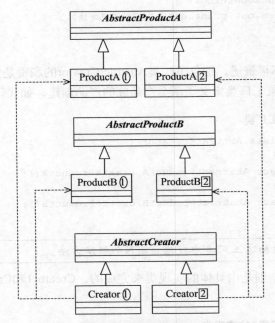

图9-4　抽象工厂模式的通用源码类图

注意类图上的圈圈、框框相对应，两个抽象的产品类可以有关系，例如共同继承或实现一个抽象类或接口，其源代码如代码清单9-11所示。

代码清单9-11 抽象产品类

```java
public abstract class AbstractProductA {
    //每个产品共有的方法
    public void shareMethod(){
    }
    //每个产品相同方法，不同实现
    public abstract void doSomething();
}
```

两个具体的产品实现类如代码清单9-12、代码清单9-13所示。

代码清单9-12 产品A1的实现类

```java
public class ProductA1 extends AbstractProductA {
    public void doSomething() {
        System.out.println("产品A1的实现方法");
    }
}
```

代码清单9-13 产品A2的实现类

```java
public class ProductA2 extends AbstractProductA {
    public void doSomething() {
        System.out.println("产品A2的实现方法");
    }
}
```

产品B与此类似，不再赘述。抽象工厂类AbstractCreator的职责是定义每个工厂要实现的功能，在通用代码中，抽象工厂类定义了两个产品族的产品创建，如代码清单9-14所示。

代码清单9-14 抽象工厂类

```java
public abstract class AbstractCreator {
    //创建A产品家族
    public abstract AbstractProductA createProductA();
    //创建B产品家族
    public abstract AbstractProductB createProductB();
}
```

注意 有N个产品族，在抽象工厂类中就应该有N个创建方法。

如何创建一个产品，则是由具体的实现类来完成的，Creator1和Creator2如代码清单9-15和代码清单9-16所示。

代码清单9-15 产品等级1的实现类

```java
public class Creator1 extends AbstractCreator {
    //只生产产品等级为1的A产品
    public AbstractProductA createProductA() {
        return new ProductA1();
    }
```

```
//只生产产品等级为1的B产品
public AbstractProductB createProductB() {
        return new ProductB1();
}
}
```

代码清单9-16 产品等级2的实现类

```
public class Creator2 extends AbstractCreator {
    //只生产产品等级为2的A产品
    public AbstractProductA createProductA() {
            return new ProductA2();
    }
    //只生产产品等级为2的B产品
    public AbstractProductB createProductB() {
            return new ProductB2();
    }
}
```

注意 有M个产品等级就应该有M个实现工厂类，在每个实现工厂中，实现不同产品族的生产任务。

在具体的业务中如何产生一个与实现无关的对象呢？如代码清单9-17所示。

代码清单9-17 场景类

```
public class Client {
    public static void main(String[] args) {
            //定义出两个工厂
            AbstractCreator creator1 = new Creator1();
            AbstractCreator creator2 = new Creator2();
            //产生A1对象
            AbstractProductA a1 =  creator1.createProductA();
            //产生A2对象
            AbstractProductA a2 = creator2.createProductA();
            //产生B1对象
            AbstractProductB b1 = creator1.createProductB();
            //产生B2对象
            AbstractProductB b2 = creator2.createProductB();
            /*
             * 然后在这里就可以为所欲为了...
             */
    }
}
```

在场景类中，没有任何一个方法与实现类有关系，对于一个产品来说，我们只要知道它的工厂方法就可以直接产生一个产品对象，无须关心它的实现类。

9.3 抽象工厂模式的应用

9.3.1 抽象工厂模式的优点

- 封装性，每个产品的实现类不是高层模块要关心的，它要关心的是什么？是接口，是抽象，它不关心对象是如何创建出来，这由谁负责呢？工厂类，只要知道工厂类是谁，我就能创建出一个需要的对象，省时省力，优秀设计就应该如此。

- 产品族内的约束为非公开状态。例如生产男女比例的问题上，猜想女娲娘娘肯定有自己的打算，不能让女盛男衰，否则女性的优点不就体现不出来了吗？那在抽象工厂模式，就应该有这样的一个约束：每生产1个女性，就同时生产出1.2个男性，这样的生产过程对调用工厂类的高层模块来说是透明的，它不需要知道这个约束，我就是要一个黄色女性产品就可以了，具体的产品族内的约束是在工厂内实现的。

9.3.2 抽象工厂模式的缺点

抽象工厂模式的最大缺点就是产品族扩展非常困难，为什么这么说呢？我们以通用代码为例，如果要增加一个产品C，也就是说产品家族由原来的2个增加到3个，看看我们的程序有多大改动吧！抽象类AbstractCreator要增加一个方法createProductC()，然后两个实现类都要修改，想想看，这严重违反了开闭原则，而且我们一直说明抽象类和接口是一个契约。改变契约，所有与契约有关系的代码都要修改，那么这段代码叫什么？叫"有毒代码"，——只要与这段代码有关系，就可能产生侵害的危险！

9.3.3 抽象工厂模式的使用场景

抽象工厂模式的使用场景定义非常简单：一个对象族（或是一组没有任何关系的对象）都有相同的约束，则可以使用抽象工厂模式。什么意思呢？例如一个文本编辑器和一个图片处理器，都是软件实体，但是*nix下的文本编辑器和Windows下的文本编辑器虽然功能和界面都相同，但是代码实现是不同的，图片处理器也有类似情况。也就是具有了共同的约束条件：操作系统类型。于是我们可以使用抽象工厂模式，产生不同操作系统下的编辑器和图片处理器。

9.3.4 抽象工厂模式的注意事项

在抽象工厂模式的缺点中，我们提到抽象工厂模式的产品族扩展比较困难，但是一定要清楚，是产品族扩展困难，而不是产品等级。在该模式下，产品等级是非常容易扩展的，增加一个产品等级，只要增加一个工厂类负责新增加出来的产品生产任务即可。也就是说横向扩展容易，纵向扩展困难。以人类为例子，产品等级中只有男、女两个性别，现实世界还有一种性别：双性人，既是男人也是女人（俗语就是阴阳人），那我们要扩展这个产品等级也是非常容易的，增加三个产品类，分别对应不同的肤色，然后再创建一个工厂类，专门负责不同肤色人的双性人的创建任务，完全通过扩展来实现需求的变更，从这一点上看，抽象工厂模式是符合开闭原则的。

9.4 最佳实践

　　一个模式在什么情况下才能够使用，是很多读者比较困惑的地方。抽象工厂模式是一个简单的模式，使用的场景非常多，大家在软件产品开发过程中，涉及不同操作系统的时候，都可以考虑使用抽象工厂模式，例如一个应用，需要在三个不同平台（Windows、Linux、Android（Google发布的智能终端操作系统））上运行，你会怎么设计？分别设计三套不同的应用？非也，通过抽象工厂模式屏蔽掉操作系统对应用的影响。三个不同操作系统上的软件功能、应用逻辑、UI都应该是非常类似的，唯一不同的是调用不同的工厂方法，由不同的产品类去处理与操作系统交互的信息。

第10章

模板方法模式

10.1　辉煌工程——制造悍马

周三，9:00，我刚刚坐到位置上，打开电脑准备开始干活。

"小三，小三，叫一下其他同事，到会议室开会"，老大跑过来吼，带着坏笑。还没等大家坐稳，老大就开讲了：

"告诉大家一个好消息，昨天终于把××模型公司的口子打开了，要我们做悍马模型，虽然是第一个车辆模型，但是我们有能力、有信心做好，我们一定要……"（中间省略20分钟的讲话，如果你听过领导人的讲话，这个你应该能够续上）

动员工作做完了，那就开始压任务了。"这次时间是非常紧张的，只有一个星期的时间，小三，你负责在一个星期的时间把这批10万车模（注：车模是车辆模型的意思，不是香车美女那个车模）建设完成……"

"一个星期？这个……是真做不完，要做分析，做模板，做测试，还要考虑扩展性、稳定性、健壮性等，时间实在是太少了。"还没等老大说完，我就急了，再不急我的小命就折在上面了！

"那这样，只做最基本的实现，不考虑太多的问题，怎么样？"老大又把我弹回去了。

"只作基本实现？那……"

唉，领导已经布置任务了，那就开始拼命地做吧。然后就开始准备动手做，在做之前先介绍一下我们公司的背景，我们公司是做模型生产的，做过桥梁模型、建筑模型、机械模型，甚至是一些政府、军事的机密模型，这个不能细说，绝密。公司的主要业务就是把实物按照一定的比例缩小或放大，用于试验、分析、量化或者是销售，等等，上面提到的××模型公司是专门销售车辆模型的公司，自己没有生产企业，全部是代工。我们公司是第一次从××模型公司接单，那我怎么着也要把活干好，可时间有限，任务量又巨大，怎么办？

既然领导都说了，不考虑扩展性，那好办，先按照最一般的经验设计类图，如图10-1所示。

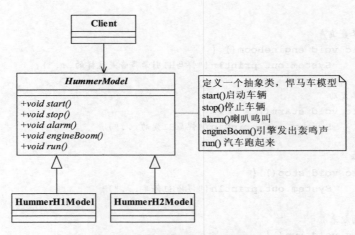

图10-1 悍马车模型最一般的类图

非常简单的实现，悍马车有两个型号，H1和H2。按照需求，只需要悍马模型，那好我就给你悍马模型，先写个抽象类，然后两个不同型号的模型实现类，通过简单的继承就可以实现业务要求。我们先从抽象类开始编写，抽象悍马模型如代码清单10-1所示。

代码清单10-1 抽象悍马模型

```java
public abstract class HummerModel {
    /*
     * 首先，这个模型要能够被发动起来，别管是手摇发动，还是电力发动，反正
     * 是要能够发动起来，那这个实现要在实现类里了
     */
    public abstract void start();
    //能发动，还要能停下来，那才是真本事
    public abstract void stop();
    //喇叭会出声音，是滴滴叫，还是哔哔叫
    public abstract void alarm();
    //引擎会轰隆隆地响，不响那是假的
    public abstract void engineBoom();
    //那模型应该会跑吧，别管是人推的，还是电力驱动的，总之要会跑
    public abstract void run();
}
```

在抽象类中，我们定义了悍马模型都必须具有的特质：能够发动、停止，喇叭会响，引擎可以轰鸣，而且还可以停止。但是每个型号的悍马实现是不同的，H1型号的悍马如代码清单10-2所示。

代码清单10-2 H1型号悍马模型

```java
public class HummerH1Model extends HummerModel {
    //H1型号的悍马车鸣笛
    public void alarm() {
        System.out.println("悍马H1鸣笛...");
```

```
        }
        //引擎轰鸣声
        public void engineBoom() {
                System.out.println("悍马H1引擎声音是这样的...");
        }
        //汽车发动
        public void start() {
                System.out.println("悍马H1发动...");
        }
        //停车
        public void stop() {
                System.out.println("悍马H1停车...");
        }
        //开动起来
        public void run(){
                //先发动汽车
                this.start();
                //引擎开始轰鸣
                this.engineBoom();
                //然后就开始跑了，跑的过程中遇到一条狗挡路，就按喇叭
                this.alarm();
                //到达目的地就停车
                this.stop();
        }
    }
```

大家注意看run()方法，这是一个汇总的方法，一个模型生产成功了，总要拿给客户检测吧，怎么检测？"是骡子是马，拉出去溜溜"，这就是一种检验方法，让它跑起来！通过run()这样的方法，把模型的所有功能都测试到了。

H2型号悍马如代码清单10-3所示。

代码清单10-3　H2型号悍马模型

```
public class HummerH2Model extends HummerModel {
    //H2型号的悍马车鸣笛
    public void alarm() {
            System.out.println("悍马H2鸣笛...");
    }
    //引擎轰鸣声
    public void engineBoom() {
            System.out.println("悍马H2引擎声音是这样在...");
    }
    //汽车发动
    public void start() {
            System.out.println("悍马H2发动...");
    }
    //停车
    public void stop() {
```

```
        System.out.println("悍马H2停车...");
    }
    //开动起来
    public void run(){
            //先发动汽车
            this.start();
            //引擎开始轰鸣
            this.engineBoom();
            //然后就开始跑了,跑的过程中遇到一条狗挡路,就按喇叭
            this.alarm();
            //到达目的地就停车
            this.stop();
    }
}
```

好了,程序编写到这里,已经发现问题了,两个实现类的run()方法都是完全相同的,那这个run()方法的实现应该出现在抽象类,不应该在实现类上,抽象是所有子类的共性封装。

注意 在软件开发过程中,如果相同的一段代码复制过两次,就需要对设计产生怀疑,架构师要明确地说明为什么相同的逻辑要出现两次或更多次。

好,问题发现了,我们就需要马上更改,修改后的类图如图10-2所示。

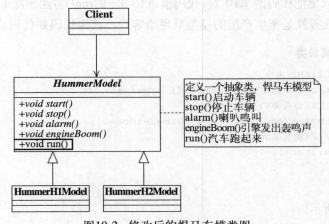

图10-2 修改后的悍马车模类图

注意,抽象类HummerModel中的run()方法,由抽象方法变更为实现方法,其源代码如代码清单10-4所示。

代码清单10-4 修改后的抽象悍马模型

```
public abstract class HummerModel {
    /*
     * 首先,这个模型要能发动起来,别管是手摇发动,还是电力发动,反正
     * 是要能够发动起来,那这个实现要在实现类里了
     */
```

```
      public abstract void start();
      //能发动，还要能停下来，那才是真本事
      public abstract void stop();
      //喇叭会出声音，是滴滴叫，还是哔哔叫
      public abstract void alarm();
      //引擎会轰隆隆地响，不响那是假的
      public abstract void engineBoom();
      //那模型应该会跑吧，别管是人推的，还是电力驱动，总之要会跑
      public void run(){
            //先发动汽车
            this.start();
            //引擎开始轰鸣
            this.engineBoom();
            //然后就开始跑了，跑的过程中遇到一条狗挡路，就按喇叭
            this.alarm();
            //到达目的地就停车
            this.stop();
      }
}
```

在抽象的悍马模型上已经定义了run()方法的执行规则，先启动，然后引擎立刻轰鸣，中间还要按一下喇叭，制造点噪声（要不就不是名车了）。然后停车，它的两个具体实现类就不需要实现run()方法了，只要把代码清单10-2、代码清单10-3上的run()方法删除即可，不再赘述代码。

场景类实现的任务就是把生产出的模型展现给客户，其源代码如代码清单10-5所示。

代码清单10-5 场景类

```
public class Client {
      public static void main(String[] args) {
            //XX公司要H1型号的悍马
            HummerModel h1 = new HummerH1Model();
            //H1模型演示
            h1.run();
      }
}
```

运行结果如下所示。

```
悍马H1发动...
悍马H1引擎声音是这样的...
悍马H1鸣笛...
悍马H1停车...
```

目前客户只要看H1型号的悍马车，没问题，生产出来，同时可以运行起来给他看看。非常简单，那如果我告诉你这就是模板方法模式你会不会很不屑呢？就这模式，太简单了，我一直在使用呀！是的，你经常在使用，但你不知道这是模板方法模式，那些所谓的高手就可以很牛地说："用模板方法模式就可以实现"，你还要很崇拜地看着，哇，牛人，模板方法模式是什么呀？这就是模板方法模式。

10.2 模板方法模式的定义

模板方法模式（Template Method Pattern）是如此简单，以致让你感觉你已经能够掌握其精髓了。其定义如下：

Define the skeleton of an algorithm in an operation, deferring some steps to subclasses. Template Method lets subclasses redefine certain steps of an algorithm without changing the algorithm's structure.（定义一个操作中的算法的框架，而将一些步骤延迟到子类中。使得子类可以不改变一个算法的结构即可重定义该算法的某些特定步骤。）

模板方法模式的通用类图如图10-3所示。

模板方法模式确实非常简单，仅仅使用了Java的继承机制，但它是一个应用非常广泛的模式。其中，AbstractClass叫做抽象模板，它的方法分为两类：

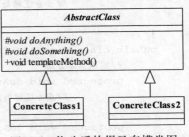

图10-3　修改后的悍马车模类图

❑ 基本方法

基本方法也叫做基本操作，是由子类实现的方法，并且在模板方法被调用。

❑ 模板方法

可以有一个或几个，一般是一个具体方法，也就是一个框架，实现对基本方法的调度，完成固定的逻辑。

注意　为了防止恶意的操作，一般模板方法都加上final关键字，不允许被覆写。

在类图中还有一个角色：具体模板。ConcreteClass1和ConcreteClass2属于具体模板，实现父类所定义的一个或多个抽象方法，也就是父类定义的基本方法在子类中得以实现。

我们来看其通用代码，AbstractClass如代码清单10-6所示。

代码清单10-6　抽象模板类

```java
public abstract class AbstractClass {
    //基本方法
    protected abstract void doSomething();
    //基本方法
    protected abstract void doAnything();
    //模板方法
    public void templateMethod(){
        /*
         * 调用基本方法，完成相关的逻辑
         */
        this.doAnything();
        this.doSomething();
    }
}
```

具体模板如代码清单10-7所示。

代码清单10-7 具体模板类

```
public class ConcreteClass1 extends AbstractClass {
    //实现基本方法
    protected void doAnything() {
        //业务逻辑处理
    }
    protected void doSomething() {
        //业务逻辑处理
    }
}
public class ConcreteClass2 extends AbstractClass {
    //实现基本方法
    protected void doAnything() {
        //业务逻辑处理
    }
    protected void doSomething() {
        //业务逻辑处理
    }
}
```

场景类如代码清单10-8所示。

代码清单10-8 场景类

```
public class Client {
    public static void main(String[] args) {
        AbstractClass class1 = new ConcreteClass1();
        AbstractClass class2 = new ConcreteClass2();
        //调用模板方法
        class1.templateMethod();
        class2.templateMethod();
    }
}
```

注意 抽象模板中的基本方法尽量设计为protected类型，符合迪米特法则，不需要暴露的属性或方法尽量不要设置为protected类型。实现类若非必要，尽量不要扩大父类中的访问权限。

10.3 模板方法模式的应用

10.3.1 模板方法模式的优点

❑ 封装不变部分，扩展可变部分

把认为是不变部分的算法封装到父类实现，而可变部分的则可以通过继承来继续扩展。在悍马模型例子中，是不是就非常容易扩展？例如增加一个H3型号的悍马模型，很容易呀，增加一个子类，实现父类的基本方法就可以了。

❏ 提取公共部分代码，便于维护

我们例子中刚刚走过的弯路就是最好的证明，如果我们不抽取到父类中，任由这种散乱的代码发生，想想后果是什么样子？维护人员为了修正一个缺陷，需要到处查找类似的代码！

❏ 行为由父类控制，子类实现

基本方法是由子类实现的，因此子类可以通过扩展的方式增加相应的功能，符合开闭原则。

10.3.2 模板方法模式的缺点

按照我们的设计习惯，抽象类负责声明最抽象、最一般的事物属性和方法，实现类完成具体的事物属性和方法。但是模板方法模式却颠倒了，抽象类定义了部分抽象方法，由子类实现，子类执行的结果影响了父类的结果，也就是子类对父类产生了影响，这在复杂的项目中，会带来代码阅读的难度，而且也会让新手产生不适感。

10.3.3 模板方法模式的使用场景

❏ 多个子类有公有的方法，并且逻辑基本相同时。

❏ 重要、复杂的算法，可以把核心算法设计为模板方法，周边的相关细节功能则由各个子类实现。

❏ 重构时，模板方法模式是一个经常使用的模式，把相同的代码抽取到父类中，然后通过钩子函数（见"模板方法模式的扩展"）约束其行为。

10.4 模板方法模式的扩展

到目前为止，这两个模型都稳定地运行，突然有一天，老大急匆匆地找到了我：

"看你怎么设计的，车子一启动，喇叭就狂响，吵死人了！客户提出H1型号的悍马喇叭想让它响就响，H2型号的喇叭不要有声音，赶快修改一下。"

自己惹的祸，就要想办法解决它，稍稍思考一下，解决办法有了，先画出类图，如图10-4所示。

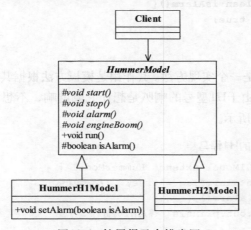

图10-4 扩展悍马车模类图

类图改动似乎很小，在抽象类HummerModel中增加了一个实现方法isAlarm，确定各个型号的悍马是否需要声音，由各个实现类覆写该方法，同时其他的基本方法由于不需要对外提供访问，因此也设计为protected类型。其源代码如代码清单10-9所示。

代码清单10-9　扩展后的抽象模板类

```java
public abstract class HummerModel {
    /*
     * 首先，这个模型要能够被发动起来，别管是手摇发动，还是电力发动，反正
     * 是要能够发动起来，那这个实现要在实现类里了
     */
    protected abstract void start();
    //能发动，还要能停下来，那才是真本事
    protected abstract void stop();
    //喇叭会出声音，是滴滴叫，还是哔哔叫
    protected abstract void alarm();
    //引擎会轰隆隆的响，不响那是假的
    protected abstract void engineBoom();
    //那模型应该会跑吧，别管是人推的，还是电力驱动，总之要会跑
    final public void run() {
            //先发动汽车
            this.start();
            //引擎开始轰鸣
            this.engineBoom();
            //要让它叫的就是就叫，喇嘛不想让它响就不响
            if(this.isAlarm()){
                    this.alarm();
            }
            //到达目的地就停车
            this.stop();
    }
    //钩子方法，默认喇叭是会响的
    protected  boolean isAlarm(){
            return true;
    }
}
```

在抽象类中，isAlarm是一个实现方法。其作用是模板方法根据其返回值决定是否要响喇叭，子类可以覆写该返回值，由于H1型号的喇叭是想让它响就响，不想让它响就不响，由人控制，其源代码如代码清单10-10所示。

代码清单10-10　扩展后的H1悍马

```java
public class HummerH1Model extends HummerModel {
    private boolean alarmFlag = true;  //要响喇叭
    protected void alarm() {
            System.out.println("悍马H1鸣笛...");
    }
```

```
        protected void engineBoom() {
                System.out.println("悍马H1引擎声音是这样的...");
        }
        protected void start() {
                System.out.println("悍马H1发动...");
        }
        protected void stop() {
                System.out.println("悍马H1停车...");
        }
        protected boolean isAlarm() {
                return this.alarmFlag;
        }
        //要不要响喇叭，是由客户来决定的
        public void setAlarm(boolean isAlarm){
                this.alarmFlag = isAlarm;
        }
}
```

只要调用H1型号的悍马，默认是有喇叭响的，当然你可以不让喇叭响，通过isAlarm(false)就可以实现。H2型号的悍马是没有喇叭声响的，其源代码如代码清单10-11所示。

代码清单10-11 扩展后的H2悍马

```
public class HummerH2Model extends HummerModel {
        protected void alarm() {
                System.out.println("悍马H2鸣笛...");
        }
        protected void engineBoom() {
                System.out.println("悍马H2引擎声音是这样的...");
        }
        protected void start() {
                System.out.println("悍马H2发动...");
        }
        protected void stop() {
                System.out.println("悍马H2停车...");
        }
        //默认没有喇叭的
        protected boolean isAlarm() {
                return false;
        }
}
```

H2型号的悍马设置isAlarm()的返回值为false，也就是关闭了喇叭功能。场景类代码如代码清单10-12所示。

代码清单10-12 扩展后的场景类

```
public class Client {
        public static void main(String[] args) throws IOException {
```

```
System.out.println("-------H1型号悍马--------");
System.out.println("H1型号的悍马是否需要喇叭声响? 0-不需要    1-需要");
String type=(new BufferedReader(new InputStreamReader(System.in))).readLine();
HummerH1Model h1 = new HummerH1Model();
if(type.equals("0")){
        h1.setAlarm(false);
}
h1.run();
System.out.println("\n-------H2型号悍马--------");
HummerH2Model h2 = new HummerH2Model();
h2.run();
    }
}
```

运行是需要交互的,首先,要求输入H1型号的悍马是否有声音,如下所示:

-------H1型号悍马--------
H1型号的悍马是否需要喇叭声响? 0-不需要   1-需要

输入"0"后的运行结果如下所示:

-------H1型号悍马--------
H1型号的悍马是否需要喇叭声响? 0-不需要   1-需要
0
悍马H1发动...
悍马H1引擎声音是这样的...
悍马H1停车...
-------H2型号悍马--------
悍马H2发动...
悍马H2引擎声音是这样的...
悍马H2停车...

输入"1"后的运行结果如下所示:

-------H1型号悍马--------
H1型号的悍马是否需要喇叭声响? 0-不需要   1-需要
1
悍马H1发动...
悍马H1引擎声音是这样的...
悍马H1鸣笛...
悍马H1停车...
-------H2型号悍马--------
悍马H2发动...
悍马H2引擎声音是这样的...
悍马H2停车...

看到没,H1型号的悍马是由客户自己控制是否要响喇叭,也就是说外界条件改变,影响到模板方法的执行。在我们的抽象类中isAlarm的返回值就是影响了模板方法的执行结果,该方法就叫做钩子方法(Hook Method)。有了钩子方法模板方法模式才算完美,大家可以想想,由子类的一个方法返回值决定公共部分的执行结果,是不是很有吸引力呀!

　　模板方法模式就是在模板方法中按照一定的规则和顺序调用基本方法，具体到前面那个例子，就是run()方法按照规定的顺序（先调用start()，然后再调用engineBoom()，再调用alarm()，最后调用stop()）调用本类的其他方法，并且由isAlarm()方法的返回值确定run()中的执行顺序变更。

10.5　最佳实践

　　初级程序员在写程序的时候经常会问高手"父类怎么调用子类的方法"。这个问题很有普遍性，反正我是被问过好几回，那么父类是否可以调用子类的方法呢？我的回答是能，但强烈地、极度地不建议这么做，那该怎么做呢？

　　❏ 把子类传递到父类的有参构造中，然后调用。

　　❏ 使用反射的方式调用，你使用了反射还有谁不能调用的？！

　　❏ 父类调用子类的静态方法。

　　这三种都是父类直接调用子类的方法，好用不？好用！解决问题了吗？解决了！项目中允许使用不？不允许！我就一直没有搞懂为什么要用父类调用子类的方法。如果一定要调用子类，那为什么要继承它呢？搞不懂。其实这个问题可以换个角度去理解，父类建立框架，子类在重写了父类部分的方法后，再调用从父类继承的方法，产生不同的结果（而这正是模板方法模式）。这是不是也可以理解为父类调用了子类的方法呢？你修改了子类，影响了父类行为的结果，曲线救国的方式实现了父类依赖子类的场景，模板方法模式就是这种效果。

　　模板方法在一些开源框架中应用非常多，它提供了一个抽象类，然后开源框架写了一堆子类。在《×××　In Action》中就说明了，如果你需要扩展功能，可以继承这个抽象类，然后覆写protected方法，再然后就是调用一个类似execute方法，就完成你的扩展开发，非常容易扩展的一种模式。

第11章

建造者模式

11.1 变化是永恒的

又是一个周三，快要下班了，老大突然拉住我，喜滋滋地告诉我："××公司很满意我们做的模型，又签订了一个合同，把奔驰、宝马的车辆模型都交给我们公司制作了，不过这次又额外增加了一个新需求：汽车的启动、停止、喇叭声音、引擎声音都由客户自己控制，他想什么顺序就什么顺序，这个没问题吧？"

那任务又是一个时间紧、工程量大的项目，为什么是"又"呢？因为基本上每个项目都是如此，我该怎么来完成这个任务呢？

首先，我们分析一下需求，奔驰、宝马都是一个产品，它们有共有的属性，××公司关心的是单个模型的运行过程：奔驰模型A是先有引擎声音，然后再响喇叭；奔驰模型B是先启动起来，然后再有引擎声音，这才是××公司要关心的。那到我们老大这边呢，就是满足人家的要求，要什么顺序就立马能产生什么顺序的模型出来。我就负责把老大的要求实现出来，而且还要是批量的，也就是说××公司下单订购宝马A车模，我们老大马上就找我"生产一个这样的车模，启动完毕后，喇叭响一下"，然后我们就准备开始批量生产这些模型。由我生产出N多个奔驰和宝马车辆模型，这些车辆模型都有run()方法，但是具体到每一个模型的run()方法中间的执行任务的顺序是不同的，老大说要啥顺序，我就给啥顺序，最终客户买走后只能是既定的模型。好，需求还是比较复杂，我们先一个一个地解决，先从找一个最简单的切入点——产品类，每个车都是一个产品，如图11-1所示。

类图比较简单，在CarModel中我们定义了一个setSequence方法，车辆模型的这几个动作要如何排布，是在这个ArrayList中定义的。然后run()方法根据sequence定义的顺序完成指定的顺序动作，与第10章介绍的模板方法模式是不是非常类似？好，

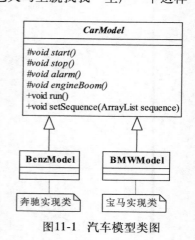

图11-1　汽车模型类图

我们先看CarModel源代码，如代码清单11-1所示。

代码清单11-1 车辆模型的抽象类

```java
public abstract class CarModel {
        //这个参数是各个基本方法执行的顺序
        private ArrayList<String> sequence = new ArrayList<String>();
        //模型是启动开始跑了
        protected abstract void start();
        //能发动，还要能停下来，那才是真本事
        protected abstract void stop();
        //喇叭会出声音，是滴滴叫，还是哔哔叫
        protected abstract void alarm();
        //引擎会轰隆地响，不响那是假的
        protected abstract void engineBoom();
        //那模型应该会跑吧，别管是人推的，还是电力驱动，总之要会跑
        final public void run() {
                //循环一边，谁在前，就先执行谁
                for(int i=0;i<this.sequence.size();i++){
                        String actionName = this.sequence.get(i);
                        if(actionName.equalsIgnoreCase("start")){
                                this.start();  //启动汽车
                        }else if(actionName.equalsIgnoreCase("stop")){
                                this.stop(); //停止汽车
                        }else if(actionName.equalsIgnoreCase("alarm")){
                                this.alarm(); //喇叭开始叫了
                        }else if(actionName.equalsIgnoreCase("engine boom")){
                                                        //如果是engine boom关键字
                                this.engineBoom();  //引擎开始轰鸣
                        }
                }
        }
        //把传递过来的值传递到类内
        final public void setSequence(ArrayList<String> sequence){
                this.sequence = sequence;
        }
}
```

CarModel的设计原理是这样的，setSequence方法是允许客户自己设置一个顺序，是要先启动响一下喇叭再跑起来，还是要先响一下喇叭再启动。对于一个具体的模型永远都固定的，但是对N多个模型就是动态的了。在子类中实现父类的基本方法，run()方法读取sequence，然后遍历sequence中的字符串，哪个字符串在先，就先执行哪个方法。

两个实现类分别实现父类的基本方法，奔驰模型如代码清单11-2所示。

代码清单11-2 奔驰模型代码

```java
public class BenzModel extends CarModel {
```

```
        protected void alarm() {
                System.out.println("奔驰车的喇叭声音是这个样子的...");
        }
        protected void engineBoom() {
                System.out.println("奔驰车的引擎是这个声音的...");
        }
        protected void start() {
                System.out.println("奔驰车跑起来是这个样子的...");
        }
        protected void stop() {
                System.out.println("奔驰车应该这样停车...");
        }
}
```

宝马车模型如代码清单11-3所示。

代码清单11-3　宝马模型代码

```
public class BMWModel extends CarModel {
        protected void alarm() {
                System.out.println("宝马车的喇叭声音是这个样子的...");
        }
        protected void engineBoom() {
                System.out.println("宝马车的引擎是这个声音的...");
        }
        protected void start() {
                System.out.println("宝马车跑起来是这个样子的...");
        }
        protected void stop() {
                System.out.println("宝马车应该这样停车...");
        }
}
```

两个产品的实现类都完成，我们来模拟一下××公司的要求：生产一个奔驰模型，要求跑的时候，先发动引擎，然后再挂挡启动，然后停下来，不需要喇叭。这个需求很容易满足，我们增加一个场景类实现该需求，如代码清单11-4所示。

代码清单11-4　奔驰模型代码

```
public class Client {
        public static void main(String[] args) {
                /*
                 * 客户告诉XX公司，我要这样一个模型，然后XX公司就告诉我老大
                 * 说要这样一个模型，这样一个顺序，然后我就来制造
                 */
                BenzModel benz = new BenzModel();
                //存放run的顺序
                ArrayList<String> sequence  = new ArrayList<String>();
                sequence.add("engine boom");   //客户要求，run的时候先发动引擎
```

```
        sequence.add("start");    //启动起来
        sequence.add("stop");     //开了一段就停下来
        //我们把这个顺序赋予奔驰车
        benz.setSequence(sequence);
        benz.run();
    }
}
```

运行结果如下所示：

奔驰车的引擎是这个声音的...

奔驰车跑起来是这个样子的...

奔驰车应该这样停车...

看，我们组装了这样的一辆汽车，满足了××公司的需求。但是想想我们的需求，汽车的动作执行顺序是要能够随意调整的。我们只满足了一个需求，还有下一个需求呀，然后是第二个宝马模型，只要启动、停止，其他的什么都不要；第三个模型，先喇叭，然后启动，然后停止；第四个……直到把你逼疯为止，那怎么办？我们就一个一个地来写场景类满足吗？不可能了，那我们要想办法来解决这个问题，有了！我们为每种模型产品模型定义一个建造者，你要啥顺序直接告诉建造者，由建造者来建造，于是乎我们就有了如图11-2所示的类图。

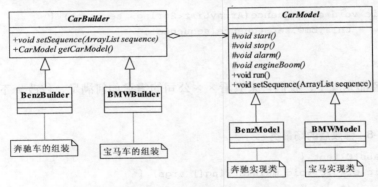

图11-2 增加了建造者的汽车模型类图

增加了一个CarBuilder抽象类，由它来组装各个车模，要什么类型什么顺序的车辆模型，都由相关的子类完成。首先编写CarBuilder代码，如代码清单11-5所示。

代码清单11-5 抽象汽车组装者

```
public abstract class CarBuilder {
    //建造一个模型，你要给我一个顺序要求，就是组装顺序
    public abstract void setSequence(ArrayList<String> sequence);
    //设置完毕顺序后，就可以直接拿到这个车辆模型
    public abstract CarModel getCarModel();
}
```

很简单，每个车辆模型都要有确定的运行顺序，然后才能返回一个车辆模型。奔驰车的组装者如代码清单11-6所示。

代码清单11-6 奔驰车组装者

```
public class BenzBuilder extends CarBuilder {
      private BenzModel benz = new BenzModel();
      public CarModel getCarModel() {
             return this.benz;
      }
      public void setSequence(ArrayList<String> sequence) {
             this.benz.setSequence(sequence);
      }
}
```

非常简单实用的程序，给定一个汽车的运行顺序，然后就返回一个奔驰车，简单了很多。
宝马车的组装与此相同，如代码清单11-7所示。

代码清单11-7 宝马车组装者

```
public class BMWBuilder extends CarBuilder {
      private BMWModel bmw = new BMWModel();
      public CarModel getCarModel() {
             return this.bmw;
      }
      public void setSequence(ArrayList<String> sequence) {
             this.bmw.setSequence(sequence);
      }
}
```

两个组装者都完成了，我们再来看看××公司的需求如何满足，修改一下场景类，如代码
清单11-8所示。

代码清单11-8 修改后的场景类

```
public class Client {
      public static void main(String[] args) {
             /*
              * 客户告诉XX公司，我要这样一个模型，然后XX公司就告诉我老大
              * 说要这样一个模型，这样一个顺序，然后我就来制造
              */
             //存放run的顺序
             ArrayList<String> sequence = new ArrayList<String>();
             sequence.add("engine boom");   //客户要求，run时候时候先发动引擎
             sequence.add("start");   //启动起来
             sequence.add("stop");    //开了一段就停下来
             //要一个奔驰车：
             BenzBuilder benzBuilder = new BenzBuilder();
             //把顺序给这个builder类，制造出这样一个车出来
             benzBuilder.setSequence(sequence);
             //制造出一个奔驰车
             BenzModel benz = (BenzModel)benzBuilder.getCarModel();
             //奔驰车跑一下看看
```

```
            benz.run();
        }
}
```

运行结果如下所示：

奔驰车的引擎是这个声音的...
奔驰车跑起来是这个样子的...
奔驰车应该这样停车...

那如果我再想要个同样顺序的宝马车呢？很简单，再次修改一下场景类，如代码清单11-9
所示。

代码清单11-9 相同顺序的宝马车的场景类

```
public class Client {
    public static void main(String[] args) {
            //存放run的顺序
            ArrayList<String> sequence = new ArrayList<String>();
            sequence.add("engine boom");  //客户要求，run的时候先发动引擎
            sequence.add("start");   //启动起来
            sequence.add("stop");   //开了一段就停下来
            //要一个奔驰车:
            BenzBuilder benzBuilder = new BenzBuilder();
            //把顺序给这个builder类，制造出这样一个车出来
            benzBuilder.setSequence(sequence);
            //制造出一个奔驰车
            BenzModel benz = (BenzModel)benzBuilder.getCarModel();
            //奔驰车跑一下看看
            benz.run();
            //按照同样的顺序，我再要一个宝马
            BMWBuilder bmwBuilder = new BMWBuilder();
            bmwBuilder.setSequence(sequence);
            BMWModel bmw = (BMWModel)bmwBuilder.getCarModel();
            bmw.run();
    }
}
```

运行结果如下所示：

奔驰车的引擎是这个声音的...
奔驰车跑起来是这个样子的...
奔驰车应该这样停车...
宝马车的引擎是这个声音的...
宝马车跑起来是这个样子的...
宝马车应该这样停车...

看，同样运行顺序的宝马车也生产出来了，而且代码是不是比刚开始直接访问产品类
（Procuct）简单了很多。我们在做项目时，经常会有一个共识：需求是无底洞，是无理性的，
不可能你告诉它不增加需求就不增加，这4个过程（start、stop、alarm、engine boom）按照排
列组合有很多种，××公司可以随意组合，它要什么顺序的车模我就必须生成什么顺序的车模，

客户可是上帝！那我们不可能预知他们要什么顺序的模型呀，怎么办？封装一下，找一个导演，指挥各个事件的先后顺序，然后为每种顺序指定一个代码，你说一种我们立刻就给你生产处理，好方法，厉害！我们先修改一下类图，如图11-3所示。

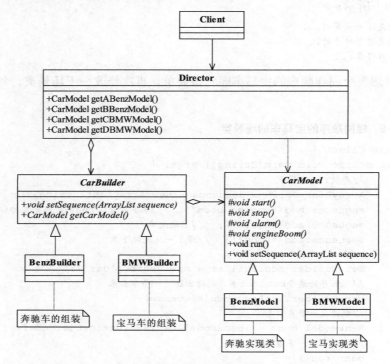

图11-3　完整汽车模型类图

类图看着复杂了，但还是比较简单，我们增加了一个Director类，负责按照指定的顺序生产模型，其中方法说明如下：

❑ getABenzModel方法

组建出A型号的奔驰车辆模型，其过程为只有启动（start）、停止（stop）方法，其他的引擎声音、喇叭都没有。

❑ getBBenzModel方法

组建出B型号的奔驰车，其过程为先发动引擎（engine boom），然后启动，再然后停车，没有喇叭。

❑ getCBMWModel方法

组建出C型号的宝马车，其过程为先喇叭叫一下（alarm），然后启动，再然后是停车，引擎不轰鸣。

❑ getDBMWModel方法

组建出D型号的宝马车，其过程就一个启动，然后一路跑到黑，永动机，没有停止方法，没有喇叭，没有引擎轰鸣。

其他的E型号、F型号……可以有很多，启动、停止、喇叭、引擎轰鸣这4个方法在这个类中可以随意地自由组合。Director类如代码清单11-10所示。

代码清单11-10 导演类

```java
public class Director {
    private ArrayList<String> sequence = new ArrayList();
    private BenzBuilder benzBuilder = new BenzBuilder();
    private BMWBuilder bmwBuilder = new BMWBuilder();
    /*
     * A类型的奔驰车模型，先start，然后stop，其他什么引擎、喇叭一概没有
     */
    public BenzModel getABenzModel(){
            //清理场景，这里是一些初级程序员不注意的地方
            this.sequence.clear();
            //ABenzModel的执行顺序
            this.sequence.add("start");
            this.sequence.add("stop");
            //按照顺序返回一个奔驰车
            this.benzBuilder.setSequence(this.sequence);
            return (BenzModel)this.benzBuilder.getCarModel();
    }
    /*
     * B型号的奔驰车模型，是先发动引擎，然后启动，然后停止，没有喇叭
     */
    public BenzModel getBBenzModel(){
            this.sequence.clear();
            this.sequence.add("engine boom");
            this.sequence.add("start");
            this.sequence.add("stop");
            this.benzBuilder.setSequence(this.sequence);
            return (BenzModel)this.benzBuilder.getCarModel();
    }
    /*
     * C型号的宝马车是先按下喇叭（炫耀嘛），然后启动，然后停止
     */
    public BMWModel getCBMWModel(){
            this.sequence.clear();
            this.sequence.add("alarm");
            this.sequence.add("start");
            this.sequence.add("stop");
            this.bmwBuilder.setSequence(this.sequence);
            return (BMWModel)this.bmwBuilder.getCarModel();
    }
    /*
     * D类型的宝马车只有一个功能，就是跑，启动起来就跑，永远不停止
     */
    public BMWModel getDBMWModel(){
```

```
            this.sequence.clear();
            this.sequence.add("start");
            this.bmwBuilder.setSequence(this.sequence);
            return (BMWModel)this.benzBuilder.getCarModel();
        }
        /*
         * 这里还可以有很多方法,你可以先停止,然后再启动,或者一直停着不动,静态的嘛
         * 导演类嘛,按照什么顺序是导演说了算
         */
    }
```

顺便说一下,大家看一下程序中有很多this调用。这个我一般是这样要求项目组成员的,如果你要调用类中的成员变量或方法,需要在前面加上this关键字,不加也能正常地跑起来,但是不清晰,加上this关键字,我就是要调用本类中的成员变量或方法,而不是本方法中的一个变量。还有super方法也是一样,是调用父类的成员变量或者方法,那就加上这个关键字,不要省略,这要靠约束,还有就是程序员的自觉性,他要是死不悔改,那咱也没招。

注意 上面每个方法都有一个this.sequence.clear(),估计你一看就明白。但是作为一个系统分析师或是技术经理一定要告诉项目成员,ArrayList和HashMap如果定义成类的成员变量,那你在方法中的调用一定要做一个clear的动作,以防止数据混乱。如果你发生过一次类似问题的话,比如ArrayList中出现一个"出乎意料"的数据,而你又花费了几个通宵才解决这个问题,那你会有很深刻的印象。

有了这样一个导演类后,我们的场景类就更容易处理了,××公司要A类型的奔驰车1万辆,B类型的奔驰车100万辆,C类型的宝马车1000万辆,D类型的不需要,非常容易处理,如代码清单11-11所示。

代码清单11-11 导演类

```
public class Client {
    public static void main(String[] args) {
        Director director = new Director();
        //1万辆A类型的奔驰车
        for(int i=0;i<10000;i++){
            director.getABenzModel().run();
        }
        //100万辆B类型的奔驰车
        for(int i=0;i<1000000;i++){
            director.getBBenzModel().run();
        }
        //1000万辆C类型的宝马车
        for(int i=0;i<10000000;i++){
            director.getCBMWModel().run();
        }
    }
}
```

清晰、简单吧，我们写程序重构的最终目的就是：简单、清晰。代码是让人看的，不是写完就完事了，我一直在教育我带的团队成员，Java程序不是像我们前辈写二进制代码、汇编一样，写完基本上就自己能看懂，别人看就跟看天书一样，现在的高级语言，要像写中文汉字一样，你写的，别人能看懂。这就是建造者模式。

11.2 建造者模式的定义

建造者模式（Builder Pattern）也叫做生成器模式，其定义如下：

Separate the construction of a complex object from its representation so that the same construction process can create different representations. （将一个复杂对象的构建与它的表示分离，使得同样的构建过程可以创建不同的表示。）

建造者模式的通用类图如图11-4所示。

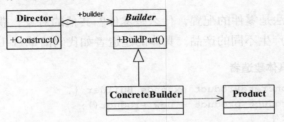

图11-4 建造者模式通用类图

在建造者模式中，有如下4个角色：

❏ Product产品类

通常是实现了模板方法模式，也就是有模板方法和基本方法，这个参考第10章的模板方法模式。例子中的BenzModel和BMWModel就属于产品类。

❏ Builder抽象建造者

规范产品的组建，一般是由子类实现。例子中的CarBuilder就属于抽象建造者。

❏ ConcreteBuilder具体建造者

实现抽象类定义的所有方法，并且返回一个组建好的对象。例子中的BenzBuilder和BMWBuilder就属于具体建造者。

❏ Director导演类

负责安排已有模块的顺序，然后告诉Builder开始建造，在上面的例子中就是我们的老大，××公司找到老大，说我要这个或那个类型的车辆模型，然后老大就把命令传递给我，我和我的团队就开始拼命地建造，于是一个项目建设完毕了。

建造者模式的通用源代码也比较简单，先看Product类，通常它是一个组合或继承（如模板方法模式）产生的类，如代码清单11-12所示。

代码清单11-12 产品类

```java
public class Product {
    public void doSomething(){
            //独立业务处理
    }
}
```

抽象建造者如代码清单11-13所示。

代码清单11-13 抽象建造者

```java
public abstract class Builder {
    //设置产品的不同部分，以获得不同的产品
    public abstract void setPart();
    //建造产品
    public abstract Product buildProduct();
}
```

其中，setPart方法是零件的配置，什么是零件？其他的对象，获得一个不同零件，或者不同的装配顺序就可能产生不同的产品。具体的建造者如代码清单11-14所示。

代码清单11-14 具体建造者

```java
public class ConcreteProduct extends Builder {
    private Product product = new Product();
    //设置产品零件
    public void setPart(){
            /*
             * 产品类内的逻辑处理
             */
    }
    //组建一个产品
    public Product buildProduct() {
            return product;
    }
}
```

需要注意的是，如果有多个产品类就有几个具体的建造者，而且这多个产品类具有相同接口或抽象类，参考我们上面的例子。

导演类如代码清单11-15所示。

代码清单11-15 导演类

```java
public class Director {
    private Builder builder = new ConcreteProduct();
    //构建不同的产品
    public Product getAProduct(){
            builder.setPart();
            /*
             * 设置不同的零件，产生不同的产品
             */
```

```
            return builder.buildProduct();
    }
}
```

导演类起到封装的作用，避免高层模块深入到建造者内部的实现类。当然，在建造者模式比较庞大时，导演类可以有多个。

11.3 建造者模式的应用

11.3.1 建造者模式的优点

❑ 封装性

使用建造者模式可以使客户端不必知道产品内部组成的细节，如例子中我们就不需要关心每一个具体的模型内部是如何实现的，产生的对象类型就是CarModel。

❑ 建造者独立，容易扩展

BenzBuilder和BMWBuilder是相互独立的，对系统的扩展非常有利。

❑ 便于控制细节风险

由于具体的建造者是独立的，因此可以对建造过程逐步细化，而不对其他的模块产生任何影响。

11.3.2 建造者模式的使用场景

❑ 相同的方法，不同的执行顺序，产生不同的事件结果时，可以采用建造者模式。

❑ 多个部件或零件，都可以装配到一个对象中，但是产生的运行结果又不相同时，则可以使用该模式。

❑ 产品类非常复杂，或者产品类中的调用顺序不同产生了不同的效能，这个时候使用建造者模式非常合适。

❑ 在对象创建过程中会使用到系统中的一些其他对象，这些对象在产品对象的创建过程中不易得到时，也可以采用建造者模式封装该对象的创建过程。该种场景只能是一个补偿方法，因为一个对象不容易获得，而在设计阶段竟然没有发觉，而要通过创建者模式柔化创建过程，本身已经违反设计的最初目标。

11.3.3 建造者模式的注意事项

建造者模式关注的是零件类型和装配工艺（顺序），这是它与工厂方法模式最大不同的地方，虽然同为创建类模式，但是注重点不同。

11.4 建造者模式的扩展

已经不用扩展了，因为我们在汽车模型制造的例子中已经对建造者模式进行了扩展，引入了模板方法模式。可能大家会比较疑惑，为什么在其他介绍设计模式的书籍上创建者模式并不是这样说的？读者请注意，建造者模式中还有一个角色没有说明，就是零件，建造者怎么去建造一个对象？是零件的组装，组装顺序不同对象效能也不同，这才是建造者模式要表达的核心意义，而怎么才能更好地达到这种效果呢？引入模板方法模式是一个非常简单而有效的办法。

大家看到这里估计就开始犯嘀咕了，这个建造者模式和工厂模式非常相似呀，是的，非常相似，但是记住一点你就可以游刃有余地使用了：建造者模式最主要的功能是基本方法的调用顺序安排，也就是这些基本方法已经实现了，通俗地说就是零件的装配，顺序不同产生的对象也不同；而工厂方法则重点是创建，创建零件是它的主要职责，组装顺序则不是它关心的。

11.5　最佳实践

再次说明，在使用建造者模式的时候考虑一下模板方法模式，别孤立地思考一个模式，僵化地套用一个模式会让你受害无穷！

如果你已经看懂本书举的例子，并认可这种建造者模式，那你就放心使用，比单独使用建造者高效、简洁得多。

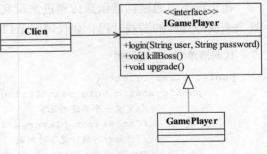

第12章

代 理 模 式

12.1 我是游戏至尊

2007年，感觉很无聊，于是就玩了一段时间的网络游戏，游戏名就不说了，反正就是打怪、升级、砍人、被人砍，然后继续打怪、升级、打怪、升级……我花了两个月的时间升到80级，已经很有成就感了，但是还会被人杀死，高手到处都是，GM（Game Master，游戏管理员）也不管，对于咱这种非RMB玩家基本上都是懒得搭理。在这段时间我是体会到网络游戏的乐与苦，参与家族（工会）攻城，胜利后那叫一个乐呀，感觉自己真是一个"狂暴战士"，无往不胜！那苦是什么呢？就是升级，为了升一级，就要到处杀怪，做任务，那个游戏还很变态，外挂管得很严，基本上出个外挂，没两天就开始封账号，不敢用，升级基本上都要靠自己手打，累呀！我曾经的记录是连着打了23个小时，睡觉在梦中还和大BOSS在PK。有这样一段经历还是很有意思的，作为架构师是不是可以把这段经历通过架构的方式记录下来呢？当然可以了，我们把这段打游戏的过程系统化，非常简单的一个过程，如图12-1所示。

太简单了，定义一个接口IGamePlayer，是所有喜爱网络游戏的玩家，然后定义一个具体的实现类GamePlayer，实现每个游戏爱好者为了玩游戏要执行的功能。代码也非常简单，我们先来看IGamePlayer，如代码清单12-1所示。

图12-1 游戏过程

代码清单12-1 游戏者接口

```
public interface IGamePlayer {
    //登录游戏
    public void login(String user,String password);
    //杀怪，网络游戏的主要特色
    public void killBoss();
    //升级
```

```java
    public void upgrade();
}
```

非常简单,定义了三个方法,分别是我们在网络游戏中最常用的功能:登录游戏、杀怪和升级,其实现类如代码清单12-2所示。

代码清单12-2 游戏者

```java
public class GamePlayer implements IGamePlayer {
    private String name = "";
    //通过构造函数传递名称
    public GamePlayer(String _name){
        this.name = _name;
    }
    //打怪,最期望的就是杀老怪
    public void killBoss() {
        System.out.println(this.name + "在打怪!");
    }
    //进游戏之前你肯定要登录吧,这是一个必要条件
    public void login(String user, String password) {
        System.out.println("登录名为"+user+"的用户"+this.name+"登录成功!");
    }
    //升级,升级有很多方法,花钱买是一种,做任务也是一种
    public void upgrade() {
        System.out.println(this.name + " 又升了一级!");
    }
}
```

在实现类中通过构造函数传递进来玩家姓名,方便进行后期的调试工作。我们通过一个场景类来模拟这样的游戏过程,如代码清单12-3所示。

代码清单12-3 场景类

```java
public class Client {
    public static void main(String[] args) {
        //定义一个痴迷的玩家
        IGamePlayer player = new GamePlayer("张三");
        //开始打游戏,记下时间戳
        System.out.println("开始时间是: 2009-8-25 10:45");
        player.login("zhangSan", "password");
        //开始杀怪
        player.killBoss();
        //升级
        player.upgrade();
        //记录结束游戏时间
        System.out.println("结束时间是: 2009-8-26 03:40");
    }
}
```

程序记录了游戏的开始时间和结束时间,同时也记录了在游戏过程中都需要做什么事情,

运行结果如下：

```
开始时间是：2009-8-25 10:45
登录名为zhangSan 的用户 张三登录成功！
张三在打怪！
张三 又升了一级！
结束时间是：2009-8-26 03:40
```

运行结果也是我们想要的，记录我这段时间的网游生涯。心理学家告诉我们，人类对于苦难的记忆比对喜悦的记忆要深刻，但是人类对于喜悦是"趋利"性的，每个人都想Happy，都不想让苦难靠近，要想获得幸福，苦难也是在所难免的，我们的网游生涯也是如此。游戏打时间长了，腰酸背痛、眼睛干涩、手臂酸麻，等等，也就是网络成瘾综合症都出来了。其结果就类似吃了那个"一日丧命散"，"筋脉逆流，胡思乱想，而致走火入魔"。那怎么办呢？我们想玩游戏，但又不想碰触到游戏中的烦恼，如何解决呢？有办法，现在游戏代练的公司非常多，我把自己的账号交给代练人员，由他们去帮我升级，去打怪，非常好的想法，我们来修改一下类图，如图12-2所示。

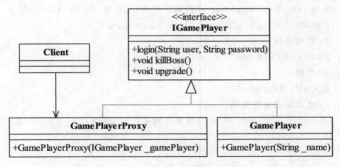

图12-2 游戏代练帮忙打怪

在类图中增加了一个GamePlayerProxy类来代表游戏代练者，它也不能有作弊的方法呀，游戏代练者也是手动打怪呀，因此同样继承IGamePlayer接口，其实现如代码清单12-4所示。

代码清单12-4 代练者

```java
public class GamePlayerProxy implements IGamePlayer {
    private IGamePlayer gamePlayer = null;
    //通过构造函数传递要对谁进行代练
    public GamePlayerProxy(IGamePlayer _gamePlayer){
        this.gamePlayer = _gamePlayer;
    }
    //代练杀怪
    public void killBoss() {
        this.gamePlayer.killBoss();
    }
    //代练登录
    public void login(String user, String password) {
        this.gamePlayer.login(user, password);
    }
```

```
        //代练升级
        public void upgrade() {
                this.gamePlayer.upgrade();
        }
}
```

很简单，首先通过构造函数说明要代谁打怪升级，然后通过手动开始代用户打怪、升级。场景类Client代码也稍作改动，如代码清单12-5所示。

代码清单12-5　改进后的场景类

```
public class Client {
    public static void main(String[] args) {
        //定义一个痴迷的玩家
        IGamePlayer player = new GamePlayer("张三");
        //然后再定义一个代练者
        IGamePlayer proxy = new GamePlayerProxy(player);
        //开始打游戏，记下时间戳
        System.out.println("开始时间是: 2009-8-25 10:45");
        proxy.login("zhangSan", "password");
        //开始杀怪
        proxy.killBoss();
        //升级
        proxy.upgrade();
        //记录结束游戏时间
        System.out.println("结束时间是: 2009-8-26 03:40");
    }
}
```

运行结果也完全相同，还是张三这个用户在打怪，运行结果如下：

```
开始时间是: 2009-8-25 10:45
登录名为zhangSan 的用户 张三登录成功!
张三在打怪!
张三 又升了一级!
结束时间是: 2009-8-26 03:40
```

是的，没有任何改变，但是你有没有发觉，你的游戏已经在升级，有人在帮你干活了! 终于升级到120级，基本上在本服务区，除了GM外，这个你可惹不起! 这就是代理模式。

12.2　代理模式的定义

代理模式（Proxy Pattern）是一个使用率非常高的模式，其定义如下：

Provide a surrogate or placeholder for another object to control access to it. （为其他对象提供一种代理以控制对这个对象的访问。）

代理模式的通用类图如图12-3所示。

代理模式也叫做委托模式，它是一项基本设计技巧。许多其他的模式，如状态模式、策略模式、访问者模式本质上是在更特殊的场合采用了委托模式，而且在日常的应用中，代理模式可以提供非常好的访问控制。在一些著名开源软件中也经常见到它的身影，如Struts2的Form元素映射就采用了代理模式（准确地说是动态代理模式）。我们先看一下类图中的三个角色的定义：

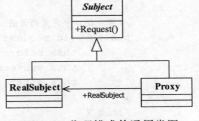

图12-3 代理模式的通用类图

❑ Subject抽象主题角色

抽象主题类可以是抽象类也可以是接口，是一个最普通的业务类型定义，无特殊要求。

❑ RealSubject具体主题角色

也叫做被委托角色、被代理角色。它才是冤大头，是业务逻辑的具体执行者。

❑ Proxy代理主题角色

也叫做委托类、代理类。它负责对真实角色的应用，把所有抽象主题类定义的方法限制委托给真实主题角色实现，并且在真实主题角色处理完毕前后做预处理和善后处理工作。

我们首先来看Subject抽象主题类的通用源码，如代码清单12-6所示。

代码清单12-6 抽象主题类

```
public interface Subject {
    //定义一个方法
    public void request();
}
```

在接口中我们定义了一个方法request来作为方法的代表，RealSubject对它进行实现，如代码清单12-7所示。

代码清单12-7 真实主题类

```
public class RealSubject implements Subject {
    //实现方法
    public void request() {
            //业务逻辑处理
    }
}
```

RealSubject是一个正常的业务实现类，代理模式的核心就在代理类上，如代码清单12-8所示。

代码清单12-8 代理类

```
public class Proxy implements Subject {
    //要代理哪个实现类
    private Subject subject = null;
    //默认被代理者
    public Proxy(){
            this.subject = new Proxy();
    }
}
```

```
                //通过构造函数传递代理者
        public Proxy(Object...objects ){
        }
                //实现接口中定义的方法
        public void request() {
                this.before();
                this.subject.request();
                this.after();
        }
                //预处理
        private void before(){
                //do something
        }
                //善后处理
        private void after(){
                //do something
        }
        }
```

看到这里，大家别惊讶，为什么会出现before和after方法，继续看下去，这是一个"引子"，能够引出一个崭新的编程模式。

一个代理类可以代理多个被委托者或被代理者，因此一个代理类具体代理哪个真实主题角色，是由场景类决定的。当然，最简单的情况就是一个主题类和一个代理类，这是最简洁的代理模式。在通常情况下，一个接口只需要一个代理类就可以了，具体代理哪个实现类由高层模块来决定，也就是在代理类的构造函数中传递被代理者，例如我们可以在代理类Proxy中增加如代码清单12-9所示的构造函数。

代码清单12-9　代理的构造函数

```
public Proxy(Subject _subject){
        this.subject = _subject;
}
```

你要代理谁就产生该代理的实例，然后把被代理者传递进来，该模式在实际的项目应用中比较广泛。

12.3　代理模式的应用

12.3.1　代理模式的优点

❏ 职责清晰

真实的角色就是实现实际的业务逻辑，不用关心其他非本职责的事务，通过后期的代理完成一件事务，附带的结果就是编程简洁清晰。

❏ 高扩展性

具体主题角色是随时都会发生变化的，只要它实现了接口，甭管它如何变化，都逃不脱如来佛的手掌（接口），那我们的代理类完全就可以在不做任何修改的情况下使用。

❑ 智能化

这在我们以上的讲解中还没有体现出来，不过在我们以下的动态代理章节中你就会看到代理的智能化有兴趣的读者也可以看看Struts是如何把表单元素映射到对象上的。

12.3.2　代理模式的使用场景

我相信第一次接触到代理模式的读者肯定很郁闷，为什么要用代理呀？想想现实世界吧，打官司为什么要找个律师？因为你不想参与中间过程的是是非非，只要完成自己的答辩就成，其他的比如事前调查、事后追查都由律师来搞定，这就是为了减轻你的负担。代理模式的使用场景非常多，大家可以看看Spring AOP，这是一个非常典型的动态代理。

12.4　代理模式的扩展

12.4.1　普通代理

在网络上代理服务器设置分为透明代理和普通代理，是什么意思呢？透明代理就是用户不用设置代理服务器地址，就可以直接访问，也就是说代理服务器对用户来说是透明的，不用知道它存在的；普通代理则是需要用户自己设置代理服务器的IP地址，用户必须知道代理的存在。我们设计模式中的普通代理和强制代理也是类似的一种结构，普通代理就是我们要知道代理的存在，也就是类似的GamePlayerProxy这个类的存在，然后才能访问；强制代理则是调用者直接调用真实角色，而不用关心代理是否存在，其代理的产生是由真实角色决定的，这样的解释还是比较复杂，我们还是用实例来讲解。

首先说普通代理，它的要求就是客户端只能访问代理角色，而不能访问真实角色，这是比较简单的。我们以上面的例子作为扩展，我自己作为一个游戏玩家，我肯定自己不练级了，也就是场景类不能再直接new一个GamePlayer对象了，它必须由GamePlayerProxy来进行模拟场景，类图修改如图12-4所示。

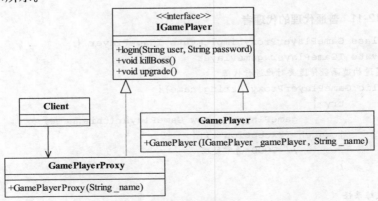

图12-4　普通代理类图

改动很小，仅仅修改了两个实现类的构造函数，GamePlayer的构造函数增加了_gamePlayer参数，而代理角色则只要传入代理者名字即可，而不需要说是替哪个对象做代理。GamePlayer类如代码清单12-10所示。

代码清单12-10　普通代理的游戏者

```java
public class GamePlayer implements IGamePlayer {
    private String name = "";
    //构造函数限制谁能创建对象，并同时传递姓名
    public GamePlayer(IGamePlayer _gamePlayer,String _name) throws Exception{
            if(_gamePlayer == null ){
                    throw new Exception("不能创建真实角色！");
            }else{
                    this.name = _name;
            }
    }
    //打怪，最期望的就是杀老怪
    public void killBoss() {
            System.out.println(this.name + "在打怪！");
    }
    //进游戏之前你肯定要登录吧，这是一个必要条件
    public void login(String user, String password) {
            System.out.println("登录名为"+user + "的用户" + this.name + "登录成功！");
    }
    //升级，升级有很多方法，花钱买是一种，做任务也是一种
    public void upgrade() {
            System.out.println(this.name + " 又升了一级！");
    }
}
```

在构造函数中，传递进来一个IGamePlayer对象，检查谁能创建真实的角色，当然还可以有其他的限制，比如类名必须为Proxy类等，读者可以根据实际情况进行扩展。GamePlayerProxy如代码清单12-11所示。

代码清单12-11　普通代理的代理者

```java
public class GamePlayerProxy implements IGamePlayer {
    private IGamePlayer gamePlayer = null;
    //通过构造函数传递要对谁进行代练
    public GamePlayerProxy(String name){
            try {
                    gamePlayer = new GamePlayer(this,name);
            } catch (Exception e) {
                    // TODO 异常处理
            }
    }
    //代练杀怪
    public void killBoss() {
```

```
                this.gamePlayer.killBoss();
        }
        //代练登录
        public void login(String user, String password) {
                this.gamePlayer.login(user, password);
        }
        //代练升级
        public void upgrade() {
                this.gamePlayer.upgrade();
        }
}
```

仅仅修改了构造函数，传递进来一个代理者名称，即可进行代理，在这种改造下，系统更加简洁了，调用者只知道代理存在就可以，不用知道代理了谁。同时场景类也稍作改动，如代码清单12-12所示。

代码清单12-12 普通代理的场景类

```
public class Client {
        public static void main(String[] args) {
                //然后再定义一个代练者
                IGamePlayer proxy = new GamePlayerProxy("张三");
                //开始打游戏，记下时间戳
                System.out.println("开始时间是: 2009-8-25 10:45");
                proxy.login("zhangSan", "password");
                //开始杀怪
                proxy.killBoss();
                //升级
                proxy.upgrade();
                //记录结束游戏时间
                System.out.println("结束时间是: 2009-8-26 03:40");
        }
}
```

运行结果完全相同。在该模式下，调用者只知代理而不用知道真实的角色是谁，屏蔽了真实角色的变更对高层模块的影响，真实的主题角色想怎么修改就怎么修改，对高层次的模块没有任何的影响，只要你实现了接口所对应的方法，该模式非常适合对扩展性要求较高的场合。当然，在实际的项目中，一般都是通过约定来禁止new一个真实的角色，这也是一个非常好的方案。

注意 普通代理模式的约束问题，尽量通过团队内的编程规范类约束，因为每一个主题类是可被重用的和可维护的，使用技术约束的方式对系统维护是一种非常不利的因素。

12.4.2 强制代理

强制代理在设计模式中比较另类，为什么这么说呢？一般的思维都是通过代理找到真实的角色，但是强制代理却是要"强制"，你必须通过真实角色查找到代理角色，否则你不能访问。

甭管你是通过代理类还是通过直接new一个主题角色类，都不能访问，只有通过真实角色指定的代理类才可以访问，也就是说由真实角色管理代理角色。这么说吧，高层模块new了一个真实角色的对象，返回的却是代理角色，这就好比是你和一个明星比较熟，相互认识，有件事情你需要向她确认一下，于是你就直接拨通了明星的电话：

"喂，沙比呀，我要见一下×××导演，你帮下忙了！"

"不行呀衰哥，我这几天很忙呀，你找我的经纪人吧……"

郁闷了吧，你是想直接绕过她的代理，谁知道返回的还是她的代理，这就是强制代理，你可以不用知道代理存在，但是你的所作所为还是需要代理为你提供。我们把上面的例子稍作修改就可以完成，如图12-5所示。

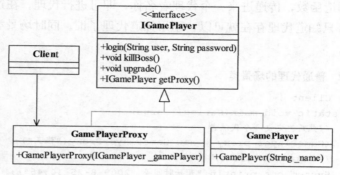

图12-5　强制代理类图

在接口上增加了一个getProxy方法，真实角色GamePlayer可以指定一个自己的代理，除了代理外谁都不能访问。我们来看代码，先看IGamePlayer接口，如代码清单12-13所示。

代码清单12-13　强制代理的接口类

```java
public interface IGamePlayer {
    //登录游戏
    public void login(String user,String password);
    //杀怪，这是网络游戏的主要特色
    public void killBoss();
    //升级
    public void upgrade();
    //每个人都可以找一下自己的代理
    public IGamePlayer getProxy();
}
```

仅仅增加了一个getProxy方法，指定要访问自己必须通过哪个代理，实现类也要做适当的修改，先看真实角色GamePlayer，如代码清单12-14所示。

代码清单12-14　强制代理的真实角色

```java
public class GamePlayer implements IGamePlayer {
    private String name = "";
    //我的代理是谁
```

```
        private IGamePlayer proxy = null;
        public GamePlayer(String _name){
                this.name = _name;
        }
        //找到自己的代理
        public IGamePlayer getProxy(){
                this.proxy = new GamePlayerProxy(this);
                return this.proxy;
        }
        //打怪，最期望的就是杀老怪
        public void killBoss() {
                if(this.isProxy()){
                        System.out.println(this.name + "在打怪! ");
                }else{
                        System.out.println("请使用指定的代理访问");
                }
        }
        //进游戏之前你肯定要登录吧，这是一个必要条件
        public void login(String user, String password) {
                if(this.isProxy()){
                        System.out.println("登录名为"+user+"的用户"+this.name+"登录成功! ");
                }else{
                        System.out.println("请使用指定的代理访问");;
                }
        }
        //升级，升级有很多方法，花钱买是一种，做任务也是一种
        public void upgrade() {
                if(this.isProxy()){
                        System.out.println(this.name + " 又升了一级! ");
                }else{
                        System.out.println("请使用指定的代理访问");
                }
        }
        //校验是否是代理访问
        private boolean isProxy(){
                if(this.proxy == null){
                        return false;
                }else{
                        return true;
                }
        }
}
```

增加了一个私有方法，检查是否是自己指定的代理，是指定的代理则允许访问，否则不允许访问。我们再来看代理角色，如代码清单12-15所示。

代码清单12-15 强制代理的代理类

```java
public class GamePlayerProxy implements IGamePlayer {
    private IGamePlayer gamePlayer = null;
    //构造函数传递用户名
    public GamePlayerProxy(IGamePlayer _gamePlayer){
        this.gamePlayer = _gamePlayer;
    }
    //代练杀怪
    public void killBoss() {
        this.gamePlayer.killBoss();
    }
    //代练登录
    public void login(String user, String password) {
        this.gamePlayer.login(user, password);
    }
    //代练升级
    public void upgrade() {
        this.gamePlayer.upgrade();
    }
    //代理的代理暂时还没有，就是自己
    public IGamePlayer getProxy(){
        return this;
    }
}
```

代理角色也可以再次被代理，这里我们就没有继续延伸下去了，查找代理的方法就返回自己的实例。代码都写完毕了，我们先按照常规的思路来运行一下，直接new一个真实角色，如代码清单12-16所示。

代码清单12-16 直接访问真实角色

```java
public class Client {
    public static void main(String[] args) {
        //定义一个游戏的角色
        IGamePlayer player = new GamePlayer("张三");
        //开始打游戏，记下时间戳
        System.out.println("开始时间是: 2009-8-25 10:45");
        player.login("zhangSan", "password");
        //开始杀怪
        player.killBoss();
        //升级
        player.upgrade();
        //记录结束游戏时间
        System.out.println("结束时间是: 2009-8-26 03:40");
    }
}
```

想想看能运行吗？运行结果如下所示：

开始时间是: 2009-8-25 10:45
请使用指定的代理访问
请使用指定的代理访问
请使用指定的代理访问
结束时间是: 2009-8-26 03:40

它要求你必须通过代理来访问，你想要直接访问它，门儿都没有，好，你要我通过代理来访问，那就生产一个代理，如代码清单12-17所示。

代码清单12-17　直接访问代理类

```
public class Client {
    public static void main(String[] args) {
        //定义一个游戏的角色
        IGamePlayer player = new GamePlayer("张三");
        //然后再定义一个代练者
        IGamePlayer proxy = new GamePlayerProxy(player);
        //开始打游戏，记下时间戳
        System.out.println("开始时间是: 2009-8-25 10:45");
        proxy.login("zhangSan", "password");
        //开始杀怪
        proxy.killBoss();
        //升级
        proxy.upgrade();
        //记录结束游戏时间
        System.out.println("结束时间是: 2009-8-26 03:40");
    }
}
```

这次能访问吗？还是不行，结果如下所示：

开始时间是: 2009-8-25 10:45
请使用指定的代理访问
请使用指定的代理访问
请使用指定的代理访问
结束时间是: 2009-8-26 03:40

还是不能访问，为什么呢？它不是真实角色指定的对象，这个代理对象是你自己new出来的，当然真实对象不认了，这就好比是那个明星，人家已经告诉你去找她的代理人了，你随便找个代理人能成吗？你必须去找她指定的代理才成！我们修改一下场景类，如代码清单12-18所示。

代码清单12-18　强制代理的场景类

```
public class Client {
    public static void main(String[] args) {
        //定义一个游戏的角色
        IGamePlayer player = new GamePlayer("张三");
        //获得指定的代理
```

```
        IGamePlayer proxy = player.getProxy();
        //开始打游戏，记下时间戳
        System.out.println("开始时间是: 2009-8-25 10:45");
        proxy.login("zhangSan", "password");
        //开始杀怪
        proxy.killBoss();
        //升级
        proxy.upgrade();
        //记录结束游戏时间
        System.out.println("结束时间是: 2009-8-26 03:40");
    }
}
```

运行结果如下：

```
开始时间是: 2009-8-25 10:45
登录名为zhangSan 的用户张三登录成功！
张三在打怪！
张三  又升了一级！
结束时间是: 2009-8-26 03:40
```

OK，可以正常访问代理了。强制代理的概念就是要从真实角色查找到代理角色，不允许直接访问真实角色。高层模块只要调用getProxy就可以访问真实角色的所有方法，它根本就不需要产生一个代理出来，代理的管理已经由真实角色自己完成。

12.4.3　代理是有个性的

一个类可以实现多个接口，完成不同任务的整合。也就是说代理类不仅仅可以实现主题接口，也可以实现其他接口完成不同的任务，而且代理的目的是在目标对象方法的基础上作增强，这种增强的本质通常就是对目标对象的方法进行拦截和过滤。例如游戏代理是需要收费的，升一级需要5元钱，这个计算功能就是代理类的个性，它应该在代理的接口中定义，如图12-6所示。

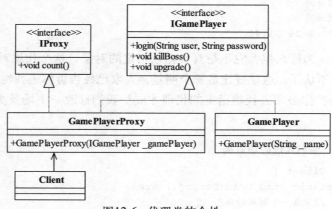

图12-6　代理类的个性

增加了一个IProxy接口，其作用是计算代理的费用。我们先来看IProxy接口，如代码清单12-19所示。

代码清单12-19 代理类的接口

```
public interface IProxy {
    //计算费用
    public void count();
}
```

仅仅一个方法，非常简单，看GamePlayerProxy带来的变化，如代码清单12-20所示。

代码清单12-20 代理类

```
public class GamePlayerProxy implements IGamePlayer,IProxy {
    private IGamePlayer gamePlayer = null;
    //通过构造函数传递要对谁进行代练
    public GamePlayerProxy(IGamePlayer _gamePlayer){
        this.gamePlayer = _gamePlayer;
    }
    //代练杀怪
    public void killBoss() {
        this.gamePlayer.killBoss();
    }
    //代练登录
    public void login(String user, String password) {
        this.gamePlayer.login(user, password);
    }
    //代练升级
    public void upgrade() {
        this.gamePlayer.upgrade();
        this.count();
    }
    //计算费用
    public void count(){
        System.out.println("升级总费用是：150元");
    }
}
```

实现了IProxy接口，同时在upgrade方法中调用该方法，完成费用结算，其他的类都没有任何改动，运行结果如下：

```
开始时间是：2009-8-25 10:45
登录名为zhangSan 的用户 张三登录成功！
张三在打怪！
张三 又升了一级！
升级总费用是：150元
结束时间是：2009-8-26 03:40
```

好了，代理公司也赚钱了，我的游戏也升级了，皆大欢喜。代理类不仅仅是可以有自己的运算方法，通常的情况下代理的职责并不一定单一，它可以组合其他的真实角色，也可以实现自己的职责，比如计算费用。代理类可以为真实角色预处理消息、过滤消息、消息转发、事后处理消息等功能。当然一个代理类，可以代理多个真实角色，并且真实角色之间可以有耦合关系，读者可以自行扩展一下。

12.4.4　动态代理

放在最后讲的一般都是压轴大戏，动态代理就是如此，上面的章节都是一个引子，动态代理才是重头戏。什么是动态代理？动态代理是在实现阶段不用关心代理谁，而在运行阶段才指定代理哪一个对象。相对来说，自己写代理类的方式就是静态代理。本章节的核心部分就在动态代理上，现在有一个非常流行的名称叫做面向横切面编程，也就是AOP（Aspect Oriented Programming），其核心就是采用了动态代理机制，既然这么重要，我们就来看看动态代理是如何实现的，还是以打游戏为例，类图修改一下以实现动态代理，如图12-7所示。

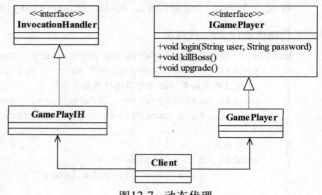

图12-7　动态代理

在类图中增加了一个InvocationHandler接口和GamePlayIH类，作用就是产生一个对象的代理对象，其中InvocationHandler是JDK提供的动态代理接口，对被代理类的方法进行代理。我们来看程序，接口保持不变，实现类也没有变化，请参考代码清单12-1和代码清单12-2所示。我们来看DynamicProxy类，如代码清单12-21所示。

代码清单12-21　动态代理类

```java
public class GamePlayIH implements InvocationHandler {
    //被代理者
    Class cls =null;
    //被代理的实例
    Object obj = null;
    //我要代理谁
    public GamePlayIH(Object _obj){
            this.obj = _obj;
    }
    //调用被代理的方法
    public Object invoke(Object proxy, Method method, Object[] args)
                throws Throwable {
            Object result = method.invoke(this.obj, args);
            return result;
    }
}
```

其中invoke方法是接口InvocationHandler定义必须实现的，它完成对真实方法的调用。我们来详细讲解一下InvocationHandler接口，动态代理是根据被代理的接口生成所有的方法，也就是说给定一个接口，动态代理会宣称"我已经实现该接口下的所有方法了"，那各位读者想想看，动态代理怎么才能实现被代理接口中的方法呢？默认情况下所有的方法返回值都是空的，是的，代理已经实现它了，但是没有任何的逻辑含义，那怎么办？好办，通过InvocationHandler接口，所有方法都由该Handler来进行处理，即所有被代理的方法都由InvocationHandler接管实际的处理任务。

我们接下来看看场景类，如代码清单12-22所示。

代码清单12-22　动态代理的场景类

```java
public class Client {
    public static void main(String[] args) throws Throwable  {
        //定义一个痴迷的玩家
        IGamePlayer player = new GamePlayer("张三");
        //定义一个handler
        InvocationHandler handler = new GamePlayIH(player);
        //开始打游戏，记下时间戳
        System.out.println("开始时间是: 2009-8-25 10:45");
        //获得类的class loader
        ClassLoader cl = player.getClass().getClassLoader();
        //动态产生一个代理者
        IGamePlayer proxy =  (IGamePlayer)Proxy.newProxyInstance(cl,new
        Class[]{IGamePlayer.class},handler);
        //登录
        proxy.login("zhangSan", "password");
        //开始杀怪
        proxy.killBoss();
        //升级
        proxy.upgrade();
        //记录结束游戏时间
        System.out.println("结束时间是: 2009-8-26 03:40");
    }
}
```

很奇怪是吗？不要着急，继续看下去。其运行结果如下：

```
开始时间是: 2009-8-25 10:45
登录名为zhangSan 的用户 张三登录成功!
张三在打怪!
张三 又升了一级!
结束时间是: 2009-8-26 03:40
```

我们还是让代练者帮我们打游戏，但是我们既没有创建代理类，也没有实现IGamePlayer接口，这就是动态代理。别急，动态代理可不仅仅就这么多内容，还有更重要的，如果想让游戏登录后发一个信息给我们，防止账号被人盗用嘛，该怎么处理？直接修改被代理类GamePlayer？这不是一个好办法，好办法如代码清单12-23所示。

代码清单12-23   修正后的动态代理

```java
public class GamePlayIH implements InvocationHandler {
    //被代理者
    Class cls =null;
    //被代理的实例
    Object obj = null;
    //我要代理谁
    public GamePlayIH(Object _obj){
            this.obj = _obj;
    }
    //调用被代理的方法
    public Object invoke(Object proxy, Method method, Object[] args)
                    throws Throwable {
            Object result = method.invoke(this.obj, args);
            //如果是登录方法，则发送信息
            if(method.getName().equalsIgnoreCase("login")){
                    System.out.println("有人在用我的账号登录！");
            }
            return result;
    }
}
```

看粗体部分，只要在代理中增加一个判断就可以决定是否要发送信息，运行结果如下：

开始时间是：2009-8-25 10:45
登录名为zhangSan的用户   张三登录成功！
有人在用我的账号登录！
张三在打怪！
张三 又升了一级！
结束时间是：2009-8-26 03:40

太棒了！有人用我的账号就发送一个信息，然后看看自己的账号是不是被人盗了，非常好的方法，这就是AOP编程。AOP编程没有使用什么新的技术，但是它对我们的设计、编码有非常大的影响，对于日志、事务、权限等都可以在系统设计阶段不用考虑，而在设计后通过AOP的方式切过去。既然动态代理是如此诱人，我们来看看通用动态代理模型，类图如图12-8所示。

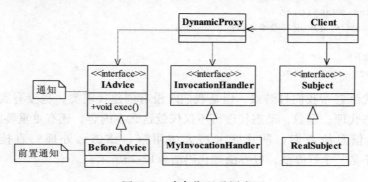

图12-8   动态代理通用类图

很简单，两条独立发展的线路。动态代理实现代理的职责，业务逻辑Subject实现相关的逻辑功能，两者之间没有必然的相互耦合的关系。通知Advice从另一个切面切入，最终在高层模块也就是Client进行耦合，完成逻辑的封装任务。我们先来看Subject接口，如代码清单12-24所示。

代码清单12-24 抽象主题

```java
public interface Subject {
    //业务操作
    public void doSomething(String str);
}
```

其中的doSomething是一种标识方法，可以有多个逻辑处理方法，实现类如代码清单12-25所示。

代码清单12-25 真实主题

```java
public class RealSubject implements Subject {
    //业务操作
    public void doSomething(String str) {
        System.out.println("do something!---->" + str);
    }
}
```

重点是我们的MyInvocationHandler，如代码清单12-26所示。

代码清单12-26 动态代理的Handler类

```java
public class MyInvocationHandler implements InvocationHandler {
    //被代理的对象
    private Object target = null;
    //通过构造函数传递一个对象
    public MyInvocationHandler(Object _obj){
        this.target = _obj;
    }
    //代理方法
    public Object invoke(Object proxy, Method method, Object[] args)
            throws Throwable {
        //执行被代理的方法
        return method.invoke(this.target, args);
    }
}
```

非常简单，所有通过动态代理实现的方法全部通过invoke方法调用。DynamicProxy代码如代码清单12-27所示。

代码清单12-27 动态代理类

```java
public class DynamicProxy<T> {
    public static <T> T newProxyInstance(ClassLoader loader, Class<?>[]
    interfaces, InvocationHandler h){
```

```
                //寻找JoinPoint连接点，AOP框架使用元数据定义
                if(true){
                        //执行一个前置通知
                        (new BeforeAdvice()).exec();
                }
                //执行目标，并返回结果
                return (T)Proxy.newProxyInstance(loader,interfaces, h);
        }
}
```

在这里插入了较多的AOP术语，如在什么地方（连接点）执行什么行为（通知）。我们在这里实现了一个简单的横切面编程，有经验的读者可以看看AOP的配置文件就会明白这段代码的意义了。我们来看通知Advice，也就是我们要切入的类，接口和实现如代码清单12-28所示。

代码清单12-28　通知接口及实现

```
public interface IAdvice {
        //通知只有一个方法，执行即可
        public void exec();
}
public class BeforeAdvice implements IAdvice{
        public void exec(){
                System.out.println("我是前置通知，我被执行了！");
        }
}
```

最后就是看我们怎么调用了，如代码清单12-29所示。

代码清单12-29　动态代理的场景类

```
public class Client {
        public static void main(String[] args) {
                //定义一个主题
                Subject subject = new RealSubject();
                //定义一个Handler
                InvocationHandler handler = new MyInvocationHandler(subject);
                //定义主题的代理
                Subject proxy = DynamicProxy.newProxyInstance(subject.getClass().
                getClassLoader(), subject.getClass().getInterfaces(),handler);
                //代理的行为
                proxy.doSomething("Finish");
        }
}
```

运行结果如下所示：

```
我是前置通知，我被执行了！
do something!---->Finish
```

好，所有的程序都看完了，我们回过头来看看程序是怎么实现的。在DynamicProxy类中，

我们有这样的方法：

```
this.obj = Proxy.newProxyInstance(c.getClassLoader(), c.getInterfaces(), new
MyInvocationHandler(_obj));
```

该方法是重新生成了一个对象，为什么要重新生成？你要使用代理呀，注意c.getInterfaces()这句话，这是非常有意思的一句话，是说查找到该类的所有接口，然后实现接口的所有方法。当然了，方法都是空的，由谁具体负责接管呢？是new MyInvocationHandler(_Obj)这个对象。于是我们知道一个类的动态代理类是这样的一个类，由InvocationHandler的实现类实现所有的方法，由其invoke方法接管所有方法的实现，其动态调用过程如图12-9所示。

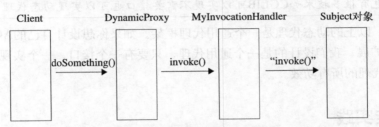

图12-9 动态代理调用过程示意图

读者可能注意到我们以上的代码还有更进一步的扩展余地，注意看DynamicProxy类，它是一个通用类，不具有业务意义，如果我们再产生一个实现类是不是就很有意义了呢？如代码清单12-30所示。

代码清单12-30 具体业务的动态代理

```java
public class SubjectDynamicProxy extends DynamicProxy{
    public static <T> T newProxyInstance(Subject subject){
        //获得ClassLoader
        ClassLoader loader = subject.getClass().getClassLoader();
        //获得接口数组
        Class<?>[] classes = subject.getClass().getInterfaces();
        //获得handler
        InvocationHandler handler = new MyInvocationHandler(subject);
        return newProxyInstance(loader, classes, handler);
    }
}
```

如此扩展以后，高层模块对代理的访问会更加简单，如代码清单12-31所示。

代码清单12-31 场景类

```java
public class Client {
    public static void main(String[] args) {
        //定义一个主题
        Subject subject = new RealSubject();
        //定义主题的代理
        Subject proxy = SubjectDynamicProxy.newProxyInstance(subject);
```

```
                //代理的行为
                proxy.doSomething("Finish");
        }
    }
```

是不是更加简单了？可能读者就要提问了，这样与静态代理还有什么区别？都是需要实现一个代理类，有区别，注意看父类，动态代理的主要意图就是解决我们常说的"审计"问题，也就是横切面编程，在不改变我们已有代码结构的情况下增强或控制对象的行为。

注意 要实现动态代理的首要条件是：被代理类必须实现一个接口，回想一下前面的分析吧。当然了，现在也有很多技术如CGLIB可以实现不需要接口也可以实现动态代理的方式。

再次说明，以上的动态代理是一个通用代理框架。如果你想设计自己的AOP框架，完全可以在此基础上扩展，我们设计的是一个通用代理，只要有一个接口，一个实现类，就可以使用该代理，完成代理的所有功效。

12.5 最佳实践

代理模式应用得非常广泛，大到一个系统框架、企业平台，小到代码片段、事务处理，稍不留意就用到代理模式。可能该模式是大家接触最多的模式，而且有了AOP大家写代理就更加简单了，有类似Spring AOP和AspectJ这样非常优秀的工具，拿来主义即可！不过，大家可以看看源代码，特别是调试时，只要看到类似$Proxy0这样的结构，你就应该知道这是一个动态代理了。

友情提醒，在学习AOP框架时，弄清楚几个名词就成：切面（Aspect）、切入点（JoinPoint）、通知（Advice）、织入（Weave）就足够了，理解了这几个名词，应用时你就可以游刃有余了！

第13章

原 型 模 式

13.1 个性化电子账单

现在电子账单越来越流行了，比如你的信用卡，每到月初的时候银行就会发一份电子邮件给你，说你这个月消费了多少，什么时候消费的，积分是多少等，这是每个月发一次。还有一种也是银行发的邮件你肯定非常有印象：广告信，现在各大银行的信用卡部门都在拉拢客户，电子邮件是一种廉价、快捷的通信方式，你用纸质的广告信那个费用多高呀，比如我行今天推出一个信用卡刷卡抽奖活动，通过电子账单系统可以一个晚上发送给600万客户，为什么要用电子账单系统呢？直接找个发垃圾邮件的工具不就解决问题了吗？是个好主意，但是这个方案在金融行业是行不通的，为什么？因为银行发送该类邮件是有要求的：

❑ 个性化服务

一般银行都要求个性化服务，发过去的邮件上总有一些个人信息吧，比如"××先生"，"××女士"等。

❑ 递送成功率

邮件的递送成功率有一定的要求，由于大批量地发送邮件会被接收方邮件服务器误认是垃圾邮件，因此在邮件头要增加一些伪造数据，以规避被反垃圾邮件引擎误认为是垃圾邮件。

从这两方面考虑广告信的发送也是电子账单系统（电子账单系统一般包括：账单分析、账单生成器、广告信管理、发送队列管理、发送机、退信处理、报表管理等）的一个子功能，我们今天就来考虑一下广告信这个模块是怎么开发的。那既然是广告信，肯定需要一个模板，然后再从数据库中把客户的信息一个一个地取出，放到模板中生成一份完整的邮件，然后扔给发送机进行发送处理，类图如图13-1所示。

在类图中AdvTemplate是广告信的模板，一般都是从数据库取出，生成一个BO或者是DTO，我们这里使用一个静态的值来作代表；Mail类是一封邮件类，发送机发送的就是这个类。我们先来看AdvTemplate，如代码清单13-1所示。

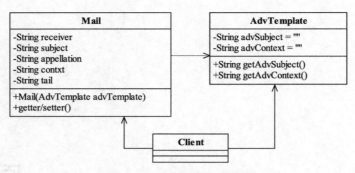

图13-1 发送电子账单类图

代码清单13-1 广告信模板代码

```
public class AdvTemplate {
    //广告信名称
    private String advSubject ="XX银行国庆信用卡抽奖活动";
    //广告信内容
    private String advContext = "国庆抽奖活动通知：只要刷卡就送你一百万！...";
    //取得广告信的名称
    public String getAdvSubject(){
            return this.advSubject;
    }
    //取得广告信的内容
    public String getAdvContext(){
            return this.advContext;
    }
}
```

邮件类Mail如代码清单13-2所示。

代码清单13-2 邮件类代码

```
public class Mail {
    //收件人
    private String receiver;
    //邮件名称
    private String subject;
    //称谓
    private String appellation;
    //邮件内容
    private String contxt;
    //邮件的尾部，一般都是加上"XXX版权所有"等信息
    private String tail;
    //构造函数
    public Mail(AdvTemplate advTemplate){
            this.contxt = advTemplate.getAdvContext();
            this.subject = advTemplate.getAdvSubject();
    }
```

```
//以下为getter/setter方法
public String getReceiver() {
        return receiver;
}
public void setReceiver(String receiver) {
        this.receiver = receiver;
}
public String getSubject() {
        return subject;
}
public void setSubject(String subject) {
        this.subject = subject;
}
public String getAppellation() {
        return appellation;
}
public void setAppellation(String appellation) {
        this.appellation = appellation;
}
public String getContxt() {
        return contxt;
}
public void setContxt(String contxt) {
        this.contxt = contxt;
}
public String getTail() {
        return tail;
}
public void setTail(String tail) {
        this.tail = tail;
}
}
```

Mail类就是一个业务对象，虽然比较长，还是比较简单的。我们再来看业务场景类是如何对邮件继续处理的，如代码清单11-3所示。

代码清单13-3 场景类

```
public class Client {
    //发送账单的数量，这个值是从数据库中获得
    private static int MAX_COUNT = 6;
    public static void main(String[] args) {
            //模拟发送邮件
            int i=0;
            //把模板定义出来，这个是从数据库中获得
            Mail mail = new Mail(new AdvTemplate());
            mail.setTail("XX银行版权所有");
            while(i<MAX_COUNT){
```

```
                              //以下是每封邮件不同的地方
                              mail.setAppellation(getRandString(5)+" 先生（女士）");
                              mail.setReceiver(getRandString(5)+"@"+getRandString(8)
                              +".com");
                              //然后发送邮件
                              sendMail(mail);
                              i++;
                      }
              }
              //发送邮件
              public static void sendMail(Mail mail){
                      System.out.println("标题："+mail.getSubject() + "\t收件人：
                      "+mail.getReceiver()+"\t...发送成功！");
              }
              //获得指定长度的随机字符串
              public static String getRandString(int maxLength){
                      String source ="abcdefghijklmnopqrskuvwxyzABCDEFGHIJKLMNOPQRSTUVWXYZ";
                      StringBuffer sb = new StringBuffer();
                      Random rand = new Random();
                      for(int i=0;i<maxLength;i++){
                              sb.append(source.charAt(rand.nextInt(source.length())));
                      }
                      return sb.toString();
              }
      }
```

运行结果如下所示：

标题：XX银行国庆信用卡抽奖活动　　　　收件人：fjQUm@ZnkyPSsL.com　　　...发送成功！
标题：XX银行国庆信用卡抽奖活动　　　　收件人：ZIKnC@NOKdloNM.com　　　...发送成功！
标题：XX银行国庆信用卡抽奖活动　　　　收件人：zNkMI@HpMMSZaz.com　　　...发送成功！
标题：XX银行国庆信用卡抽奖活动　　　　收件人：oMTFA@uBwkRjxa.com　　　...发送成功！
标题：XX银行国庆信用卡抽奖活动　　　　收件人：TquWT@TLLVNFja.com　　　...发送成功！
标题：XX银行国庆信用卡抽奖活动　　　　收件人：rkQbp@mfATHDQH.com　　　...发送成功！

　　由于是随机数，每次运行都有所差异，不管怎么样，我们这个电子账单发送程序是编写出来了，也能正常发送。我们再来仔细地想想，这个程序是否有问题？Look here，这是一个线程在运行，也就是你发送的是单线程的，那按照一封邮件发出去需要0.02秒（够小了，你还要到数据库中取数据呢），600万封邮件需要33个小时，也就是一个整天都发送不完，今天的没发送完，明天的账单又产生了，日积月累，激起甲方人员一堆抱怨，那怎么办？

　　好办，把sendMail修改为多线程，但是只把sendMail修改为多线程还是有问题的呀，产生第一封邮件对象，放到线程1中运行，还没有发送出去；线程2也启动了，直接就把邮件对象mail的收件人地址和称谓修改掉了，线程不安全了。说到这里，你会说这有N多种解决办法，其中一种是使用一种新型模式来解决这个问题：通过对象的复制功能来解决这个问题，类图稍做修改，如图13-2所示。

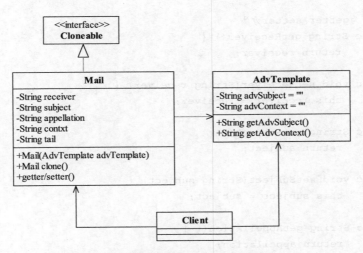

图13-2 修改后的发送电子账单类图

增加了一个Cloneable接口（Java自带的一个接口）， Mail实现了这个接口，在Mail类中覆写clone()方法，我们来看Mail类的改变，如代码清单13-4所示。

代码清单13-4 修改后的邮件类

```java
public class Mail implements Cloneable{
    //收件人
    private String receiver;
    //邮件名称
    private String subject;
    //称谓
    private String appellation;
    //邮件内容
    private String contxt;
    //邮件的尾部，一般都是加上"XXX版权所有"等信息
    private String tail;
    //构造函数
    public Mail(AdvTemplate advTemplate){
        this.contxt = advTemplate.getAdvContext();
        this.subject = advTemplate.getAdvSubject();
    }
    @Override
    public Mail clone(){
        Mail mail =null;
        try {
            mail = (Mail)super.clone();
        } catch (CloneNotSupportedException e) {
            // TODO Auto-generated catch block
            e.printStackTrace();
        }
        return mail;
    }
```

```
        //以下为getter/setter方法
        public String getReceiver() {
                return receiver;
        }
        public void setReceiver(String receiver) {
                this.receiver = receiver;
        }
        public String getSubject() {
                return subject;
        }
        public void setSubject(String subject) {
                this.subject = subject;
        }
        public String getAppellation() {
                return appellation;
        }
        public void setAppellation(String appellation) {
                this.appellation = appellation;
        }
        public String getContxt() {
                return contxt;
        }
        public void setContxt(String contxt) {
                this.contxt = contxt;
        }
        public String getTail() {
                return tail;
        }
        public void setTail(String tail) {
                this.tail = tail;
        }
}
```

注意看粗体部分，实现了一个接口，并重写了clone方法，大家可能看着这个类有点奇怪，先保留你的好奇，我们继续讲下去，稍后会给你清晰的答案。我们再来看场景Client的变化，如代码清单13-5所示。

代码清单13-5　修改后的场景类

```
public class Client {
        //发送账单的数量，这个值是从数据库中获得
        private static int MAX_COUNT = 6;
        public static void main(String[] args) {
                //模拟发送邮件
                int i=0;
                //把模板定义出来，这个是从数据中获得
                Mail mail = new Mail(new AdvTemplate());
```

```
mail.setTail("XX银行版权所有");
while(i<MAX_COUNT){
        //以下是每封邮件不同的地方
        Mail cloneMail = mail.clone();
        cloneMail.setAppellation(getRandString(5)+" 先生（女士）");
        cloneMail.setReceiver(getRandString(5)+"@"+getRandString(8)+".com");
        //然后发送邮件
        sendMail(cloneMail);
        i++;
    }
    }
}
```

运行结果不变，一样完成了电子广告信的发送功能，而且sendMail即使是多线程也没有关系。注意，看Client类中的粗体字mail.clone()这个方法，把对象复制一份，产生一个新的对象，和原有对象一样，然后再修改细节的数据，如设置称谓、设置收件人地址等。这种不通过new关键字来产生一个对象，而是通过对象复制来实现的模式就叫做原型模式。

13.2 原型模式的定义

原型模式（Prototype Pattern）的简单程度仅次于单例模式和迭代器模式。正是由于简单，使用的场景才非常地多，其定义如下：

Specify the kinds of objects to create using a prototypical instance, and create new objects by copying this prototype.（用原型实例指定创建对象的种类，并且通过拷贝这些原型创建新的对象。）

原型模式的通用类图如图13-3所示。

简单，太简单了！原型模式的核心是一个clone方法，通过该方法进行对象的拷贝，Java提供了一个Cloneable接口来标示这个对象是可拷贝的，为什么说是"标示"呢？翻开JDK的帮助看看Cloneable是一个方法都没有的，这个接口只是一个标记作用，在JVM中具有这个标记的对象才有可能被拷贝。那怎么才能从"有可能被拷贝"转换为"可以被拷贝"呢？方法是覆盖clone()方法，是的，你没有看错是重写clone()方法，看看我们上面Mail类中的clone方法，如代码清单13-6所示。

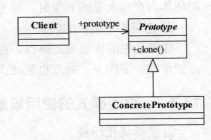

图13-3 原型模式的通用类图

代码清单13-6 邮件类中的clone方法

```
@Override
public Mail clone(){}
```

注意，在clone()方法上增加了一个注解@Override，没有继承一个类为什么可以覆写呢？想想看，在Java中所有类的老祖宗是谁？对嘛，Object类，每个类默认都是继承了这个类，所以用覆写是非常正确的——覆写了Object类中的clone方法！

在Java中原型模式是如此简单，我们来看通用源代码，如代码清单13-7所示。

代码清单13-7　原型模式通用源码

```
public class PrototypeClass  implements Cloneable{
    //覆写父类Object方法
    @Override
    public PrototypeClass clone(){
        PrototypeClass prototypeClass = null;
        try {
            prototypeClass = (PrototypeClass)super.clone();
        } catch (CloneNotSupportedException e) {
            //异常处理
        }
        return prototypeClass;
    }
}
```

实现一个接口，然后重写clone方法，就完成了原型模式！

13.3　原型模式的应用

13.3.1　原型模式的优点

❑ **性能优良**

原型模式是在内存二进制流的拷贝，要比直接new一个对象性能好很多，特别是要在一个循环体内产生大量的对象时，原型模式可以更好地体现其优点。

❑ **逃避构造函数的约束**

这既是它的优点也是缺点，直接在内存中拷贝，构造函数是不会执行的（参见13.4节）。优点就是减少了约束，缺点也是减少了约束，需要大家在实际应用时考虑。

13.3.2　原型模式的使用场景

❑ **资源优化场景**

类初始化需要消化非常多的资源，这个资源包括数据、硬件资源等。

❑ **性能和安全要求的场景**

通过new产生一个对象需要非常繁琐的数据准备或访问权限，则可以使用原型模式。

❑ **一个对象多个修改者的场景**

一个对象需要提供给其他对象访问，而且各个调用者可能都需要修改其值时，可以考虑使用原型模式拷贝多个对象供调用者使用。

在实际项目中，原型模式很少单独出现，一般是和工厂方法模式一起出现，通过clone的方法创建一个对象，然后由工厂方法提供给调用者。原型模式已经与Java融为一体，大家可以随手拿来使用。

13.4 原型模式的注意事项

原型模式虽然很简单，但是在Java中使用原型模式也就是clone方法还是有一些注意事项的，我们通过几个例子逐个解说。

13.4.1 构造函数不会被执行

一个实现了Cloneable并重写了clone方法的类A，有一个无参构造或有参构造B，通过new关键字产生了一个对象S，再然后通过S.clone()方式产生了一个新的对象T，那么在对象拷贝时构造函数B是不会被执行的。我们来写一小段程序来说明这个问题，如代码清单13-8所示。

代码清单13-8　简单的可拷贝对象

```java
public class Thing implements Cloneable{
    public Thing(){
        System.out.println("构造函数被执行了...");
    }
    @Override
    public Thing clone(){
        Thing thing=null;
        try {
            thing = (Thing)super.clone();
        } catch (CloneNotSupportedException e) {
            e.printStackTrace();
        }
        return thing;
    }
}
```

然后我们再来写一个Client类，进行对象的拷贝，如代码清单13-9所示。

代码清单13-9　简单的场景类

```java
public class Client {
    public static void main(String[] args) {
        //产生一个对象
        Thing thing = new Thing();
        //拷贝一个对象
        Thing cloneThing = thing.clone();
    }
}
```

运行结果如下所示：

构造函数被执行了...

对象拷贝时构造函数确实没有被执行，这点从原理来讲也是可以讲得通的，Object类的clone方法的原理是从内存中（具体地说就是堆内存）以二进制流的方式进行拷贝，重新分配一个内存块，那构造函数没有被执行也是非常正常的了。

13.4.2　浅拷贝和深拷贝

在解释什么是浅拷贝和什么是深拷贝之前，我们先来看个例子，如代码清单13-10所示。

代码清单13-10　浅拷贝

```java
public class Thing implements Cloneable{
        //定义一个私有变量
        private ArrayList<String> arrayList = new ArrayList<String>();
        @Override
        public Thing clone(){
                Thing thing=null;
                try {
                        thing = (Thing)super.clone();
                } catch (CloneNotSupportedException e) {
                        e.printStackTrace();
                }
                return thing;
        }
        //设置HashMap的值
        public void setValue(String value){
                this.arrayList.add(value);
        }
        //取得arrayList的值
        public ArrayList<String> getValue(){
                return this.arrayList;
        }
}
```

在Thing类中增加一个私有变量arrayLis，类型为ArrayList，然后通过setValue和getValue分别进行设置和取值，我们来看场景类是如何拷贝的，如代码清单13-11所示。

代码清单13-11　浅拷贝测试

```java
public class Client {
        public static void main(String[] args) {
                //产生一个对象
                Thing thing = new Thing();
                //设置一个值
                thing.setValue("张三");
                //拷贝一个对象
                Thing cloneThing = thing.clone();
                cloneThing.setValue("李四");
                System.out.println(thing.getValue());
        }
}
```

猜想一下运行结果应该是什么？是仅一个"张三"吗？运行结果如下所示：

[张三，李四]

怎么会这样呢？怎么会有李四呢？是因为Java做了一个偷懒的拷贝动作，Object类提供的方法clone只是拷贝本对象，其对象内部的数组、引用对象等都不拷贝，还是指向原生对象的内部元素地址，这种拷贝就叫做浅拷贝。确实是非常浅，两个对象共享了一个私有变量，你改我改大家都能改，是一种非常不安全的方式，在实际项目中使用还是比较少的（当然，这也是一种"危机"环境的一种救命方式）。你可能会比较奇怪，为什么在Mail那个类中就可以使用String类型，而不会产生由浅拷贝带来的问题呢？内部的数组和引用对象才不拷贝，其他的原始类型比如int、long、char等都会被拷贝，但是对于String类型，Java就希望你把它认为是基本类型，它是没有clone方法的，处理机制也比较特殊，通过字符串池（stringpool）在需要的时候才在内存中创建新的字符串，读者在使用的时候就把String当做基本类使用即可。

注意 使用原型模式时，引用的成员变量必须满足两个条件才不会被拷贝：一是类的成员变量，而不是方法内变量；二是必须是一个可变的引用对象，而不是一个原始类型或不可变对象。

浅拷贝是有风险的，那怎么才能深入地拷贝呢？我们修改一下程序就可以深拷贝，如代码清单13-12所示。

代码清单13-12 深拷贝

```java
public class Thing implements Cloneable{
    //定义一个私有变量
    private ArrayList<String> arrayList = new ArrayList<String>();
    @Override
    public Thing clone(){
        Thing thing=null;
        try {
            thing = (Thing)super.clone();
            thing.arrayList = (ArrayList<String>)this.arrayList.clone();
        } catch (CloneNotSupportedException e) {
            e.printStackTrace();
        }
        return thing;
    }
}
```

仅仅增加了粗体部分，对私有的类变量进行独立的拷贝。Client类没有任何改变，运行结果如下所示：

[张三]

该方法就实现了完全的拷贝，两个对象之间没有任何的瓜葛了，你修改你的，我修改我的，不相互影响，这种拷贝就叫做深拷贝。深拷贝还有一种实现方式就是通过自己写二进制流来操作对象，然后实现对象的深拷贝，这个大家有时间自己实现一下。

注意 深拷贝和浅拷贝建议不要混合使用，特别是在涉及类的继承时，父类有多个引用的情况就非常复杂，建议的方案是深拷贝和浅拷贝分开实现。

13.4.3 clone与final两个冤家

对象的clone与对象内的final关键字是有冲突的，我们举例来说明这个问题，如代码清单13-13所示。

代码清单13-13   增加final关键字的拷贝

```java
public class Thing implements Cloneable{
        //定义一个私有变量
        private final ArrayList<String> arrayList = new ArrayList<String>();
        @Override
        public Thing clone(){
                Thing thing=null;
                try {
                        thing = (Thing)super.clone();
                        this.arrayList = (ArrayList<String>)this.arrayList.clone();
                } catch (CloneNotSupportedException e) {
                        e.printStackTrace();
                }
                return thing;
        }
}
```

粗体部分仅仅增加了一个final关键字，然后编译器就报斜体部分错误，正常呀，final类型你还想重赋值呀！你要实现深拷贝的梦想在final关键字的威胁下破灭了，路总是有的，我们来想想怎么修改这个方法：删除掉final关键字，这是最便捷、安全、快速的方式。你要使用clone方法，在类的成员变量上就不要增加final关键字。

注意　要使用clone方法，类的成员变量上不要增加final关键字。

13.5 最佳实践

原型模式先产生出一个包含大量共有信息的类，然后可以拷贝出副本，修正细节信息，建立了一个完整的个性对象。不知道大家有没有看过施瓦辛格演的《第六日》这部电影，电影的主线也就是一个人被复制，然后正本和副本对掐。我们今天讲的原型模式也就是由一个正本可以创建多个副本的概念。可以这样理解：一个对象的产生可以不由零起步，直接从一个已经具备一定雏形的对象克隆，然后再修改为生产需要的对象。也就是说，产生一个人，可以不从1岁长到2岁，再到3岁……也可以直接找一个人，从其身上获得DNA，然后克隆一个，直接修改一下就是30岁了！我们讲的原型模式也就是这样的功能。

第14章

中介者模式

14.1　进销存管理是这个样子的吗

大家都来自五湖四海，都要生存，于是都找了个靠山——公司，就是给你发薪水的地方。公司要想尽办法赢利赚钱，赢利方法则不尽相同，但是各个公司都有相同的三个环节：采购、销售和库存。这个怎么说呢？比如一个软件公司，要开发软件，就需要购买开发环境，如Windows操作系统、数据库产品等，这就是采购；开发完产品还要把产品推销出去；有产品就必然有库存，软件产品也有库存，虽然不需要占用库房空间，但也要占用光盘或硬盘，这也是库存。再比如做咨询服务的公司，它要采购什么？采购知识，采购经验，这是这类企业的生存

之本，销售的也是知识和经验，库存同样是知识和经验。既然进销存是如此重要，我们今天就来讲讲它的原理和设计，我相信很多人都已经开发过这种类型的软件，基本上都形成了固定套路，不管是单机版还是网络版，一般的做法都是通过数据库来完成相关产品的管理，相对来说这还是比较简单的项目，三个模块的示意图如图14-1所示。

图14-1　进销存示意图

我们从这个示意图上可以看出，三个模块是相互依赖的。我们就以一个终端销售商（以服务最终客户为目标的企业，比如某某超市、某某商店等）为例，采购部门要采购IBM的电脑，它根据以下两个要素来决定采购数量。

❏ 销售情况

销售部门要反馈销售情况，畅销就多采购，滞销就不采购。

❏ 库存情况

即使是畅销产品，库存都有1000台了，每天才卖出去10台，也就不需要再采购了！

销售模块是企业的赢利核心，对其他两个模块也有影响：

❏ 库存情况

库房有货，才能销售，空手套白狼是不行的。

❏ 督促采购

在特殊情况下，比如一个企业客户要一次性购买100台电脑，库存只有80台，这时需要催促采购部门赶快采购！

同样地，库存管理也对其他两个模块有影响。库房是有容积限制的，不可能无限大，所以就有了清仓处理，那就要求采购部门停止采购，同时销售部门进行打折销售。

从以上分析来看，这三个模块都有自己的行为，并且与其他模块之间的行为产生关联，类似于我们办公室的同事，大家各干各的活，但是彼此之间还是有交叉的，于是彼此之间就产生紧耦合，也就是一个团队。我们先来实现这个进销存，类图如图14-2所示。

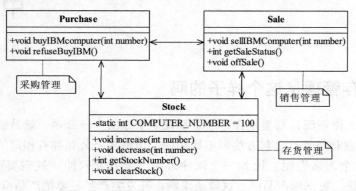

图14-2　简单的进销存类图

Purchase负责采购管理，buyIBMComputer指定了采购IBM电脑，refuseBuyIBM是指不再采购IBM了，源代码如代码清单14-1所示。

代码清单14-1　采购管理

```java
public class Purchase {
    //采购IBM电脑
    public void buyIBMcomputer(int number){
        //访问库存
        Stock stock = new Stock();
        //访问销售
        Sale sale = new Sale();
        //电脑的销售情况
        int saleStatus = sale.getSaleStatus();
        if(saleStatus>80){  //销售情况良好
            System.out.println("采购IBM电脑:"+number + "台");
            stock.increase(number);
        }else{  //销售情况不好
            int buyNumber = number/2;  //折半采购
            System.out.println("采购IBM电脑: "+buyNumber+ "台");
        }
    }
    //不再采购IBM电脑
    public void refuseBuyIBM(){
```

```
                   System.out.println("不再采购IBM电脑");
            }
      }
```

Purchase定义了采购电脑的标准：如果销售情况比较好，大于80分，你让我采购多少我就采购多少；销售情况不好，你让我采购100台，我就采购50台，对折采购。电脑采购完毕，需要放到库房中，因此要调用库存的方法，增加库存电脑数量。我们继续来看库房Stock类，如代码清单14-2所示。

代码清单14-2　库存管理

```java
public class Stock {
      //刚开始有100台电脑
      private static int COMPUTER_NUMBER =100;
      //库存增加
      public void increase(int number){
            COMPUTER_NUMBER = COMPUTER_NUMBER + number;
            System.out.println("库存数量为: "+COMPUTER_NUMBER);
      }
      //库存降低
      public void decrease(int number){
            COMPUTER_NUMBER = COMPUTER_NUMBER - number;
            System.out.println("库存数量为: "+COMPUTER_NUMBER);
      }
      //获得库存数量
      public int getStockNumber(){
            return COMPUTER_NUMBER;
      }
      //存货压力大了，就要通知采购人员不要采购，销售人员要尽快销售
      public void clearStock(){
            Purchase purchase = new Purchase();
            Sale sale = new Sale();
            System.out.println("清理存货数量为: "+COMPUTER_NUMBER);
            //要求折价销售
            sale.offSale();
            //要求采购人员不要采购
            purchase.refuseBuyIBM();
      }
}
```

库房中的货物数量肯定有增减，同时库房还有一个容量显示，达到一定的容量后就要求对一些商品进行折价处理，以腾出更多的空间容纳新产品。于是就有了clearStock方法，既然是清仓处理肯定就要折价销售了。于是在Sale类中就有了offSale方法，我们来看Sale源代码，如代码清单14-3所示。

代码清单14-3　销售管理

```java
public class Sale {
```

```
        //销售IBM电脑
        public void sellIBMComputer(int number){
                //访问库存
                Stock stock = new Stock();
                //访问采购
                Purchase purchase = new Purchase();
                if(stock.getStockNumber()<number){    //库存数量不够销售
                        purchase.buyIBMcomputer(number);
                }
    System.out.println("销售IBM电脑"+number+"台");
                stock.decrease(number);
        }
        //反馈销售情况，0~100之间变化，0代表根本就没人卖，100代表非常畅销，出一个卖一个
        public int getSaleStatus(){
                Random rand = new Random(System.currentTimeMillis());
                int saleStatus = rand.nextInt(100);
                System.out.println("IBM电脑的销售情况为: "+saleStatus);
                return saleStatus;
        }
        //折价处理
        public void offSale(){
                //库房有多少卖多少
                Stock stock = new Stock();
                System.out.println("折价销售IBM电脑"+stock.getStockNumber()+"台");
        }
}
```

Sale类中的getSaleStatus是获得销售情况，这个当然要出现在Sale类中了。记住要把恰当的类放到恰当的类中，销售情况只有销售人员才能反馈出来，通过百分制的机制衡量销售情况。我们再来看场景类是怎么运行的，场景类如代码清单14-4所示。

代码清单14-4　场景类

```
public class Client {
        public static void main(String[] args) {
                //采购人员采购电脑
                System.out.println("------采购人员采购电脑--------");
                Purchase purchase = new Purchase();
                purchase.buyIBMcomputer(100);
                //销售人员销售电脑
                System.out.println("\n------销售人员销售电脑--------");
                Sale sale = new Sale();
                sale.sellIBMComputer(1);
                //库房管理人员管理库存
                System.out.println("\n------库房管理人员清库处理--------");
                Stock stock = new Stock();
                stock.clearStock();
        }
}
```

我们在场景类中模拟了三种人员的活动：采购人员采购电脑，销售人员销售电脑，库管员管理库存。运行结果如下所示：

```
------采购人员采购电脑--------
IBM电脑的销售情况为: 95
采购IBM电脑:100台
库存数量为: 200
------销售人员销售电脑--------
销售IBM电脑1台
库存数量为: 199
------库房管理人员清库处理--------
清理存货数量为: 199
折价销售IBM电脑199台
不再采购IBM电脑
```

运行结果也是我们期望的，三个不同类型的参与者完成了各自的活动。你有没有发现这三个类是彼此关联的？每个类都与其他两个类产生了关联关系。迪米特法则认为"每个类只和朋友类交流"，这个朋友类并非越多越好，朋友类越多，耦合性越大，要想修改一个就得修改一片，这不是面向对象设计所期望的，况且这还是仅三个模块的情况，属于比较简单的一个小项目。我们把进销存扩展一下，如图14-3所示。

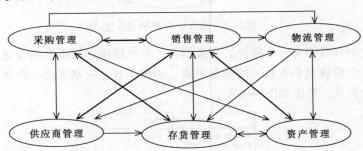

图14-3 扩展后的进销存示意图

这是一个蜘蛛网的结构，别说是编写程序了，就是给人看估计也能让一大批人昏倒！每个对象都需要和其他几个对象交流，对象越多，每个对象要交流的成本也就越大了，只是维护这些对象的交流就能让一大批程序员望而却步！从这方面来说，我们已经发现设计的缺陷了，作为一个架构师，发现缺陷就要想办法修改。

大家都学过网络的基本知识，网络拓扑有三种类型：总线型、环型、星型。星型网络拓扑如图14-4所示。

在星型网络拓扑中，每个计算机通过交换机和其他计算机进行数据交换，各个计算机之间并没有直接出现交互的情况。这种结构简单，而且稳定，只要中间那个交换机不瘫痪，整个网络就不会发生大的故障。公司和网吧一般都采用星型网络。我们是不是可以把这种星型结构引入到我们的设计中呢？我们先画一个示意图，如图14-5所示。

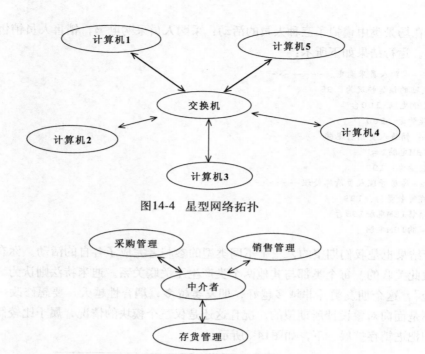

图14-4　星型网络拓扑

图14-5　修改后的进销存示意图

　　加入了一个中介者作为三个模块的交流核心，每个模块之间不再相互交流，要交流就通过中介者进行。每个模块只负责自己的业务逻辑，不属于自己的则丢给中介者来处理，简化了各模块之间的耦合关系，类图如图14-6所示。

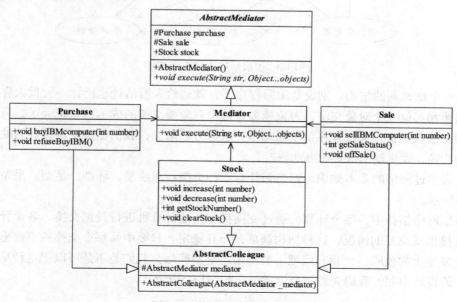

图14-6　修改后的进销存类图

　　建立了两个抽象类AbstractMediator和AbstractColeague，每个对象只是与中介者Mediator之间产生依赖，与其他对象之间没有直接关系，AbstractMediator的作用是实现中介者的抽象定义，定义了一个抽象方法execute，如代码清单14-5所示。

代码清单14-5　抽象中介者

```java
public abstract class AbstractMediator {
        protected Purchase purchase;
        protected Sale sale;
        protected Stock stock;
        //构造函数
        public AbstractMediator(){
                purchase = new Purchase(this);
                sale = new Sale(this);
                stock = new Stock(this);
        }
        //中介者最重要的方法叫做事件方法，处理多个对象之间的关系
        public abstract void execute(String str,Object...objects);
}
```

　　再来看具体的中介者，我们可以根据业务的要求产生多个中介者，并划分各中介者的职责。具体中介者如代码清单14-6所示。

代码清单14-6　具体中介者

```java
public class Mediator extends AbstractMediator {
        //中介者最重要的方法
        public void execute(String str,Object...objects){
                if(str.equals("purchase.buy")){  //采购电脑
                        this.buyComputer((Integer)objects[0]);
                }else if(str.equals("sale.sell")){  //销售电脑
                        this.sellComputer((Integer)objects[0]);
                }else if(str.equals("sale.offsell")){  //折价销售
                        this.offSell();
                }else if(str.equals("stock.clear")){  //清仓处理
                        this.clearStock();
                }
        }
        //采购电脑
        private void buyComputer(int number){
                int saleStatus = super.sale.getSaleStatus();
                if(saleStatus>80){  //销售情况良好
                        System.out.println("采购IBM电脑:"+number + "台");
                        super.stock.increase(number);
                }else{   //销售情况不好
                        int buyNumber = number/2;   //折半采购
                        System.out.println("采购IBM电脑: "+buyNumber+ "台");
                }
        }
}
```

```
                               //销售电脑
        private void sellComputer(int number){
                    if(super.stock.getStockNumber()<number){    //库存数量不够销售
                            super.purchase.buyIBMcomputer(number);
                    }
                    super.stock.decrease(number);
        }
        //折价销售电脑
        private void offSell(){
                    System.out.println("折价销售IBM电脑"+stock.getStockNumber()+"台");
        }
        //清仓处理
        private void clearStock(){
                    //要求清仓销售
                    super.sale.offSale();
                    //要求采购人员不要采购
                    super.purchase.refuseBuyIBM();
        }
}
```

中介者Mediator定义了多个private方法，其目的是处理各个对象之间的依赖关系，就是说把原有一个对象要依赖多个对象的情况移到中介者的private方法中实现。在实际项目中，一般的做法是中介者按照职责进行划分，每个中介者处理一个或多个类似的关联请求。

由于要使用中介者，我们增加了一个抽象同事类，三个具体的实现类分别继承该抽象类，如代码清单14-7所示。

代码清单14-7　抽象同事类

```java
public abstract class AbstractColleague {
    protected AbstractMediator mediator;
    public AbstractColleague(AbstractMediator _mediator){
            this.mediator = _mediator;
    }
}
```

采购Purchase类如代码清单14-8所示。

代码清单14-8　修改后的采购管理

```java
public class Purchase extends AbstractColleague{
    public Purchase(AbstractMediator _mediator){
            super(_mediator);
    }
    //采购IBM电脑
    public void buyIBMcomputer(int number){
            super.mediator.execute("purchase.buy", number);
    }
    //不再采购IBM电脑
    public void refuseBuyIBM(){
```

```
            System.out.println("不再采购IBM电脑");
        }
    }
```

上述Purchase类简化了很多，也清晰了很多，处理自己的职责，与外界有关系的事件处理则交给了中介者来完成。再来看Stock类，如代码清单14-9所示。

代码清单14-9　修改后的库存管理

```java
public class Stock extends AbstractColleague {
    public Stock(AbstractMediator _mediator){
        super(_mediator);
    }
    //刚开始有100台电脑
    private static int COMPUTER_NUMBER =100;
    //库存增加
    public void increase(int number){
        COMPUTER_NUMBER = COMPUTER_NUMBER + number;
        System.out.println("库存数量为: "+COMPUTER_NUMBER);
    }
    //库存降低
    public void decrease(int number){
        COMPUTER_NUMBER = COMPUTER_NUMBER - number;
        System.out.println("库存数量为: "+COMPUTER_NUMBER);
    }
    //获得库存数量
    public int getStockNumber(){
        return COMPUTER_NUMBER;
    }
    //存货压力大了，就要通知采购人员不要采购，销售人员要尽快销售
    public void clearStock(){
        System.out.println("清理存货数量为: "+COMPUTER_NUMBER);
        super.mediator.execute("stock.clear");
    }
}
```

销售管理Sale类如代码清单14-10所示。

代码清单14-10　修改后的销售管理

```java
public class Sale extends AbstractColleague {
    public Sale(AbstractMediator _mediator){
        super(_mediator);
    }
    //销售IBM电脑
    public void sellIBMComputer(int number){
        super.mediator.execute("sale.sell", number);
        System.out.println("销售IBM电脑"+number+"台");
    }
    //反馈销售情况，0~100变化，0代表根本就没人买，100代表非常畅销，出一个卖一个
```

```
        public int getSaleStatus(){
                Random rand = new Random(System.currentTimeMillis());
                int saleStatus = rand.nextInt(100);
                System.out.println("IBM电脑的销售情况为: "+saleStatus);
                return saleStatus;
        }
        //折价处理
        public void offSale(){
                super.mediator.execute("sale.offsell");
        }
}
```

增加了中介者，场景类也需要小小的改动，如代码清单14-11所示。

代码清单14-11   修改后的场景类

```
public class Client {
    public static void main(String[] args) {
            AbstractMediator mediator = new Mediator();
            //采购人员采购电脑
            System.out.println("------采购人员采购电脑--------");
            Purchase purchase = new Purchase(mediator);
            purchase.buyIBMcomputer(100);
            //销售人员销售电脑
            System.out.println("\n------销售人员销售电脑--------");
            Sale sale = new Sale(mediator);
            sale.sellIBMComputer(1);
            //库房管理人员管理库存
            System.out.println("\n------库房管理人员清库处理--------");
            Stock stock = new Stock(mediator);
            stock.clearStock();
    }
}
```

在场景类中增加了一个中介者，然后分别传递到三个同事类中，三个类都具有相同的特性：只负责处理自己的活动（行为），与自己无关的活动就丢给中介者处理，程序运行的结果是相同的。从项目设计上来看，加入了中介者，设计结构清晰了很多，而且类间的耦合性大大减少，代码质量也有了很大的提升。

在多个对象依赖的情况下，通过加入中介者角色，取消了多个对象的关联或依赖关系，减少了对象的耦合性。

14.2   中介者模式的定义

中介者模式的定义为：Define an object that encapsulates how a set of objects interact. Mediator promotes loose coupling by keeping objects from referring to each other explicitly, and it lets you vary their interaction independently. （用一个中介对象封装一系列的对象交互，中介者

使各对象不需要显示地相互作用，从而使其耦合松散，而且可以独立地改变它们之间的交互。）

中介者模式通用类图如图14-7所示。

从类图中看，中介者模式由以下几部分组成：

❑ Mediator 抽象中介者角色

抽象中介者角色定义统一的接口，用于各同事角色之间的通信。

❑ Concrete Mediator 具体中介者角色

具体中介者角色通过协调各同事角色实现协作行为，因此它必须依赖于各个同事角色。

❑ Colleague 同事角色

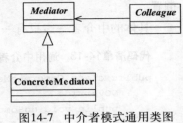

图14-7　中介者模式通用类图

每一个同事角色都知道中介者角色，而且与其他的同事角色通信的时候，一定要通过中介者角色协作。每个同事类的行为分为两种：一种是同事本身的行为，比如改变对象本身的状态，处理自己的行为等，这种行为叫做自发行为（Self-Method），与其他的同事类或中介者没有任何的依赖；第二种是必须依赖中介者才能完成的行为，叫做依赖方法（Dep-Method）。

中介者模式比较简单，其通用源码也比较简单，先看抽象中介者Mediator类，如代码清单14-12所示。

代码清单14-12　通用抽象中介者

```java
public abstract class Mediator {
    //定义同事类
    protected ConcreteColleague1 c1;
    protected ConcreteColleague2 c2;
    //通过getter/setter方法把同事类注入进来
    public ConcreteColleague1 getC1() {
        return c1;
    }
    public void setC1(ConcreteColleague1 c1) {
        this.c1 = c1;
    }
    public ConcreteColleague2 getC2() {
        return c2;
    }
    public void setC2(ConcreteColleague2 c2) {
        this.c2 = c2;
    }
    //中介者模式的业务逻辑
    public abstract void doSomething1();
    public abstract void doSomething2();
}
```

在Mediator抽象类中我们只定义了同事类的注入，为什么使用同事实现类注入而不使用抽象类注入呢？那是因为同事类虽然有抽象，但是没有每个同事类必须要完成的业务方法，当然如果每个同事类都有相同的方法，比如execute、handler等，那当然注入抽象类，做到依赖倒置。

具体的中介者一般只有一个，即通用中介者，其源代码如代码清单14-13所示。

代码清单14-13　通用中介者

```java
public class ConcreteMediator extends Mediator {
    @Override
    public void doSomething1() {
        //调用同事类的方法，只要是public方法都可以调用
        super.c1.selfMethod1();
        super.c2.selfMethod2();
    }
    public void doSomething2() {
        super.c1.selfMethod1();
        super.c2.selfMethod2();
    }
}
```

中介者所具有的方法doSomething1和doSomething2都是比较复杂的业务逻辑，为同事类服务，其实现是依赖各个同事类来完成的。

同事类的基类如代码清单14-14所示。

代码清单14-14　抽象同事类

```java
public abstract class Colleague {
    protected Mediator mediator;
    public Colleague(Mediator _mediator){
        this.mediator = _mediator;
    }
}
```

这个基类也非常简单。一般来说，中介者模式中的抽象都比较简单，是为了建立这个中介而服务的，具体同事类如代码清单14-15所示。

代码清单14-15　具体同事类

```java
public class ConcreteColleague1 extends Colleague {
    //通过构造函数传递中介者
    public ConcreteColleague1(Mediator _mediator){
        super(_mediator);
    }
    //自有方法 self-method
    public void selfMethod1(){
        //处理自己的业务逻辑
    }
    //依赖方法 dep-method
    public void depMethod1(){
        //处理自己的业务逻辑
```

```
            //自己不能处理的业务逻辑,委托给中介者处理
            super.mediator.doSomething1();
        }
    }
public class ConcreteColleague2 extends Colleague {
    //通过构造函数传递中介者
    public ConcreteColleague2(Mediator _mediator){
            super(_mediator);
    }
    //自有方法 self-method
    public void selfMethod2(){
            //处理自己的业务逻辑
    }
    //依赖方法 dep-method
    public void depMethod2(){
            //处理自己的业务逻辑
            //自己不能处理的业务逻辑,委托给中介者处理
            super.mediator.doSomething2();
    }
}
```

为什么同事类要使用构造函数注入中介者,而中介者使用getter/setter方式注入同事类呢?这是因为同事类必须有中介者,而中介者却可以只有部分同事类。

14.3 中介者模式的应用

14.3.1 中介者模式的优点

中介者模式的优点就是减少类间的依赖,把原有的一对多的依赖变成了一对一的依赖,同事类只依赖中介者,减少了依赖,当然同时也降低了类间的耦合。

14.3.2 中介者模式的缺点

中介者模式的缺点就是中介者会膨胀得很大,而且逻辑复杂,原本N个对象直接的相互依赖关系转换为中介者和同事类的依赖关系,同事类越多,中介者的逻辑就越复杂。

14.3.3 中介者模式的使用场景

中介者模式简单,但是简单不代表容易使用,很容易被误用。在面向对象的编程中,对象和对象之间必然会有依赖关系,如果某个类和其他类没有任何相互依赖的关系,那这个类就是一个"孤岛",在项目中就没有存在的必要了!就像是某个人如果永远独立生活,与任何人都没有关系,那这个人基本上就算是野人了——排除在人类这个定义之外。

类之间的依赖关系是必然存在的,一个类依赖多个类的情况也是存在的,存在即合理,那是否可以说只要有多个依赖关系就考虑使用中介者模式呢?答案是否定的。中介者模式未必能

帮你把原本凌乱的逻辑整理得清清楚楚,而且中介者模式也是有缺点的,这个缺点在使用不当时会被放大,比如原本就简单的几个对象依赖关系,如果为了使用模式而加入了中介者,必然导致中介者的逻辑复杂化,因此中介者模式的使用需要"量力而行"!中介者模式适用于多个对象之间紧密耦合的情况,紧密耦合的标准是:在类图中出现了蜘蛛网状结构。在这种情况下一定要考虑使用中介者模式,这有利于把蜘蛛网梳理为星型结构,使原本复杂混乱的关系变得清晰简单。

14.4 中介者模式的实际应用

中介者模式也叫做调停者模式,是什么意思呢?一个对象要和N多个对象交流,就像对象间的战争,很混乱。这时,需要加入一个中心,所有的类都和中心交流,中心说怎么处理就怎么处理,我们举一些在开发和生活中经常会碰到的例子。

❑ 机场调度中心

大家在每个机场都会看到有一个"××机场调度中心",它就是具体的中介者,用来调度每一架要降落和起飞的飞机。比如,某架飞机(同事类)飞到机场上空了,就询问调度中心(中介者)"我是否可以降落"以及"降落到哪个跑道",调度中心(中介者)查看其他飞机(同事类)情况,然后通知飞机降落。如果没有机场调度中心,飞机飞到机场了,飞行员要先看看有没有飞机和自己一起降落的,有没有空跑道,停机位是否具备等情况,这种局面是难以想象的!

❑ MVC框架

大家都应该使用过Struts,MVC框架,其中的C(Controller)就是一个中介者,叫做前端控制器(Front Controller),它的作用就是把M(Model,业务逻辑)和V(View,视图)隔离开,协调M和V协同工作,把M运行的结果和V代表的视图融合成一个前端可以展示的页面,减少M和V的依赖关系。MVC框架已经成为一个非常流行、成熟的开发框架,这也是中介者模式的优点的一个体现。

❑ 媒体网关

媒体网关也是一个典型的中介者模式,比如使用MSN时,张三发消息给李四,其过程应该是这样的:张三发送消息,MSN服务器(中介者)接收到消息,查找李四,把消息发送到李四,同时通知张三,消息已经发送。在这里,MSN服务器就是一个中转站,负责协调两个客户端的信息交流,与此相反的就是IPMsg(也叫飞鸽),它没有使用中介者,而直接使用了UDP广播的方式,每个客户端既是客户端也是服务器端。

❑ 中介服务

现在中介服务非常多,比如租房中介、出国中介,这些也都是中介模式的具体体现,比如你去租房子,如果没有房屋中介,你就必须一个一个小区去找,看看有没有空房子,有没有适合自己的房子,找到房子后还要和房东签合约,自己检查房屋的家具、水电煤等;有了中介后,你就省心多了,找中介,然后安排看房子,看中了,签合约,中介帮你检查房屋家具、水电煤等等。这也是中介模式的实际应用。

14.5 最佳实践

本章讲述的中介者模式很少用到接口或者抽象类，这与依赖倒置原则是冲突的，这是什么原因呢？首先，既然是同事类而不是兄弟类（有相同的血缘），那就说明这些类之间是协作关系，完成不同的任务，处理不同的业务，所以不能在抽象类或接口中严格定义同事类必须具有的方法（从这点也可以看出继承是高侵入性的）。这是不合适的，就像你我是同事，虽然我们大家都是朝九晚五地上班，但是你跟我干的活肯定不同，不可能抽象出一个父类统一定义同事所必须有的方法。当然，每个同事都要吃饭、上厕所，可以把这些最基本的信息封装到抽象中，但这些最基本的行为或属性是中介者模式要关心的吗？如果两个对象不能提炼出共性，那就不要刻意去追求两者的抽象，抽象只要定义出模式需要的角色即可。当然如果严格遵守面向接口编程的话，则是需要抽象的，这就需要读者在实际开发中灵活掌握。其次，在一个项目中，中介者模式可能被多个模块采用，每个中介者所围绕的同事类各不相同，你能抽象出一个具有共性的中介者吗？不可能，一个中介者抽象类一般只有一个实现者，除非中介者逻辑非常复杂，代码量非常大，这时才会出现多个中介者的情况。所以，对于中介者来说，抽象已经没有太多的必要。

中介者模式是一个非常好的封装模式，也是一个很容易被滥用的模式，一个对象依赖几个对象是再正常不过的事情，但是纯理论家就会要求使用中介者模式来封装这种依赖关系，这是非常危险的！使用中介模式就必然会带来中介者的膨胀问题，这在一个项目中是很不恰当的。大家可以在如下的情况下尝试使用中介者模式：

❏ N个对象之间产生了相互的依赖关系（N>2）。

❏ 多个对象有依赖关系，但是依赖的行为尚不确定或者有发生改变的可能，在这种情况下一般建议采用中介者模式，降低变更引起的风险扩散。

❏ 产品开发。一个明显的例子就是MVC框架，把中介者模式应用到产品中，可以提升产品的性能和扩展性，但是对于项目开发就未必，因为项目是以交付投产为目标，而产品则是以稳定、高效、扩展为宗旨。

第15章

命令模式

15.1 项目经理也难当

我是公司的项目经理，在国内做项目，项目经理需要什么都懂，什么都管。做好了，项目经理能分到一杯羹；做不好，都是项目经理的责任。这几乎是绝对的，我带过很多项目，行政命令一压下来，那就一条道：做完做好！

虽然我们公司是一个集团公司，但是我们部门的业绩是独立核算的，也就是说，我们部门不仅可以为集团公司服务，还可以为其他甲方服务，赚取更多的外快。2007年，我曾负责一个比较小的项目（但是项目的合同金额可不少）——为某家旅行社建立一套内部管理系统。该旅行社的门店比较多，员工也比较多，这个内部管理系统用来管理客户、旅游资源、票务以及内部事务，整体上类似于一个小型的MIS系统。客户的需求比较明确，因为他们曾经自己购买了一套内部管理系统，这次变动基本上是翻版；而且这家旅行社也有自己的IT部门，技术人员之间语言相通，比较好相处，也没有交流鸿沟。

该项目的成员分工采用了常规的分工方式，分为需求组（Requirement Group，RG）、美工组（Page Group，PG）、代码组（我们内部还有一个比较优雅的名字：逻辑实现组，这里使用大家经常称呼的名称，即Code Group，简称CG），加上我这个项目经理正好十个人。刚开始，客户（也就是旅行社，甲方）很乐意和我们每个组探讨，比如和需求组讨论需求、和美工讨论页面、和代码组讨论实现，告诉他们修改、删除、增加各种内容等。这是一种比较常见的甲乙方合作模式，甲方深入到乙方的项目开发中，我们可以使用类图来表示这个过程，如图15-1所示。

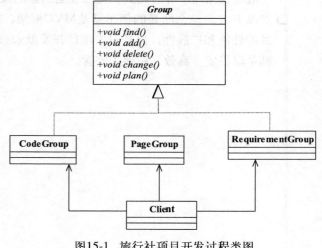

图15-1 旅行社项目开发过程类图

这个类图很简单，客户和三个组都有交流，这也合情合理。那我们看看这个过程的实现，首先看抽象类Group，如代码清单15-1所示。

代码清单15-1　抽象组

```
public abstract class Group {
        //甲乙双方分开办公，如果你要和某个组讨论，你首先要找到这个组
        public abstract void find();
        //被要求增加功能
        public abstract void add();
        //被要求删除功能
        public abstract void delete();
        //被要求修改功能
        public abstract void change();
        //被要求给出所有的变更计划
        public abstract void plan();
}
```

大家看抽象类中的每个方法，其中的每个都是一个命令语气——"找到它，增加，删除，给我计划！"这些都是命令，给出命令然后由相关的人员去执行。我们再看3个实现类，其中的需求组最重要，需求组RequirmentGroup类如代码清单15-2所示。

代码清单15-2　需求组

```
public class RequirementGroup extends Group {
    //客户要求需求组过去和他们谈
    public void find() {
            System.out.println("找到需求组...");
    }
    //客户要求增加一项需求
    public void add() {
            System.out.println("客户要求增加一项需求...");
    }
    //客户要求修改一项需求
    public void change() {
            System.out.println("客户要求修改一项需求...");
    }
    //客户要求删除一项需求
    public void delete() {
            System.out.println("客户要求删除一项需求...");
    }
    //客户要求给出变更计划
    public void plan() {
            System.out.println("客户要求需求变更计划...");
    }
}
```

需求组有了，我们再看美工组。美工组也很重要，是项目的脸面，客户最终接触到的还是界面。美工组PageGroup类如代码清单15-3所示。

代码清单15-3　美工组

```java
public class PageGroup extends Group {
        //首先这个美工组应该能找到吧，要不你跟谁谈？
        public void find() {
                System.out.println("找到美工组...");
        }
        //美工被要求增加一个页面
        public void add() {
                System.out.println("客户要求增加一个页面...");
        }
        //客户要求对现有界面做修改
        public void change() {
                System.out.println("客户要求修改一个页面...");
        }
        //甲方是老大，要求删除一些页面
        public void delete() {
                System.out.println("客户要求删除一个页面...");
        }
        //所有的增、删、改都要给出计划
        public void plan() {
                System.out.println("客户要求页面变更计划...");
        }
}
```

最后看代码组。这个组的成员一般比较沉闷，不多说话，但多做事儿，这是这个组的典型特点。代码组CodeGroup类如代码清单15-4所示。

代码清单15-4　代码组

```java
public class CodeGroup extends Group {
        //客户要求代码组过去和他们谈
        public void find() {
                System.out.println("找到代码组...");
        }
        //客户要求增加一项功能
        public void add() {
                System.out.println("客户要求增加一项功能...");
        }
        //客户要求修改一项功能
        public void change() {
                System.out.println("客户要求修改一项功能...");
        }
        //客户要求删除一项功能
        public void delete() {
                System.out.println("客户要求删除一项功能...");
        }
        //客户要求给出变更计划
        public void plan() {
```

```
        System.out.println("客户要求代码变更计划...");
    }
}
```

整个项目的3个支柱都已经产生了，那看客户怎么和我们谈。客户刚开始提交了他们自己写的一份比较完整的需求，需求组根据这份需求写了一份分析说明书，客户看后，要求增加需求，该场景如代码清单15-5所示。

代码清单15-5 场景类

```java
public class Client {
    public static void main(String[] args) {
        //首先客户找到需求组说，过来谈需求，并修改
        System.out.println("-----------客户要求增加一项需求---------------");
        Group rg = new RequirementGroup();
        //找到需求组
        rg.find();
        //增加一个需求
        rg.add();
        //要求变更计划
        rg.plan();
    }
}
```

运行的结果如下所示：

```
-------------客户要求增加一项需求------------------
找到需求组...
客户要求增加一项需求...
客户要求需求变更计划...
```

客户的需求暂时满足了，过了一段时间，客户又要求"界面多画了一个，过来谈谈"，于是又有一次场景变化，如代码清单15-6所示。

代码清单15-6 变化的场景类

```java
public class Client {
    public static void main(String[] args) {
        //首先客户找到美工组说，过来谈页面，并修改
        System.out.println("----------客户要求删除一个页面--------------");
        Group pg = new PageGroup();
        //找到需求组
        pg.find();
        //删除一项需求
        pg.delete();
        //要求变更计划
        pg.plan();
    }
}
```

运行结果如下所示：

```
------------客户要求删除一个页面------------------
找到美工组...
客户要求删除一个页面...
客户要求页面变更计划...
```

好了，界面也谈过了，应该没什么大问题了吧。过了一天后，客户又让代码组过去，说是数据库设计问题，然后又叫美工组过去，布置了一堆命令……这个就不一一写了，大家应该能够体会得到！问题来了，我们修改可以，但是每次都是叫一个组去，布置个任务，然后出计划，每次都这样，如果让你当甲方，你烦不烦？而且这种方式很容易出错误，并且还真发生过。客户把美工叫过去了，要删除，可美工说需求是这么写的，然后客户又命令需求组过去，一次次地折腾之后，客户也烦躁了，于是直接抓住我这个项目经理说："我不管你们内部怎么安排，你就给我找个接头负责人，我告诉他怎么做，删除页面，增加功能，你们内部怎么处理我不管，我就告诉他我要干什么就成了......"

我一听，好啊，这也正是我想要的，我们项目组的兄弟们也已经受不了了，于是我改变了一下我的处理方式，如图15-2所示。

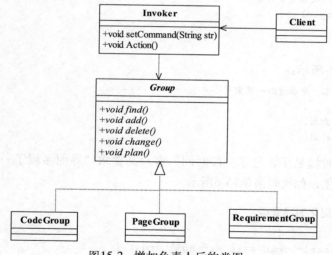

图15-2　增加负责人后的类图

在原有的类图上增加了一个Invoker类，其作用是根据客户的命令安排不同的组员进行工作，例如，客户说"界面上删除一条记录"，Invoker类接收到该String类型命令后，通知美工组PageGroup开始delete，然后再找到代码组CodeGroup后台不要存到数据库中，最后反馈给客户一个执行计划。这是一个挺好的方案，但是客户的命令是一个String类型的，这有非常多的变化，仅仅通过一个字符串来传递命令并不是一个非常好的方案，因为在系统设计中，字符串没有约束力，根据字符串判断相关的业务逻辑不是一个优秀的解决方案。那怎么才是一个优秀的方案呢？解决方案是：对客户发出的命令进行封装，每个命令是一个对象，避免客户、负责人、组员之间的交流误差，封装后的结果就是客户只要说一个命令，我的项目组就立刻开始启动，不用思考、解析命令字符串，如图15-3所示。

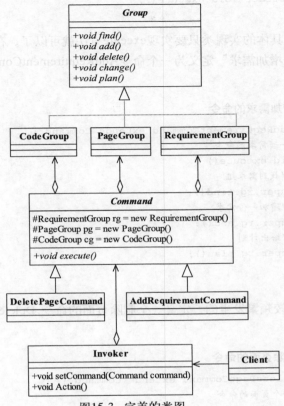

图15-3 完美的类图

Command抽象类只有一个方法execute，其作用就是执行命令，子类非常坚决地实现该命令，与军队中类似，上级军官给士兵发布命令：爬上这个旗杆！然后士兵回答：Yes, Sir！完美的项目也与此类似，客户发送一个删除页面的命令，接头负责人Invoker接收到命令后，立刻执行DeletePageCommand的execute方法。对类图中增加的几个类说明如下。

❑ Command抽象类：客户发给我们的命令，定义三个工作组的成员变量，供子类使用；定义一个抽象方法execute，由子类来实现。

❑ CInvoker实现类：项目接头负责人，setComand接收客户发给我们的命令，action方法是执行客户的命令（方法名写成action，与command的execute区分开，避免混淆）。
其中，Command抽象类是整个扩展的核心，其源代码如代码清单15-7所示。

代码清单15-7 抽象命令类

```
public abstract class Command {
    //把三个组都定义好，子类可以直接使用
    protected RequirementGroup rg = new RequirementGroup();  //需求组
    protected PageGroup pg = new PageGroup();  //美工组
    protected CodeGroup cg = new CodeGroup();  //代码组
```

```
//只有一个方法，你要我做什么事情
public abstract void execute();
}
```

抽象类很简单，具体的实现类只要实现execute方法就可以了。在一个项目中，需求增加是很常见的，那就把"增加需求"定义为一个命令AddRequirementCommand类，如代码清单15-8所示。

代码清单15-8 增加需求的命令

```
public class AddRequirementCommand extends Command {
        //执行增加一项需求的命令
        public void execute() {
                //找到需求组
                super.rg.find();
                //增加一份需求
                super.rg.add();
                //给出计划
                super.rg.plan();
        }
}
```

页面变更也是比较频繁发生的，定义一个删除页面的命令 DeletePageCommand类，如代码清单15-9所示。

代码清单15-9 删除页面的命令

```
public class DeletePageCommand extends Command {
        //执行删除一个页面的命令
        public void execute() {
                //找到页面组
                super.pg.find();
                //删除一个页面
                super.rg.delete();
                //给出计划
                super.rg.plan();
        }
}
```

Command抽象类可以有N个子类，如增加一个功能命令（AddFunCommand），删除一份需求命令（DeleteRequirementCommand）等，这里就不再描述了，只要是由客户产生、时常性的行为都可以定义为一个命令，其实现类都比较简单，读者可以自行扩展。

客户发送的命令已经确定下来，我们再看负责人Invoker，如代码清单15-10所示。

代码清单15-10 负责人

```
public class Invoker {
        //什么命令
        private Command command;
```

```
//客户发出命令
public void setCommand(Command command){
        this.command = command;
}
//执行客户的命令
public void action(){
        this.command.execute();
}
}
```

这更简单了，负责人只要接到客户的命令，就立刻执行。我们模拟增加一项需求的过程，如代码清单15-11所示。

代码清单15-11 增加一项需求

```
public class Client {
        public static void main(String[] args) {
                //定义我们的接头人
                Invoker xiaoSan = new Invoker();    //接头人就是小三
                //客户要求增加一项需求
                System.out.println("------------客户要求增加一项需求----------------");
                //客户给我们下命令来
                Command command = new AddRequirementCommand();
                //接头人接收到命令
                xiaoSan.setCommand(command);
                //接头人执行命令
                xiaoSan.action();
        }
}
```

运行结果如下所示：

```
------------客户要求增加一项需求------------------
找到需求组...
客户要求增加一项需求...
客户要求需求变更计划...
```

是不是我们的场景类简单了很多？客户只要给命令，我马上执行。简单！非常简单！那我们看看，如果客户要求删除一个页面，我们的修改有多大，如代码清单15-12所示。

代码清单15-12 删除一个页面

```
public class Client {
        public static void main(String[] args) {
                //定义我们的接头人
                Invoker xiaoSan = new Invoker();    //接头人就是小三
                //客户要求增加一项需求
                System.out.println("------------客户要求删除一个页面----------------");
                //客户给我们下命令来
                //Command command = new AddRequirementCommand();
```

```
                    Command command = new DeletePageCommand();
                    //接头人接收到命令
                    xiaoSan.setCommand(command);
                    //接头人执行命令
                    xiaoSan.action();
            }
    }
```

运行结果如下所示：

```
-------------客户要求删除一个页面-----------------
找到美工组...
客户要求删除一项需求...
客户要求需求变更计划...
```

看到上面用粗体显示的代码了吗？只修改了这么多，是不是很简单，而且客户也不用知道到底由谁来修改，高内聚的要求体现出来了，这就是命令模式。

15.2   命令模式的定义

命令模式是一个高内聚的模式，其定义为：Encapsulate a request as an object, thereby letting you parameterize clients with different requests, queue or log requests, and support undoable operations.（将一个请求封装成一个对象，从而让你使用不同的请求把客户端参数化，对请求排队或者记录请求日志，可以提供命令的撤销和恢复功能。）

命令模式的通用类图如图15-4所示。

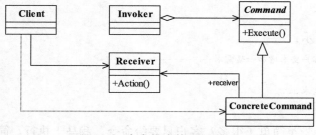

图15-4   命令模式的通用类图

在该类图中，我们看到三个角色：

❑ Receive接收者角色

该角色就是干活的角色，命令传递到这里是应该被执行的，具体到我们上面的例子中就是 Group的三个实现类。

❑ Command命令角色

需要执行的所有命令都在这里声明。

❑ Invoker调用者角色

接收到命令，并执行命令。在例子中，我（项目经理）就是这个角色。

命令模式比较简单，但是在项目中非常频繁地使用，因为它的封装性非常好，把请求方（Invoker）和执行方（Receiver）分开了，扩展性也有很好的保障，通用代码比较简单。我们先阅读一下Receiver类，如代码清单15-13所示。

代码清单15-13　通用Receiver类

```
public abstract class Receiver {
        //抽象接收者,定义每个接收者都必须完成的业务
        public abstract void doSomething();
}
```

很奇怪，为什么Receiver是一个抽象类？那是因为接收者可以有多个，有多个就需要定义一个所有特性的抽象集合——抽象的接收者，其具体的接收者如代码清单15-14所示。

代码清单15-14　具体的Receiver类

```
public class ConcreteReciver1 extends Receiver{
        //每个接收者都必须处理一定的业务逻辑
        public void doSomething(){
        }
}
public class ConcreteReciver2 extends Receiver{
        //每个接收者都必须处理一定的业务逻辑
        public void doSomething(){
        }
}
```

接收者可以是N个，这要依赖业务的具体定义。命令角色是命令模式的核心，其抽象的命令类如代码清单15-15所示。

代码清单15-15　抽象的Command类

```
public abstract class Command {
        //每个命令类都必须有一个执行命令的方法
        public abstract void execute();
}
```

根据环境的需求，具体的命令类也可以有N个，其实现类如代码清单15-16所示。

代码清单15-16　具体的Command类

```
public class ConcreteCommand1 extends Command {
        //对哪个Receiver类进行命令处理
        private Receiver receiver;
        //构造函数传递接收者
        public ConcreteCommand1(Receiver _receiver){
                this.receiver = _receiver;
        }
        //必须实现一个命令
        public void execute() {
```

```
                    //业务处理
                    this.receiver.doSomething();
            }
    }
    public class ConcreteCommand2 extends Command {
            //哪个Receiver类进行命令处理
            private Receiver receiver;
            //构造函数传递接收者
            public ConcreteCommand2(Receiver _receiver){
                    this.receiver = _receiver;
            }
            //必须实现一个命令
            public void execute() {
                    //业务处理
                    this.receiver.doSomething();
            }
    }
```

定义了两个具体的命令类，读者可以在实际应用中扩展该命令类。在每个命令类中，通过构造函数定义了该命令是针对哪一个接收者发出的，定义一个命令接收的主体。调用者非常简单，仅实现命令的传递，如代码清单15-17所示。

代码清单15-17　调用者Invoker类

```
public class Invoker {
    private Command command;
    //受气包，接受命令
    public void setCommand(Command _command){
            this.command = _command;
    }
    //执行命令
    public void action(){
            this.command.execute();
    }
}
```

调用者就像是一个受气包，不管什么命令，都要接收、执行！那我们来看高层模块如何调用命令模式，如代码清单15-18所示。

代码清单15-18　场景类

```
public class Client {
    public static void main(String[] args) {
            //首先声明调用者Invoker
            Invoker invoker = new Invoker();
            //定义接收者
            Receiver receiver = new ConcreteReciver1();
            //定义一个发送给接收者的命令
            Command command = new ConcreteCommand1(receiver);
```

```
                     //把命令交给调用者去执行
                     invoker.setCommand(command);
                     invoker.action();
            }
    }
```

一个完整的命令模式就此完成，读者可以在此基础上进行扩展。

15.3 命令模式的应用

15.3.1 命令模式的优点

❑ 类间解耦

调用者角色与接收者角色之间没有任何依赖关系，调用者实现功能时只需调用Command抽象类的execute方法就可以，不需要了解到底是哪个接收者执行。

❑ 可扩展性

Command的子类可以非常容易地扩展，而调用者Invoker和高层次的模块Client不产生严重的代码耦合。

❑ 命令模式结合其他模式会更优秀

命令模式可以结合责任链模式，实现命令族解析任务；结合模板方法模式，则可以减少Command子类的膨胀问题。

15.3.2 命令模式的缺点

命令模式也是有缺点的，请看Command的子类：如果有N个命令，问题就出来了，Command的子类就可不是几个，而是N个，这个类膨胀得非常大，这个就需要读者在项目中慎重考虑使用。

15.3.3 命令模式的使用场景

只要你认为是命令的地方就可以采用命令模式，例如，在GUI开发中，一个按钮的点击是一个命令，可以采用命令模式；模拟DOS命令的时候，当然也要采用命令模式；触发－反馈机制的处理等。

15.4 命令模式的扩展

15.4.1 未讲完的故事

上面的例子我们还没有说完。想想看，客户要求增加一项需求，那是不是页面也增加，同时功能也要增加呢？如果不使用命令模式，客户就需要先找需求组，然后找美工组，再找代码组……你想让客户跳楼啊！使用命令模式后，客户只管发命令模式，例如，需要增加一项需求，没问题，我内部调动三个组通力合作，然后把结果反馈给你，这也正是客户需要的。那这个要怎么修改呢？想想看，很简单的！在AddRequirementCommand类的execute方法中增加对PageGroup和CodePage的调用就可以了，修改后的代码如代码清单15-19所示。

代码清单15-19 修改后的增加需求

```java
public class AddRequirementCommand extends Command {
    //执行增加一项需求的命令
    public void execute() {
        //找到需求组
        super.rg.find();
        //增加一份需求
        super.rg.add();
        //页面也要增加
        super.pg.add();
        //功能也要增加
        super.cg.add();
        //给出计划
        super.rg.plan();
    }
}
```

看看，是不是解决问题了？客户Client只需要发布命令，至于如何执行这个命令，是协调一个对象，还是两个对象，都不需要关心，命令模式做了一层非常好的封装。

15.4.2 反悔问题

我们的例子说到这里是不是应该真的结束了？不，还有一个问题会经常发生的：客户发出命令，要撤回，怎么办？就类似你使用Ctl+Z组合键（undo功能），发出一个命令，在没有执行（这时只要重新setCommand就可以了）或执行后撤回（执行后撤回是状态变更）该怎么实现呢？

有两种方法可以解决：一是结合备忘录模式还原最后状态，该方法适合接收者为状态的变更情况，而不适合事件处理；二是通过增加一个新的命令，实现事件的回滚。例子中的"删除一个页面"就需要一个反命令：撤销刚刚删除页面的命令，那客户发出这样一个命令，我们该怎么处理呢？

我们这样思考，反命令也是一个命令，那就是Command的一个子类，它实现的功能就是恢复刚刚删除的页面，然后我们再思考，谁能恢复删除的页面呢？当然是页面组了，于是作为接收者的页面组必须还有一个方法恢复最后删除的页面，也就是日志的回滚机制了，指定一个页面，回滚回去。分析完毕，我们来看实现，注意：以下为示意代码，请读者自行在应用中进行实现。修正后的Group如代码清单15-20所示。

代码清单15-20 修改后的Group类

```java
public abstract class Group {
```

```
//甲乙双方分开办公，你要和那个组讨论，你首先要找到这个组
public abstract void find();
//被要求增加功能
public abstract void add();
//被要求删除功能
public abstract void delete();
//被要求修改功能
public abstract void change();
//被要求给出所有的变更计划
public abstract void plan();
//每个接收者都要对直接执行的任务可以回滚
public void rollBack(){
        //根据日志进行回滚
}
}
```

仅仅增加了一个rollBack的方法，每个接收者都可以对自己实现的任务进行回滚。怎么回滚？根据事务日志进行回滚！新增加的一个命令CancelDeletePageCommand实现撤销刚刚发出的删除命令，如代码清单15-21所示。

代码清单15-21　撤销命令

```
public class CancelDeletePageCommand extends Command {
        //撤销删除一个页面的命令
        public void execute() {
                super.pg.rollBack();
        }
}
```

然后就是用Invoker进行调用了，客户选择了执行这个撤销动作，就可以进行撤销操作，该示意代码确实比较简单，真正实现起来那是异常复杂的，为什么呢？事务日志处理是非常繁琐的处理机制，想想数据库的日志处理吧，你就能想象出这个日志有多复杂！

15.5　最佳实践

各位读者可能已经发觉了这样的问题：在我们旅行社的例子中，我们的Receiver角色（也就是Group的三个实现类）并没有暴露给Client，而在通用的类图和源码中却出现了Client类对Receiver角色的依赖，这是为什么呢？

如果你发现了这个问题，则说明你阅读得非常仔细，好习惯！每一个模式到实际应用的时候都有一些变形，命令模式的Receiver在实际应用中一般都会被封装掉（除非非常必要，例如撤销处理），那是因为在项目中：约定的优先级最高，每一个命令是对一个或多个Receiver的封装，我们可以在项目中通过有意义的类名或命令名处理命令角色和接收者角色的耦合关系（这就是约定），减少高层模块（Client类）对低层模块（Receiver角色类）的依赖关系，提高系统整体的稳定性。因此，建议大家在实际的项目开发时采用封闭Receiver的方式（当然了，仁者

见仁，智者见智），减少Client对Reciver的依赖，该方案只是对Commandd抽象类及其子类有一定的修改，Command类如代码清单15-22所示。

代码清单15-22   完美的Command类

```
public abstract class Command {
        //定义一个子类的全局共享变量
        protected final Receiver receiver;
        //实现类必须定义一个接收者
        public Command(Receiver _receiver){
                this.receiver = _receiver;
        }
        //每个命令类都必须有一个执行命令的方法
        public abstract void execute();
}
```

在Command父类中声明了一个接收者，通过构造函数约定每个具体命令都必须指定接收者，当然根据开发场景要求也可以有多个接收者，那就需要用集合类型。我们来看具体命令，如代码清单15-23所示。

代码清单15-23   具体的命令

```
public class ConcreteCommand1 extends Command {
        //声明自己的默认接收者
        public ConcreteCommand1(){
                super(new ConcreteReciver1());
        }
        //设置新的接收者
        public ConcreteCommand1(Receiver _receiver){
                super(_receiver);
        }
        //每个具体的命令都必须实现一个命令
        public void execute() {
                //业务处理
                super.receiver.doSomething();
        }
}
public class ConcreteCommand2 extends Command {
        //声明自己的默认接收者
        public ConcreteCommand2(){
                super(new ConcreteReciver2());
        }
        //设置新的接收者
        public ConcreteCommand2(Receiver _receiver){
                super(_receiver);
        }
        //每个具体的命令都必须实现一个命令
        public void execute() {
```

```
        //业务处理
        super.receiver.doSomething();
    }
}
```

这确实简化了很多，每个命令完成单一的职责，而不是根据接收者的不同完成不同的职责。在高层模块的调用时就不用考虑接收者是谁的问题，如代码清单15-24所示。

代码清单15-24　场景类

```
public class Client {
    public static void main(String[] args) {
        //首先声明调用者Invoker
        Invoker invoker = new Invoker();
        //定义一个发送给接收者的命令
        Command command = new ConcreteCommand1();
        //把命令交给调用者去执行
        invoker.setCommand(command);
        invoker.action();
    }
}
```

高层次的模块不需要知道接收者，Perfect!读者可以在实际应用中采用该模式，看看威力如何。

第16章

责任链模式

16.1 古代妇女的枷锁——"三从四德"

中国古代对妇女制定了"三从四德"的道德规范，"三从"是指"未嫁从父、既嫁从夫、夫死从子"。也就是说，一位女性在结婚之前要听从于父亲，结婚之后要听从于丈夫，如果丈夫死了还要听从于儿子。举例来说，如果一位女性要出去逛街，在她出嫁前必须征得父亲的同意，出嫁之后必须获得丈夫的许可，那丈夫死了怎么办？那就得问问儿子是否允许自己出去逛街。估计你接下来马上要问："要是没有儿子怎么办？"那就请示小叔子、侄子等。在父系社会中，妇女只占从属地位，现在想想中国古代的妇女还是挺悲惨的，连逛街都要多番请示。作为父亲、丈夫或儿子，只有两种选择：要不承担起责任来，允许她或不允许她逛街；要不就让她请示下一个人，这是整个社会体系的约束，应用到我们项目中就是业务规则。下面来看如何通过程序来实现"三从"，需求很简单：通过程序描述一下古代妇女的"三从"制度。好，我们先来看类图，如图16-1所示。

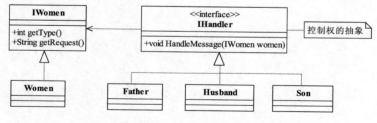

图16-1 妇女"三从"类图

类图非常简单，IHandler是三个有决策权对象的接口，IWomen是女性的代码，其实现也非常简单，IWomen如代码清单16-1所示。

代码清单16-1 女性接口

```
public interface IWomen {
    //获得个人状况
    public int getType();
```

```
//获得个人请示，你要干什么？出去逛街？约会？还是看电影？
    public String getRequest();
}
```

女性接口仅两个方法，一个是取得当前的个人状况getType，通过返回值决定是结婚了还是没结婚、丈夫是否在世等，另外一个方法getRequest是要请示的内容，要出去逛街还是吃饭，其实现类如代码清单16-2所示。

代码清单16-2 古代妇女

```
public class Women implements IWomen{
    /*
     * 通过一个int类型的参数来描述妇女的个人状况
     * 1--未出嫁
     * 2--出嫁
     * 3--夫死
     */
    private int type=0;
    //妇女的请示
    private String request = "";
    //构造函数传递过来请求
    public Women(int _type,String _request){
            this.type = _type;
            this.request = _request;
    }
    //获得自己的状况
    public int getType(){
            return this.type;
    }
    //获得妇女的请求
    public String getRequest(){
            return this.request;
    }
}
```

我们使用数字来代表女性的不同状态：1是未结婚；2是已经结婚的，而且丈夫健在；3是丈夫去世了。从整个设计上分析，有处理权的人（如父亲、丈夫、儿子）才是设计的核心，他们是要处理这些请求的，我们来看有处理权的人员接口IHandler，如代码清单16-3所示。

代码清单16-3 有处理权的人员接口

```
public interface IHandler {
    //一个女性（女儿、妻子或者母亲）要求逛街，你要处理这个请求
    public void HandleMessage(IWomen women);
}
```

非常简单，有处理权的人对妇女的请求进行处理，分别有三个实现类，在女儿没有出嫁之前父亲是有决定权的，其实现类如代码清单16-4所示。

代码清单16-4   父亲类

```java
public class Father implements IHandler {
        //未出嫁的女儿来请示父亲
        public void HandleMessage(IWomen women) {
                System.out.println("女儿的请示是: "+women.getRequest());
                System.out.println("父亲的答复是:同意");
        }
}
```

在女性出嫁后，丈夫有决定权，如代码清单16-5所示。

代码清单16-5   丈夫类

```java
public class Husband implements IHandler {
        //妻子向丈夫请示
        public void HandleMessage(IWomen women) {
                System.out.println("妻子的请示是: "+women.getRequest());
                System.out.println("丈夫的答复是: 同意");
        }
}
```

在女性丧偶后，对母亲提出的请求儿子有决定权，如代码清单16-6所示。

代码清单16-6   儿子类

```java
public class Son implements IHandler {
        //母亲向儿子请示
        public void HandleMessage(IWomen women) {
                System.out.println("母亲的请示是: "+women.getRequest());
                System.out.println("儿子的答复是: 同意");
        }
}
```

以上三个实现类非常简单，只有一个方法，处理女儿、妻子、母亲提出的请求，我们来模拟一下一个古代妇女出去逛街是如何请示的，如代码清单16-7所示。

代码清单16-7   场景类

```java
public class Client {
    public static void main(String[] args) {
                //随机挑选几个女性
                Random rand = new Random();
                ArrayList<IWomen> arrayList = new ArrayList();
                for(int i=0;i<5;i++){
                        arrayList.add(new Women(rand.nextInt(4),"我要出去逛街"));
                }
                //定义三个请示对象
                IHandler father = new Father();
                IHandler husband = new Husband();
                IHandler son = new Son();
```

```
for(IWomen women:arrayList){
        if(women.getType() ==1){ //未结婚少女，请示父亲
                System.out.println("\n--------女儿向父亲请示-------");
                father.HandleMessage(women);
        }else if(women.getType() ==2){  //已婚少妇，请示丈夫
                System.out.println("\n--------妻子向丈夫请示-------");
                husband.HandleMessage(women);
        }else if(women.getType() == 3){ //母亲请示儿子
                System.out.println("\n--------母亲向儿子请示-------");
                son.HandleMessage(women);
        }else{
                //暂时什么也不做
        }
    }
}
```

首先是通过随机方法产生了5个古代妇女的对象，然后看她们是如何就逛街这件事去请示的，运行结果如下所示（由于是随机的，您看到的结果可能和这里有所不同）：

```
--------女儿向父亲请示-------
女儿的请示是：我要出去逛街
父亲的答复是：同意
--------母亲向儿子请示-------
母亲的请示是：我要出去逛街
儿子的答复是：同意
--------妻子向丈夫请示-------
妻子的请示是：我要出去逛街
丈夫的答复是：同意
--------女儿向父亲请示-------
女儿的请示是：我要出去逛街
父亲的答复是：同意
```

"三从四德"的旧社会规范已经完整地表现出来了，你看谁向谁请示都定义出来了，但是你是不是发现这个程序写得有点不舒服？有点别扭？有点想重构它的感觉？那就对了！这段代码有以下几个问题：

❑ 职责界定不清晰

对女儿提出的请示，应该在父亲类中做出决定，父亲有责任、有义务处理女儿的请示，因此Father类应该是知道女儿的请求自己处理，而不是在Client类中进行组装出来，也就是说原本应该是父亲这个类做的事情抛给了其他类进行处理，不应该是这样的。

❑ 代码臃肿

我们在Client类中写了if...else的判断条件，而且能随着能处理该类型的请示人员越多，if...else的判断就越多，想想看，臃肿的条件判断还怎么有可读性？！

❑ 耦合过重

这是什么意思呢，我们要根据Women的type来决定使用IHandler的那个实现类来处理请求。

有一个问题是：如果IHandler的实现类继续扩展怎么办？修改Client类？与开闭原则违背了！

❏ 异常情况欠考虑

妻子只能向丈夫请示吗？如果妻子（比如一个现代女性穿越到古代了，不懂什么"三从四德"）向自己的父亲请示了，父亲应该做何处理？我们的程序上可没有体现出来，逻辑失败了！

既然有这么多的问题，那我们要想办法来解决这些问题，我们先来分析一下需求，女性提出一个请示，必然要获得一个答复，甭管是同意还是不同意，总之是要一个答复的，而且这个答复是唯一的，不能说是父亲作出一个决断，而丈夫也作出了一个决断，也即是请示传递出去，必然有一个唯一的处理人给出唯一的答复，OK，分析完毕，收工，重新设计，我们可以抽象成这样一个结构，女性的请求先发送到父亲类，父亲类一看是自己要处理的，就作出回应处理，如果女儿已经出嫁了，那就要把这个请求转发到女婿来处理，那女婿一旦去天国报道了，那就由儿子来处理这个请求，类似于如图16-2所示的顺序处理图。

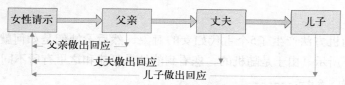

图16-2　女性请示的顺序处理图

父亲、丈夫、儿子每个节点有两个选择：要么承担责任，做出回应；要么把请求转发到后序环节。结构分析得已经很清楚了，那我们看怎么来实现这个功能，类图重新修正，如图16-3所示。

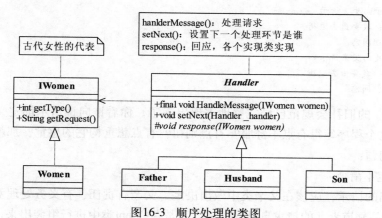

图16-3　顺序处理的类图

从类图上看，三个实现类Father、Husband、Son只要实现构造函数和父类中的抽象方法response就可以了，具体由谁处理女性提出的请求，都已经转移到了Handler抽象类中，我们来看Handler怎么实现，如代码清单16-8所示。

代码清单16-8　修改后的Handler类

```
public abstract class Handler {
    public final static int FATHER_LEVEL_REQUEST = 1;
```

```java
public final static  int HUSBAND_LEVEL_REQUEST = 2;
public final static  int SON_LEVEL_REQUEST = 3;
//能处理的级别
private int level =0;
//责任传递，下一个人责任人是谁
private Handler nextHandler;
//每个类都要说明一下自己能处理哪些请求
public Handler(int _level){
        this.level = _level;
}
//一个女性（女儿、妻子或者是母亲）要求逛街，你要处理这个请求
public final void HandleMessage(IWomen women){
        if(women.getType() == this.level){
                this.response(women);
        }else{
                if(this.nextHandler != null){  //有后续环节，才把请求往后递送
                        this.nextHandler.HandleMessage(women);
                }else{ //已经没有后续处理人了，不用处理了
                        System.out.println("---没地方请示了，按不同意处理---\n");
                }
        }
}
/*
 * 如果不属于你处理的请求，你应该让她找下一个环节的人，如女儿出嫁了，
 * 还向父亲请示是否可以逛街，那父亲就应该告诉女儿，应该找丈夫请示
 */
public void setNext(Handler _handler){
        this.nextHandler = _handler;
}
//有请示那当然要回应
protected abstract void response(IWomen women);
}
```

方法比较长，但是还是比较简单的，读者有没有看到，其实在这里也用到模板方法模式，在模板方法中判断请求的级别和当前能够处理的级别，如果相同则调用基本方法，做出反馈；如果不相等，则传递到下一个环节，由下一环节做出回应，如果已经达到环节结尾，则直接做不同意处理。基本方法response需要各个实现类实现，每个实现类只要实现两个职责：一是定义自己能够处理的等级级别；二是对请求做出回应，我们首先来看首节点Father类，如代码清单16-9所示。

代码清单16-9　父亲类

```java
public class Father extends Handler {
    //父亲只处理女儿的请求
    public Father(){
            super(Handler.FATHER_LEVEL_REQUEST);
    }
}
```

```
//父亲的答复
protected void response(IWomen women) {
        System.out.println("--------女儿向父亲请示-------");
        System.out.println(women.getRequest());
        System.out.println("父亲的答复是:同意\n");
    }
}
```

丈夫类定义自己能处理的等级为2的请示,如代码清单16-10所示。

代码清单16-10　丈夫类

```
public class Husband extends Handler {
    //丈夫只处理妻子的请求
    public Husband(){
            super(Handler.HUSBAND_LEVEL_REQUEST);
    }
    //丈夫请示的答复
    protected void response(IWomen women) {
            System.out.println("--------妻子向丈夫请示-------");
            System.out.println(women.getRequest());
            System.out.println("丈夫的答复是:同意\n");
    }
}
```

儿子类只能处理等级为3的请示,如代码清单16-11所示。

代码清单16-11　儿子类

```
public class Son extends Handler {
    //儿子只处理母亲的请求
    public Son(){
            super(Handler.SON_LEVEL_REQUEST);
    }
    //儿子的答复
    protected void response(IWomen women) {
            System.out.println("--------母亲向儿子请示-------");
            System.out.println(women.getRequest());
            System.out.println("儿子的答复是:同意\n");
    }
}
```

　　这三个类都很简单,构造方法是必须实现的,父类框定子类必须有一个显式构造函数,子类不实现编译不通过。通过构造方法我们设置了各个类能处理的请求类型,Father只能处理请求类型为1(也就是女儿)的请求;Husband只能处理请求类型类为2(也就是妻子)的请求,儿子只能处理请求类型为3(也就是母亲)的请求,那如果请求类型为4的该如何处理呢?在Handler中我们已经判断了,如何没有相应的处理者(也就是没有下一环节),则视为不同意。

　　Women类的接口没有任何变化,请参考图16-1所示。

实现类稍微有些变化，如代码清单16-12所示。

代码清单16-12 女性类

```java
public class Women implements IWomen{
    /*
     * 通过一个int类型的参数来描述妇女的个人状况
     * 1--未出嫁
     * 2--出嫁
     * 3--夫死
     */
    private int type=0;
    //妇女的请示
    private String request = "";
    //构造函数传递过来请求
    public Women(int _type,String _request){
            this.type = _type;
            //为了便于显示，在这里做了点处理
            switch(this.type){
            case 1:
                        this.request = "女儿的请求是：" + _request;
                        break;
            case 2:
                        this.request = "妻子的请求是：" + _request;
                        break;
            case 3:
                        this.request = "母亲的请求是：" + _request;
            }
    }
    //获得自己的状况
    public int getType(){
            return this.type;
    }
    //获得妇女的请求
    public String getRequest(){
            return this.request;
    }
}
```

为了展示结果清晰一点，Women类做了一些改变，如粗体部分所示。我们再来看Client类是怎么描述古代这一个礼节的，如代码清单16-13所示。

代码清单16-13 场景类

```java
public class Client {
    public static void main(String[] args) {
            //随机挑选几个女性
            Random rand = new Random();
            ArrayList<IWomen> arrayList = new ArrayList();
```

```
for(int i=0;i<5;i++){
        arrayList.add(new Women(rand.nextInt(4),"我要出去逛街"));
}
//定义三个请示对象
Handler father = new Father();
Handler husband = new Husband();
Handler son = new Son();
//设置请示顺序
father.setNext(husband);
husband.setNext(son);
for(IWomen women:arrayList){
        father.HandleMessage(women);
}
}
}
```

在Client中设置请求的传递顺序，先向父亲请示，不是父亲应该解决的问题，则由父亲传递到丈夫类解决，若不是丈夫类解决的问题则传递到儿子类解决，最终的结果必然有一个返回，其运行结果如下所示。

```
--------妻子向丈夫请示-------
妻子的请求是：我要出去逛街
丈夫的答复是：同意
--------女儿向父亲请示-------
女儿的请求是：我要出去逛街
父亲的答复是：同意
--------母亲向儿子请示-------
母亲的请求是：我要出去逛街
儿子的答复是：同意
--------妻子向丈夫请示-------
妻子的请求是：我要出去逛街
丈夫的答复是：同意
--------母亲向儿子请示-------
母亲的请求是：我要出去逛街
儿子的答复是：同意
```

结果也正确，业务调用类Client也不用去做判断到底是需要谁去处理，而且Handler抽象类的子类可以继续增加下去，只需要扩展传递链而已，调用类可以不用了解变化过程，甚至是谁在处理这个请求都不用知道。在这种模式下，即使现代社会的一个小太妹穿越到古代（例如掉入时空隧道，或者时空突然扭转，甚至是突然魔法显灵），对"三从四德"没有任何了解也可以自由地应付，反正只要请示父亲就可以了，该父亲处理就父亲处理，不该父亲处理就往下传递。这就是责任链模式。

16.2　责任链模式的定义

责任链模式定义如下：

Avoid coupling the sender of a request to its receiver by giving more than one object a chance to handle the request. Chain the receiving objects and pass the request along the chain until an object handles it. (使多个对象都有机会处理请求，从而避免了请求的发送者和接受者之间的耦合关系。将这些对象连成一条链，并沿着这条链传递该请求，直到有对象处理它为止。)

责任链模式的重点是在"链"上，由一条链去处理相似的请求在链中决定谁来处理这个请求，并返回相应的结果，其通用类图如图16-4所示。

责任链模式的核心在"链"上，"链"是由多个处理者ConcreteHandler组成的，我们先来看抽象Handler类，如代码清单16-14所示。

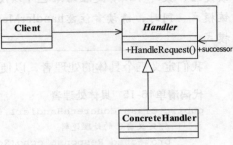

图16-4 责任链模式通用类图

代码清单16-14 抽象处理者

```java
public abstract class Handler {
    private Handler nextHandler;
    //每个处理者都必须对请求做出处理
    public final Response handleMessage(Request request){
        Response response = null;
        //判断是否是自己的处理级别
        if(this.getHandlerLevel().equals(request.getRequestLevel())){
            response = this.echo(request);
        }else{   //不属于自己的处理级别
            //判断是否有下一个处理者
            if(this.nextHandler != null){
                response = this.nextHandler.handleMessage(request);
            }else{
                //没有适当的处理者，业务自行处理
            }
        }
        return response;
    }
    //设置下一个处理者是谁
    public void setNext(Handler _handler){
        this.nextHandler = _handler;
    }
    //每个处理者都有一个处理级别
    protected abstract Level getHandlerLevel();
    //每个处理者都必须实现处理任务
    protected abstract Response echo(Request request);
}
```

抽象的处理者实现三个职责：一是定义一个请求的处理方法handleMessage，唯一对外开放的方法；二是定义一个链的编排方法setNext，设置下一个处理者；三是定义了具体的请求者必须实现的两个方法：定义自己能够处理的级别getHandlerLevel和具体的处理任务echo。

> **注意**　在责任链模式中一个请求发送到链中后，前一节点消费部分消息，然后交由后续节点继续处理，最终可以有处理结果也可以没有处理结果，读者可以不用理会什么纯的、不纯的责任链模式。同时，请读者注意handlerMessage方法前的final关键字，可以阅读第10章的模板方法模式。

我们定义三个具体的处理者，以便可以组成一个链，如代码清单16-15所示。

代码清单16-15　具体处理者

```java
public class ConcreteHandler1 extends Handler {
        //定义自己的处理逻辑
        protected Response echo(Request request) {
                //完成处理逻辑
                return null;
        }
        //设置自己的处理级别
        protected Level getHandlerLevel() {
                //设置自己的处理级别
                return null;
        }
}
public class ConcreteHandler2 extends Handler {
        //定义自己的处理逻辑
        protected Response echo(Request request) {
                //完成处理逻辑
                return null;
        }
        //设置自己的处理级别
        protected Level getHandlerLevel() {
                //设置自己的处理级别
                return null;
        }
}
public class ConcreteHandler3 extends Handler {
        //定义自己的处理逻辑
        protected Response echo(Request request) {
                //完成处理逻辑
                return null;
        }
        //设置自己的处理级别
        protected Level getHandlerLevel() {
                //设置自己的处理级别
                return null;
        }
}
```

在处理者中涉及三个类：Level类负责定义请求和处理级别，Request类负责封装请求，Response负责封装链中返回的结果，该三个类都需要根据业务产生，读者可以在实际应用中完成相关的业务填充，其框架代码如代码清单16-16所示。

代码清单16-16 模式中有关框架代码

```
public class Level {
    //定义一个请求和处理等级
}
public class Request {
    //请求的等级
    public Level getRequestLevel(){
        return null;
    }
}
public class Response {
    //处理者返回的数据
}
```

在场景类或高层模块中对链进行组装，并传递请求，返回结果，如代码清单16-17所示。

代码清单16-17 场景类

```
public class Client {
    public static void main(String[] args) {
        //声明所有的处理节点
        Handler handler1 = new ConcreteHandler1();
        Handler handler2 = new ConcreteHandler2();
        Handler handler3 = new ConcreteHandler3();
        //设置链中的阶段顺序1-->2-->3
        handler1.setNext(handler2);
        handler2.setNext(handler3);
        //提交请求，返回结果
        Response response = handler1.handlerMessage(new Request());
    }
}
```

在实际应用中，一般会有一个封装类对责任模式进行封装，也就是替代Client类，直接返回链中的第一个处理者，具体链的设置不需要高层次模块关系，这样，更简化了高层次模块的调用，减少模块间的耦合，提高系统的灵活性。

16.3 责任链模式的应用

16.3.1 责任链模式的优点

责任链模式非常显著的优点是将请求和处理分开。请求者可以不用知道是谁处理的，处理者可以不用知道请求的全貌（例如在J2EE项目开发中，可以剥离出无状态Bean由责任链处理），两者解耦，提高系统的灵活性。

16.3.2　责任链模式的缺点

责任链有两个非常显著的缺点：一是性能问题，每个请求都是从链头遍历到链尾，特别是在链比较长的时候，性能是一个非常大的问题。二是调试不很方便，特别是链条比较长，环节比较多的时候，由于采用了类似递归的方式，调试的时候逻辑可能比较复杂。

16.3.3　责任链模式的注意事项

链中节点数量需要控制，避免出现超长链的情况，一般的做法是在Handler中设置一个最大节点数量，在setNext方法中判断是否已经是超过其阈值，超过则不允许该链建立，避免无意识地破坏系统性能。

16.4　最佳实践

在例子和通用源码中Handler是抽象类，融合了模板方法模式，每个实现类只要实现两个方法：echo方法处理请求和getHandlerLevel获得处理级别，想想单一职责原则和迪米特法则吧，通过融合模板方法模式，各个实现类只要关注的自己业务逻辑就成了，至于说什么事要自己处理，那就让父类去决定好了，也就是说父类实现了请求传递的功能，子类实现请求的处理，符合单一职责原则，各个实现类只完成一个动作或逻辑，也就是只有一个原因引起类的改变，我建议大家在使用的时候用这种方法，好处是非常明显的了，子类的实现非常简单，责任链的建立也是非常灵活的。

责任链模式屏蔽了请求的处理过程，你发起一个请求到底是谁处理的，这个你不用关心，只要你把请求抛给责任链的第一个处理者，最终会返回一个处理结果（当然也可以不做任何处理），作为请求者可以不用知道到底是需要谁来处理的，这是责任链模式的核心，同时责任链模式也可以作为一种补救模式来使用。举个简单例子，如项目开发的时候，需求确认是这样的：一个请求（如银行客户存款的币种），一个处理者（只处理人民币），但是随着业务的发展（改革开放了嘛，还要处理美元、日元等），处理者的数量和类型都有所增加，那这时候就可以在第一个处理者后面建立一个链，也就是责任链来处理请求，如果是人民币，好，还是第一个业务逻辑来处理；如果是美元，好，传递到第二个业务逻辑来处理；日元、欧元……这些都不用在对原有的业务逻辑产生很大改变，通过扩展实现类就可以很好地解决这些需求变更的问题。

责任链在实际的项目中使用也是比较多的，我曾经做过这样一个项目，界面上有一个用户注册功能，注册用户分两种，一种是VIP用户，也就是在该单位办理过业务的，一种是普通用户，一个用户的注册要填写一堆信息，VIP用户只比普通用户多了一个输入项：VIP序列号。注册后还需要激活，VIP和普通用户的激活流程也是不同的，VIP是自动发送邮件到用户的邮箱中就算激活了，普通用户要发送短信才能激活，为什么呢？获得手机号码以后好发广告短信啊！项目组就采用了责任链模式，甭管从前台传递过来的是VIP用户信息还是普通用户信息，统一传递到一个处理入口，通过责任链来完成任务的处理，类图如图16-5所示。

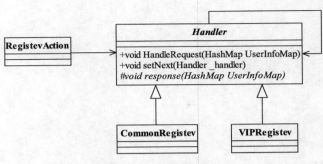

图16-5　用户注册类图

　　其中RegisterAction是继承了Strust2中的ActionSupport，实现HTTP传递过来对象组装，组装出一个HashMap对象UserInfoMap，传递给Handler的两个实现类，具体是哪个实现类来处理的，就由HashMap上的用户标识来做决定了，这个和上面我们举的例子很类似，读者可以自行实现。

第17章

装 饰 模 式

17.1 罪恶的成绩单

"中庸"是中国儒教文化的集中体现，说话或做事情都不能太直接，需要有技巧。比如谈话，如果你要批评某个人，你不能一上来就说他这做得不对，那也做得不对，你要先肯定他的成绩，表扬一下优点；然后再指出不足，指出错误的地方，最后再来点激励，你修改了这些缺点后有哪些好处，比如你能带更多的小兵、升职等。如果你一上来就是一顿批评，你瞅瞅看，对方肯定是不服气，甚至是顶撞你说："此处不养爷，自有养爷处"，于是甩门而去。

这是说话，做事情也是一样。在山寨产品流行之前，假货也是比较"盛行"的。本人2002年买了一部手机，当时老板吹得天花乱坠，承诺这部手机是最新的，我看着也像，壳子是崭新的，包装是崭新的，没有任何瑕疵，就是比正品便宜了很多，于是我买了，因为缺钱啊！用了3个月，坏了，送修检查，结果诊断出这是新壳装旧机，我晕！拿一部旧手机的线路板，找个新的外壳、屏幕、包装就成了新手机，害人不浅啊！

我们不说不开心的事情，今天以什么例子为开场白呢？就说说我上小学的糗事吧。我上小学的时候学习成绩非常差，班级上有40多个同学，我基本上都是排在45名以后，按照老师给我的评价就是："不是读书的料"。但是我父亲管得很严格，明知道我不是这块料，还是"赶鸭子上架"，每次考完试我都战战兢兢，"竹笋炒肉"是肯定少不了的，但是能少点就少点吧，因为肉可是自己的。四年级期末考试考完，学校出来个很损的招儿（这招儿现在很流行的），打印出成绩单，要家长签字，然后才能上五年级，我那个恐惧呀，不过也就是几秒钟的时间，玩起来什么都忘记了。我们做架构，做设计，任何值得我们回忆的事件都可以通过设计记录下来。当然了，这份成绩单的事情也是可以通过类图表示的，如图17-1所示。

成绩单的抽象类，然后有一个四年级的成绩单实现类，So Easy，我们先来看抽象类，如代码清单17-1所示。

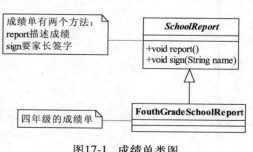

图17-1 成绩单类图

代码清单17-1　抽象成绩单

```
public abstract class SchoolReport {
        //成绩单主要展示的就是你的成绩情况
        public abstract void report();
        //成绩单要家长签字，这个是最要命的
        public abstract void sign();
}
```

有抽象类了，我们再来看看具体的四年级成绩单FouthGradeSchoolReport，如代码清单17-2所示。

代码清单17-2　四年级成绩单

```
public class FouthGradeSchoolReport extends SchoolReport {
        //我的成绩单
        public void report() {
                //成绩单的格式是这个样子的
                System.out.println("尊敬的XXX家长:");
                System.out.println("  ......");
                System.out.println("  语文 62  数学65 体育 98  自然  63");
                System.out.println("  .......");
                System.out.println("                    家长签名:           ");
        }
        //家长签名
        public void sign(String name) {
                System.out.println("家长签名为: "+name);
        }
}
```

成绩单出来，你别看什么62、65之类的成绩，你要知道，在小学低于90分基本上就是中下等了，悲哀呀，爱学习的人咋就那么多！怎么着，那我把这个成绩单给老爸看看？好，我们修改一下类图，成绩单给老爸看，如图17-2所示。

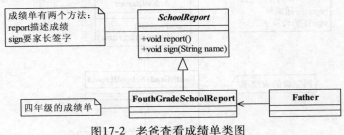

图17-2　老爸查看成绩单类图

老爸开始看成绩单，这个成绩单可是最真实的，啥都没有动过，原装，Father类如代码清单17-3所示。

代码清单17-3　老爸查看成绩单

```
public class Father {
```

```
        public static void main(String[] args) {
                //把成绩单拿过来
                SchoolReport sr = new FouthGradeSchoolReport();
                //看成绩单
                sr.report();
                //签名？休想！
        }
}
```

运行结果如下：

尊敬的XXX家长：

......

语文 62　数学65 体育 98　自然　63

....

　　　　　家长签名：

就这成绩还要我签字？！老爸就开始找扫帚，我开始做准备：深呼吸，绷紧肌肉，提臀收腹。哈哈，幸运的是，这个不是当时的真实情况，我没有直接把成绩单交给老爸，而是在交给他之前做了点技术工作，我要把成绩单封装一下，封装分类两步来实现，如下所示。

❏ 汇报最高成绩

跟老爸说各个科目的最高分，语文最高是75，数学是78，自然是80，然后老爸觉得我的成绩与最高分数相差不多，考的还是不错的嘛！这个是实情，但是不知道是什么原因，反正期末考试都考得不怎么样，但是基本上都集中在70分以上，我这60多分基本上还是垫底的角色。

❏ 汇报排名情况

在老爸看完成绩单后，告诉他我在全班排第38名，这个也是实情，为啥呢？有将近十个同学退学了！这个情况我是不会说的。不知道是不是当时第一次发成绩单时学校没有考虑清楚，没有写上总共有多少同学，排第几名，反正是被我钻了个空子。

那修饰是说完了，我们看看类图如何修改，如图17-3所示。

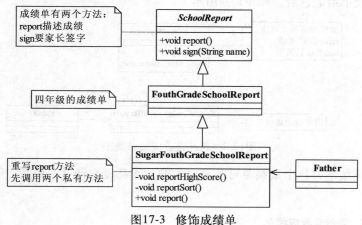

图17-3　修饰成绩单

我想这是大家最容易想到的类图，通过直接增加了一个子类，重写report方法，很容易地解决了这个问题，是不是这样？是的，这确实是一个比较好的办法，我们来看具体的实现，如代码清单17-4所示。

代码清单17-4 修饰成绩单

```java
public class SugarFouthGradeSchoolReport extends FouthGradeSchoolReport {
        //首先要定义你要美化的方法，先给老爸说学校最高成绩
        private void reportHighScore(){
                System.out.println("这次考试语文最高是75，数学是78，自然是80");
        }
        //在老爸看完毕成绩单后，我再汇报学校的排名情况
        private void reportSort(){
                System.out.println("我是排名第38名...");
        }
        //由于汇报的内容已经发生变更，那所以要重写父类
        @Override
        public void report(){
                this.reportHighScore();  //先说最高成绩
                super.report();  //然后老爸看成绩单
                this.reportSort(); //然后告诉老爸学习学校排名
        }
}
```

然后对Father类稍做修改就可以看到美化后的成绩单，如代码清单17-5所示。

代码清单17-5 老爸查看修饰后的成绩单

```java
public class Father {
        public static void main(String[] args) {
                //把美化过的成绩单拿过来
                SchoolReport sr= new SugarFouthGradeSchoolReport();
                //看成绩单
                sr.report();
                //然后老爸，一看，很开心，就签名了
                sr.sign("老三");   //我叫小三，老爸当然叫老三
        }
}
```

运行结果如下所示：

```
这次考试语文最高是75，数学是78，自然是80
尊敬的XXX家长：
   ......
   语文 62   数学65 体育 98   自然   63
   .......
                家长签名：
我是排名第38名...
家长签名为：老三
```

通过继承确实能够解决这个问题，老爸看成绩单很开心，然后就给签字了，但现实的情况

是很复杂的，可能老爸听我汇报最高成绩后，就直接乐开花了，直接签名了，后面的排名就没必要看了，或者老爸要先看排名情况，那怎么办？继续扩展？你能扩展多少个类？这还是一个比较简单的场景，一旦需要装饰的条件非常多，比如20个，你还通过继承来解决，你想象的子类有多少个？你是不是马上就要崩溃了！

好，你也看到通过继承情况确实出现了问题，类爆炸，类的数量激增，光写这些类不累死你才怪，而且还要想想以后维护怎么办，谁愿意接收这么一大摊本质相似的代码维护工作？并且在面向对象的设计中，如果超过两层继承，你就应该想想是不是出设计问题了，是不是应该重新找一条康庄大道了，这是经验值，不是什么绝对的，继承层次越多以后的维护成本越多，问题这么多，那怎么办？好办，我们定义一批专门负责装饰的类，然后根据实际情况来决定是否需要进行装饰，类图稍做修正，如图17-4所示。

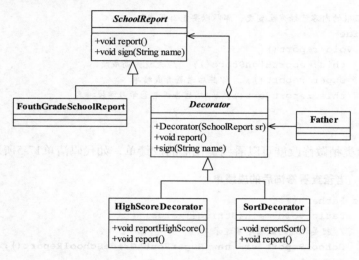

图17-4   增加专门的装饰类图

增加一个抽象类和两个实现类，其中Decorator的作用是封装SchoolReport类，如果大家还记得代理模式，那么很容易看懂这个类图，装饰类的作用也就是一个特殊的代理类，真实的执行者还是被代理的角色FouthGradeSchoolReport，如代码清单17-6所示。

代码清单17-6   修饰的抽象类

```
public abstract class Decorator extends SchoolReport{
    //首先我要知道是哪个成绩单
    private SchoolReport sr;
    //构造函数，传递成绩单过来
    public Decorator(SchoolReport sr){
        this.sr = sr;
    }
    //成绩单还是要被看到的
    public void report(){
        this.sr.report();
    }
```

```java
//看完还是要签名的
public void sign(String name){
        this.sr.sign(name);
}
}
```

看到没，装饰类还是把动作的执行委托给需要装饰的对象，Decorator抽象类的目的很简单，就是要让子类来封装SchoolReport的子类，怎么封装？重写report方法！先看HighScoreDecorator实现类，如代码清单17-7所示。

代码清单17-7　最高成绩修饰

```java
public class HighScoreDecorator extends Decorator {
        //构造函数
        public HighScoreDecorator(SchoolReport sr){
                super(sr);
        }
        //我要汇报最高成绩
        private void reportHighScore(){
                System.out.println("这次考试语文最高是75，数学是78，自然是80");
        }
        //我要在老爸看成绩单前告诉他最高成绩，否则等他一看，就抢起扫帚揍我，我哪里还有机会说啊
        @Override
        public void report(){
                this.reportHighScore();
                super.report();
        }
}
```

重写了report方法，先调用具体装饰类的装饰方法reportHighScore，然后再调用具体构件的方法，我们再来看怎么汇报学校排序情况SortDecorator代码，如代码清单17-8所示。

代码清单17-8　排名情况修饰

```java
public class SortDecorator extends Decorator {
        //构造函数
        public SortDecorator(SchoolReport sr){
                super(sr);
        }
        //告诉老爸学校的排名情况
        private void reportSort(){
                System.out.println("我是排名第38名...");
        }
        //老爸看完成绩单后再告诉他，加强作用
        @Override
        public void report(){
                super.report();
                this.reportSort();
        }
}
```

我准备好了这两个强力的修饰工具，然后就"毫不畏惧"地把成绩单交给老爸，看看老爸怎么看成绩单的，如代码清单17-9所示。

代码清单17-9　老爸查看修饰后的成绩单

```java
public class Father {
    public static void main(String[] args) {
        //把成绩单拿过来
        SchoolReport sr;
        //原装的成绩单
        sr = new FouthGradeSchoolReport();
        //加了最高分说明的成绩单
        sr = new HighScoreDecorator(sr);
        //又加了成绩排名的说明
        sr = new SortDecorator(sr);
        //看成绩单
        sr.report();
        //然后老爸一看，很开心，就签名了
        sr.sign("老三");   //我叫小三，老爸当然叫老三
    }
}
```

老爸一看成绩单，听我这么一说，非常开心，儿子有进步呀，从40多名进步到30多名，进步很大，躲过了一顿海扁。想想看，如果我还要增加其他的修饰条件，是不是就非常容易了，只要实现Decorator类就可以了！这就是装饰模式。

17.2　装饰模式的定义

装饰模式（Decorator Pattern）是一种比较常见的模式，其定义如下：Attach additional responsibilities to an object dynamically keeping the same interface. Decorators provide a flexible alternative to subclassing for extending functionality. （动态地给一个对象添加一些额外的职责。就增加功能来说，装饰模式相比生成子类更为灵活。）

装饰模式的通用类图如图17-5所示。

在类图中，有四个角色需要说明：

❏ Component抽象构件

Component是一个接口或者是抽象类，就是定义我们最核心的对象，也就是最原始的对象，如上面的成绩单。

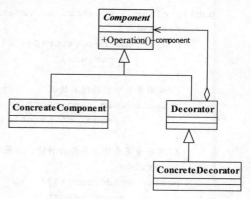

图17-5　装饰模式的通用类图

注意 在装饰模式中，必然有一个最基本、最核心、最原始的接口或抽象类充当Component抽象构件。

❏ ConcreteComponent 具体构件

ConcreteComponent是最核心、最原始、最基本的接口或抽象类的实现，你要装饰的就是它。

❏ Decorator装饰角色

一般是一个抽象类，做什么用呢？实现接口或者抽象方法，它里面可不一定有抽象的方法呀，在它的属性里必然有一个private变量指向Component抽象构件。

❏ 具体装饰角色

ConcreteDecoratorA和ConcreteDecoratorB是两个具体的装饰类，你要把你最核心的、最原始的、最基本的东西装饰成其他东西，上面的例子就是把一个比较平庸的成绩单装饰成家长认可的成绩单。

装饰模式的所有角色都已经解释完毕，我们来看看如何实现，先看抽象构件，如代码清单17-10所示。

代码清单17-10 抽象构件

```
public abstract class Component {
    //抽象的方法
    public abstract void operate();
}
```

具体构件如代码清单17-11所示。

代码清单17-11 具体构件

```
public class ConcreteComponent extends Component {
    //具体实现
    @Override
    public void operate() {
        System.out.println("do Something");
    }
}
```

装饰角色通常是一个抽象类，如代码清单17-12所示。

代码清单17-12 抽象装饰者

```
public abstract class Decorator extends Component {
    private Component component = null;
    //通过构造函数传递被修饰者
    public Decorator(Component _component){
        this.component = _component;
    }
    //委托给被修饰者执行
    @Override
    public void operate() {
```

```
                    this.component.operate();
            }
    }
```

当然了，若只有一个装饰类，则可以没有抽象装饰角色，直接实现具体的装饰角色即可。具体的装饰类如代码清单17-13所示。

代码清单17-13 具体的装饰类

```java
public class ConcreteDecorator1 extends Decorator {
    //定义被修饰者
    public ConcreteDecorator1(Component _component){
            super(_component);
    }
    //定义自己的修饰方法
    private void method1(){
            System.out.println("method1 修饰");
    }
    //重写父类的Operation方法
    public void operate(){
            this.method1();
            super.operate();
    }
}
public class ConcreteDecorator2 extends Decorator {
    //定义被修饰者
    public ConcreteDecorator2(Component _component){
            super(_component);
    }
    //定义自己的修饰方法
    private void method2(){
            System.out.println("method2修饰");
    }
    //重写父类的Operation方法
    public void operate(){
            super.operate();
            this.method2();
    }
}
```

注意 原始方法和装饰方法的执行顺序在具体的装饰类是固定的，可以通过方法重载实现多种执行顺序。

我们通过Client类来模拟高层模块的耦合关系，看看装饰模式是如何运行的，如代码清单17-14所示。

代码清单17-14 场景类

```java
public class Client {
```

```java
public static void main(String[] args) {
        Component component = new ConcreteComponent();
        //第一次修饰
        component = new ConcreteDecorator1(component);
        //第二次修饰
        component = new ConcreteDecorator2(component);
        //修饰后运行
        component.operate();
    }
}
```

17.3 装饰模式应用

17.3.1 装饰模式的优点

- □ 装饰类和被装饰类可以独立发展，而不会相互耦合。换句话说，Component类无须知道 Decorator类，Decorator类是从外部来扩展Component类的功能，而Decorator也不用知道 具体的构件。
- □ 装饰模式是继承关系的一个替代方案。我们看装饰类Decorator，不管装饰多少层，返回 的对象还是Component，实现的还是is-a的关系。
- □ 装饰模式可以动态地扩展一个实现类的功能，这不需要多说，装饰模式的定义就是如此。

17.3.2 装饰模式的缺点

对于装饰模式记住一点就足够了：多层的装饰是比较复杂的。为什么会复杂呢？你想想看，就像剥洋葱一样，你剥到了最后才发现是最里层的装饰出现了问题，想象一下工作量吧，因此，尽量减少装饰类的数量，以便降低系统的复杂度。

17.3.3 装饰模式的使用场景

- □ 需要扩展一个类的功能，或给一个类增加附加功能。
- □ 需要动态地给一个对象增加功能，这些功能可以再动态地撤销。
- □ 需要为一批的兄弟类进行改装或加装功能，当然是首选装饰模式。

17.4 最佳实践

装饰模式是对继承的有力补充。你要知道继承不是万能的，继承可以解决实际的问题，但是在项目中你要考虑诸如易维护、易扩展、易复用等，而且在一些情况下（比如上面那个成绩单例子）你要是用继承就会增加很多子类，而且灵活性非常差，那当然维护也不容易了，也就是说装饰模式可以替代继承，解决我们类膨胀的问题。同时，你还要知道继承是静态地给类增加功能，而装饰模式则是动态地增加功能，在上面的那个例子中，我不想要SortDecorator这层的封装也很简单，于是直接在Father中去掉就可以了，如果你用继承就必须修改程序。

装饰模式还有一个非常好的优点：扩展性非常好。在一个项目中，你会有非常多的因素考虑不到，特别是业务的变更，不时地冒出一个需求，尤其是提出一个令项目大量延迟的需求时，那种心情是相当的难受！装饰模式可以给我们很好的帮助，通过装饰模式重新封装一个类，而不是通过继承来完成，简单点说，三个继承关系Father、Son、GrandSon三个类，我要在Son类上增强一些功能怎么办？我想你会坚决地顶回去！不允许，对了，为什么呢？你增强的功能是修改Son类中的方法吗？增加方法吗？对GrandSon的影响呢？特别是GrandSon有多个的情况，你会怎么办？这个评估的工作量就够你受的，所以这是不允许的，那还是要解决问题的呀，怎么办？通过建立SonDecorator类来修饰Son，相当于创建了一个新的类，这个对原有程序没有变更，通过扩展很好地完成了这次变更。

第18章

策略模式

18.1 刘备江东娶妻，赵云他容易吗

在三国演义中，我最佩服诸葛亮的地方不是因为他未出茅庐而有三分天下的预测，也不是他在赤壁鏖战中借东风的法术，更不是他七擒七纵孟获的策略。那是什么呢？是他"气死周瑜，骂死王朗"的气度和风范！想想看，你用"气"能把一个轮胎打爆，用"气"枪能够把路灯打碎，但是要把跟你没有任何血缘关系的人气死有多困难呀，更何况是周瑜这种智慧型人物！

在诸葛亮气周瑜的过程中，有一件事情：那就是周瑜赔了夫人又折兵这件事情。事情经过是这样的：孙权看刘备有雄起之意，杀是不能杀了，那会惹天下人唾弃，就想个招儿挫他一下，那有什么办法呢？孙权有个妹妹——孙尚香，准备招刘备做女婿，然后孙权想办法把刘备软禁起来，孙权的想法还是很单纯的嘛，就是不让你刘备回西川，然后我东吴想干啥就干啥，夺荆州，吞西川也不是不可能的。东吴的想法是好的，无奈中间多了智谋无敌的诸葛亮，他早就预测了东吴有此招数，于是在刘备去东吴招亲之前，特授以伴郎赵云三个锦囊，说是按天机拆开解决棘手问题。

这三个妙计分别是：找乔国老帮忙（也就是走后门了），求吴国太放行（诉苦）以及孙夫人断后，对这三个妙计不熟悉的读者可以去温习一下《三国演义》，这里就不多说了。想想看，这三个计谋有什么相似之处，他们都是告诉赵云要怎么执行，也就是说这三个计谋都有一个方法是执行，具体执行什么内容，每个计谋当然不同了，分析到这里，我们是不是就有这样一个设计思路：三个妙计应该实现的是同一个接口？聪明！是的，我们来看类图，如图18-1所示。

这是非常简单的类图，在这个场景中的三个主要角色都已经有了，每个妙计都提供了一个可执行的方法，我们先来看接口，如代码清单18-1所示。

图18-1 三个策略类图

代码清单18-1 妙计接口

```
public interface IStrategy {
        //每个锦囊妙计都是一个可执行的算法
        public void operate();
}
```

接口很简单，定义了一个方法operate，每个妙计都是可执行的，否则那叫什么妙计，我们先看第一个妙计——找乔国老开后门，如代码清单18-2所示。

代码清单18-2 乔国老开后门

```
public class BackDoor implements IStrategy {
        public void operate() {
                System.out.println("找乔国老帮忙，让吴国太给孙权施加压力");
        }
}
```

第二个妙计是找吴国太哭诉，企图给自己开绿灯，如代码清单18-3所示。

代码清单18-3 吴国太开绿灯

```
public class GivenGreenLight implements IStrategy {
        public void operate() {
                System.out.println("求吴国太开绿灯,放行! ");
        }
}
```

第三个妙计是在逃跑的时候，让新娘子孙夫人断后，谁来砍谁，这是非常好的主意，如代码清单18-4所示。

代码清单18-4 孙夫人断后

```
public class BlockEnemy implements IStrategy {
        public void operate() {
                System.out.println("孙夫人断后，挡住追兵");
        }
}
```

在这个场景中，三个妙计都有了，那还缺少两个配角：第一，妙计肯定要放到一个地方吧，这么重要的东西要保管呀，也就是承装妙计的锦囊，所以俗称锦囊妙计嘛；第二，这些妙计都要有一个执行人吧，是谁？当然是赵云了，妙计是小亮给的，执行者是赵云。赵云就是一个干活的人，从锦囊中取出妙计，执行，然后获胜。过程非常清晰，我们把完整的过程设计出来，如图18-2所示。

在类图中增加了一个Context封装类（也就是锦囊），其作用是承装三个策略，方便赵云使用，我们来看Context代码，如代码清单18-5所示。

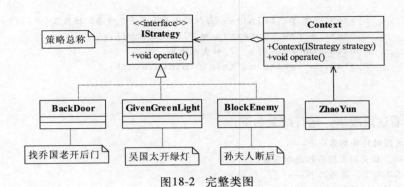

图18-2 完整类图

代码清单18-5 锦囊

```
public class Context {
    //构造函数，你要使用哪个妙计
    private IStrategy straegy;
    public Context(IStrategy strategy){
            this.straegy = strategy;
    }
    //使用计谋了，看我出招了
    public void operate(){
            this.straegy.operate();
    }
}
```

通过构造函数把策略传递进来，然后用operate()方法来执行相关的策略方法。三个妙计有了，锦囊也有了，然后就是赵云雄赳赳地揣着三个锦囊，拉着已步入老年行列的、还想着娶纯情少女的刘老爷子去入赘了。嗨，还别说，小亮同志的三个妙计还真是不错，如代码清单18-6所示。

代码清单18-6 使用计谋

```
public class ZhaoYun {
    //赵云出场了，他根据萬亮给他的交代，依次拆开妙计
    public static void main(String[] args) {
            Context context;
            //刚刚到吴国的时候拆第一个
            System.out.println("---刚刚到吴国的时候拆第一个---");
            context = new Context(new BackDoor()); //拿到妙计
            context.operate();  //拆开执行
            System.out.println("\n\n\n\n\n\n\n\n");
            //刘备乐不思蜀了，拆第二个了
            System.out.println("---刘备乐不思蜀了，拆第二个了---");
            context = new Context(new GivenGreenLight());
            context.operate();  //执行了第二个锦囊
            System.out.println("\n\n\n\n\n\n\n\n");
            //孙权的小兵追来了，咋办? 拆第三个
```

```
        System.out.println("---孙权的小兵追来了，咋办？拆第三个---");
        context = new Context(new BlockEnemy());
        context.operate();  //孙夫人退兵
        System.out.println("\n\n\n\n\n\n\n\n");
    }
}
```

我们来看看这段故事，运行结果如下：

---刚刚到吴国的时候拆第一个---
找乔国老帮忙，让吴国太给孙权施加压力
---刘备乐不思蜀了，拆第二个---
求吴国太开个绿灯，放行！
---孙权的小兵追来了，咋办？拆第三个---
孙夫人断后，挡住追兵

恩，不错，就这三招，搞得孙权是"赔了夫人又折兵"。那我们描述这个故事的过程就是策略模式。

18.2　策略模式的定义

策略模式（Strategy Pattern）是一种比较简单的模式，也叫做政策模式（Policy Pattern）。其定义如下：

Define a family of algorithms, encapsulate each one, and make them interchangeable. （定义一组算法，将每个算法都封装起来，并且使它们之间可以互换。）

这个定义是非常明确、清晰的，"定义一组算法"，看看我们的三个计谋是不是三个算法？"将每个算法都封装起来"，封装类Context不就是这个作用吗？"使它们可以互换"当然可以互换了，都实现是相同的接口，那当然可以相互转化了。我们看看策略模式的通用类图，如图18-3所示。

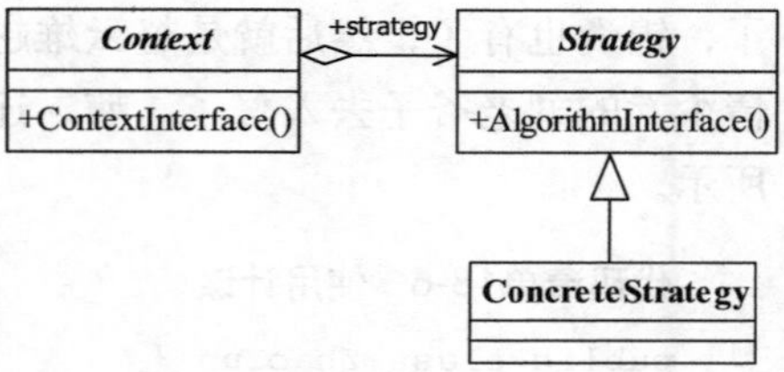

策略模式使用的就是面向对象的继承和多态机制，非常容易理解和掌握，我们再来看看策略模式的三个角色：

图18-3　策略模式通用类图

❑ Context封装角色

它也叫做上下文角色，起承上启下封装作用，屏蔽高层模块对策略、算法的直接访问，封装可能存在的变化。

❑ Strategy抽象策略角色

策略、算法家族的抽象，通常为接口，定义每个策略或算法必须具有的方法和属性。各位看官可能要问了，类图中的AlgorithmInterface是什么意思，嘿嘿，algorithm是"运算法则"的意思，结合起来意思就明白了吧。

❑ ConcreteStrategy具体策略角色

实现抽象策略中的操作，该类含有具体的算法。

我们再来看策略模式的通用源码，非常简单。先看抽象策略角色，它是一个非常普通的接口，在我们的项目中就是一个普通得不能再普通的接口了，定义一个或多个具体的算法，如代码清单18-7所示。

代码清单18-7 抽象的策略角色
```java
public interface Strategy {
    //策略模式的运算法则
    public void doSomething();
}
```

具体策略也是非常普通的一个实现类，只要实现接口中的方法就可以，如代码清单18-8所示。

代码清单18-8 具体策略角色
```java
public class ConcreteStrategy1 implements Strategy {
    public void doSomething() {
        System.out.println("具体策略1的运算法则");
    }
}
public class ConcreteStrategy2 implements Strategy {
    public void doSomething() {
        System.out.println("具体策略2的运算法则");
    }
}
```

策略模式的重点就是封装角色，它是借用了代理模式的思路，大家可以想想，它和代理模式有什么差别，差别就是策略模式的封装角色和被封装的策略类不用是同一个接口，如果是同一个接口那就成为了代理模式。我们来看封装角色，如代码清单18-9所示。

代码清单18-9 封装角色
```java
public class Context {
    //抽象策略
    private Strategy strategy = null;
    //构造函数设置具体策略
    public Context(Strategy _strategy){
        this.strategy = _strategy;
    }
    //封装后的策略方法
    public void doAnythinig(){
        this.strategy.doSomething();
    }
}
```

高层模块的调用非常简单，知道要用哪个策略，产生出它的对象，然后放到封装角色中就完成任务了，如代码清单18-10所示。

代码清单18-10　高层模块

```java
public class Client {
    public static void main(String[] args) {
        //声明一个具体的策略
        Strategy strategy = new ConcreteStrategy1();
        //声明上下文对象
        Context context = new Context(strategy);
        //执行封装后的方法
        context.doAnythinig();
    }
}
```

　　策略模式就是这么简单，偷着乐吧，它就是采用了面向对象的继承和多态机制，其他没什么玄机。想想看，你真实的业务环境有这么简单吗？一个类实现多个接口很正常，你要有火眼金睛看清楚哪个接口是抽象策略接口，哪些是和策略模式没有任何关系，这就是你作为系统分析师的价值所在。

18.3　策略模式的应用

18.3.1　策略模式的优点

　　❏ 算法可以自由切换

　　这是策略模式本身定义的，只要实现抽象策略，它就成为策略家族的一个成员，通过封装角色对其进行封装，保证对外提供"可自由切换"的策略。

　　❏ 避免使用多重条件判断

　　如果没有策略模式，我们想想看会是什么样子？一个策略家族有5个策略算法，一会要使用A策略，一会要使用B策略，怎么设计呢？使用多重的条件语句？多重条件语句不易维护，而且出错的概率大大增强。使用策略模式后，可以由其他模块决定采用何种策略，策略家族对外提供的访问接口就是封装类，简化了操作，同时避免了条件语句判断。

　　❏ 扩展性良好

　　这甚至都不用说是它的优点，因为它太明显了。在现有的系统中增加一个策略太容易了，只要实现接口就可以了，其他都不用修改，类似于一个可反复拆卸的插件，这大大地符合了OCP原则。

18.3.2　策略模式的缺点

　　❏ 策略类数量增多

　　每一个策略都是一个类，复用的可能性很小，类数量增多。

　　❏ 所有的策略类都需要对外暴露

　　上层模块必须知道有哪些策略，然后才能决定使用哪一个策略，这与迪米特法则是相违背的，我只是想使用了一个策略，我凭什么就要了解这个策略呢？那要你的封装类还有什么意义？这是原装策略模式的一个缺点，幸运的是，我们可以使用其他模式来修正这个缺陷，如工厂方法模式、代理模式或享元模式。

18.3.3 策略模式的使用场景

❑ 多个类只有在算法或行为上稍有不同的场景。

❑算法需要自由切换的场景。

例如，算法的选择是由使用者决定的，或者算法始终在进化，特别是一些站在技术前沿的行业，连业务专家都无法给你保证这样的系统规则能够存在多长时间，在这种情况下策略模式是你最好的助手。

❑ 需要屏蔽算法规则的场景。

现在的科技发展得很快，人脑的记忆是有限的（就目前来说是有限的），太多的算法你只要知道一个名字就可以了，传递相关的数字进来，反馈一个运算结果，万事大吉。

18.3.4 策略模式的注意事项

如果系统中的一个策略家族的具体策略数量超过4个，则需要考虑使用混合模式，解决策略类膨胀和对外暴露的问题，否则日后的系统维护就会成为一个烫手山芋，谁都不想接。

18.4 策略模式的扩展

先给出一道小学的题目：输入3个参数，进行加减法运算，参数中两个是int型的，剩下的一个参数是String型的，只有"+"、"−"两个符号可以选择，不要考虑什么复杂的校验，我们做的是白箱测试，输入的就是标准的int类型和合规的String类型，各位大侠，想想看，怎么做，简单得很！

有非常多的实现方式，我今天来说四种。先说第一种，写一个类，然后进行加减法运算，类图也不用画了，太简单了，如代码清单18-11所示。

代码清单18-11　最直接的加减法

```
public class Calculator {
    //加符号
    private final static String ADD_SYMBOL = "+";
    //减符号
    private final static String SUB_SYMBOL = "-";
    public int exec(int a,int b,String symbol){
        int result =0;
        if(symbol.equals(ADD_SYMBOL)){
            result = this.add(a, b);
        }else if(symbol.equals(SUB_SYMBOL)){
            result = this.sub(a, b);
        }
```

```
                    return result;
            }
            //加法运算
            private int add(int a,int b){
                    return a+b;
            }
            //减法运算
            private int sub(int a,int b){
                    return a-b;
            }
    }
```

算法太简单了，每个程序员都会写。再写一个场景类如18-12所示。

代码清单18-12　场景类

```
public class Client {
        public static void main(String[] args) {
                //输入的两个参数是数字
                int a = Integer.parseInt(args[0]);
                String symbol = args[1];   //符号
                int b = Integer.parseInt(args[2]);
                System.out.println("输入的参数为: "+Arrays.toString(args));
                //生成一个运算器
                Calculator cal = new Calculator();
                System.out.println("运行结果为: "+a + symbol + b + "=" + cal.exec(a, b, symbol));
        }
}
```

输入3个参数，分别是100 + 200，运行结果如下所示：

```
输入的参数为: [100, +, 200]
运行结果为: 100+200=300
```

这个方案是非常简单的，能够解决问题，我相信这是大家最容易想到的方案，我们不评论这个方案的优劣，等把四个方案全部讲完了，你自己就会发现孰优孰劣。

我们再来看第二个方案，Calculator类太啰嗦了，简化算法如代码清单18-13所示。

代码清单18-13　简化算法

```
public class Calculator {
    //加符号
    private final static String ADD_SYMBOL = "+";
    //减符号
    private final static String SUB_SYMBOL = "-";
    public int exec(int a,int b,String symbol){
            return symbol.equals(ADD_SYMBOL)?a+b:a-b;
    }
}
```

这也非常简单，就是一个三目运算符，确实简化了很多。有缺陷先别管，我们主要讲设计，你在实际项目应用中要处理该程序中的缺陷。

该方案的场景类与方案一相同，如代码清单18-12所示，运行结果也相同，不再赘述。

我们再来思考第三个方案，本章介绍策略模式，那把策略模式应用到该需求是不是很合适啊？是的，非常合适！加减法就是一个具体的策略，非常简单，省略类图，直接看源码，我们先来看抽象策略，定义每个策略必须实现的方法，如代码清单18-14所示。

代码清单18-14　引入策略模式

```
interface Calculator {
    public int exec(int a,int b);
}
```

抽象策略定义了一个唯一的方法来执行运算。至于具体执行的是加法还是减法，运算时由上下文角色决定。我们再来看两个具体的策略，如代码清单18-15所示。

代码清单18-15　具体策略

```
public class Add implements Calculator {
    //加法运算
    public int exec(int a, int b) {
            return a+b;
    }
}
public class Sub implements Calculator {
    //减法运算
    public int exec(int a, int b) {
            return a-b;
    }
}
```

封装角色的责任是保证策略时可以相互替换，如代码清单18-15所示。

代码清单18-16　上下文

```
public class Context {
    private Calculator cal = null;
    public Context(Calculator _cal){
            this.cal = _cal;
    }
    public int exec(int a,int b,String symbol){
            return this.cal.exec(a, b);
    }
}
```

代码都非常简单，该部分就不再增加注释信息了。上下文类负责把策略封装起来，具体怎么自由地切换策略则是由高层模块负责声明的，如代码清单18-17所示。

代码清单18-17　场景类

```java
public class Client {
    //加符号
    public final static String ADD_SYMBOL = "+";
    //减符号
    public final static String SUB_SYMBOL = "-";
    public static void main(String[] args) {
            //输入的两个参数是数字
            int a = Integer.parseInt(args[0]);
            String symbol = args[1];   //符号
            int b = Integer.parseInt(args[2]);
            System.out.println("输入的参数为: "+Arrays.toString(args));
            //上下文
            Context context = null;
            //判断初始化哪一个策略
            if(symbol.equals(ADD_SYMBOL)){
                    context = new Context(new Add());
            }else if(symbol.equals(SUB_SYMBOL)){
                    context = new Context(new Sub());
            }
            System.out.println("运行结果为: "+a+symbol+b+"="+context.exec(a,b,symbol));
    }
}
```

运行结果与方案一相同。我们想想看，在该策略模式的一个具体应用中，我们使用Context准备了一组算法（加法和减法），并封装了起来，具体使用哪一个策略（加法还是减法）则由上层模块声明，这样扩展性非常好。

现在只剩最后一个方案了，一般最后出场的都是重量级的人物，压场嘛！那就请出我们最后一个重量级角色，音乐响起，一个黑影站定舞台中央，所有灯光突然聚焦，主角缓缓抬起头，它就是——策略枚举！我们来看看其真实实力，如代码清单18-18所示。

代码清单18-18　策略枚举

```java
public enum Calculator {
    //加法运算
    ADD("+"){
            public int exec(int a,int b){
                    return a+b;
            }
    },
    //减法运算
    SUB("-"){
            public int exec(int a,int b){
                    return a - b;
            }
    };
    String value = "";
```

```
//定义成员值类型
private Calculator(String _value){
        this.value = _value;
}
//获得枚举成员的值
public String getValue(){
        return this.value;
}
//声明一个抽象函数
public abstract int exec(int a,int b);
}
```

先想一想它的名字,为什么叫做策略枚举? 枚举没有问题,它就是一个Enum类型,那为什么又叫做策略呢? 找找看能不能找到策略的影子在里面? 是的,我们定义了一个抽象的方法exec,然后在每个枚举成员中进行了实现,如果不实现会怎么样呢? 你试试看看,不实现该方法就不能编译,现在是不是清楚了? 把原有定义在抽象策略中的方法移植到枚举中,每个枚举成员就成为一个具体策略。简单吧,总结一下,策略枚举定义如下:

❑ 它是一个枚举。

❑ 它是一个浓缩了的策略模式的枚举。

当然,读者可能要反思了,我使用内置类也可以实现相同的功能,写一个Context类,然后把抽象策略、具体策略都内置进去,不就可以解决问题了,是的,可以解决,但是扩展性如何? 可读性如何? 代码是让人读的,然后才是让机器执行,别把顺序搞反了!

我们继续完善方案四,场景类稍有改动,如代码清单18-19所示。

代码清单18-19 场景类

```
public class Client {
    public static void main(String[] args) {
            //输入的两个参数是数字
            int a = Integer.parseInt(args[0]);
            String symbol = args[1];   //符号
            int b = Integer.parseInt(args[2]);
            System.out.println("输入的参数为: "+Arrays.toString(args));
            System.out.println("运行结果为: "+a+symbol+b+"="+Calculator.ADD.exec(a,b));
    }
}
```

运行结果与方案一相同。看这个场景类,代码量非常少,而且还有一个显著的优点:真实地面向对象,看看这条语句:

```
Calculator.ADD.exec(a, b)
```

是不是类似于"拿出计算器(Calculator),对a和b进行加法运算(ADD),并立刻执行(exec)",这与我们日常接触逻辑是不是非常相似,这也正是我们架构师要担当的职责!

注意　策略枚举是一个非常优秀和方便的模式，但是它受枚举类型的限制，每个枚举项都是public、final、static的，扩展性受到了一定的约束，因此在系统开发中，策略枚举一般担当不经常发生变化的角色。

18.5　最佳实践

　　策略模式是一个非常简单的模式。它在项目中使用得非常多，但它单独使用的地方就比较少了，因为它有致命缺陷：所有的策略都需要暴露出去，这样才方便客户端决定使用哪一个策略。例如，在例子中的赵云，实际上不知道使用哪个策略，他只知道拆第一个锦囊，而不知道是BackDoor这个妙计。是的，诸葛亮已经在规定了在适当的场景下拆开指定的锦囊，我们的策略模式只是实现了锦囊的管理，但是我们没有严格地定义"适当的场景"拆开"适当的锦囊"，在实际项目中，我们一般通过工厂方法模式来实现策略类的声明，读者可以参考混编模式。

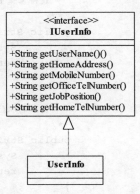

第19章

适配器模式

19.1 业务发展——上帝才能控制

有这样一句名言："智者千虑必有一失，愚者千虑必有一得" ⊖，意思是说不管多聪明的人，经过多少次的思考，也总是会出现一些微小的错误，"智者"都是如此，何况我们这些平庸之辈呢！我们在进行系统开发时，不管之前的可行性分析、需求分析、系统设计处理得多么完美，总会在关键时候、关键场合出现一些"意外"。对于这些"意外"，该来的还是要来，躲是躲不过去的，那我们怎么来弥补这些"意外"呢？这难不倒我们的设计大师，他们创造出了一些补救模式，今天我们就来讲一个补救模式，这种模式可以让你从因业务扩展而系统无法迅速适应的苦恼中解脱而出。

2004年我带了一个项目，做一个人力资源管理项目，该项目是我们总公司发起的，公司一共有700多号人。这个项目还是比较简单的，分为三大模块：人员信息管理、薪酬管理、职位管理。当时开发时业务人员明确指明：人员信息管理的对象是所有员工的所有信息，所有的员工指的是在职的员工，其他的离职的、退休的暂不考虑。根据需求我们设计了如图19-1所示的类图。

非常简单，有一个对象UserInfo存储用户的所有信息（实际系统上还有很多子类，不多说了），也就是BO（Business Object，业务对象），这个对象设计为贫血对象（Thin Business Object），不需要存储状态以及相关的关系，本人是反对使用充血对象（Rich Business Object），这里提到两个名词：贫血对象和充血对象，这两个名词很简单，在领域模型中分别叫做贫血领域模型和充血领域模型，有什么区别呢？一个对象如果不存储实体状态以及对象之间的关系，该对象就叫做贫血对象，对应的领域模型就是贫血领域模型，有实体状态和对象关系的模型就是充血领域模型。看不懂没关系，都是糊弄人的东西，属于专用名词。扯远了，我们继续说我们的人力资源管理项目，这个UserInfo

图19-1 人员信息类图

⊖ 出自《史记·卷九十二》。

对象，在系统中很多地方使用，你可以查看自己的信息，也可以修改，当然这个对象是有setter 方法的，我们这里用不到就隐藏掉了。先来看接口，员工信息接口如代码清单19-1所示。

代码清单19-1　员工信息接口

```java
public interface IUserInfo {
    //获得用户姓名
    public String getUserName();
    //获得家庭地址
    public String getHomeAddress();
    //手机号码, 这个太重要, 手机泛滥呀
    public String getMobileNumber();
    //办公电话, 一般是座机
    public String getOfficeTelNumber();
    //这个人的职位是什么
    public String getJobPosition();
    //获得家庭电话, 这有点不好, 我不喜欢打家庭电话讨论工作
    public String getHomeTelNumber();
}
```

员工信息接口有了，就需要设计一个实现类来容纳数据，如代码清单19-2所示。

代码清单19-2　实现类

```java
public class UserInfo implements IUserInfo {
    /*
     * 获得家庭地址, 下属送礼也可以找到地方
     */
    public String getHomeAddress() {
        System.out.println("这里是员工的家庭地址...");
        return null;
    }
    /*
     * 获得家庭电话号码
     */
    public String getHomeTelNumber() {
        System.out.println("员工的家庭电话是...");
        return null;
    }
    /*
     * 员工的职位, 是部门经理还是普通职员
     */
    public String getJobPosition() {
        System.out.println("这个人的职位是BOSS...");
        return null;
    }
    /*
     * 手机号码
     */
```

```java
public String getMobileNumber() {
        System.out.println("这个人的手机号码是0000...");
        return null;
}
/*
 * 办公室电话，烦躁的时候最好"不小心"把电话线踢掉
 */
public String getOfficeTelNumber() {
        System.out.println("办公室电话是...");
        return null;
}
/*
 * 姓名，这个很重要
 */
public String getUserName() {
        System.out.println("姓名叫做...");
        return null;
}
}
```

这个项目是2004年年底投产的，运行到2005年年底还是比较平稳的，中间修修补补也很正常，2005年年底不知道是哪股风吹的，很多公司开始使用借聘人员的方式引进人员，我们公司也不例外，从一个劳动资源公司借用了一大批的低技术、低工资的人员，分配到各个子公司，总共有将近200人，然后人力资源部就找我们部门老大谈判，说要增加一个功能：借用人员管理，老大一看有钱赚呀，一拍大腿，做！

老大命令一下来，我立马带人过去调研，需求就一句话，但是真深入地调研还真不是那么简单。借聘人员虽然在我们公司干活，和我们一个样，干活时没有任何的差别，但是他们的人员信息、工资情况、福利情况等都是由劳动服务公司管理的，并且有一套自己的人员管理系统，人力资源部门就要求我们系统同步劳动服务公司的信息，当然是只在我们公司工作的人员信息，其他人员信息是不需要的，而且还要求信息同步，也就是：劳动服务公司的人员信息一变更，我们系统就应该立刻体现出来，为什么要即时而不批量呢？是因为我们公司与劳动服务公司之间是按照人头收费的，甭管是什么人，只要我们公司借用，就这个价格，我要一个研究生，你派了一个高中生给我，那算什么事？因此，了解了业务需求用后，项目组决定采用RMI（Remote Method Invocation，远程对象调用）的方式进行联机交互，但是深入分析后，一个重大问题立刻显现出来：劳动服务公司的人员对象和我们系统的对象不相同，他们的对象如下所示。

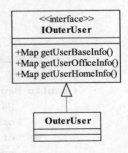

图19-2 劳动服务公司
的人员信息类图

劳动服务公司是把人员信息分为了三部分：基本信息、办公信息和个人家庭信息，并且都放到了HashMap中，比如人员的姓名放到BaseInfo信息中，家庭地址放到HomeInfo中，这也是一个可以接受的模式，我们来看看他们的代码，接口如代码清单19-3所示。

代码清单19-3　劳动服务公司的人员信息接口

```
public interface IOuterUser {
    //基本信息，比如名称、性别、手机号码等
    public Map getUserBaseInfo();
    //工作区域信息
    public Map getUserOfficeInfo();
    //用户的家庭信息
    public Map getUserHomeInfo();
}
```

劳动服务公司的人员信息是这样存放的，如代码清单19-4所示。

代码清单19-4　劳动服务公司的人员实现

```
public class OuterUser implements IOuterUser {
    /*
     * 用户的基本信息
     */
    public Map getUserBaseInfo() {
            HashMap baseInfoMap = new HashMap();
            baseInfoMap.put("userName", "这个员工叫混世魔王...");
            baseInfoMap.put("mobileNumber", "这个员工电话是...");
            return baseInfoMap;
    }
    /*
     * 员工的家庭信息
     */
    public Map getUserHomeInfo() {
            HashMap homeInfo = new HashMap();
            homeInfo.put("homeTelNumbner", "员工的家庭电话是...");
            homeInfo.put("homeAddress", "员工的家庭地址是...");
            return homeInfo;
    }
    /*
     * 员工的工作信息，比如，职位等
     */
    public Map getUserOfficeInfo() {
            HashMap officeInfo = new HashMap();
            officeInfo.put("jobPosition","这个人的职位是BOSS...");
            officeInfo.put("officeTelNumber", "员工的办公电话是...");
            return officeInfo;
    }
}
```

看到这里，咱不好说他们系统设计得不好，问题是咱的系统要和他们的系统进行交互，怎么办？我们不可能为了这一小小的功能而对我们已经运行良好系统进行大手术，那怎么办？我们可以转化，先拿到对方的数据对象，然后转化为我们自己的数据对象，中间加一层转换处理，按照这个思路，我们设计了如图19-3所示的类图。

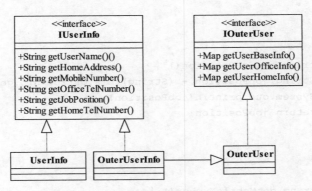

图19-3 增加了中转处理的人员信息类图

大家可能会问,这两个对象都不在一个系统中,你如何使用呢?简单!RMI已经帮我们做了这件事情,只要有接口,就可以把远程的对象当成本地的对象使用,这个大家有时间可以去看一下RMI文档,不多说了。OuterUserInfo可以看做是"两面派",实现了IUserInfo接口,还继承了OuterUser,通过这样的设计,把OuterUser伪装成我们系统中一个IUserInfo对象,这样,我们的系统基本不用修改,所有的人员查询、调用跟本地一样。

注意 我们之所以能够增加一个OuterUserInfo中转类,是因为我们在系统设计时严格遵守了依赖倒置原则和里氏替换原则,否则即使增加了中转类也无法解决问题。

说得口干舌燥,下边我们来看具体的代码实现,中转角色OuterUserInfo如代码清单19-5所示。

代码清单19-5 中转角色

```
public class OuterUserInfo extends OuterUser implements IUserInfo {
    private Map baseInfo = super.getUserBaseInfo();   //员工的基本信息
    private Map homeInfo = super.getUserHomeInfo(); //员工的家庭信息
    private Map officeInfo = super.getUserOfficeInfo(); //工作信息
    /*
     * 家庭地址
     */
    public String getHomeAddress() {
            String homeAddress = (String)this.homeInfo.get("homeAddress");
            System.out.println(homeAddress);
            return homeAddress;
    }
    /*
     * 家庭电话号码
     */
    public String getHomeTelNumber() {
            String homeTelNumber = (String)this.homeInfo.get("homeTelNumber");
            System.out.println(homeTelNumber);
            return homeTelNumber;
    }
```

```
    /*
     *职位信息
     */
    public String getJobPosition() {
            String jobPosition = (String)this.officeInfo.get("jobPosition");
            System.out.println(jobPosition);
            return jobPosition;
    }
    /*
     * 手机号码
     */
    public String getMobileNumber() {
            String mobileNumber = (String)this.baseInfo.get("mobileNumber");
            System.out.println(mobileNumber);
            return mobileNumber;
    }
    /*
     * 办公电话
     */
    public String getOfficeTelNumber() {
            String officeTelNumber = (String)this.officeInfo.get("officeTelNumber");
            System.out.println(officeTelNumber);
            return officeTelNumber;
    }
    /*
     * 员工的名称
     */
    public String getUserName() {
            String userName = (String)this.baseInfo.get("userName");
            System.out.println(userName);
            return userName;
    }
}
```

大家看到没？中转的角色有很多的强制类型转换，就是(String)这个东西，如果使用泛型的话，就可以完全避免这个转化（当然了，泛型当时还没有诞生）。我们要看看这个中转是否真的起到了中转的作用，我们想象这样一个场景：公司大老板想看看我们自己公司年轻女孩子的电话号码，那该场景类就如代码清单19-6所示。

代码清单19-6　场景类

```
public class Client {
    public static void main(String[] args) {
            //没有与外系统连接的时候，是这样写的
            IUserInfo youngGirl = new UserInfo();
            //从数据库中查到101个
            for(int i=0;i<101;i++){
```

```
                              youngGirl.getMobileNumber();
                      }
              }
      }
```

这老板比较色呀。从数据库中生成了101个UserInfo对象，直接打印出来就成了。老板回头一想，不对呀，兔子不吃窝边草，还是调取借用人员看看，于是要查询出借用人员中美女的电话号码，如代码清单19-7所示。

代码清单19-7 查看劳动服务公司人员信息场景

```java
public class Client {
        public static void main(String[] args) {
                //老板一想不对呀，兔子不吃窝边草，还是找借用人员好点
                //我们只修改了这句话
                IUserInfo youngGirl = new OuterUserInfo();
                //从数据库中查到101个
                for(int i=0;i<101;i++){
                        youngGirl.getMobileNumber();
                }
        }
}
```

大家看，使用了适配器模式只修改了一句话，其他的业务逻辑都不用修改就解决了系统对接的问题，而且在我们实际系统中只是增加了一个业务类的继承，就实现了可以查本公司的员工信息，也可以查人力资源公司的员工信息，尽量少的修改，通过扩展的方式解决了该问题。这就是适配模式。

19.2 适配器模式的定义

适配器模式（Adapter Pattern）的定义如下：

Convert the interface of a class into another interface clients expect. Adapter lets classes work together that couldn't otherwise because of incompatible interfaces. （将一个类的接口变换成客户端所期待的另一种接口，从而使原本因接口不匹配而无法在一起工作的两个类能够在一起工作。）

适配器模式又叫做变压器模式，也叫做包装模式（Wrapper），但是包装模式可不止一个，还包括了第17章讲解的装饰模式。适配器模式的通用类图，如图19-4所示。

适配器模式在生活中还是很常见的，比如你笔记本上的电源适配器，可以使用在110～220V之间变化的电源，而笔记本还能正常工作，这也是适配器一个良好模式的体现，简单地说，适配器模式就是把一个接口或类转换成其他的接口或类，从另一方面来说，适配器模式也就是一个包装模式，

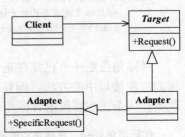

图19-4 适配器模式通用类图

为什么呢？它把Adaptee包装成一个Target接口的类，加了一层衣服，包装成另外一个靓妞了。大家知道，设计模式原是为建筑设计而服务的，软件设计模式只是借用了人家的原理而已，那我们来看看最原始的适配器是如何设计的，如图19-5所示。

A、B两个图框代表已经塑模成型的物体A和物体B，那现在要求把A和B安装在一起使用，如何安装？两者的接口不一致，是不可能安装在一起使用的，那怎么办？引入一个物体C，如图19-6所示。

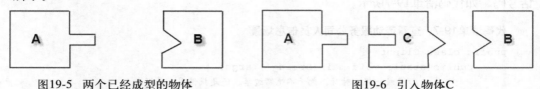

图19-5　两个已经成型的物体　　　　　　　　　　图19-6　引入物体C

引入物体C后，C适应了物体A的接口，同时也适应了物体B的接口，然后三者就可以组合成一个完整的物体，如图19-7所示。

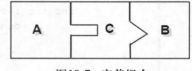

其中的物体C就是我们说的适配器，它在中间起到了角色转换的作用，把原有的长条形接口转换了三角形接口。在我们软件业的设计模式中，适配器模式也是相似的功能，那我们先来看看适配器模式的三个角色。

图19-7　完美组合

❏ Target目标角色

该角色定义把其他类转换为何种接口，也就是我们的期望接口，例子中的IUserInfo接口就是目标角色。

❏ Adaptee源角色

你想把谁转换成目标角色，这个"谁"就是源角色，它是已经存在的、运行良好的类或对象，经过适配器角色的包装，它会成为一个崭新、靓丽的角色。

❏ Adapter适配器角色

适配器模式的核心角色，其他两个角色都是已经存在的角色，而适配器角色是需要新建立的，它的职责非常简单：把源角色转换为目标角色，怎么转换？通过继承或是类关联的方式。

各个角色的职责都已经非常清楚，我们再来看看其通用源码，目标接口如代码清单19-8所示。

代码清单19-8　目标角色

```
public interface Target {
    //目标角色有自己的方法
    public void request();
}
```

目标角色是一个已经在正式运行的角色，你不可能去修改角色中的方法，你能做的就是如何去实现接口中的方法，而且通常情况下，目标角色是一个接口或者是抽象类，一般不会是实现类。一个正在服役的目标角色，如代码清单19-9所示。

代码清单19-9　目标角色的实现类

```
public class ConcreteTarget implements Target {
```

```
    public void request() {
            System.out.println("if you need any help,pls call me!");        }
}
```

源角色也是已经在服役状态（当然，非要新建立一个源角色，然后套用适配器模式，那也没有任何问题），它是一个正常的类，其源代码如代码清单19-10所示。

代码清单19-10 源角色

```
public class Adaptee {
    //原有的业务逻辑
    public void doSomething(){
            System.out.println("I'm kind of busy,leave me alone,pls!");
    }
}
```

我们的核心角色要出场了，适配器角色如代码清单19-11所示。

代码清单19-11 适配器角色

```
public class Adapter extends Adaptee implements Target {
    public void request() {
            super.doSomething();
    }
}
```

所有的角色都已经在场了，那我们就开始看看这场演出，场景类如代码清单19-12所示。

代码清单19-12 场景类

```
public class Client {
    public static void main(String[] args) {
            //原有的业务逻辑
            Target target = new ConcreteTarget();
            target.request();
            //现在增加了适配器角色后的业务逻辑
            Target target2 = new Adapter();
            target2.request();
    }
}
```

适配器模式的原理就讲这么多吧，但是别得意得太早了，如果你认为适配器模式就这么简单，那我告诉你，你错了！复杂的还在后面。

19.3 适配器模式的应用

19.3.1 适配器模式的优点

❏ 适配器模式可以让两个没有任何关系的类在一起运行，只要适配器这个角色能够搞定他们就成。

❏ 增加了类的透明性

想想看，我们访问的Target目标角色，但是具体的实现都委托给了源角色，而这些对高层次模块是透明的，也是它不需要关心的。

❏ 提高了类的复用度

当然了，源角色在原有的系统中还是可以正常使用，而在目标角色中也可以充当新的演员。

❏ 灵活性非常好

某一天，突然不想要适配器，没问题，删除掉这个适配器就可以了，其他的代码都不用修改，基本上就类似一个灵活的构件，想用就用，不想就卸载。

19.3.2　适配器模式的使用场景

适配器应用的场景只要记住一点就足够了：你有动机修改一个已经投产中的接口时，适配器模式可能是最适合你的模式。比如系统扩展了，需要使用一个已有或新建立的类，但这个类又不符合系统的接口，怎么办？使用适配器模式，这也是我们例子中提到的。

19.3.3　适配器模式的注意事项

适配器模式最好在详细设计阶段不要考虑它，它不是为了解决还处在开发阶段的问题，而是解决正在服役的项目问题，没有一个系统分析师会在做详细设计的时候考虑使用适配器模式，这个模式使用的主要场景是扩展应用中，就像我们上面的那个例子一样，系统扩展了，不符合原有设计的时候才考虑通过适配器模式减少代码修改带来的风险。

再次提醒一点，项目一定要遵守依赖倒置原则和里氏替换原则，否则即使在适合使用适配器的场合下，也会带来非常大的改造。

19.4　适配器模式的扩展

我们刚刚讲的人力资源管理的例子中，其实是一个比较幸运的例子，为什么呢？如果劳动服务公司提供的人员接口不止一个，也就是说，用户基本信息是一个接口，工作信息是一个接口，家庭信息是一个接口，总共有三个接口三个实现类，想想看如何处理呢？不能再使用我们上面的方法了，为什么呢？Java是不支持多继承的，你难道想让OuterUserInfo继承三个实现类？此路不通，再想一个办法，对哦，可以使用类关联的办法嘛！声明一个OuterUserInfo实现类，实现IUserInfo接口，通过再关联其他三个实现类不就可以解决这个问题了吗？是的，是的，好方法，我们先画出类图，如图19-8所示。

OuterUserInfo通过关联的方式与外界的三个实现类通讯，当然也可以理解为是聚合关系。IUserInfo和UserInfo代码如代码清单19-1和代码清单19-2所示，不再赘述。我们来看看拆分后的三个接口和实现类，用户基本信息接口如代码清单19-13所示。

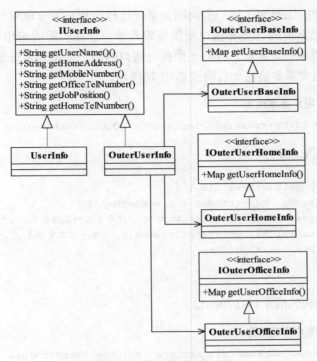

图19-8　拆分接口后的类图

代码清单19-13　用户基本信息接口

```
public interface IOuterUserBaseInfo {
    //基本信息，比如名称、性别、手机号码等
    public Map getUserBaseInfo();
}
```

用户家庭信息接口如代码清单19-14所示。

代码清单19-14　用户家庭信息接口

```
public interface IOuterUserHomeInfo {
    //用户的家庭信息
    public Map getUserHomeInfo();
}
```

用户工作信息接口如代码清单19-15所示。

代码清单19-15　用户工作信息接口

```
public interface IOuterUserOfficeInfo {
    //工作区域信息
    public Map getUserOfficeInfo();
}
```

　　读到这里，读者应该想到这样一个问题：系统这样设计是否合理呢？合理，绝对合理！想想单一职责原则是怎么说的，类和接口要保持职责单一，在实际的应用中类可以有多重职责，但是接口一定要职责单一，因此，我们上面拆分接口的假想也是非常合乎逻辑的。我们来看三个相关的实现类，用户基本信息如代码清单19-16所示。

代码清单19-16　用户基本信息

```java
public class OuterUserBaseInfo implements IOuterUserBaseInfo {
    /*
     * 用户的基本信息
     */
    public Map getUserBaseInfo() {
        HashMap baseInfoMap = new HashMap();
        baseInfoMap.put("userName", "这个员工叫混世魔王...");
        baseInfoMap.put("mobileNumber", "这个员工电话是...");
        return baseInfoMap;
    }
}
```

用户家庭信息如代码清单19-17所示。

代码清单19-17　用户家庭信息

```java
public class OuterUserHomeInfo implements IOuterUserHomeInfo {
    /*
     * 员工的家庭信息
     */
    public Map getUserHomeInfo() {
        HashMap homeInfo = new HashMap();
        homeInfo.put("homeTelNumbner", "员工的家庭电话是...");
        homeInfo.put("homeAddress", "员工的家庭地址是...");
        return homeInfo;
    }
}
```

用户工作信息如代码清单19-18所示。

代码清单19-18　用户工作信息

```java
public class OuterUserOfficeInfo implements IOuterUserOfficeInfo {
    /*
     * 员工的工作信息，比如，职位等
     */
    public Map getUserOfficeInfo() {
        HashMap officeInfo = new HashMap();
        officeInfo.put("jobPosition","这个人的职位是BOSS...");
        officeInfo.put("officeTelNumber", "员工的办公电话是...");
        return officeInfo;
    }
}
```

这里又到我们的核心了——适配器。好，我们来看适配器代码，如代码清单19-19所示。

代码清单19-19 适配器

```java
public class OuterUserInfo implements IUserInfo {
    //源目标对象
    private IOuterUserBaseInfo baseInfo = null;      //员工的基本信息
    private IOuterUserHomeInfo homeInfo = null;      //员工的家庭信息
    private IOuterUserOfficeInfo officeInfo = null; //工作信息
    //数据处理
    private Map baseMap = null;
    private Map homeMap = null;
    private Map officeMap = null;
    //构造函数传递对象
    public OuterUserInfo(IOuterUserBaseInfo _baseInfo,IOuterUserHomeInfo
    _homeInfo,IOuterUserOfficeInfo _officeInfo){
            this.baseInfo = _baseInfo;
            this.homeInfo = _homeInfo;
            this.officeInfo = _officeInfo;
            //数据处理
            this.baseMap = this.baseInfo.getUserBaseInfo();
            this.homeMap = this.homeInfo.getUserHomeInfo();
            this.officeMap = this.officeInfo.getUserOfficeInfo();
    }
    //家庭地址
    public String getHomeAddress() {
            String homeAddress = (String)this.homeMap.get("homeAddress");
            System.out.println(homeAddress);
            return homeAddress;
    }
    //家庭电话号码
    public String getHomeTelNumber() {
            String homeTelNumber = (String)this.homeMap.get("homeTelNumber");
            System.out.println(homeTelNumber);
            return homeTelNumber;
    }
    //职位信息
    public String getJobPosition() {
            String jobPosition = (String)this.officeMap.get("jobPosition");
            System.out.println(jobPosition);
            return jobPosition;
    }
    //手机号码
    public String getMobileNumber() {
            String mobileNumber = (String)this.baseMap.get("mobileNumber");
            System.out.println(mobileNumber);
            return mobileNumber;
    }
```

```
        //办公电话
    public String getOfficeTelNumber() {
            String officeTelNumber= (String)this.officeMap.get("officeTelNumber");
            System.out.println(officeTelNumber);
            return officeTelNumber;
    }
    // 员工的名称
    public String getUserName() {
            String userName = (String)this.baseMap.get("userName");
            System.out.println(userName);
            return userName;
    }
}
```

大家只要注意一下黑色字体的构造函数就可以了，它接收三个对象，其他部分变化不大，只是变量名称进行了修改，我们再来看场景类，如代码清单19-20所示。

代码清单19-20　场景类

```
public class Client {
    public static void main(String[] args) {
            //外系统的人员信息
            IOuterUserBaseInfo baseInfo = new OuterUserBaseInfo();
            IOuterUserHomeInfo homeInfo = new OuterUserHomeInfo();
            IOuterUserOfficeInfo officeInfo = new OuterUserOfficeInfo();
            //传递三个对象
            IUserInfo youngGirl = new OuterUserInfo(baseInfo,homeInfo,officeInfo);
            //从数据库中查到101个
            for(int i=0;i<101;i++){
                    youngGirl.getMobileNumber();
            }
    }
}
```

运行的结果还是相同的。大家想想看，OuterUserInfo变成了委托服务，把IUserInfo接口需要的所有的操作都委托给其他三个接口下的实现类，它的委托是通过对象层次的关联关系进行委托的，而不是继承关系。好了，讲了这么多，我们需要给这种适配器起个名字，就是对象适配器，我们之前讲的通过继承进行的适配，叫做类适配器。对象适配器的通用类图，如图19-9所示。

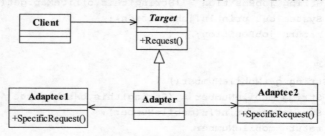

图19-9　对象适配器类图

适配器的通用代码也比较简单，把原有的继承关系变更为关联关系就可以了，不再赘述。对象适配器和类适配器的区别是：类适配器是类间继承，对象适配器是对象的合成关系，也可以说是类的关联关系，这是两者的根本区别。二者在实际项目中都会经常用到，由于对象适配器是通过类间的关联关系进行耦合的，因此在设计时就可以做到比较灵活，比如修补源角色的隐形缺陷，关联其他对象等，而类适配器就只能通过覆写源角色的方法进行扩展，在实际项目中，对象适配器使用到场景相对较多。

19.5 最佳实践

适配器模式是一个补偿模式，或者说是一个"补救"模式，通常用来解决接口不相容的问题，在百分之百的完美设计中是不可能使用到的，什么是百分之百的完美设计？"千虑"而没有"一失"的设计，但是，再完美的设计也会遇到"需求"变更这个无法逃避的问题，就以我们上面的人力资源管理系统为例来说，不管系统设计得多么完美，都无法逃避新业务的发生，技术只是一个工具而已，是因为它推动了其他行业的进步和发展而具有了价值，通俗地说，技术是为业务服务的，因此业务在日新月异变化的同时，也对技术提出了同样的要求，在这种要求下，就需要我们有一种或一些这样的补救模式诞生，使用这些补救模式可以保证我们的系统在生命周期内能够稳定、可靠、健壮的运行，而适配器模式就是这样的一个"救世主"，它在需求巨变、业务飞速而导致你极度郁闷、烦躁、崩溃的时候横空出世，它通过把非本系统接口的对象包装成本系统可以接受的对象，从而简化了系统大规模变更风险的存在。

第20章

迭代器模式

20.1 整理项目信息——苦差事

周五下午，我正在看技术网站，第六感官发觉有人在身后，扭头一看，老大站在背后，我赶忙站起来。

"王经理，你找我？"

"哦，在看技术呀。有个事情找你谈一下，你到我办公室来一下。"

到老大办公室还没坐稳，老大就开始发话了。

"是这样，刚刚我在看季报，我们每个项目的支出费用都很高，项目情况复杂，人员情况也不简单，我看着也有点糊涂，你看，这是我们现在还在开发或者维护的103个项目，项目信息很乱，很多是两年前的信息，你能不能先把这些项目最新情况重新打印一份给我，咱们好查查到底有什么问题。"老大说。

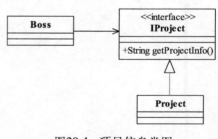

图20-1 项目信息类图

"这个好办，我马上去办!"我爽快地答复道。

很快我设计了一个类图，准备实施，如图20-1所示。

简单得不能再简单的类图，是个程序员都能实现。我们来看看这个简单的东西，先看接口，如代码清单20-1所示。

代码清单20-1 项目信息接口

```java
public interface IProject {
    //从老板这里看到的就是项目信息
    public String getProjectInfo();
}
```

定义了一个接口，面向接口编程嘛，当然要定义接口了，然后看看实现类，如代码清单20-2所示。

代码清单20-2 项目信息的实现

```
public class Project implements IProject {
    //项目名称
    private String name = "";
    //项目成员数量
    private int num = 0;
    //项目费用
    private int cost = 0;
    //定义一个构造函数，把所有老板需要看到的信息存储起来
    public Project(String name,int num,int cost){
            //赋值到类的成员变量中
            this.name = name;
            this.num = num;
            this.cost=cost;
    }
    //得到项目的信息
    public String getProjectInfo() {
            String info = "";
            //获得项目的名称
            info = info+ "项目名称是: " + this.name;
            //获得项目人数
            info = info + "\t项目人数: "+ this.num;
            //项目费用
            info = info+ "\t 项目费用: "+ this.cost;
            return info;
    }
}
```

实现类也是极度简单，通过构造函数把要显示的数据传递过来，然后放到getProjectInfo中显示，这太容易了！然后我们老大要看看结果了，如代码清单20-3所示。

代码清单20-3 老大看报表的场景

```
public class Boss {
            public static void main(String[] args) {
                    //定义一个List，存放所有的项目对象
                    ArrayList<IProject> projectList = new ArrayList<IProject>();
                    //增加星球大战项目
                    projectList.add(new Project("星球大战项目",10,100000));
                    //增加扭转时空项目
                    projectList.add(new Project("扭转时空项目",100,10000000));
                    //增加超人改造项目
                    projectList.add(new Project("超人改造项目",10000,1000000000));
                    //这边100个项目
                    for(int i=4;i<104;i++){
                            projectList.add(new Project("第"+i+"个项目",i*5,i*1000000));
                    }
                    //遍历一下ArrayList，把所有的数据都取出
```

```
                for(IProject project:projectList){
            System.out.println(project.getProjectInfo());
                                          }
                    }
        }
```

然后看一下我们的运行结果，如下所示：

项目名称是：星球大战项目	项目人数：10	项目费用：100000
项目名称是：扭转时空项目	项目人数：100	项目费用：10000000
项目名称是：超人改造项目	项目人数：10000	项目费用：1000000000
项目名称是：第4个项目	项目人数：20	项目费用：4000000
项目名称是：第5个项目	项目人数：25	项目费用：5000000

.
.
.

老大一看，非常开心，这么快就出结果了，大大地把我夸奖了一番，然后就去埋头研究那堆枯燥的报表了。我回到座位上，又看了一遍程序（心里很乐，就又想看看自己的成果），想想（一日三省嘛），应该还有另外一种实现方式，因为是遍历嘛，让我想到的就是Java的迭代器接口java.util.iterator，它的作用就是遍历Collection集合下的元素，那我们的程序还可以有另外一种实现，通过实现iterator接口来实现遍历，先修正一下类图，如图20-2所示。

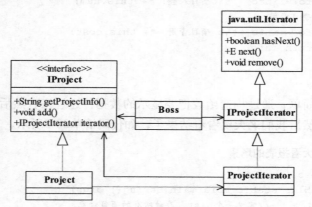

图20-2　增加迭代接口的类图

看着是不是复杂了很多？是的，是有点复杂了，是不是我们把简单的事情复杂化了？请读者继续阅读下去，我等会儿说明原因。我们先分析一下我们的类图java.util.Iterator接口中声明了三个方法，这是JDK定义的，ProjectIterator实现该接口，并且聚合了Project对象，也就是把Project对象作为本对象的成员变量使用。看类图还不是很清晰，我们一起看一下代码，先看IProject接口的改变，如代码清单20-4所示。

代码清单20-4　项目信息接口

```
public interface IProject {
    //增加项目
```

```
        public void add(String name,int num,int cost);
        //从老板这里看到的就是项目信息
        public String getProjectInfo();
        //获得一个可以被遍历的对象
        public IProjectIterator iterator();
}
```

这里多了两个方法，一个是add方法，这个方法是增加项目，也就是说产生了一个对象后，直接使用add方法增加项目信息。我们再来看其实现类，如代码清单20-5所示。

代码清单20-5 项目信息

```
public class Project implements IProject {
        //定义一个项目列表，说有的项目都放在这里
        private ArrayList<IProject> projectList = new ArrayList<IProject>();
        //项目名称
        private String name = "";
        //项目成员数量
        private int num = 0;
        //项目费用
        private int cost = 0;
        public Project(){

        }
        //定义一个构造函数，把所有老板需要看到的信息存储起来
        private Project(String name,int num,int cost){
                //赋值到类的成员变量中
                this.name = name;
                this.num = num;
                this.cost=cost;
        }
        //增加项目
        public void add(String name,int num,int cost){
                this.projectList.add(new Project(name,num,cost));
        }
        //得到项目的信息
        public String getProjectInfo() {
                String info = "";
                //获得项目的名称
                info = info+ "项目名称是: " + this.name;
                //获得项目人数
                info = info + "\t项目人数: "+ this.num;
                //项目费用
                info = info+ "\t 项目费用: "+ this.cost;
                return info;
        }
        //产生一个遍历对象
        public IProjectIterator iterator(){
```

```
        return new ProjectIterator(this.projectList);
    }
}
```

通过构造函数，传递了一个项目所必需的信息，然后通过iterator()方法，把所有项目都返回到一个迭代器中。Iterator()方法看不懂不要紧，继续向下阅读。再看IProjectIterator接口，如代码清单20-6所示。

代码清单20-6　项目迭代器接口

```
public interface IProjectIterator extends Iterator {
}
```

大家可能对该接口感觉很奇怪，你定义的这个接口方法、变量都没有，有什么意义呢？有意义，所有的Java书上都会说要面向接口编程，你的接口是对一个事物的描述，也就是说我通过接口就知道这个事物有哪些方法，哪些属性，我们这里的IProjectIterator是要建立一个指向Project类的迭代器，目前暂时定义的就是一个通用的迭代器，可能以后会增加IProjectIterator的一些属性或者方法。当然了，你也可以在实现类上实现两个接口，一个是Iterator,一个是IProjectIterator（这时候，这个接口就不用继承Iterator），杀猪杀尾巴，各有各的杀法。我的习惯是：如果我要实现一个容器或者其他API提供接口时，我一般都自己先写一个接口继承，然后再继承自己写的接口，保证自己的实现类只用实现自己写的接口（接口传递，当然也要实现顶层的接口），程序阅读也清晰一些。我们继续看迭代器的实现类，如代码清单20-7所示。

代码清单20-7　项目迭代器

```
public class ProjectIterator implements IProjectIterator {
    //所有的项目都放在ArrayList中
    private ArrayList<IProject> projectList = new ArrayList<IProject>();
    private int currentItem = 0;
    //构造函数传入projectList
    public ProjectIterator(ArrayList<IProject> projectList){
        this.projectList = projectList;
    }
    //判断是否还有元素，必须实现
    public boolean hasNext() {
        //定义一个返回值
        boolean b = true;
        if(this.currentItem>=projectList.size()||this.projectList.get(this.currentItem)==null){
            b =false;
        }
        return b;
    }
    //取得下一个值
    public IProject next() {
        return (IProject)this.projectList.get(this.currentItem++);
    }
    //删除一个对象
```

```
public void remove() {
        //暂时没有使用到
    }
}
```

细心的读者可能会从代码中发现一个问题，java.util.iterator接口中定义next()方法的返回值类型是E，而你在ProjectIterator中返回值却是IProject，E和IProject有什么关系？

E是JDK 1.5中定义的新类型：元素（Element），是一个泛型符号，表示一个类型，具体什么类型是在实现或运行时决定，总之它代表的是一种类型，你在这个实现类中把它定义为ProjectIterator，在另外一个实现类可以把它定义为String，都没有问题。它与Object这个类可是不同的，Object是所有类的父类，随便一个类你都可以把它向上转型到Object类，也只是因为它是所有类的父类，它才是一个通用类，而E是一个符号，代表所有的类，当然也代表Object了。

都写完毕了，看看我们的Boss类有多少改动，如代码清单20-8所示。

代码清单20-8　老板看报表

```
public class Boss {
        public static void main(String[] args) {
                //定义一个List，存放所有的项目对象
                IProject project = new Project();
                //增加星球大战项目
                project.add("星球大战项目ddddd",10,100000);
                //增加扭转时空项目
                project.add("扭转时空项目",100,10000000);
                //增加超人改造项目
                project.add("超人改造项目",10000,1000000000);
                //这边100个项目
                for(int i=4;i<104;i++){
                        project.add("第"+i+"个项目",i*5,i*1000000);
                }
                //遍历一下ArrayList，把所有的数据都取出
                IProjectIterator projectIterator = project.iterator();
                while(projectIterator.hasNext()){
                        IProject p = (IProject)projectIterator.next();
                        System.out.println(p.getProjectInfo());
                }
        }
}
```

运行结果如下所示：

项目名称是：星球大战项目	项目人数：10	项目费用：100000
项目名称是：扭转时空项目	项目人数：100	项目费用：10000000
项目名称是：超人改造项目	项目人数：10000	项目费用：1000000000
项目名称是：第4个项目	项目人数：20	项目费用：4000000
项目名称是：第5个项目	项目人数：25	项目费用：5000000

.

.

.

运行结果完全相同，但是上面的程序复杂性增加了不少，难道我们退回到原始时代了吗？非也，非也，只是我们回退到JDK 1.0.8版本的编程时代了，我们使用一种新的设计模式——迭代器模式。

20.2 迭代器模式的定义

迭代器模式（Iterator Pattern）目前已经是一个没落的模式，基本上没人会单独写一个迭代器，除非是产品性质的开发，其定义如下：

Provide a way to access the elements of an aggregate object sequentially without exposing its underlying representation.（它提供一种方法访问一个容器对象中各个元素，而又不需暴露该对象的内部细节。）

迭代器是为容器服务的，那什么是容器呢？ 能容纳对象的所有类型都可以称之为容器，例如Collection集合类型、Set类型等，迭代器模式就是为解决遍历这些容器中的元素而诞生的。其通用类图，如图20-3所示。

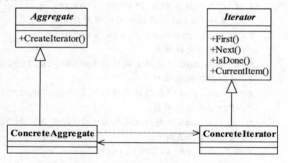

图20-3 迭代器模式的通用类图

迭代器模式提供了遍历容器的方便性，容器只要管理增减元素就可以了，需要遍历时交由迭代器进行。迭代器模式正是由于使用得太频繁，所以大家才会忽略，我们来看看迭代器模式中的各个角色：

❑ Iterator抽象迭代器

抽象迭代器负责定义访问和遍历元素的接口，而且基本上是有固定的3个方法：first()获得第一个元素，next()访问下一个元素，isDone()是否已经访问到底部（Java叫做hasNext()方法）。

❑ ConcreteIterator具体迭代器

具体迭代器角色要实现迭代器接口，完成容器元素的遍历。

❑ Aggregate抽象容器

容器角色负责提供创建具体迭代器角色的接口，必然提供一个类似createIterator()这样的方法，在Java中一般是iterator()方法。

❑ Concrete Aggregate具体容器

具体容器实现容器接口定义的方法，创建出容纳迭代器的对象。

我们来看迭代器模式的通用源代码，先看抽象迭代器Iterator，如代码清单20-9所示。

代码清单20-9 抽象迭代器

```java
public interface Iterator {
    //遍历到下一个元素
    public Object next();
    //是否已经遍历到尾部
    public boolean hasNext();
    //删除当前指向的元素
    public boolean remove();
}
```

具体迭代器如代码清单20-10所示。

代码清单20-10 具体迭代器

```java
public class ConcreteIterator implements Iterator {
    private Vector vector = new Vector();
    //定义当前游标
    public int cursor = 0;
    @SuppressWarnings("unchecked")
    public ConcreteIterator(Vector _vector){
            this.vector = _vector;
    }
    //判断是否到达尾部
    public boolean hasNext() {
            if(this.cursor == this.vector.size()){
                    return false;
            }else{
                    return true;
            }
    }
    //返回下一个元素
    public Object next() {
            Object result = null;
            if(this.hasNext()){
                    result = this.vector.get(this.cursor++);
            }else{
                    result = null;
            }
            return result;
    }
    //删除当前元素
    public boolean remove() {
            this.vector.remove(this.cursor);
            return true;
    }
}
```

注意 开发系统时，迭代器的删除方法应该完成两个逻辑：一是删除当前元素，二是当前游标指向下一个元素。

抽象容器如代码清单20-11所示。

代码清单20-11　抽象容器

```java
public interface Aggregate {
    //是容器必然有元素的增加
    public void add(Object object);
    //减少元素
    public void remove(Object object);
    //由迭代器来遍历所有的元素
    public Iterator iterator();
}
```

具体容器如代码清单20-12所示。

代码清单20-12　具体容器

```java
public class ConcreteAggregate implements Aggregate {
    //容纳对象的容器
    private Vector vector = new Vector();
    //增加一个元素
    public void add(Object object) {
        this.vector.add(object);
    }
    //返回迭代器对象
    public Iterator iterator() {
        return new ConcreteIterator(this.vector);
    }
    //删除一个元素
    public void remove(Object object) {
        this.remove(object);
    }
}
```

场景类如代码清单20-13所示。

代码清单20-13　场景类

```java
public class Client {
    public static void main(String[] args) {
        //声明出容器
        Aggregate agg = new ConcreteAggregate();
        //产生对象数据放进去
        agg.add("abc");
        agg.add("aaa");
        agg.add("1234");
        //遍历一下
        Iterator iterator = agg.iterator();
        while(iterator.hasNext()){
            System.out.println(iterator.next());
        }
    }
}
```

简单地说，迭代器就类似于一个数据库中的游标，可以在一个容器内上下翻滚，遍历所有它需要查看的元素。

20.3　迭代器模式的应用

我们在例子中使用了迭代器模式后为什么使原本简单的应用变得复杂起来了呢？那是因为我们在简单的应用中使用了迭代器，在哪？请看代码清单20-3，注意这段话：for(IProject project:projectList)，它为什么能够运行起来？还不是因为ArrayList已经实现了iterator()方法，我们才能如此简单地应用。

从JDK 1.2版本开始增加java.util.Iterator这个接口，并逐步把Iterator应用到各个聚集类（Collection）中，我们来看JDK 1.5的API帮助文件，你会看到有一个叫java.util.Iterable的接口，看看有多少个接口继承了它：BeanContext, BeanContextServices, BlockingQueue<E>, Collection<E>, List<E>, Queue<E>, Set<E>, SortedSet<E>，再看看有它多少个实现类：AbstractCollection, AbstractList, AbstractQueue, AbstractSequentialList, AbstractSet, ArrayBlockingQueue, ArrayList, AttributeList, BeanContextServicesSupport, BeanContextSupport, ConcurrentLinkedQueue, CopyOnWriteArrayList, CopyOnWriteArraySet, DelayQueue, EnumSet, HashSet, JobStateReasons, LinkedBlockingQueue, LinkedHashSet, LinkedList, PriorityBlockingQueue, PriorityQueue, RoleList, RoleUnresolvedList, Stack, SynchronousQueue, TreeSet, Vector，基本上我们经常使用的类都在这个表中了，也正是因为Java把迭代器模式已经融入到基本API中了，我们才能如此轻松、便捷。

我们再来看看Iterable接口。java.util.Iterable接口只有一个方法：iterator()，也就说，通过iterator()这个方法去遍历聚集类中的所有方法或属性，基本上现在所有的高级语言都有Iterator这个接口或者实现，Java已经把迭代器给我们准备好了，我们再去写迭代器，就有点多余了。所以呀，这个迭代器模式也有点没落了，基本上很少有项目再独立写迭代器了，直接使用Collection下的实现类就可以完美地解决问题。

迭代器现在应用得越来越广泛了，甚至已经成为一个最基础的工具。一些大师级人物甚至建议把迭代器模式从23个模式中删除，为什么呢？就是因为现在它太普通了，已经融入到各个语言和工具中了，比如PHP中你能找到它的身影，Perl也有它的存在，甚至是前台的页面技术AJAX也可以有它的出现（如在Struts2中就可以直接使用iterator）。基本上，只要你不是在使用那些古董级（指版本号）的编程语言的话，都不用自己动手写迭代器。

20.4　最佳实践

如果你是做Java开发，尽量不要自己写迭代器模式！省省吧，使用Java提供的Iterator一般就能满足你的要求了。

第21章

组 合 模 式

21.1 公司的人事架构是这样的吗

各位读者，大家在上学的时候应该都学过"数据结构"这门课程吧，还记得其中有一节叫"二叉树"吧，我们上学那会儿这一章节是必考内容，左子树，右子树，什么先序遍历、后序遍历，重点就是二叉树的遍历，我还记得当时老师就说，考试的时候一定有二叉树的构建和遍历，现在想起来还是觉得老师是正确的，树状结构在实际中应用非常广泛，想想看你最常使用的XML格式是不是就是一个树形结构。

咱就先说个最常见的例子，公司的人事管理就是一个典型的树状结构，想想看你公司的组织架构是不是如图21-1所示。

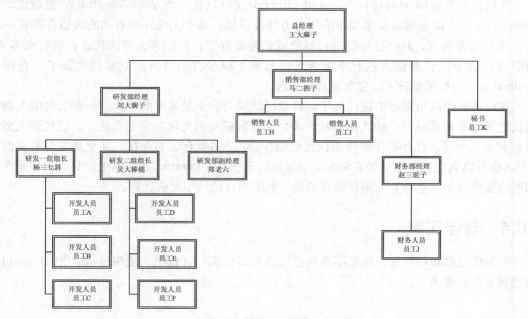

图21-1 普遍的组织架构

从最高的老大，往下一层一层的管理，最后到我们这层小兵……很典型的树状结构（说明一下，这不是二叉树，有关二叉树的定义可以翻翻以前的教科书），我们今天的任务就是要把这个树状结构实现出来，并且还要把它遍历一遍，就类似于阅读你公司的人员花名册。

从该树状结构上分析，有两种不同性质的节点：有分支的节点（如研发部经理）和无分支的节点（如员工A、员工D等），我们增加一点学术术语上去，总经理叫做根节点(是不是想到XML中的那个根节点root，那就对了)，类似研发部经理有分支的节点叫做树枝节点，类似员工A的无分支的节点叫做树叶节点，都很形象，三个类型的节点，那是不是定义三个类就可以？好，我们按照这个思路走下去，先看我们自己设计的类图，如图21-2所示。

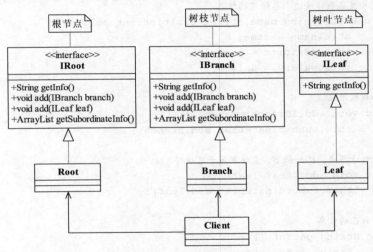

图21-2 最容易想到的组织架构类图

这个类图是初学者最容易想到的类图（首先声明，这个类图是有缺陷的，如果你已经看明白这个类图的缺陷了，该段落就可以一目十行地看下去，我们是循序渐进地讲课，一步一个脚印），非常简单，我们来看一下如何实现，先看最高级别的根节点接口，如代码清单21-1所示。

代码清单21-1 根节点接口

```
public interface IRoot {
    //得到总经理的信息
    public String getInfo();
    //总经理下边要有小兵，那要能增加小兵，比如研发部总经理，这是个树枝节点
    public void add(IBranch branch);
    //那要能增加树叶节点
    public void add(ILeaf leaf);
    //既然能增加，那还要能够遍历，不可能总经理不知道他手下有哪些人
    public ArrayList getSubordinateInfo();
}
```

这个根节点的对象就是我们的总经理，其具体实现如代码清单21-2所示。

代码清单21-2 根节点的实现

```java
public class Root implements IRoot {
        //保存根节点下的树枝节点和树叶节点，Subordinate的意思是下级
        private ArrayList subordinateList = new ArrayList();
        //根节点的名称
        private String name = "";
        //根节点的职位
        private String position = "";
        //根节点的薪水
        private int salary = 0;
        //通过构造函数传递进来总经理的信息
        public Root(String name,String position,int salary){
                this.name = name;
                this.position = position;
                this.salary = salary;
        }
        //增加树枝节点
        public void add(IBranch branch) {
                this.subordinateList.add(branch);
        }
        //增加叶子节点，比如秘书，直接隶属于总经理
        public void add(ILeaf leaf) {
                this.subordinateList.add(leaf);
        }
        //得到自己的信息
        public String getInfo() {
                String info = "";
                info = "名称: "+ this.name;;
                info = info + "\t职位: " + this.position;
                info = info + "\t薪水: " + this.salary;
                return info;
        }
        //得到下级的信息
        public ArrayList getSubordinateInfo() {
                return this.subordinateList;
        }
}
```

很简单，通过构造函数传入参数，然后获得信息，可以增加子树枝节点（部门经理）和叶子节点（秘书）。我们再来看其他有分支的节点接口，如代码清单21-3所示。

代码清单21-3 其他有分支的节点接口

```java
public interface IBranch {
        //获得信息
        public String getInfo();
        //增加数据节点，例如研发部下设的研发一组
        public void add(IBranch branch);
```

```
        //增加叶子节点
        public void add(ILeaf leaf);
        //获得下级信息
        public ArrayList getSubordinateInfo();
}
```

有了接口，就应该有实现，其具体的实现类，如代码清单21-4所示。

代码清单21-4 分支的节点实现

```
public class Branch implements IBranch {
        //存储子节点的信息
        private ArrayList subordinateList = new ArrayList();
        //树枝节点的名称
        private String name="";
        //树枝节点的职位
        private String position = "";
        //树枝节点的薪水
        private int salary = 0;
        //通过构造函数传递树枝节点的参数
        public Branch(String name,String position,int salary){
                this.name = name;
                this.position = position;
                this.salary = salary;
        }
        //增加一个子树枝节点
        public void add(IBranch branch) {
                this.subordinateList.add(branch);
        }
        //增加一个叶子节点
        public void add(ILeaf leaf) {
                this.subordinateList.add(leaf);
        }
        //获得自己树枝节点的信息
        public String getInfo() {
                String info = "";
                info = "名称: " + this.name;
                info = info + "\t职位: "+ this.position;
                info = info + "\t薪水: "+this.salary;
                return info;
        }
        //获得下级的信息
        public ArrayList getSubordinateInfo() {
                return this.subordinateList;
        }
}
```

不管是总经理还是部门经理都是有子节点的存在，最终的子节点就是叶子节点，其接口如代码清单21-5所示。

代码清单21-5　叶子节点的接口

```
public interface ILeaf {
    //获得自己的信息
    public String getInfo();
}
```

叶子节点的接口简单，实现也非常容易，如代码清单21-6所示。

代码清单21-6　叶子节点的实现

```
public class Leaf implements ILeaf {
    //叶子叫什么名字
    private String name = "";
    //叶子的职位
    private String position = "";
    //叶子的薪水
    private int salary=0;
    //通过构造函数传递信息
    public Leaf(String name,String position,int salary){
        this.name = name;
        this.position = position;
        this.salary = salary;
    }
    //最小的小兵只能获得自己的信息了
    public String getInfo() {
        String info = "";
        info = "名称: " + this.name;
        info = info + "\t职位: "+ this.position;
        info = info + "\t薪水: "+this.salary;
        return info;
    }
}
```

好了，所有的根节点、树枝节点和叶子节点都已经实现了，从总经理、部门经理到最终的员工都已经实现，然后的工作就是组装成一个树状结构并遍历这棵树，通过什么来完成呢？通过场景类Client完成，如代码清单21-7所示。

代码清单21-7　场景类

```
public class Client {
    public static void main(String[] args) {
        //首先产生了一个根节点
        IRoot ceo = new Root("王大麻子","总经理",100000);
        //产生三个部门经理，也就是树枝节点
        IBranch developDep = new Branch("刘大瘸子","研发部门经理",10000);
        IBranch salesDep = new Branch("马二拐子","销售部门经理",20000);
        IBranch financeDep = new Branch("赵三驼子","财务部经理",30000);
        //再把三个小组长产生出来
        IBranch firstDevGroup = new Branch("杨三包斜","开发一组组长",5000);
```

```
        IBranch secondDevGroup = new Branch("吴大棒槌","开发二组组长",6000);
        //剩下的就是我们这些小兵了,就是路人甲、路人乙
        ILeaf a = new Leaf("a","开发人员",2000);
        ILeaf b = new Leaf("b","开发人员",2000);
        ILeaf c = new Leaf("c","开发人员",2000);
        ILeaf d = new Leaf("d","开发人员",2000);
        ILeaf e = new Leaf("e","开发人员",2000);
        ILeaf f = new Leaf("f","开发人员",2000);
        ILeaf g = new Leaf("g","开发人员",2000);
        ILeaf h = new Leaf("h","销售人员",5000);
        ILeaf i = new Leaf("i","销售人员",4000);
        ILeaf j = new Leaf("j","财务人员",5000);
        ILeaf k = new Leaf("k","CEO秘书",8000);
        ILeaf zhengLaoLiu = new Leaf("郑老六","研发部副总",20000);
        //该产生的人都产生出来了,然后我们怎么组装这棵树
        //首先是定义总经理下有三个部门经理
        ceo.add(developDep);
        ceo.add(salesDep);
        ceo.add(financeDep);
        //总经理下还有一个秘书
        ceo.add(k);
        //定义研发部门下的结构
        developDep.add(firstDevGroup);
        developDep.add(secondDevGroup);
        //研发部经理下还有一个副总
        developDep.add(zhengLaoLiu);
        //看看开发两个开发小组下有什么
        firstDevGroup.add(a);
        firstDevGroup.add(b);
        firstDevGroup.add(c);
        secondDevGroup.add(d);
        secondDevGroup.add(e);
        secondDevGroup.add(f);
        //再看销售部下的人员情况
        salesDep.add(h);
        salesDep.add(i);
        //最后一个财务
        financeDep.add(j);
        //打印写完的树状结构
        System.out.println(ceo.getInfo());
        //打印出来整个树形
        getAllSubordinateInfo(ceo.getSubordinateInfo());
}
//遍历所有的树枝节点,打印出信息
private static void getAllSubordinateInfo(ArrayList subordinateList){
        int length = subordinateList.size();
        //定义一个ArrayList长度,不要在for循环中每次计算
        for(int m=0;m<length;m++){
```

```
                Object s = subordinateList.get(m);
                if(s instanceof Leaf){   //是个叶子节点, 也就是员工
                        ILeaf employee = (ILeaf)s;
                        System.out.println(((Leaf) s).getInfo());
                }else{
                        IBranch branch = (IBranch)s;
                        System.out.println(branch.getInfo());
                        //再递归调用
                        getAllSubordinateInfo(branch.getSubordinateInfo());
                }
        }
    }
}
```

这个程序比较长, 如果在我们的项目中有这样的程序, 肯定是要被拉出来做典型的, 你写一大坨的程序给谁呀, 以后还要维护, 程序要短小精悍! 幸运的是, 我们这是作为案例来讲解, 而且就是指出这样组装这棵树是有问题的, 等会我们深入讲解, 先看运行结果:

名称: 王大麻子	职位: 总经理	薪水: 100000
名称: 刘大瘸子	职位: 研发部门经理	薪水: 10000
名称: 杨三包斜	职位: 开发一组组长	薪水: 5000
名称: a	职位: 开发人员	薪水: 2000
名称: b	职位: 开发人员	薪水: 2000
名称: c	职位: 开发人员	薪水: 2000
名称: 吴大棒槌	职位: 开发二组组长	薪水: 6000
名称: d	职位: 开发人员	薪水: 2000
名称: e	职位: 开发人员	薪水: 2000
名称: f	职位: 开发人员	薪水: 2000
名称: 郑老六	职位: 研发部副总	薪水: 20000
名称: 马二拐子	职位: 销售部门经理	薪水: 20000
名称: h	职位: 销售人员	薪水: 5000
名称: i	职位: 销售人员	薪水: 4000
名称: 赵三驼子	职位: 财务部经理	薪水: 30000
名称: j	职位: 财务人员	薪水: 5000
名称: k	职位: CEO秘书	薪水: 8000

和我们期望的结果一样, 一棵完整的树就生成了, 而且我们还能够遍历。不错, 不错, 但是看类图或程序的时候, 你有没有发觉有问题? getInfo每个接口都有, 为什么不能抽象出来? Root类和Branch类有什么差别? 根节点本身就是树枝节点的一种, 为什么要定义成两个接口两个类?如果我要加一个任职期限, 你是不是每个类都需要修改? 如果我要后序遍历(从员工找到他的上级领导)能做到吗? ——彻底晕菜了!

问题很多, 我们一个一个解决, 先说抽象的问题。我们确实可以把IBranch和IRoot合并成一个接口, 确认无疑的事我们先做, 那我们就修改一下类图, 如图21-3所示。

仔细看看这个类图, 还能不能发现点问题。想想看接口的作用是什么? 定义一类事物所具有的共性, 那ILeaf和IBranch是不是也有共性呢? 有, getInfo方法! 我们是不是要把这个共性

也封装起来呢？是的，是的，提炼事物的共同点，然后封装之，这是我们作为设计专家的拿手好戏，修改后的类图如图21-4所示。

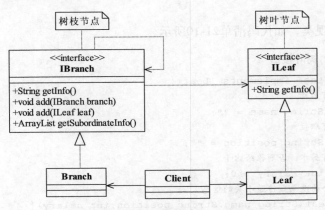

图21-3 整合根节点和树枝节点后的类图

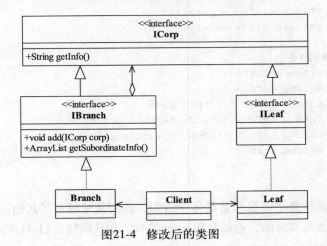

图21-4 修改后的类图

类图上增加了一个ICorp接口，它是公司所有人员信息的接口类，不管你是经理还是员工，你都有名字、职位、薪水，这个定义成一个接口没有错，但是你可能对于ILeaf接口持怀疑状态，空接口有何意义呀？有意义！它是每个树枝节点的代表，系统扩容的时候你就会发现它是多么"栋梁"。我们先来看新增加的接口ICorp，如代码清单21-8所示。

代码清单21-8 公司人员接口

```
public interface ICorp {
    //每个员工都有信息，你想隐藏，门儿都没有！
    public String getInfo();
}
```

接口很简单，只有一个方法，就是获得员工的信息，树叶节点是最基层的构件，我们先来看看它的接口，空接口，如代码清单21-9所示。

代码清单21-9　树叶接口

```java
public interface ILeaf extends ICorp {
}
```

树叶接口的实现类，如代码清单21-10所示。

代码清单21-10　树叶接口

```java
public class Leaf implements ILeaf {
    //小兵也有名称
    private String name = "";
    //小兵也有职位
    private String position = "";
    //小兵也有薪水，否则谁给你干
    private int salary = 0;
    //通过一个构造函数传递小兵的信息
    public Leaf(String name,String position,int salary){
        this.name = name;
        this.position = position;
        this.salary = salary;
    }
    //获得小兵的信息
    public String getInfo() {
        String info = "";
        info = "姓名: " + this.name;
        info = info + "\t职位: "+ this.position;
        info = info + "\t薪水: " + this.salary;
        return info;
    }
}
```

小兵就只有这些信息了，我们是具体干活的，我们是管理不了其他同事的，我们来看看那些经理和小组长是怎么实现的，也就是IBranch接口，如代码清单21-11所示。

代码清单21-11　树枝接口

```java
public interface IBranch extends ICorp {
    //能够增加小兵（树叶节点）或者是经理（树枝节点）
    public void addSubordinate(ICorp corp);
    //我还要能够获得下属的信息
    public ArrayList<ICorp> getSubordinate();
    /*本来还应该有一个方法delSubordinate(ICorp corp)，删除下属
     * 这个方法我们没有用到就不写进来了
     */
}
```

接口也很简单，其实现类也不可能太复杂，如代码清单21-12所示。

代码清单21-12 树枝实现类

```java
public class Branch implements IBranch {
    //领导也是人，也有名字
    private String name = "";
    //领导和领导不同，也是职位区别
    private String position = "";
    //领导也是拿薪水的
    private int salary = 0;
    //领导下边有哪些下级领导和小兵
    ArrayList<ICorp> subordinateList = new ArrayList<ICorp>();
    //通过构造函数传递领导的信息
    public Branch(String name,String position,int salary){
            this.name = name;
            this.position = position;
            this.salary = salary;
    }
    //增加一个下属，可能是小头目，也可能是个小兵
    public void addSubordinate(ICorp corp) {
            this.subordinateList.add(corp);
    }
    //我有哪些下属
    public ArrayList<ICorp> getSubordinate() {
            return this.subordinateList;
    }
    //领导也是人，他也有信息
    public String getInfo() {
            String info = "";
            info = "姓名：" + this.name;
            info = info + "\t职位："+ this.position;
            info = info + "\t薪水：" + this.salary;
            return info;
    }
}
```

实现类也很简单，不多说，程序写得好不好，就看别人怎么调用了，我们看场景类Client，如代码清单21-13所示。

代码清单21-13 场景类

```java
public class Client {
    public static void main(String[] args) {
            //首先是组装一个组织结构出来
            Branch ceo = compositeCorpTree();
            //首先把CEO的信息打印出来
            System.out.println(ceo.getInfo());
            //然后是所有员工信息
            System.out.println(getTreeInfo(ceo));
    }
```

```java
//把整个树组装出来
public static Branch compositeCorpTree(){
        //首先产生总经理CEO
        Branch root = new Branch("王大麻子","总经理",100000);
        //把三个部门经理产生出来
        Branch developDep = new Branch("刘大瘸子","研发部门经理",10000);
        Branch salesDep = new Branch("马二拐子","销售部门经理",20000);
        Branch financeDep = new Branch("赵三驼子","财务部经理",30000);
        //再把三个小组长产生出来
        Branch firstDevGroup = new Branch("杨三乜斜","开发一组组长",5000);
        Branch secondDevGroup = new Branch("吴大棒槌","开发二组组长",6000);
        //把所有的小兵都产生出来
        Leaf a = new Leaf("a","开发人员",2000);
        Leaf b = new Leaf("b","开发人员",2000);
        Leaf c = new Leaf("c","开发人员",2000);
        Leaf d = new Leaf("d","开发人员",2000);
        Leaf e = new Leaf("e","开发人员",2000);
        Leaf f = new Leaf("f","开发人员",2000);
        Leaf g = new Leaf("g","开发人员",2000);
        Leaf h = new Leaf("h","销售人员",5000);
        Leaf i = new Leaf("i","销售人员",4000);
        Leaf j = new Leaf("j","财务人员",5000);
        Leaf k = new Leaf("k","CEO秘书",8000);
        Leaf zhengLaoLiu = new Leaf("郑老六","研发部副经理",20000);
        //开始组装
        //CEO下有三个部门经理和一个秘书
        root.addSubordinate(k);
        root.addSubordinate(developDep);
        root.addSubordinate(salesDep);
        root.addSubordinate(financeDep);
        //研发部经理
        developDep.addSubordinate(zhengLaoLiu);
        developDep.addSubordinate(firstDevGroup);
        developDep.addSubordinate(secondDevGroup);
        //看看两个开发小组下有什么
        firstDevGroup.addSubordinate(a);
        firstDevGroup.addSubordinate(b);
        firstDevGroup.addSubordinate(c);
        secondDevGroup.addSubordinate(d);
        secondDevGroup.addSubordinate(e);
        secondDevGroup.addSubordinate(f);
        //再看销售部下的人员情况
        salesDep.addSubordinate(h);
        salesDep.addSubordinate(i);
        //最后一个财务
        financeDep.addSubordinate(j);
        return root;
}
```

```
//遍历整棵树,只要给我根节点,我就能遍历出所有的节点
public static String getTreeInfo(Branch root){
        ArrayList<ICorp> subordinateList = root.getSubordinate();
        String info = "";
        for(ICorp s :subordinateList){
                if(s instanceof Leaf){ //是员工就直接获得信息
                        info = info + s.getInfo()+"\n";
                }else{ //是个小头目
                        info = info + s.getInfo() +"\n"+ getTreeInfo((Branch)s);
                }
        }
        return info;
    }
}
```

运行结果完全相同,不再赘述。通过这样构件,一个非常清晰的树状人员资源管理图出现了,那我们的程序是否还可以优化?可以!你看Leaf和Branch中都有getInfo信息,是不是可以抽象?好,我们抽象一下,如图21-5所示。

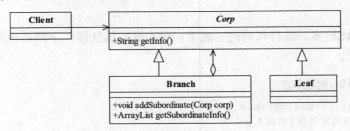

图21-5 精简的类图

你一看这个图,乐了。能不乐嘛,减少很多工作量了,接口没有了,改成抽象类了,IBranch接口也没有了,直接把方法放到了实现类中了,太精简了!而且场景类只认定抽象类Corp就成,那我们首先来看抽象类ICorp,如代码清单21-14所示。

代码清单21-14 抽象公司职员类

```
public abstract class Corp {
    //公司每个人都有名称
    private String name = "";
    //公司每个人都职位
    private String position = "";
    //公司每个人都有薪水
    private int salary =0;
    public Corp(String _name,String _position,int _salary){
            this.name = _name;
            this.position = _position;
            this.salary = _salary;
    }
```

```
//获得员工信息
public String getInfo(){
        String info = "";
        info = "姓名: " + this.name;
        info = info + "\t职位: "+ this.position;
        info = info + "\t薪水: " + this.salary;
        return info;
    }
}
```

抽象类嘛，就应该抽象出一些共性的东西出来，然后看两个具体的实现类，树叶节点如代码清单21-15所示。

代码清单21-15　树叶节点

```
public class Leaf extends Corp {
    //就写一个构造函数，这个是必需的
    public Leaf(String _name,String _position,int _salary){
            super(_name,_position,_salary);
    }
}
```

这个精简得比较多，几行代码就完成了，确实就应该这样，下面是小头目的实现类，如代码清单21-16所示。

代码清单21-16　树枝节点

```
public class Branch extends Corp {
    //领导下边有哪些下级领导和小兵
    ArrayList<Corp> subordinateList = new ArrayList<Corp>();
    //构造函数是必需的
    public Branch(String _name,String _position,int _salary){
            super(_name,_position,_salary);
    }
    //增加一个下属，可能是小头目，也可能是个小兵
    public void addSubordinate(Corp corp) {
            this.subordinateList.add(corp);
    }
    //我有哪些下属
    public ArrayList<Corp> getSubordinate() {
            return this.subordinateList;
    }
}
```

场景类中构建树形结构，并进行遍历。组装没有变化，遍历组织机构数稍有变化，如代码清单21-17所示。

代码清单21-17　稍稍修改的场景类

```
public class Client {
```

```
//遍历整棵树,只要给我根节点,我就能遍历出所有的节点
public static String getTreeInfo(Branch root){
        ArrayList<Corp> subordinateList = root.getSubordinate();
        String info = "";
        for(Corp s :subordinateList){
                if(s instanceof Leaf){ //是员工就直接获得信息
                        info = info + s.getInfo()+"\n";
                }else{ //是个小头目
                        info = info+s.getInfo()+"\n"+ getTreeInfo((Branch)s);
                }
        }
        return info;
}
```

场景类中main方法没有变动,请参考代码清单21-7所示,不再赘述。遍历组织机构树的 getTreeInfo稍有修改,就是把用到ICorp接口的地方修改为Corp抽象类,仅仅修改了粗体部分,其他保持不变,运行结果相同。这就是组合模式。

21.2 组合模式的定义

组合模式(Composite Pattern)也叫合成模式,有时又叫做部分-整体模式(Part-Whole),主要是用来描述部分与整体的关系,其定义如下:

Compose objects into tree structures to represent part-whole hierarchies. Composite lets clients treat individual objects and compositions of objects uniformly. (将对象组合成树形结构以表示"部分-整体"的层次结构,使得用户对单个对象和组合对象的使用具有一致性。)

组合模式的通用类图,如图21-6所示。

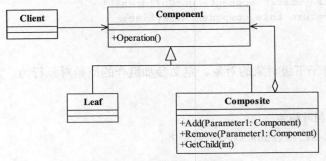

图21-6 组合模式通用类图

我们先来说说组合模式的几个角色。

❑ Component抽象构件角色

定义参加组合对象的共有方法和属性,可以定义一些默认的行为或属性,比如我们例子中

的getInfo就封装到了抽象类中。

❑ Leaf叶子构件

叶子对象，其下再也没有其他的分支，也就是遍历的最小单位。

❑ Composite树枝构件

树枝对象，它的作用是组合树枝节点和叶子节点形成一个树形结构。

我们来看组合模式的通用源代码，首先看抽象构件，它是组合模式的精髓，如代码清单21-18所示。

代码清单21-18　抽象构件

```
public abstract class Component {
    //个体和整体都具有的共享
    public void doSomething(){
            //编写业务逻辑
    }
}
```

组合模式的重点就在树枝构件，其通用代码如代码清单21-19所示。

代码清单21-19　树枝构件

```
public class Composite extends Component {
    //构件容器
    private ArrayList<Component> componentArrayList = new ArrayList<Component>();
    //增加一个叶子构件或树枝构件
    public void add(Component component){
            this.componentArrayList.add(component);
    }
    //删除一个叶子构件或树枝构件
    public void remove(Component component){
            this.componentArrayList.remove(component);
    }
    //获得分支下的所有叶子构件和树枝构件
    public ArrayList<Component> getChildren(){
            return this.componentArrayList;
    }
}
```

树叶节点是没有子下级对象的对象，定义参加组合的原始对象行为，其通用源代码如代码清单21-20所示。

代码清单21-20　树叶构件

```
public class Leaf extends Component {
    /*
     * 可以覆写父类方法
     * public void doSomething(){
     *
     * }
     */
}
```

场景类负责树状结构的建立，并可以通过递归方式遍历整个树，如代码清单21-21所示。

代码清单21-21 场景类

```
public class Client {
    public static void main(String[] args) {
            //创建一个根节点
            Composite root = new Composite();
            root.doSomething();
            //创建一个树枝构件
            Composite branch = new Composite();
            //创建一个叶子节点
            Leaf leaf = new Leaf();
            //建立整体
            root.add(branch);
            branch.add(leaf);
    }
    //通过递归遍历树
    public static void display(Composite root){
            for(Component c:root.getChildren()){
                if(c instanceof Leaf){ //叶子节点
                        c.doSomething();
                }else{ //树枝节点
                        display((Composite)c);
                }
            }
    }
}
```

各位可能已经看出一些问题了，组合模式是对依赖倒转原则的破坏，但是它还有其他类型的变形，面向对象就是这么多的形态和变化，请读者继续阅读下去，就会找到解决方案。

21.3 组合模式的应用

21.3.1 组合模式的优点

❑ 高层模块调用简单

一棵树形机构中的所有节点都是Component，局部和整体对调用者来说没有任何区别，也就是说，高层模块不必关心自己处理的是单个对象还是整个组合结构，简化了高层模块的代码。

❑ 节点自由增加

使用了组合模式后，我们可以看看，如果想增加一个树枝节点、树叶节点是不是都很容易，只要找到它的父节点就成，非常容易扩展，符合开闭原则，对以后的维护非常有利。

21.3.2 组合模式的缺点

组合模式有一个非常明显的缺点，看到我们在场景类中的定义，提到树叶和树枝使用时的定义了吗？直接使用了实现类！这在面向接口编程上是很不恰当的，与依赖倒置原则冲突，读者在使用的时候要考虑清楚，它限制了你接口的影响范围。

21.3.3 组合模式的使用场景

☐ 维护和展示部分−整体关系的场景，如树形菜单、文件和文件夹管理。
☐ 从一个整体中能够独立出部分模块或功能的场景。

21.3.4 组合模式的注意事项

只要是树形结构，就要考虑使用组合模式，这个一定要记住，只要是要体现局部和整体的关系的时候，而且这种关系还可能比较深，考虑一下组合模式吧。

21.4 组合模式的扩展

21.4.1 真实的组合模式

什么是真实的组合模式？就是你在实际项目中使用的组合模式，而不是仅仅依照书本上学习到的模式，它是"实践出真知"。在我们的例子中，经过精简后，确实是类、接口减少了很多，而且程序也简单很多，但是大家可能还是很迷茫，这个Client程序并没有改变多少呀，非常正确，树的组装是跑不了的，你要知道在项目中使用关系型数据库来存储这些信息，你可以从数据库中直接提取出哪些人要分配到树枝，哪些人要分配到树叶，树枝与树枝、树叶的关系等，这些都是由相关的业务人员维护到数据库中的，通常这里是把数据存放到一张单独的表中，表结构如图21-7所示。

主键	唯一编码	名称	是否是叶子节点	父节点
1	CEO	总经理	否	NULL
2	developDep	研发部经理	否	CEO
3	salesDep	销售部经理	否	CEO
4	financeDep	财务部经理	否	CEO
5	k	总经理秘书	是	CEO
6	a	员工 A	是	developDep
7	b	员工 B	是	salesDep

图21-7 关系数据库中存储的树形结构

这张数据表定义了一个树形结构，我们要做的就是从数据库中把它读取出来，然后展现到前台上，用for循环加上递归就可以完成这个读取。用了数据库后，数据和逻辑已经在表中定义好了，我们直接读取放到树上就可以了，这个还是比较容易做的，大家不妨自己考虑一下。

这才是组合模式的真实引用，它依靠了关系数据库的非对象存储性能，非常方便地保存了一个树形结构。大家可以在项目中考虑采用，想想看现在还有哪个项目不使用关系型数据库呢？

21.4.2　透明的组合模式

组合模式有两种不同的实现：透明模式和安全模式，我们上面讲的就是安全模式，那透明模式是什么样子呢？透明模式的通用类图，如图21-8所示。

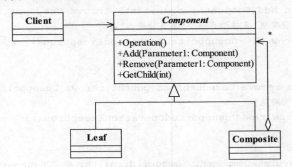

图21-8　透明模式的通用类图

我们与图21-6所示的安全模式类图对比一下就非常清楚了，透明模式是把用来组合使用的方法放到抽象类中，比如add()、remove()以及getChildren等方法（顺便说一下，getChildren一般返回的结果为Iterable的实现类，很多，大家可以看JDK的帮助），不管叶子对象还是树枝对象都有相同的结构，通过判断是getChildren的返回值确认是叶子节点还是树枝节点，如果处理不当，这个会在运行期出现问题，不是很建议的方式；安全模式就不同了，它是把树枝节点和树叶节点彻底分开，树枝节点单独拥有用来组合的方法，这种方法比较安全，我们的例子使用了安全模式。

由于透明模式的使用者还是比较多，我们也把它的通用源代码共享出来，首先看抽象构件，如代码清单21-22所示。

代码清单21-22　抽象构件

```java
public abstract class Component {
    //个体和整体都具有的共享
    public void doSomething(){
            //编写业务逻辑
    }
    //增加一个叶子构件或树枝构件
    public abstract void add(Component component);
    //删除一个叶子构件或树枝构件
    public abstract void remove(Component component);
    //获得分支下的所有叶子构件和树枝构件
    public abstract ArrayList<Component> getChildren();
}
```

抽象构件定义了树枝节点和树叶节点都必须具有的方法和属性，这样树枝节点的实现就不需要任何变化，如代码清单21-19所示。

树叶节点继承了Component抽象类，不想让它改变有点难，它必须实现三个抽象方法，怎么办？好办，给个空方法，如代码清单21-23所示。

代码清单21-23 树叶节点

```
public class Leaf extends Component {
    @Deprecated
    public void add(Component component) throws UnsupportedOperationException{
        //空实现,直接抛弃一个"不支持请求"异常
        throw new UnsupportedOperationException();
    }
    @Deprecated
    public void remove(Component component)throws UnsupportedOperationException{
        //空实现
        throw new UnsupportedOperationException();
    }
    @Deprecated
    public ArrayList<Component> getChildren()throws UnsupportedOperationException{
        //空实现
        throw new UnsupportedOperationException();
    }
}
```

为什么要加个Deprecated注解呢？就是在编译器期告诉调用者，你可以调我这个方法，但是可能出现错误哦，我已经告诉你"该方法已经失效"了，你还使用那在运行期也会抛出UnsupportedOperationException异常。

在透明模式下，遍历整个树形结构是比较容易的，不用进行强制类型转换，如代码清单21-24所示。

代码清单21-24 树结构遍历

```
public class Client {
    //通过递归遍历树
    public static void display(Component root){
        for(Component c:root.getChildren()){
            if(c instanceof Leaf){ //叶子节点
                c.doSomething();
            }else{ //树枝节点
                display(c);
            }
        }
    }
}
```

仅仅在遍历时不再进行牵制的类型转化了，其他的组装则没有任何变化。透明模式的好处

就是它基本遵循了依赖倒转原则，方便系统进行扩展。

21.4.3 组合模式的遍历

我们在上面也还提到了一个问题，就是树的遍历问题，从上到下遍历没有问题，但是我要是从下往上遍历呢？比如组织机构这棵树，我从中抽取一个用户，要找到它的上级有哪些，下级有哪些，怎么处理？想想，再想想！想出来了吧，我们对下答案，类图如图21-9所示。

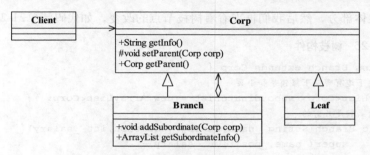

图21-9 增加父查询的类图

看类图中，在Corp类中增加了两个方法，setParent是设置父节点是谁，getParent是查找父节点是谁，我们来看一下程序的改变，如代码清单21-25所示。

代码清单21-25 抽象构件

```java
public abstract class Corp {
    //公司每个人都有名称
    private String name = "";
    //公司每个人都职位
    private String position = "";
    //公司每个人都有薪水
    private int salary =0;
    //父节点是谁
    private Corp parent = null;
    public Corp(String _name,String _position,int _salary){
        this.name = _name;
        this.position = _position;
        this.salary = _salary;
    }
    //获得员工信息
    public String getInfo(){
        String info = "";
        info = "姓名: " + this.name;
        info = info + "\t职位: "+ this.position;
        info = info + "\t薪水: " + this.salary;
        return info;
    }
    //设置父节点
```

```
       protected void setParent(Corp _parent){
              this.parent = _parent;
       }
       //得到父节点
       public Corp getParent(){
              return this.parent;
       }
}
```

就增加了粗体部分，然后我们再来看看树枝节点的改变，如代码清单21-26所示。

代码清单21-26　树枝构件

```
public class Branch extends Corp {
       //领导下边有哪些下级领导和小兵
       ArrayList<Corp> subordinateList = new ArrayList<Corp>();
       //构造函数是必需的
       public Branch(String _name,String _position,int _salary){
              super(_name,_position,_salary);
       }
       //增加一个下属，可能是小头目，也可能是个小兵
       public void addSubordinate(Corp corp) {
              corp.setParent(this); //设置父节点
              this.subordinateList.add(corp);
       }
       //我有哪些下属
       public ArrayList<Corp> getSubordinate() {
              return this.subordinateList;
       }
}
```

增加了粗体部分。看懂程序了吗？甭管是树枝节点还是树叶节点，在每个节点都增加了一个属性：父节点对象，这样在树枝节点增加子节点或叶子节点是设置父节点，然后你看整棵树除了根节点外每个节点都有一个父节点，剩下的事情还不好处理吗？每个节点上都有父节点了，你要往上找，那就找呗！大家自己考虑一下，写个find方法，然后一步一步往上找，非常简单的方法，这里就不再赘述。

有了这个parent属性，什么后序遍历（从下往上找）、中序遍历（从中间某个环节往上或往下遍历）都解决了，这个就不多说了。

再提一个问题，树叶节点和树枝节点是有顺序的，你不能乱排，怎么办？比如我们上面的例子，研发一组下边有3个成员，这3个成员要进行排序（在机关里这叫做排位，同样是同事也有个先后升迁顺序），你怎么处理？问我呀，问你呢，好好想想，以后用得着的！

21.5　最佳实践

组合模式在项目中到处都有，比如现在的页面结构一般都是上下结构，上面放系统的Logo，

下边分为两部分：左边是导航菜单，右边是展示区，左边的导航菜单一般都是树形的结构，比较清晰，有非常多的JavaScript源码实现了类似的树形菜单，大家可以到网上搜索一下。

　　还有，大家常用的XML结构也是一个树形结构，根节点、元素节点、值元素这些都与我们的组合模式相匹配，之所以本章节不以XML为例子讲解，是因为很少有人还直接读写XML文件，一般都是用JDOM或者DOM4J了。

　　还有一个非常重要的例子：我们自己本身也是一个树状结构的一个树枝或树叶。根据我能够找到我的父母，根据父亲又能找到爷爷奶奶，根据母亲能够找到外公外婆等，很典型的树形结构，而且还很规范（这个要是不规范那肯定乱套了）。

第22章

观察者模式

22.1 韩非子身边的卧底是谁派来的

《孙子兵法》有云："知彼知己，百战不殆；不知彼而知己，一胜一负；不知彼，不知己，每战必殆"，那怎么才能知己知彼呢？知己是很容易的，自己的军队嘛，很容易知根知底，那怎么知彼呢？安插间谍是个好办法，这是古今中外屡试不爽的方法，我们今天就来讲一个间谍的故事。

韩非子大家都应该记得吧，法家的代表人物，主张建立法制社会，实施重罚制度，真是非常有远见呀！看看现在社会在呼吁什么，建立法制化的社会，这在2000多年前就已经提出了。大家可能还不知道，法家还有一个非常重要的代表人物——李斯。李斯是秦国的丞相，最终被残忍车裂的那位，李斯和韩非子都是荀子的学生，李斯是师兄，韩非子是师弟，若干年后，李斯成为最强诸侯国秦国的上尉，致力于统一全国，于是安插了间谍到各个国家的重要人物的身边，以获取必要的信息，韩非子作为韩国的重量级人物，身边自然有不少间谍，韩非子做的事，李斯都了如指掌，那可是相隔千里！怎么做到的呢？间谍呀！我们先通过程序把这个过程展现一下，看看李斯是怎么监控韩非子的，先看两个主角的类图，如图22-1所示。

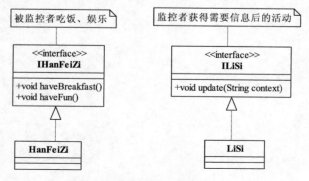

图22-1　监控者和被监控者

仅有这两个对象还是不够的，我们要解决的是李斯是怎么监控韩非子的？创建一个后台线程一直处于运行状态，一旦发现韩非子在吃饭或者娱乐就触发事件？这是真实世界的翻版，安排了一个间谍，观察韩非子的生活起居，并上报给李斯，然后李斯再触发update事件，类图继续扩充，如图22-2所示。

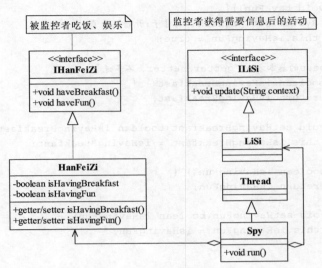

图22-2 通过后台线程监控

这个类图应该是程序员最容易想到的，你要监控，我就给你找个间谍角色（Spy类），我们来看程序的实现，先看我们的主角韩非子的接口（类似于韩非子这样的人，被观察者角色），如代码清单22-1所示。

代码清单22-1 被观察者接口

```
public interface IHanFeiZi {
    //韩非子也是人，也要吃早饭的
    public void haveBreakfast();
    //韩非之也是人，是人就要娱乐活动
    public void haveFun();
}
```

对接口进行扩充，增加了两个状态isHavingBreakfast（是否在吃早饭）和isHavingFun（是否在娱乐），以方便Spy进行监控，如代码清单22-2所示。

代码清单22-2 具体的被观察者

```
public class HanFeiZi implements IHanFeiZi{
    //韩非子是否在吃饭，作为监控的判断标准
    private boolean isHavingBreakfast = false;
    //韩非子是否在娱乐
    private boolean isHavingFun = false;
    //韩非子要吃饭了
    public void haveBreakfast(){
```

```
                System.out.println("韩非子:开始吃饭了...");
                this.isHavingBreakfast =true;
        }
        //韩非子开始娱乐了
        public void haveFun(){
                System.out.println("韩非子:开始娱乐了...");
                this.isHavingFun = true;
        }
        //以下是bean的基本方法, getter/setter, 不多说
        public boolean isHavingBreakfast() {
                return isHavingBreakfast;
        }
        public void setHavingBreakfast(boolean isHavingBreakfast) {
                this.isHavingBreakfast = isHavingBreakfast;
        }
        public boolean isHavingFun() {
                return isHavingFun;
        }
        public void setHavingFun(boolean isHavingFun) {
                this.isHavingFun = isHavingFun;
        }
}
```

其中有两个getter/setter方法, 这个就没有在类图中表示出来, 比较简单, 通过isHavingBreakfast和isHavingFun这两个布尔型变量来判断韩非子是否在吃饭或者娱乐, 韩非子属于被观察者, 那还有观察者李斯, 我们来看李斯的接口, 如代码清单22-3所示。

代码清单22-3 抽象观察者

```
public interface ILiSi {
        //一发现别人有动静, 自己也要行动起来
        public void update(String context);
}
```

李斯这类人比较简单, 一发现自己观察的对象发生了变化, 比如吃饭、娱乐, 自己立刻也要行动起来, 怎么行动呢? 如代码清单22-4所示。

代码清单22-4 韩非子

```
public class LiSi implements ILiSi{
        //首先李斯是个观察者, 一旦韩非子有活动, 他就知道, 他就要向老板汇报
        public void update(String str){
                System.out.println("李斯:观察到韩非子活动, 开始向老板汇报了...");
                this.reportToQinShiHuang(str);
                System.out.println("李斯: 汇报完毕...\n");
        }
        //汇报给秦始皇
        private void reportToQinShiHuang(String reportContext){
                System.out.println("李斯: 报告, 秦老板! 韩非子有活动了--->"+reportContext);
        }
}
```

两个重量级的人物都定义出来了，间谍这个"卑鄙"小人是不是也要登台了，如代码清单22-5所示。

代码清单22-5 间谍

```
class Spy extends Thread{
      private HanFeiZi hanFeiZi;
      private LiSi liSi;
      private String type;
      //通过构造函数传递参数，我要监控的是谁，谁来监控，要监控什么
      public Spy(HanFeiZi _hanFeiZi,LiSi _liSi,String _type){
              this.hanFeiZi =_hanFeiZi;
              this.liSi = _liSi;
              this.type = _type;
      }
      @Override
      public void run(){
              while(true){
                      if(this.type.equals("breakfast")){ //监控是否在吃早餐
                              //如果发现韩非子在吃饭，就通知李斯
                              if(this.hanFeiZi.isHavingBreakfast()){
                                      this.liSi.update("韩非子在吃饭");
                                      //重置状态，继续监控
                                      this.hanFeiZi.setHavingBreakfast(false);
                              }
                      }else{//监控是否在娱乐
                              if(this.hanFeiZi.isHavingFun()){
                                      this.liSi.update("韩非子在娱乐");
                                      this.hanFeiZi.setHavingFun(false);
                              }
                      }
              }
      }
}
```

监控程序继承了java.lang.Thread类，可以同时启动多个线程进行监控，Java的多线程机制还是比较简单的，继承Thread类，重写run()方法，然后new SubThread()，再然后subThread.start()就可以启动一个线程了。我们建立一个场景类来回顾一下这段历史，如代码清单22-6所示。

代码清单22-6 场景类

```
public class Client {
      public static void main(String[] args) throws InterruptedException {
              //定义出韩非子和李斯
              LiSi liSi = new LiSi();
```

```
HanFeiZi hanFeiZi = new HanFeiZi();
//观察早餐
Watch watchBreakfast = new Watch(hanFeiZi,liSi,"breakfast");
//开始启动线程，监控
watchBreakfast.start();
//观察娱乐情况
Watch watchFun = new Watch(hanFeiZi,liSi,"fun");
watchFun.start();
//然后我们看看韩非子在干什么
Thread.sleep(1000); //主线程等待1秒后后再往下执行
hanFeiZi.haveBreakfast();
//韩非子娱乐了
Thread.sleep(1000);
hanFeiZi.haveFun();
        }
}
```

运行结果如下所示：

韩非子：开始吃饭了...

李斯：观察到韩非子活动，开始向老板汇报了...

李斯：报告，秦老板！韩非子有活动了--->韩非子在吃饭

李斯：汇报完毕

韩非子：开始娱乐了...

李斯：观察到韩非子活动，开始向老板汇报了...

李斯：报告，秦老板！韩非子有活动了--->韩非子在娱乐

李斯：汇报完毕

结果出来，韩非子一吃早饭李斯就知道，韩非子一娱乐李斯也知道，非常正确！结果正确但并不表示你有成绩，我告诉你：你的成绩是0，甚至是负的！你有没有看到你的CPU飙升，Eclipse不响应状态？看到了？看到了你还不想为什么？！看看上面的程序，别的就不多说了，使用了一个死循环while(true)来做监听，要是用到项目中，你要多少硬件投入进来？你还让不让别人的程序运行了？！一台服务器就跑你这一个程序就完事！

错误也看到了，我们必须要修改，这个没法应用到项目中，而且这个程序根本就不是面向对象的程序，这完全是面向过程的，不改不行，怎么修改呢？我们来想，既然韩非子一吃饭李斯就知道了，那我们为什么不把李斯这个类聚集到韩非子那个类上呢？说改就改，立马动手，我们来看修改后的类图，如图22-3所示。

类图非常简单，就是在HanFeiZi类中引用了LiSi实例，看我们程序代码怎么修改，IHanFeiZi接口完全没有修改，可以参考代码清单22-1所示。我们来看实现类的修改，如代码清单22-7所示。

代码清单22-7   通过聚集方式的被观察者

```
public class HanFeiZi implements IHanFeiZi{
    //把李斯声明出来
    private ILiSi liSi =new LiSi();
```

```
//韩非子要吃饭了
public void haveBreakfast(){
        System.out.println("韩非子:开始吃饭了...");
        //通知李斯
        this.liSi.update("韩非子在吃饭");
}
//韩非子开始娱乐了
public void haveFun(){
        System.out.println("韩非子:开始娱乐了...");
        this.liSi.update("韩非子在娱乐");
}
}
```

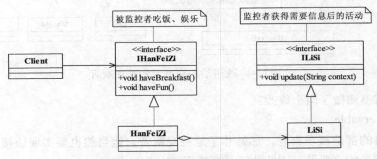

图22-3　通过聚集方式监控

　　韩非子HanFeiZi实现类就把接口的两个方法实现就可以了，在每个方法中调用LiSi.update()方法，完成李斯观察韩非子的职责，李斯的接口和实现类都没有任何改变，请参考代码清单22-3、22-4。我们再来看看Client程序的变更，如代码清单22-8所示。

代码清单22-8　通过聚集方式的场景类

```
public class Client {
    public static void main(String[] args) {
            //定义出韩非子
            HanFeiZi hanFeiZi = new HanFeiZi();
            //然后我们看看韩非子在干什么
            hanFeiZi.haveBreakfast();
            //韩非子娱乐了
            hanFeiZi.haveFun();
    }
}
```

　　李斯就不用在场景类中定义了，非常简单，运行结果相同，不再赘述。
　　我们思考一下，修改后的程序运行结果正确，效率也比较高，是不是应该乐呵乐呵了？大功告成了？稍等等，你想在战国争雄的时候，韩非子这么有名望、有实力的人，就只有秦国关心他吗？想想也不可能呀，确实有一大帮的各国类似于李斯这样的人在看着他，监视着他的一举一动，但是看看我们的程序，你在HanFeiZi这个类中定义：

```
private ILiSi liSi =new LiSi();
```

这样一来只有李斯才能观察到韩非子,这是不对的,也就是说韩非子的活动只通知了李斯一个人,这不可能;再者说了,李斯只观察韩非子的吃饭、娱乐吗?政治倾向不关心吗?思维倾向不关心吗?杀人放火不关心吗?也就说韩非子的一系列活动都要通知李斯,这可怎么办?要按照上面的例子,我们如何修改?这和开闭原则严重违背呀,我们的程序有问题,修改如图22-4所示。

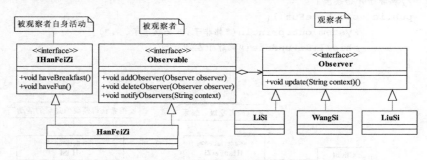

图22-4 改进后的观察者和被观察者

我们把原有类图做了两个修改:

❏ 增加Observable

实现该接口的都是被观察者,那韩非子是被观察者,他当然也要实现该接口了,同时他还有与其他庸人相异的事要做,因此他还是要实现IHanFeizi接口。

❏ 修改ILiSI接口名称为Observer

接口名称修改了一下,这样显得更抽象化,所有实现该接口的都是观察者(类似李斯这样的)。

Observable是被观察者,就是类似韩非子这样的人,在Observable接口中有三个比较重要的方法,分别是addObserver增加观察者,deleteObserver删除观察者,notifyObservers通知所有的观察者,这是什么意思呢?我这里有一个信息,一个对象,我可以允许有多个对象来察看,你观察也成,我观察也成,只要是观察者就成,也就是说我的改变或动作执行,会通知其他的对象,看程序会更明白一点,先看Observable接口,如代码清单22-9所示。

代码清单22-9 被观察者接口

```
public interface Observable {
    //增加一个观察者
    public void addObserver(Observer observer);
    //删除一个观察者
    public void deleteObserver(Observer observer);
    //既然要观察,我发生改变了他也应该有所动作,通知观察者
    public void notifyObservers(String context);
}
```

这是一个通用的被观察者接口,所有的被观察者都可以实现这个接口。再来看韩非子的实现类,如代码清单22-10所示。

代码清单22-10 被观察者实现类

```java
public class HanFeiZi implements Observable ,IHanFeiZi{
    //定义个变长数组，存放所有的观察者
    private ArrayList<Observer> observerList = new ArrayList<Observer>();
    //增加观察者
    public void addObserver(Observer observer){
            this.observerList.add(observer);
    }
    //删除观察者
    public void deleteObserver(Observer observer){
            this.observerList.remove(observer);
    }
    //通知所有的观察者
    public void notifyObservers(String context){
            for(Observer observer:observerList){
                    observer.update(context);
            }
    }
    //韩非子要吃饭了
    public void haveBreakfast(){
            System.out.println("韩非子:开始吃饭了...");
            //通知所有的观察者
            this.notifyObservers("韩非子在吃饭");
    }
    //韩非子开始娱乐了
    public void haveFun(){
            System.out.println("韩非子:开始娱乐了...");
            this.notifyObservers("韩非子在娱乐");
    }
}
```

观察者只是把原有的ILiSi接口修改了一个名字而已，如代码清单22-11所示。

代码清单22-11 观察者接口

```java
public interface Observer {
    //一发现别人有动静，自己也要行动起来
    public void update(String context);
}
```

然后是三个很无耻的观察者，咱先看看真实的李斯，如代码清单22-12所示。

代码清单22-12 具体的观察者

```java
public class LiSi implements Observer{
    //首先李斯是个观察者，一旦韩非子有活动，他就知道，他就要向老板汇报
    public void update(String str){
            System.out.println("李斯:观察到韩非子活动，开始向老板汇报了...");
            this.reportToQinShiHuang(str);
```

```
                System.out.println("李斯: 汇报完毕...\n");
        }
        //汇报给秦始皇
        private void reportToQinShiHuang(String reportContext){
                System.out.println("李斯: 报告, 秦老板! 韩非子有活动了-->"+reportContext);
        }
}
```

李斯是真有其人，以下两个观察者王斯和刘斯是杜撰出来的，如代码清单22-13所示。

代码清单22-13　杜撰的观察者

```
public class WangSi implements Observer{
        //王斯，看到韩非子有活动
        public void update(String str){
                System.out.println("王斯: 观察到韩非子活动, 自己也开始活动了...");
                this.cry(str);
                System.out.println("王斯: 哭死了...\n");
        }
        //一看韩非子有活动, 他就痛哭
        private void cry(String context){
                System.out.println("王斯: 因为"+context+", --所以我悲伤呀! ");
        }
}
public class LiuSi implements Observer{
        //刘斯，观察到韩非子活动后，自己也得做一些事
        public void update(String str){
                System.out.println("刘斯: 观察到韩非子活动, 开始动作了...");
                this.happy(str);
                System.out.println("刘斯: 乐死了\n");
        }
        //一看韩非子有变化, 他就快乐
        private void happy(String context){
                System.out.println("刘斯: 因为" +context+",--所以我快乐呀! " );
        }
}
```

所有的历史人物都在场了，那我们来看看这场历史闹剧是如何演绎的，如代码清单22-14所示。

代码清单22-14　场景类

```
public class Client {
        public static void main(String[] args) {
                //三个观察者产生出来
                Observer liSi = new LiSi();
                Observer wangSi = new WangSi();
                Observer liuSi = new LiuSi();
                //定义出韩非子
                HanFeiZi hanFeiZi = new HanFeiZi();
```

```
        //我们后人根据历史，描述这个场景，有三个人在观察韩非子
        hanFeiZi.addObserver(liSi);
        hanFeiZi.addObserver(wangSi);
        hanFeiZi.addObserver(liuSi);
        //然后这里我们看看韩非子在干什么
        hanFeiZi.haveBreakfast();
    }
}
```

运行结果如下所示：

韩非子：开始吃饭了...

李斯：观察到韩非子活动，开始向老板汇报了...

李斯：报告，秦老板！韩非子有活动了--->韩非子在吃饭

李斯：汇报完毕...

王斯：观察到韩非子活动，自己也开始活动了...

王斯：因为韩非子在吃饭——所以我悲伤呀！

王斯：哭死了...

刘斯：观察到韩非子活动，开始动作了...

刘斯：因为韩非子在吃饭——所以我快乐呀！

刘斯：乐死了

好了，结果也正确了，也符合开闭原则了，同时也实现类间解耦，想再加观察者？继续实现Observer接口就成了，这时候必须修改Client程序，因为你的业务都发生了变化。这就是观察者模式。

22.2 观察者模式的定义

观察者模式（Observer Pattern）也叫做发布订阅模式（Publish/subscribe），它是一个在项目中经常使用的模式，其定义如下：

Define a one-to-many dependency between objects so that when one object changes state, all its dependents are notified and updated automatically.（定义对象间一种一对多的依赖关系，使得每当一个对象改变状态，则所有依赖于它的对象都会得到通知并被自动更新。）

观察者模式的通用类图，如图22-5所示。

我们先来解释一下观察者模式的几个角色名称：

❏ Subject被观察者

定义被观察者必须实现的职责，它必须能够动态地增加、取消观察者。它一般是抽象类或者是实现类，仅仅完成作为被观察者必须实现的职责：管理观察者并通知观察者。

❏ Observer观察者

观察者接收到消息后，即进行update（更新

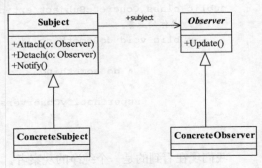

图22-5 观察者模式通用类图

方法）操作，对接收到的信息进行处理。

❑ ConcreteSubject具体的被观察者

定义被观察者自己的业务逻辑，同时定义对哪些事件进行通知。

❑ ConcreteObserver具体的观察者

每个观察在接收到消息后的处理反应是不同，各个观察者有自己的处理逻辑。

各个名词介绍完毕，我们来看看各自的通用代码，先看被观察者角色，如代码清单22-15所示。

代码清单22-15　被观察者

```java
public abstract class Subject {
    //定义一个观察者数组
    private Vector<Observer> obsVector = new Vector<Observer>();
    //增加一个观察者
    public void addObserver(Observer o){
        this.obsVector.add(o);
    }
    //删除一个观察者
    public void delObserver(Observer o){
        this.obsVector.remove(o);
    }
    //通知所有观察者
    public void notifyObservers(){
        for(Observer o:this.obsVector){
            o.update();
        }
    }
}
```

被观察者的职责非常简单，就是定义谁能够观察，谁不能观察，程序中使用ArrayList和Vector没有太大的差别，ArrayList是线程异步，不安全；Vector是线程同步，安全——就这点区别。我们再来看具体的被观察者，如代码清单22-16所示。

代码清单22-16　具体被观察者

```java
public class ConcreteSubject extends Subject {
    //具体的业务
    public void doSomething(){
        /*
         * do something
         */
        super.notifyObservers();
    }
}
```

我们现在看到的是一个纯净的观察者，在具体项目中该类有很多的变种，在22.4一节中介绍。我们再来看观察者角色，如代码清单22-17所示。

代码清单22-17 观察者

```
public interface Observer {
    //更新方法
    public void update();
}
```

观察者一般是一个接口，每一个实现该接口的实现类都是具体观察者，如代码清单22-18
所示。

代码清单22-18 具体观察者

```
public class ConcreteObserver implements Observer {
    //实现更新方法
    public void update() {
        System.out.println("接收到信息，并进行处理！ ");
    }
}
```

那其他模块是怎么来调用的呢？我们编写一个Client类来描述，如代码清单22-19所示。

代码清单22-19 场景类

```
public class Client {
    public static void main(String[] args) {
        //创建一个被观察者
        ConcreteSubject subject = new ConcreteSubject();
        //定义一个观察者
        Observer obs= new ConcreteObserver();
        //观察者观察被观察者
        subject.addObserver(obs);
        //观察者开始活动了
        subject.doSomething();
    }
}
```

22.3　观察者模式的应用

22.3.1　观察者模式的优点

❑ 观察者和被观察者之间是抽象耦合

如此设计，则不管是增加观察者还是被观察者都非常容易扩展，而且在Java中都已经实现
的抽象层级的定义，在系统扩展方面更是得心应手。

❑ 建立一套触发机制

根据单一职责原则，每个类的职责是单一的，那么怎么把各个单一的职责串联成真实世界
的复杂的逻辑关系呢？比如，我们去打猎，打死了一只母鹿，母鹿有三个幼崽，因失去了母鹿

而饿死，尸体又被两只秃鹰争抢，因分配不均，秃鹰开始斗殴，然后赢弱的秃鹰死掉，生存下来的秃鹰，则因此扩大了地盘……这就是一个触发机制，形成了一个触发链。观察者模式可以完美地实现这里的链条形式。

22.3.2 观察者模式的缺点

观察者模式需要考虑一下开发效率和运行效率问题，一个被观察者，多个观察者，开发和调试就会比较复杂，而且在Java中消息的通知默认是顺序执行，一个观察者卡壳，会影响整体的执行效率。在这种情况下，一般考虑采用异步的方式。

多级触发时的效率更是让人担忧，大家在设计时注意考虑。

22.3.3 观察者模式的使用场景

❑ 关联行为场景。需要注意的是，关联行为是可拆分的，而不是"组合"关系。
❑ 事件多级触发场景。
❑ 跨系统的消息交换场景，如消息队列的处理机制。

22.3.4 观察者模式的注意事项

使用观察者模式也有以下两个重点问题要解决。

❑ 广播链的问题

如果你做过数据库的触发器，你就应该知道有一个触发器链的问题，比如表A上写了一个触发器，内容是一个字段更新后更新表B的一条数据，而表B上也有个触发器，要更新表C，表C也有触发器……完蛋了，这个数据库基本上就毁掉了！我们的观察者模式也是一样的问题，一个观察者可以有双重身份，既是观察者，也是被观察者，这没什么问题呀，但是链一旦建立，这个逻辑就比较复杂，可维护性非常差，根据经验建议，在一个观察者模式中最多出现一个对象既是观察者也是被观察者，也就是说消息最多转发一次（传递两次），这还是比较好控制的。

注意 它和责任链模式的最大区别就是观察者广播链在传播的过程中消息是随时更改的，它是由相邻的两个节点协商的消息结构；而责任链模式在消息传递过程中基本上保持消息不可变，如果要改变，也只是在原有的消息上进行修正。

❑ 异步处理问题

这个EJB是一个非常好的例子，被观察者发生动作了，观察者要做出回应，如果观察者比较多，而且处理时间比较长怎么办？那就用异步呗，异步处理就要考虑线程安全和队列的问题，这个大家有时间看看Message Queue，就会有更深的了解。

22.4 观察者模式的扩展

22.4.1 Java世界中的观察者模式

　　细心的你可能已经发现，HanFeiZi这个实现类中应该抽象出一个父类，父类完全作为被观察者的职责，每一个被观察者只实现自己的逻辑方法就可以了，如此则非常符合单一职责原则。是的，确实是应该这样。幸运的是，Java从一开始诞生就提供了一个可扩展的父类，即java.util.Observable，这个类就是为那些"暴露狂"准备的，他们老是喜欢把自己的状态变更让别人去欣赏，去触发，这正符合了我们现在的要求，要把韩非子的所有活动都暴露出去，并且想暴露给谁就暴露给谁。我们打开Java的帮助文件看看，查找一下Observable是不是已经有这个类了？JDK中提供了：java.util.Observable实现类和java.util.Observer接口，也就是说我们上面写的那个例子中的Observable接口可以改换成java.util.Observale实现类了，如图22-6所示。

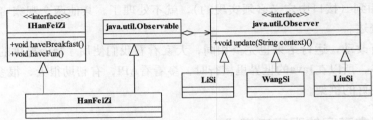

图22-6 Java中的观察者类图

　　是不是又简单了很多？那就对了！然后我们看一下我们程序的变更，先看HanFeiZi的实现类，如代码清单22-20所示。

代码清单22-20 优化后的被观察者

```
public class HanFeiZi extends Observable,IHanFeiZi{
    //韩非子要吃饭了
    public void haveBreakfast(){
        System.out.println("韩非子: 开始吃饭了...");
        //通知所有的观察者
        super.setChanged();
        super.notifyObservers("韩非子在吃饭");
    }
    //韩非子开始娱乐了
    public void haveFun(){
        System.out.println("韩非子: 开始娱乐了...");
        super.setChanged();
        this.notifyObservers("韩非子在娱乐");
    }
}
```

　　改变得不多，引入了一个java.util.Observable对象，删除了增加、删除观察者的方法，简单了很多，那我们再来看观察者的实现类，如代码清单22-21所示。

代码清单22-21　优化后的观察者

```
public class LiSi implements Observer{
        //首先李斯是个观察者，一旦韩非子有活动，他就知道，他就要向老板汇报
        public void update(Observable observable,Object obj){
                System.out.println("李斯：观察到韩非子活动，开始向老板汇报了...");
                this.reportToQinShiHuang(obj.toString());
                System.out.println("李斯：汇报完毕...\n");
        }
        //汇报给秦始皇
        private void reportToQinShiHuang(String reportContext){
                System.out.println("李斯：报告，秦老板！韩非子有活动了--->"+reportContext);
        }
}
```

只改变了粗体部分，应java.util.Observer接口要求update传递过来两个变量，Observable这个变量我们没用到（接口中定义必须实现的），就不处理了。其他两个观察者实现类也是相同的改动，不再赘述。

场景类没有改动，运行结果也完全相同，大家看看我们使用了Java提供的观察者模式后是不是简单了很多，所以在Java的世界里横行时，多看看API，有帮助很大，很多东西Java已经帮你设计了一个良好的框架。

22.4.2　项目中真实的观察者模式

为什么要说"真实"呢？因为我们刚刚讲的那些是太标准的模式了，在系统设计中会对观察者模式进行改造或改装，主要在以下3个方面。

❑ 观察者和被观察者之间的消息沟通

被观察者状态改变会触发观察者的一个行为，同时会传递一个消息给观察者，这是正确的，在实际中一般的做法是：观察者中的update方法接受两个参数，一个是被观察者，一个是DTO（Data Transfer Object，据传输对象），DTO一般是一个纯洁的JavaBean,由被观察者生成，由观察者消费。

当然，如果考虑到远程传输，一般消息是以XML格式传递。

❑ 观察者响应方式

我们这样来想一个问题，观察者是一个比较复杂的逻辑，它要接受被观察者传递过来的信息，同时还要对他们进行逻辑处理，在一个观察者多个被观察者的情况下，性能就需要提到日程上来考虑了，为什么呢？如果观察者来不及响应，被观察者的执行时间是不是也会被拉长？那现在的问题就是：观察者如何快速响应？有两个办法：一是采用多线程技术，甭管是被观察者启动线程还是观察者启动线程，都可以明显地提高系统性能，这也就是大家通常所说的异步架构；二是缓存技术，甭管你谁来，我已经准备了足够的资源给你了，我保证快速响应，这当然也是一种比较好方案，代价就是开发难度很大，而且压力测试要做的足够充分，这种方案也就是大家说的同步架构。

❑ 被观察者尽量自己做主

这是什么意思呢？被观察者的状态改变是否一定要通知观察者呢？不一定吧，在设计的时候要灵活考虑，否则会加重观察者的处理逻辑，一般是这样做的，对被观察者的业务逻辑doSomething方法实现重载，如增加一个doSomething(boolean isNotifyObs)方法，决定是否通知观察者，而不是在消息到达观察者时才判断是否要消费。

22.4.3 订阅发布模型

观察者模式也叫做发布/订阅模型（Publish/Subscribe），如果你做过EJB（Enterprise JavaBean）的开发，这个你绝对不会陌生。EJB2是个折腾死人不偿命的玩意儿，写个Bean要实现，还要继承，再加上那一堆的配置文件，小项目还凑合，你要知道用EJB开发的基本上都不是小项目，到最后是每个项目成员都在骂EJB这个忽悠人的东西；但是EJB3是个非常优秀的框架，还是算比较轻量级，写个Bean只要加个Annotaion就成了，配置文件减少了，而且也引入了依赖注入的概念，虽然只是EJB2的翻版，但是毕竟还是前进了一步。在EJB中有3个类型的Bean：Session Bean、Entity Bean和MessageDriven Bean，我们这里来说一下MessageDriven Bean（一般简称为MDB），消息驱动Bean，消息的发布者（Provider）发布一个消息，也就是一个消息驱动Bean，通过EJB容器（一般是Message Queue消息队列）通知订阅者做出回应，从原理上看很简单，就是观察者模式的升级版，或者说是观察则模式的BOSS版。

22.5 最佳实践

观察者模式在实际项目和生活中非常常见，我们举几个经常发生的例子来说明。

❑ 文件系统

比如，在一个目录下新建立一个文件，这个动作会同时通知目录管理器增加该目录，并通知磁盘管理器减少1KB的空间，也就说"文件"是一个被观察者，"目录管理器"和"磁盘管理器"则是观察者。

❑ 猫鼠游戏

夜里猫叫一声，家里的老鼠撒腿就跑，同时也吵醒了熟睡的主人，这个场景中，"猫"就是被观察者，老鼠和人则是观察者。

❑ ATM取钱

比如你到ATM机器上取钱，多次输错密码，卡就会被ATM吞掉，吞卡动作发生的时候，会触发哪些事件呢？第一，摄像头连续快拍，第二，通知监控系统，吞卡发生；第三，初始化ATM机屏幕，返回最初状态。一般前两个动作都是通过观察者模式来完成的，后一个动作是异常来完成。

❑ 广播收音机

电台在广播，你可以打开一个收音机，或者两个收音机来收听，电台就是被观察者，收音机就是观察者。

第23章

门 面 模 式

23.1 我要投递信件

我们都写过纸质信件吧，比如给女朋友写情书什么的。写信的过程大家应该都还记得——先写信的内容，然后写信封，再把信放到信封中，封好，投递到信箱中进行邮递，这个过程还是比较简单的，虽然简单，但是这4个步骤都不可或缺！我们先把这个过程通过程序实现出来，如图23-1所示。

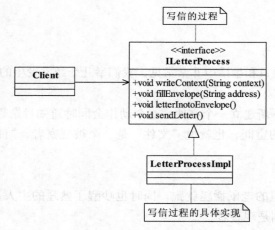

图23-1　写信过程类图

这一个过程还是比较简单的，我们看程序的实现，先看接口，如代码清单23-1所示。

代码清单23-1　写信过程接口

```
public interface ILetterProcess {
    //首先要写信的内容
    public void writeContext(String context);
    //其次写信封
    public void fillEnvelope(String address);
```

```
        //把信放到信封里
        public void letterInotoEnvelope();
        //然后邮递
        public void sendLetter();
}
```

在接口中定义了完成的一个写信过程，这个过程需要实现，其实现类如代码清单23-2所示。

代码清单23-2 写信过程的实现

```
public class LetterProcessImpl implements ILetterProcess {
        //写信
        public void writeContext(String context) {
                System.out.println("填写信的内容..." + context);
        }
        //在信封上填写必要的信息
        public void fillEnvelope(String address) {
                System.out.println("填写收件人地址及姓名..." + address);
        }
        //把信放到信封中，并封好
        public void letterInotoEnvelope() {
                System.out.println("把信放到信封中...");
        }
        //塞到邮箱中，邮递
        public void sendLetter() {
                System.out.println("邮递信件...");
        }
}
```

在这种环境下，最累的是写信人，为了发送一封信要有4个步骤，而且这4个步骤还不能颠倒，我们先看看这个过程如何通过程序表现出来，有人开始用这个过程写信了，如代码清单23-3所示。

代码清单23-3 场景类

```
public class Client {
        public static void main(String[] args) {
                //创建一个处理信件的过程
                ILetterProcess letterProcess = new LetterProcessImpl();
                //开始写信
                letterProcess.writeContext("Hello,It's me,do you know who I am? I'm
                your old lover. I'd like to...");
                //开始写信封
                letterProcess.fillEnvelope("Happy Road No. 666,God Province,Heaven");
                //把信放到信封里，并封装好
                letterProcess.letterInotoEnvelope();
                //跑到邮局把信塞到邮箱，投递
                letterProcess.sendLetter();
        }
}
```

运行结果如下所示：

```
填写信的内容...Hello,It's me,do you know who I am? I'm your old lover. I'd like to...
填写收件人地址及姓名...Happy Road No. 666,God Province,Heaven
把信放到信封中...
邮递信件...
```

我们回过头来看看这个过程，它与高内聚的要求相差甚远，更不要说迪米特法则、接口隔离原则了。你想想，你要知道这4个步骤，而且还要知道它们的顺序，一旦出错，信就不可能邮寄出去，这在面向对象的编程中是极度地不适合，它根本就没有完成一个类所具有的单一职责。

还有，如果信件多了就非常麻烦，每封信都要这样运转一遍，非得累死，更别说要发个广告信了，那怎么办呢？还好，现在邮局开发了一个新业务，你只要把信件的必要信息告诉我，我给你发，我来完成这4个过程，只要把信件交给我就成了，其他就不要管了。非常好的方案！我们来看类图，如图23-2所示。

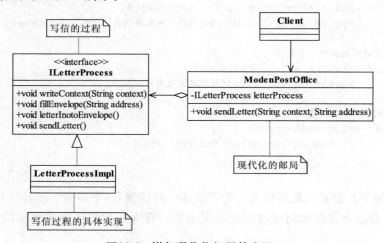

图23-2 增加现代化邮局的类图

这还是比较简单的类图，增加了一个ModenPostOffice类，负责对一个比较复杂的信件处理过程的封装，然后高层模块只要和它有交互就成了，如代码清单23-4所示。

代码清单23-4 现代化邮局

```java
public class ModenPostOffice {
    private ILetterProcess letterProcess = new LetterProcessImpl();
    //写信，封装，投递，一体化
    public void sendLetter(String context,String address){
        //帮你写信
        letterProcess.writeContext(context);
        //写好信封
        letterProcess.fillEnvelope(address);
        //把信放到信封中
        letterProcess.letterInotoEnvelope();
        //邮递信件
```

```
letterProcess.sendLetter();
    }
}
```

这个类是什么意思呢，就是说现在有一个Hell Road PostOffice（地狱路邮局）提供了一种新型服务，客户只要把信的内容以及收信地址给他们，他们就会把信写好，封好，并发送出去。这种服务推出后大受欢迎，这多简单，客户减少了很多工作，谁不乐意呀。那我们看看客户是怎么调用的，如代码清单23-5所示。

代码清单23-5 场景类

```
public class Client {
    public static void main(String[] args) {
        //现代化的邮局，有这项服务，邮局名称叫Hell Road
        ModenPostOffice hellRoadPostOffice = new ModenPostOffice();
        //你只要把信的内容和收信人地址给他，他会帮你完成一系列的工作
        //定义一个地址
        String address = "Happy Road No. 666,God Province,Heaven";
        //信的内容
        String context = "Hello,It's me,do you know who I am? I'm your old
        lover. I'd like to....";
        //你给我发送吧
        hellRoadPostOffice.sendLetter(context, address);
    }
}
```

运行结果是相同的。我们看看场景类是不是简化了很多，只要与ModenPostOffice交互就成了，其他的什么都不用管，写信封啦、写地址啦……都不用关心，只要把需要的信息提交过去就成了，邮局保证会按照我们指定的地址把指定的内容发送出去，这种方式不仅简单，而且扩展性还非常好，比如一个非常时期，寄往God Province（上帝省）的邮件都必须进行安全检查，那我们就很好处理了，如图23-3所示。

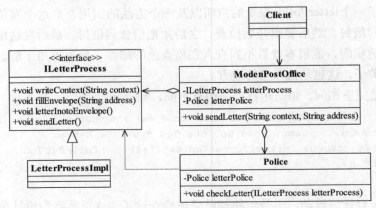

图23-3 扩展后的系统类图

增加了一个Police类，负责对信件进行检查，如代码清单23-6所示。

代码清单23-6　信件检查类

```java
public class Police {
    //检查信件，检查完毕后警察在信封上盖个戳：此信无病毒
    public void checkLetter(ILetterProcess letterProcess){
        System.out.println(letterProcess+" 信件已经检查过了...");
    }
}
```

我们再来看一下封装类ModenPostOffice的变更，它封装了这部分的变化，如代码清单23-7所示。

代码清单23-7　扩展后的现代化邮局

```java
public class ModenPostOffice {
    private ILetterProcess letterProcess = new LetterProcessImpl();
    private Police letterPolice = new Police();
    //写信，封装，投递，一体化了
    public void sendLetter(String context,String address){
            //帮你写信
            letterProcess.writeContext(context);
            //写好信封
            letterProcess.fillEnvelope(address);
            //警察要检查信件了
            letterPolice.checkLetter(letterProcess);
            //把信放到信封中
            letterProcess.letterInotoEnvelope();
            //邮递信件
            letterProcess.sendLetter();
    }
}
```

只是增加了一个letterPolice变量的声明以及一个方法的调用，那这个写信的过程就变成这样：先写信、写信封，然后警察开始检查，之后才把信放到信封，最后发送出去，那这个变更对客户来说是透明的，他根本就看不到有人在检查他的邮件，他也不用了解，反正现代化的邮件系统都帮他做了，这也是他乐意的地方。

场景类还是完全相同，但是运行结果稍有不同，如下所示：

```
填写信的内容...Hello,It's me,do you know who I am? I'm your old lover. I'd like to...
填写收件人地址及姓名...Happy Road No. 666,God Province,Heaven
com.cbf4life.common3.LetterProcessImpl@15ff48b 信件已经检查过了...
把信放到信封中...
邮递信件...
```

高层模块没有任何改动，但是信件却已经被检查过了。这正是我们设计所需要的模式，不改变子系统对外暴露的接口、方法，只改变内部的处理逻辑，其他兄弟模块的调用产生了不同的结果，确实是一个非常棒的设计。这就是门面模式。

23.2 门面模式的定义

门面模式（Facade Pattern）也叫做外观模式，是一种比较常用的封装模式，其定义如下：

Provide a unified interface to a set of interfaces in a subsystem. Facade defines a higher-level interface that makes the subsystem easier to use.（要求一个子系统的外部与其内部的通信必须通过一个统一的对象进行。门面模式提供一个高层次的接口，使得子系统更易于使用。）

门面模式注重"统一的对象"，也就是提供一个访问子系统的接口，除了这个接口不允许有任何访问子系统的行为发生，其通用类图，如图23-4所示。

是的，类图就这么简单，但是它代表的意义可是异常复杂，Subsystem Classes是子系统所有类的简称，它可能代表一个类，也可能代表几十个对象的集合。甭管多少对象，我们把这些对象全部圈入子系统的范畴，其结构如图23-5所示。

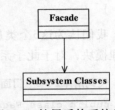

图23-4 扩展后的系统类图

再简单地说，门面对象是外界访问子系统内部的唯一通道，不管子系统内部是多么杂乱无章，只要有门面对象在，就可以做到"金玉其外，败絮其中"。我们先明确一下门面模式的角色。

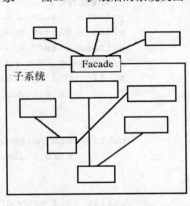

图23-5 门面模式示意图

❑ Facade门面角色

客户端可以调用这个角色的方法。此角色知晓子系统的所有功能和责任。一般情况下，本角色会将所有从客户端发来的请求委派到相应的子系统去，也就说该角色没有实际的业务逻辑，只是一个委托类。

❑ subsystem子系统角色

可以同时有一个或者多个子系统。每一个子系统都不是一个单独的类，而是一个类的集合。子系统并不知道门面的存在。对于子系统而言，门面仅仅是另外一个客户端而已。

我们来看一下门面模式的通用源码，先来看子系统源代码。由于子系统是类的集合，因此要描述该集合很花费精力，每一个子系统都不相同，我们使用3个相互无关的类来代表，如代码清单23-8所示。

代码清单23-8 子系统

```java
public class ClassA {
    public void doSomethingA(){
        //业务逻辑
    }
}
public class ClassB {

    public void doSomethingB(){
```

```
                //业务逻辑
        }
}
public class ClassC {
    public void doSomethingC(){
                //业务逻辑
        }
}
```

我们认为这3个类属于近邻，处理相关的业务，因此应该被认为是一个子系统的不同逻辑处理模块，对于此子系统的访问需要通过门面进行，如代码清单23-9所示。

代码清单23-9 门面对象

```
public class Facade {
    //被委托的对象
    private ClassA a = new ClassA();
    private ClassB b = new ClassB();
    private ClassC c = new ClassC();
    //提供给外部访问的方法
    public void methodA(){
            this.a.doSomethingA();
    }

    public void methodB(){
            this.b.doSomethingB();
    }

    public void methodC(){
            this.c.doSomethingC();
    }
}
```

23.3 门面模式的应用

23.3.1 门面模式的优点

门面模式有如下优点。

❑ 减少系统的相互依赖

想想看，如果我们不使用门面模式，外界访问直接深入到子系统内部，相互之间是一种强耦合关系，你死我就死，你活我才能活，这样的强依赖是系统设计所不能接受的，门面模式的出现就很好地解决了该问题，所有的依赖都是对门面对象的依赖，与子系统无关。

❑ 提高了灵活性

依赖减少了，灵活性自然提高了。不管子系统内部如何变化，只要不影响到门面对象，任你自由活动。

❑ 提高安全性

想让你访问子系统的哪些业务就开通哪些逻辑，不在门面上开通的方法，你休想访问到。

23.3.2　门面模式的缺点

门面模式最大的缺点就是不符合开闭原则，对修改关闭，对扩展开放，看看我们那个门面对象吧，它可是重中之重，一旦在系统投产后发现有一个小错误，你怎么解决？完全遵从开闭原则，根本没办法解决。继承？覆写？都顶不上用，唯一能做的一件事就是修改门面角色的代码，这个风险相当大，这就需要大家在设计的时候慎之又慎，多思考几遍才会有好收获。

23.3.3　门面模式的使用场景

❑ 为一个复杂的模块或子系统提供一个供外界访问的接口

❑ 子系统相对独立——外界对子系统的访问只要黑箱操作即可

比如利息的计算问题，没有深厚的业务知识和扎实的技术水平是不可能开发出该子系统的，但是对于使用该系统的开发人员来说，他需要做的就是输入金额以及存期，其他的都不用关心，返回的结果就是利息，这时候，门面模式是非使用不可了。

❑ 预防低水平人员带来的风险扩散

比如一个低水平的技术人员参与项目开发，为降低个人代码质量对整体项目的影响风险，一般的做法是"画地为牢"，只能在指定的子系统中开发，然后再提供门面接口进行访问操作。

23.4　门面模式的注意事项

23.4.1　一个子系统可以有多个门面

一般情况下，一个子系统只要有一个门面足够了，在什么情况下一个子系统有多个门面呢？以下列举了几个。

❑ 门面已经庞大到不能忍受的程度

比如一个纯洁的门面对象已经超过了200行的代码，虽然都是非常简单的委托操作，也建议拆分成多个门面，否则会给以后的维护和扩展带来不必要的麻烦。那怎么拆分呢？按照功能拆分是一个非常好的原则，比如一个数据库操作的门面可以拆分为查询门面、删除门面、更新门面等。

❑ 子系统可以提供不同访问路径

我们以门面模式的通用源代码为例。ClassA、ClassB、ClassC是一个子系统的中3个对象，现在有两个不同的高层模块来访问该子系统，模块一可以完整的访问所有业务逻辑，也就是通用代码中的Facade类，它是子系统的信任模块；而模块二属于受限访问对象，只能访问methodB方法，那该如何处理呢？在这种情况下，就需要建立两个门面以供不同的高层模块来访问，在原有的通用源码上增加一个新的门面即可，如代码清单23-10所示。

代码清单23-10　新增门面

```java
public class Facade2 {
        //引用原有的门面
        private Facade facade = new Facade();
        //对外提供唯一的访问子系统的方法
        public void methodB(){
                this.facade.methodB();
        }
}
```

增加的门面非常简单，委托给了已经存在的门面对象Facade进行处理，为什么要使用委托而不再编写一个委托到子系统的方法呢？那是因为在面向对象的编程中，尽量保持相同的代码只编写一遍，避免以后到处修改相似代码的悲剧。

23.4.2　门面不参与子系统内的业务逻辑

我们这节的标题是什么意思呢？我们举一个例子来说明，还是以通用源代码为例。我们把门面上的methodC上的逻辑修改一下，它必须先调用ClassA的doSomethingA方法，然后再调用ClassC的doSomethingC方法，如代码清单23-11所示。

代码清单23-11　修改门面

```java
public class Facade {
        //被委托的对象
        private ClassA a = new ClassA();
        private ClassB b = new ClassB();
        private ClassC c = new ClassC();
        //提供给外部访问的方法
        public void methodA(){
                this.a.doSomethingA();
        }

        public void methodB(){
                this.b.doSomethingB();
        }

        public void methodC(){
                this.a.doSomethingA();
                this.c.doSomethingC();
        }
}
```

还是非常简单，只是在methodC方法中增加了doSomethingA()方法的调用，可以这样做吗？我相信大部分读者都说可以这样做，而且已经在实际系统开发中这样使用了，我今天告诉各位，这样设计是非常不靠谱的，为什么呢？因为你已经让门面对象参与了业务逻辑，门面对象只是提供一个访问子系统的一个路径而已，它不应该也不能参与具体的业务逻辑，否则就会产生一个倒依赖的问题：子系统必须依赖门面才能被访问，这是设计上一个严重错误，不仅违反了单一职责原则，同时也破坏了系统的封装性。

说了这么多，那对于这种情况该怎么处理呢？建立一个封装类，封装完毕后提供给门面对象。我们先建立一个封装类，如代码清单23-12所示。

代码清单23-12　封装类

```java
public class Context {
    //委托处理
    private ClassA a = new ClassA();
    private ClassC c = new ClassC();
    //复杂的计算
    public void complexMethod(){
        this.a.doSomethingA();
        this.c.doSomethingC();
    }
}
```

该封装类的作用就是产生一个业务规则complexMethod，并且它的生存环境是在子系统内，仅仅依赖两个相关的对象，门面对象通过对它的访问完成一个复杂的业务逻辑，如代码清单23-13所示。

代码清单23-13　门面类

```java
public class Facade {
    //被委托的对象
    private ClassA a = new ClassA();
    private ClassB b = new ClassB();
    private Context context = new Context();
    //提供给外部访问的方法
    public void methodA(){
        this.a.doSomethingA();
    }

    public void methodB(){
        this.b.doSomethingB();
    }

    public void methodC(){
        this.context.complexMethod();
    }
}
```

通过这样一次封装后，门面对象又不参与业务逻辑了，在门面模式中，门面角色应该是稳定，它不应该经常变化，一个系统一旦投入运行它就不应该被改变，它是一个系统对外的接口，你变来变去还怎么保证其他模块的稳定运行呢？但是，业务逻辑是会经常变化的，我们已经把它的变化封装在子系统内部，无论你如何变化，对外界的访问者来说，都还是同一个门面，同样的方法——这才是架构师最希望看到的结构。

23.5 最佳实践

门面模式是一个很好的封装方法，一个子系统比较复杂时，比如算法或者业务比较复杂，就可以封装出一个或多个门面出来，项目的结构简单，而且扩展性非常好。还有，对于一个较大项目，为了避免人员带来的风险，也可以使用门面模式，技术水平比较差的成员，尽量安排独立的模块，然后把他写的程序封装到一个门面里，尽量让其他项目成员不用看到这些人的代码，看也看不懂，我也遇到过一个"高人"写的代码，private方法、构造函数、常量基本都不用，你要一个public方法，好，一个类里就一个public方法，所有代码都在里面，然后你就看吧，一大坨程序，看着就能把人逼疯。使用门面模式后，对门面进行单元测试，约束项目成员的代码质量，对项目整体质量的提升也是一个比较好的帮助。

第24章

备忘录模式

24.1 如此追女孩子，你还不乐

大家有没有看过尼古拉斯·凯奇主演的《Next》（中文译名为《预见未来》）？尼古拉斯·凯奇饰演一个可以预视并且扭转未来的人，其中有一个情节很是让人心动——男女主角见面的那段情节：Cris Johnson（尼古拉斯·凯奇饰演）坐在咖啡吧台前，看着离自己近在咫尺的Callie Ferris（朱莉安·摩尔饰演），计划着怎么认识这个命中注定的女人，看Cris Johnson如何利用自己的特异功能：

❏ Cris Johnson端着一杯咖啡走过去，说"你好，可以认识你吗？"被拒绝，恢复到坐在咖啡吧台前的状态。

❏ 走过去询问是否可以搭车，被拒绝，恢复原状。

❏ 帮助解决困境，被拒绝，恢复原状。

❏ 采用嬉皮士的方式解决困境，被拒绝，恢复原状。

❏ 帮助解决困境，被打伤，装可怜，Callie Ferris怜惜，于是乎相识了。

看看这是一件多么幸福的事情，追求一个女生可以多次反复地实验，直到找到好的方法和途径为止，这估计是大多数男生都希望获得的特异功能。想想看，看到一个心仪的女生，我们若反复尝试，总会有一个方法打动她的，多美好的一件事。现在我们还得回到现实生活，我们来分析一下类似事情的经过：

❏ 复制一个当前状态，保留下来，这个状态就是等会儿搭讪女孩子失败后要恢复的状态，你不恢复原始状态，这不就露馅儿了吗？

❏ 每次试探性尝试失败后，都必须恢复到这个原始状态。

❏ N次试探总有一次成功吧，成功以后即可走成功路线。

想想看，我们这里的场景中最重要的是哪一块？对的，是原始状态的保留和恢复这块，如何保留一个原始，如何恢复一个原始状态才是最重要的，那想想看，我们应该怎么实现呢？很简单呀，我们可以定义一个中间变量，保留这个原始状态。我们先看看类图，如图24-1所示。

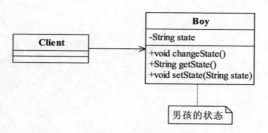

图24-1 男孩状态类图

太简单的类图了，我们来解释一下图中的状态state是什么意思，在某一时间点的所有位置信息、心理信息、环境信息都属于状态，我们这里用了一个标识性的名词state代表所有状态，比如在追女孩子前心情是期待、心理是焦躁不安等。每一次去认识女孩子都是会发生状态变化的，我们使用changeState方法来代替，由于程序比较简单，就没有编写接口，我们来看实现，如代码清单24-1所示。

代码清单24-1 男孩状态类

```java
public class Boy {
    //男孩的状态
    private String state = "";
    //认识女孩子后状态肯定改变，比如心情、手中的花等
    public void changeState(){
        this.state = "心情可能很不好";
    }
    public String getState() {
        return state;
    }
    public void setState(String state) {
        this.state = state;
    }
}
```

程序是很简单，主要的业务逻辑是在场景类中，我们来看场景类是如何进行状态的保留、恢复的，如代码清单24-2所示。

代码清单24-2 场景类

```java
public class Client {
    public static void main(String[] args) {
        //声明出主角
        Boy boy = new Boy();
        //初始化当前状态
        boy.setState("心情很棒！");
        System.out.println("=====男孩现在的状态======");
        System.out.println(boy.getState());
        //需要记录下当前状态呀
        Boy backup = new Boy();
```

```
        backup.setState(boy.getState());
        //男孩去追女孩，状态改变
        boy.changeState();
        System.out.println("\n=====男孩追女孩子后的状态======");
        System.out.println(boy.getState());
        //追女孩失败，恢复原状
        boy.setState(backup.getState());
        System.out.println("\n=====男孩恢复后的状态======");
        System.out.println(boy.getState());
    }
}
```

程序运行结果如下所示：

```
=====男孩现在的状态======
心情很棒！
=====男孩追女孩子后的状态======
心情可能很不好
=====男孩恢复后的状态======
心情很棒！
```

程序运行正确，输出结果也是我们期望的，但是结果正确并不表示程序是最优的，我们来看看场景类Client，它代表的是高层模块，或者说是非"近亲"模块的调用者，注意看backup变量的使用，它对于高层模块完全是多余的，为什么一个状态的保存和恢复要让高层模块来负责呢？这应该是Boy类的职责，而不应该让高层模块来完成，也就是破坏了Boy类的封装，或者说Boy类没有封装好，它应该是把backup的定义容纳进来，而不应该让高层模块来定义。

问题我们已经知道了，就是Boy类封装不够，那我们应该如何修改呢？如果在Boy类中再增加一个方法或者其他的内部类来保存这个状态，则对单一职责原则是一种破坏，想想看单一职责原则是怎么说的？一个类的职责应该是单一的，Boy类本身的职责是追求女孩子，而保留和恢复原始状态则应该由另外一个类来承担，那我们把这个类取名就叫做备忘录，这和大家经常在桌面上贴的那个便签是一个概念，分析到这里我们的思路已经非常清楚了，我们来修改一下类图，如图24-2所示。

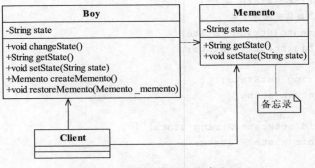

图24-2 完善后的男孩状态类图

改动很小，增加了一个新的类Memento，负责状态的保存和备份；同时，在Boy类中增加了创建一份备忘录createMemento和恢复一个备忘录resotreMemento，我们先来看Boy类的变化，如代码清单24-3所示。

代码清单24-3　改进后的男孩状态类

```java
public class Boy {
        //男孩的状态
        private String state = "";
        //认识女孩子后状态肯定改变，比如心情、手中的花等
        public void changeState(){
                this.state = "心情可能很不好";
        }
        public String getState() {
                return state;
        }
        public void setState(String state) {
                this.state = state;
        }
        //保留一个备份
        public Memento createMemento(){
                return new Memento(this.state);
        }
        //恢复一个备份
        public void restoreMemento(Memento _memento){
                this.setState(_memento.getState());
        }
}
```

注意看，确实只增加了两个方法创建备份和恢复备份，至于在什么时候创建备份和恢复备份则是由高层模块决定的。我们再来看备忘录模块，如代码清单24-4所示。

代码清单24-4　备忘录

```java
public class Memento {
        //男孩的状态
        private String state = "";
        //通过构造函数传递状态信息
        public Memento(String _state){
                this.state = _state;
        }
        public String getState() {
                return state;
        }
        public void setState(String state) {
                this.state = state;
        }
}
```

这就是一个简单的JavaBean，保留男孩当时的状态信息。我们再来看场景类，稍做修改，

如代码清单24-5所示。

代码清单24-5　改进后的场景类

```
public class Client {
    public static void main(String[] args) {
        //声明出主角
        Boy boy = new Boy();
        //初始化当前状态
        boy.setState("心情很棒！");
        System.out.println("=====男孩现在的状态======");
        System.out.println(boy.getState());
        //需要记录下当前状态呀
        Memento mem = boy.createMemento();
        //男孩去追女孩，状态改变
        boy.changeState();
        System.out.println("\n=====男孩追女孩子后的状态======");
        System.out.println(boy.getState());
        //追女孩失败，恢复原状
        boy.restoreMemento(mem);
        System.out.println("\n=====男孩恢复后的状态======");
        System.out.println(boy.getState());
    }
}
```

运行结果保持相同，虽然程序中不再重复定义Boy类的对象了，但是我们还是要关心备忘录，这对迪米特法则是一个亵渎，它告诉我们只和朋友类通信，那这个备忘录对象是我们必须要通信的朋友类吗？对高层模块来说，它最希望要做的就是创建一个备份点，然后在需要的时候再恢复到这个备份点就成了，它不用关心到底有没有备忘录这个类。那根据这一指导思想，我们就需要把备忘录类再包装一下，怎么包装呢？建立一个管理类，就是管理这个备忘录，如图24-3所示。

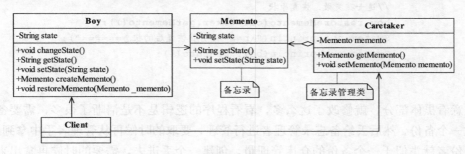

图24-3　完整的男孩追女生类图

又增加了一个JavaBean，Boy类和Memento没有任何改变，不再赘述。我们来看增加的备忘录管理类，如代码清单24-6所示。

代码清单24-6　备忘录管理者

```
public class Caretaker {
```

```
                //备忘录对象
        private Memento memento;
        public Memento getMemento() {
                return memento;
        }
        public void setMemento(Memento memento) {
                this.memento = memento;
        }
}
```

这个太简单了，非常纯粹的一个JavaBean，甭管它多简单，只要有用就成，我们来看场景类如何调用，如代码清单24-7所示。

代码清单24-7　进一步改进后的场景类

```
public class Client {
    public static void main(String[] args) {
                //声明出主角
                Boy boy = new Boy();
                //声明出备忘录的管理者
                Caretaker caretaker = new Caretaker();
                //初始化当前状态
                boy.setState("心情很棒！");
                System.out.println("=====男孩现在的状态======");
                System.out.println(boy.getState());
                //需要记录下当前状态呀
                caretaker.setMemento(boy.createMemento());
                //男孩去追女孩，状态改变
                boy.changeState();
                System.out.println("\n=====男孩追女孩子后的状态======");
                System.out.println(boy.getState());
                //追女孩失败，恢复原状
                boy.restoreMemento(caretaker.getMemento());
                System.out.println("\n=====男孩恢复后的状态======");
                System.out.println(boy.getState());
        }
}
```

注意看黑体部分，就修改了这么多，看看程序的逻辑是不是清晰了很多，需要备份的时候就创建一个备份，然后丢给备忘录管理者进行管理，要取的时候再从管理者手中拿到这个备份。这个备份者就类似于一个备份的仓库管理员，创建一个丢进去，需要的时候再拿出来。这就是备忘录模式。

24.2　备忘录模式的定义

备忘录模式（Memento Pattern）提供了一种弥补真实世界缺陷的方法，让"后悔药"在程序的世界中真实可行，其定义如下：

Without violating encapsulation, capture and externalize an object's internal state so that the object can be restored to this state later. （在不破坏封装性的前提下，捕获一个对象的内部状态，并在该对象之外保存这个状态。这样以后就可将该对象恢复到原先保存的状态。）

通俗地说，备忘录模式就是一个对象的备份模式，提供了一种程序数据的备份方法，其通用类图如图24-4所示。

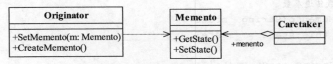

图24-4 备忘录模式的通用类图

我们来看看类图中的三个角色。

❑ Originator发起人角色

记录当前时刻的内部状态，负责定义哪些属于备份范围的状态，负责创建和恢复备忘录数据。

❑ Memento备忘录角色

负责存储Originator发起人对象的内部状态，在需要的时候提供发起人需要的内部状态。

❑ Caretaker备忘录管理员角色

对备忘录进行管理、保存和提供备忘录。

备忘录模式的通用代码也非常简单，我们先看发起人角色，如代码清单24-8所示。

代码清单24-8 发起人角色

```java
public class Originator {
    //内部状态
    private String state = "";

    public String getState() {
        return state;
    }
    public void setState(String state) {
        this.state = state;
    }
    //创建一个备忘录
    public Memento createMemento(){
        return new Memento(this.state);
    }
    //恢复一个备忘录
    public void restoreMemento(Memento _memento){
        this.setState(_memento.getState());
    }
}
```

我相信你心里此刻有很多疑问，比如状态是多个怎么办？需要有多份备份怎么办？如果你很着急的话，请看24.4节，但我建议你还是跟随我一步一步地走，我们再来看备忘录角色，如代码清单24-9所示。

代码清单24-9　备忘录角色

```java
public class Memento {
    //发起人的内部状态
    private String state = "";
    //构造函数传递参数
    public Memento(String _state){
        this.state = _state;
    }
    public String getState() {
        return state;
    }
    public void setState(String state) {
        this.state = state;
    }
}
```

这是一个简单的JavaBean,备忘录管理者也是一个简单的JavaBean，如代码清单24-10所示。

代码清单24-10　备忘录管理员角色

```java
public class Caretaker {
    //备忘录对象
    private Memento memento;
    public Memento getMemento() {
        return memento;
    }
    public void setMemento(Memento memento) {
        this.memento = memento;
    }
}
```

这3个主要角色都很简单，我们来看场景类如何调用，如代码清单24-11所示。

代码清单24-11　场景类

```java
public class Client {
    public static void main(String[] args) {
        //定义出发起人
        Originator originator = new Originator();
        //定义出备忘录管理员
        Caretaker caretaker = new Caretaker();
        //创建一个备忘录
        caretaker.setMemento(originator.createMemento());
        //恢复一个备忘录
        originator.restoreMemento(caretaker.getMemento());
    }
}
```

备忘录模式就是这么简单，真正使用备忘录模式的时候可比这复杂得多。

24.3　备忘录模式的应用

由于备忘录模式有太多的变形和处理方式，每种方式都有它自己的优点和缺点，标准的备忘录模式很难在项目中遇到，基本上都有一些变换处理方式。因此，我们在使用备忘录模式时主要了解如何应用以及需要注意哪些事项就成了。

24.3.1　备忘录模式的使用场景

❑ 需要保存和恢复数据的相关状态场景。
❑ 提供一个可回滚（rollback）的操作；比如Word中的CTRL+Z组合键，IE浏览器中的后退按钮，文件管理器上的backspace键等。
❑ 需要监控的副本场景中。例如要监控一个对象的属性，但是监控又不应该作为系统的主业务来调用，它只是边缘应用，即使出现监控不准、错误报警也影响不大，因此一般的做法是备份一个主线程中的对象，然后由分析程序来分析。
❑ 数据库连接的事务管理就是用的备忘录模式，想想看，如果你要实现一个JDBC驱动，你怎么来实现事务？还不是用备忘录模式嘛！

24.3.2　备忘录模式的注意事项

❑ 备忘录的生命期
备忘录创建出来就要在"最近"的代码中使用，要主动管理它的生命周期，建立就要使用，不使用就要立刻删除其引用，等待垃圾回收器对它的回收处理。
❑ 备忘录的性能
不要在频繁建立备份的场景中使用备忘录模式（比如一个for循环中），原因有二：一是控制不了备忘录建立的对象数量；二是大对象的建立是要消耗资源的，系统的性能需要考虑。因此，如果出现这样的代码，设计师就应该好好想想怎么修改架构了。

24.4　备忘录模式的扩展

24.4.1　clone方式的备忘录

大家还记得在第13章中讲的原型模式吗？我们可以通过复制的方式产生一个对象的内部状态，这是一个很好的办法，发起人角色只要实现Cloneable就成，比较简单，我们来看类图，如图24-5所示。

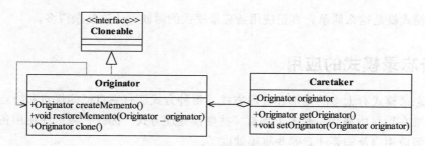

图24-5 Clone方式的备忘录

从类图上看，发起人角色融合了发起人角色和备忘录角色，具有双重功效，如代码清单24-12所示。

代码清单24-12 融合备忘录的发起人角色

```java
public class Originator implements Cloneable{
    //内部状态
    private String state = "";

    public String getState() {
        return state;
    }
    public void setState(String state) {
        this.state = state;
    }
    //创建一个备忘录
    public Originator createMemento(){
        return this.clone();
    }
    //恢复一个备忘录
    public void restoreMemento(Originator _originator){
        this.setState(_originator.getState());
    }
    //克隆当前对象
    @Override
    protected Originator clone(){
        try {
            return (Originator)super.clone();
        } catch (CloneNotSupportedException e) {
            e.printStackTrace();
        }
        return null;
    }
}
```

增加了clone方法，产生了一个备份对象，需要使用的时候再还原，我们再来看管理员角色，如代码清单24-13所示。

代码清单24-13 备忘录管理员角色

```java
public class Caretaker {
```

```
    //发起人对象
    private Originator originator;
    public Originator getOriginator() {
            return originator;
    }
    public void setOriginator(Originator originator) {
            this.originator = originator;
    }
}
```

没什么太大变化，只是备忘录角色转换成了发起人角色，还是一个简单的JavaBean。我们来想想这种模式是不是还可以简化？要管理员角色干什么？就是为了管理备忘录角色，现在连备忘录角色都被合并了，还留着它干吗？我们想办法把它也精简掉，如代码清单24-14所示。

代码清单24-14　发起人自主备份和恢复

```
public class Originator implements Cloneable{
    private Originator backup;
    //内部状态
    private String state = "";
    public String getState() {
            return state;
    }
    public void setState(String state) {
            this.state = state;
    }
    //创建一个备忘录
    public void createMemento(){
            this.backup = this.clone();
    }
    //恢复一个备忘录
    public void restoreMemento(){
            //在进行恢复前应该进行断言，防止空指针
            this.setState(this.backup.getState());
    }
    //克隆当前对象
    @Override
    protected Originator clone(){
            try {
                    return (Originator)super.clone();
            } catch (CloneNotSupportedException e) {
                    e.printStackTrace();
            }
            return null;
    }
}
```

可能你要发问了，这和备忘录模式的定义不相符，它定义是"在该对象之外保存这个状态"，

而你却把这个状态保存在了发起人内部。是的，设计模式定义的诞生比Java的出世略早，它没有想到Java程序是这么有活力，有远见，而且在面向对象的设计中，即使把一个类封装在另一个类中也是可以做到的，何况一个小小的对象复制，这是它的设计模式完全没有预见到的，我们把它弥补回来。

再来看看Client是如何调用的，如代码清单24-15所示。

代码清单24-15　场景类

```
public class Client {
    public static void main(String[] args) {
        //定义发起人
        Originator originator = new Originator();
        //建立初始状态
        originator.setState("初始状态...");
        System.out.println("初始状态是: "+originator.getState());
        //建立备份
        originator.createMemento();
        //修改状态
        originator.setState("修改后的状态...");
        System.out.println("修改后状态是: "+originator.getState());
        //恢复原有状态
        originator.restoreMemento();
        System.out.println("恢复后状态是: "+originator.getState());
    }
}
```

运行结果如下所示：

初始状态是：初始状态...
修改后状态是：修改后的状态...
恢复后状态是：初始状态...

运行结果是我们所希望的，程序精简了很多，而且高层模块的依赖也减少了，这正是我们期望的效果。现在我们来考虑一下原型模式深拷贝和浅拷贝的问题，在复杂的场景下它会让你的程序逻辑异常混乱，出现错误也很难跟踪。因此Clone方式的备忘录模式适用于较简单的场景。

注意　使用Clone方式的备忘录模式，可以使用在比较简单的场景或者比较单一的场景中，尽量不要与其他的对象产生严重的耦合关系。

24.4.2　多状态的备忘录模式

读者应该看到我们以上讲解都是单状态的情况，在实际的开发中一个对象不可能只有一个状态，一个JavaBean有多个属性非常常见，这都是它的状态，如果照搬我们以上讲解的备忘录模式，是不是就要写一堆的状态备份、还原语句？这不是一个好办法，这种类似的非智力劳动越多，犯错误的几率越大，那我们有什么办法来处理多个状态的备份问题呢？

下面我们来讲解一个对象全状态备份方案，它有多种处理方式，比如使用Clone的方式就可以解决，使用数据技术也可以解决（DTO回写到临时表中）等，我们要讲的方案就对备忘录模式继续扩展一下，实现一个JavaBean对象的所有状态的备份和还原，如图24-6所示。

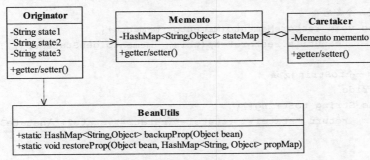

图24-6 多状态的备忘录模式

还是比较简单的类图，增加了一个BeanUtils类，其中backupProp是把发起人的所有属性值转换到HashMap中，方便备忘录角色存储；restoreProp方法则是把HashMap中的值返回到发起人角色中。可能各位要说了，为什么要使用HashMap，直接使用Originator对象的拷贝不是一个很好的方法吗？可以这样做，你就破坏了发起人的通用性，你在做恢复动作的时候需要对该对象进行多次赋值操作，也容易产生错误。我们先来看发起人角色，如代码清单24-16所示。

代码清单24-16 发起人角色

```java
public class Originator {
    //内部状态
    private String state1 = "";
    private String state2 = "";
    private String state3 = "";
    public String getState1() {
            return state1;
    }
    public void setState1(String state1) {
            this.state1 = state1;
    }
    public String getState2() {
            return state2;
    }
    public void setState2(String state2) {
            this.state2 = state2;
    }
    public String getState3() {
            return state3;
    }
    public void setState3(String state3) {
            this.state3 = state3;
    }
    //创建一个备忘录
```

```
        public Memento createMemento(){
                return new Memento(BeanUtils.backupProp(this));
        }
        //恢复一个备忘录
        public void restoreMemento(Memento _memento){
                BeanUtils.restoreProp(this, _memento.getStateMap());
        }
        //增加一个toString方法
        @Override
        public String toString(){
                return "state1=" +state1+"\nstat2="+state2+"\nstate3="+state3;
        }
}
```

覆写toString方法是为了方便打印，可以让展示的结果更清晰。我们再来看BeanUtils工具类，如代码清单24-17所示。

代码清单24-17 BeanUtils工具类

```
public class BeanUtils {
        //把bean的所有属性及数值放入到Hashmap中
        public static HashMap<String,Object> backupProp(Object bean){
                HashMap<String,Object> result = new HashMap<String,Object>();
                try {
                        //获得Bean描述
                        BeanInfo beanInfo=Introspector.getBeanInfo(bean.getClass());
                        //获得属性描述
                        PropertyDescriptor[] descriptors=beanInfo.getPropertyDescriptors();
                        //遍历所有属性
                        for(PropertyDescriptor des:descriptors){
                                //属性名称
                                String fieldName = des.getName();
                                //读取属性的方法
                                Method getter = des.getReadMethod();
                                //读取属性值
                                Object fieldValue=getter.invoke(bean,new Object[]{});
                        if(!fieldName.equalsIgnoreCase("class")){
                                result.put(fieldName, fieldValue);
                        }
                }
        } catch (Exception e) {
                //异常处理
        }
        return result;
}
//把HashMap的值返回到bean中
public static void restoreProp(Object bean,HashMap<String,Object> propMap){
    try {
```

```
        //获得Bean描述
        BeanInfo beanInfo = Introspector.getBeanInfo(bean.getClass());
        //获得属性描述
        PropertyDescriptor[] descriptors = beanInfo.getPropertyDescriptors();
        //遍历所有属性
        for(PropertyDescriptor des:descriptors){
            //属性名称
            String fieldName = des.getName();
            //如果有这个属性
            if(propMap.containsKey(fieldName)){
                //写属性的方法
                Method setter = des.getWriteMethod();
                setter.invoke(bean, new Object[]{propMap.get(fieldName)});
            }
        }
    } catch (Exception e) {
        //异常处理
        System.out.println("shit");
        e.printStackTrace();
    }
    }
}
```

该类大家在项目中会经常用到，可以作为参考使用。类似的功能有很多工具已经提供，比如Spring、Apache工具集commons等，大家也可以直接使用。我们再来看备忘录角色，如代码清单24-18所示。

代码清单24-18　备忘录角色

```
public class Memento {
    //接受HashMap作为状态
    private HashMap<String,Object> stateMap;
    //接受一个对象，建立一个备份
    public Memento(HashMap<String,Object> map){
        this.stateMap = map;
    }
    public HashMap<String,Object> getStateMap() {
        return stateMap;
    }
    public void setStateMap(HashMap<String,Object> stateMap) {
        this.stateMap = stateMap;
    }
}
```

我们再编写一个场景类，看看我们的成果是否正确，如代码清单24-19所示。

代码清单24-19　场景类

```
public class Client {
```

```
public static void main(String[] args) {
    //定义出发起人
    Originator ori = new Originator();
    //定义出备忘录管理员
    Caretaker caretaker = new Caretaker();
    //初始化
    ori.setState1("中国");
    ori.setState2("强盛");
    ori.setState3("繁荣");
    System.out.println("===初始化状态===\n"+ori);
    //创建一个备忘录
    caretaker.setMemento(ori.createMemento());
    //修改状态值
    ori.setState1("软件");
    ori.setState2("架构");
    ori.setState3("优秀");
    System.out.println("\n===修改后状态===\n"+ori);
    //恢复一个备忘录
    ori.restoreMemento(caretaker.getMemento());
    System.out.println("\n===恢复后状态===\n"+ori);
}
}
```

运行结果如下所示：

```
===初始化状态===
state1=中国
stat2=强盛
state3=繁荣
===修改后状态===
state1=软件
stat2=架构
state3=优秀
===恢复后状态===
state1=中国
stat2=强盛
state3=繁荣
```

通过这种方式的改造，不管有多少状态都没有问题，直接把原有的对象所有属性都备份了一遍，想恢复当时的点数据？那太容易了！

注意　如果要设计一个在运行期决定备份状态的框架，则建议采用AOP框架来实现，避免采用动态代理无谓地增加程序逻辑复杂性。

24.4.3　多备份的备忘录

不知道你有没有做过系统级别的维护？比如Backup Administrator（备份管理员），每天负责查看系统的备份情况，所有的备份都是由自动化脚本产生的。有一天，突然有一个重要的系统说我数据库有点问题，请把上一个月末的数据拉出来恢复，那怎么办？对备份管理员来说，这很好办，直接根据时间戳找到这个备份，还原回去就成了，但是对于我们刚刚学习的备忘录模式却行不通，为什么呢？它对于一个确定的发起人，永远只有一份备份，在这种情况下，单一的备份就不能满足要求了，我们需要设计一套多备份的架构。

我们先来说一个名词，检查点（Check Point），也就是你在备份的时候做的戳记，系统级的备份一般是时间戳，那我们程序的检查点该怎么设计呢？一般是一个有意义的字符串。

我们只要把通用代码中的Caretaker管理员稍做修改就可以了，如代码清单24-20所示。

代码清单24-20　备忘录管理员

```
public class Caretaker {
        //容纳备忘录的容器
        private HashMap<String,Memento> memMap = new HashMap<String,Memento>();
        public Memento getMemento(String idx) {
                return memMap.get(idx);
        }
        public void setMemento(String idx,Memento memento) {
                this.memMap.put(idx, memento);
        }
}
```

把容纳备忘录的容器修改为Map类型就可以了，场景类也稍做改动，如代码清单24-21所示。

代码清单24-21　场景类

```
public class Client {
        public static void main(String[] args) {
                //定义出发起人
                Originator originator = new Originator();
                //定义出备忘录管理员
                Caretaker caretaker = new Caretaker();
                //创建两个备忘录
                caretaker.setMemento("001",originator.createMemento());
                caretaker.setMemento("002",originator.createMemento());
                //恢复一个指定标记的备忘录
                originator.restoreMemento(caretaker.getMemento("001"));
        }
}
```

注意　内存溢出问题，该备份一旦产生就装入内存，没有任何销毁的意向，这是非常危险的。因此，在系统设计时，要严格限定备忘录的创建，建议增加Map的上限，否则系统很容易产生内存溢出情况。

24.4.4　封装得更好一点

在系统管理上，一个备份的数据是完全、绝对不能修改的，它保证数据的洁净，避免数据污染而使备份失去意义。在我们的设计领域中，也存在着同样的问题，备份是不能被篡改的，也就是说需要缩小备份出的备忘录的阅读权限，保证只能是发起人可读就成了，那怎么才能做到这一点呢？使用内置类，如图24-7所示。

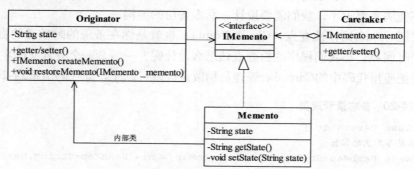

图24-7 使用内置类的备忘录模式

这也是比较简单的，建立一个空接口IMemento——什么方法属性都没有的接口，然后在发起人Originator类中建立一个内置类（也叫做类中类）Memento实现IMemento接口，同时也实现自己的业务逻辑，如代码清单24-22所示。

代码清单24-22 发起人角色

```java
public class Originator {
    //内部状态
    private String state = "";
    public String getState() {
            return state;
    }
    public void setState(String state) {
            this.state = state;
    }
    //创建一个备忘录
    public IMemento createMemento(){
            return new Memento(this.state);
    }
    //恢复一个备忘录
    public void restoreMemento(IMemento _memento){
            this.setState(((Memento)_memento).getState());
    }
    //内置类
    private class Memento implements IMemento{
            //发起人的内部状态
            private String state = "";
            //构造函数传递参数
            private Memento(String _state){
                    this.state = _state;
            }
            private String getState() {
```

```
                return state;
        }
        private void setState(String state) {
                this.state = state;
        }
    }
}
```

内置类Memento全部是private的访问权限，也就是说除了发起人外，别人休想访问到，那如果要产生关联关系又应如何处理呢？通过接口！别忘记了我们还有一个空接口是公共的访问权限，如代码清单24-23所示。

代码清单24-23　备忘录的空接口

```
public interface IMemento {
}
```

我们再来看管理者，如代码清单24-24所示。

代码清单24-24　备忘录管理者

```
public class Caretaker {
    //备忘录对象
    private IMemento memento;
    public IMemento getMemento() {
            return memento;
    }
    public void setMemento(IMemento memento) {
            this.memento = memento;
    }
}
```

全部通过接口访问，这当然没有问题，如果你想访问它的属性那是肯定不行的。但是安全是相对的，没有绝对的安全，可以使用refelect反射修改Memento的数据。

在这里我们使用了一个新的设计方法：双接口设计，我们的一个类可以实现多个接口，在系统设计时，如果考虑对象的安全问题，则可以提供两个接口，一个是业务的正常接口，实现必要的业务逻辑，叫做宽接口；另外一个接口是一个空接口，什么方法都没有，其目的是提供给子系统外的模块访问，比如容器对象，这个叫做窄接口，由于窄接口中没有提供任何操纵数据的方法，因此相对来说比较安全。

24.5　最佳实践

备忘录模式是我们设计上"月光宝盒"，可以让我们回到需要的年代；是程序数据的"后悔药"，吃了它就可以返回上一个状态；是设计人员的定心丸，确保即使在最坏的情况下也能获得最近的对象状态。如果大家看懂了的话，请各位在设计的时候就不要使用数据库的临时表作为缓存备份数据了，虽然是一个简单的办法，但是它加大了数据库操作的频繁度，把压力下放到数据库了，最好的解决办法就是使用备忘录模式。

第25章

访问者模式

25.1 员工的隐私何在

我们在前面讲过了组合模式和迭代器模式。通过组合模式能够把一个公司的人员组织机构树搭建起来，给管理带来非常大的便利，通过迭代器模式把每一个员工都遍历一遍，看看是不是"有人去世了还在领退休金"，"拿高工资而不干活的尸位素餐"等情况，我们今天要做的就是把这些情况统计成一个报表呈报上去，让领导看看这种恶劣的情况有多严重。

我们公司有700名多技术人员，分布在全国各地，组织架构在组合模式中已介绍过了，是很常见的家长领导型模式，每个技术人员的岗位都是固定的，你在组织机构的哪棵树下，充当的角色是什么，叶子节点都是非常明确的，每一个员工的信息（如名字、性别、薪水等）都是记录在数据库中，现在有这样一个需求，我要把公司中的所有人员信息都打印汇报上去。我们来看类图，如图25-1所示。

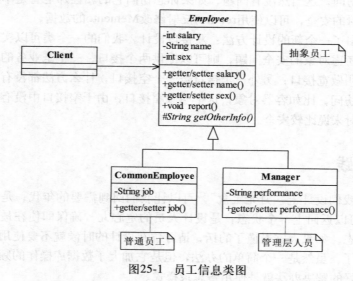

图25-1　员工信息类图

这个类图还是比较简单的，我们定义每个员工都有薪水salary、名称name、性别sex这3个属性，然后提供了一个抽象方法getOtherInfo由子类进行扩展，同时通过report方法打印出每一个员工的信息，这里使用模板方法模式。我们先来看一下抽象类，如代码清单25-1所示。

代码清单25-1 抽象员工

```java
public abstract class Employee {
    public final static int MALE = 0;   //0代表是男性
    public final static int FEMALE = 1; //1代表是女性
    //甭管是谁，都有工资
    private String name;
    //只要是员工那就有薪水
    private int salary;
    //性别很重要
    private int sex;
    //以下是简单的getter/setter
    public String getName() {
        return name;
    }
    public void setName(String name) {
        this.name = name;
    }
    public int getSalary() {
        return salary;
    }
    public void setSalary(int salary) {
        this.salary = salary;
    }
    public int getSex() {
        return sex;
    }
    public void setSex(int sex) {
        this.sex = sex;
    }
    //打印出员工的信息
    public final void  report(){
        String info = "姓名: " + this.name + "\t";
        info = info + "性别: " + (this.sex == FEMALE?"女":"男") + "\t";
        info = info + "薪水: " + this.salary  + "\t";
        //获得员工的其他信息
        info = info + this.getOtherInfo();
        System.out.println(info);
    }
    //拼装员工的其他信息
    protected abstract String getOtherInfo();
}
```

先看小兵的实现类，越卑微的人物越能引起共鸣，因为我们有共同的经历、思维和苦难。

请看实现类，如代码清单25-2所示。

代码清单25-2 普通员工

```java
public class CommonEmployee extends Employee {
    //工作内容，这非常重要，以后的职业规划就是靠它了
    private String job;
    public String getJob() {
        return job;
    }
    public void setJob(String job) {
        this.job = job;
    }
    protected String getOtherInfo(){
        return "工作: "+ this.job + "\t";
    }
}
```

每个实现类都必须实现getOtherInfo信息，通过它获得用户个性信息，我们再来看管理阶层，如代码清单25-3所示。

代码清单25-3 管理阶层

```java
public class Manager extends Employee {
    //这类人物的职责非常明确: 业绩
    private String performance;
    public String getPerformance() {
        return performance;
    }
    public void setPerformance(String performance) {
        this.performance = performance;
    }
    protected String getOtherInfo(){
        return "业绩: "+ this.performance + "\t";
    }
}
```

Performance这个单词在技术人员的眼里就代表性能，在实际商务英语中可以有Sales Performance（销售业绩）、performance evaluation（业绩评估）等。系统的框架都已经具备了，那我们来模拟一下这个过程，如代码清单25-4所示。

代码清单25-4 场景类

```java
public class Client {
    public static void main(String[] args) {
        for(Employee emp:mockEmployee()){
            emp.report();
        }
    }
    //模拟出公司的人员情况，我们可以想象这个数据是通过持久层传递过来的
```

```
public static List<Employee> mockEmployee(){
    List<Employee> empList = new ArrayList<Employee>();
    //产生张三这个员工
    CommonEmployee zhangSan = new CommonEmployee();
    zhangSan.setJob("编写Java程序，绝对的蓝领、苦工加搬运工");
    zhangSan.setName("张三");
    zhangSan.setSalary(1800);
    zhangSan.setSex(Employee.MALE);
    empList.add(zhangSan);
    //产生李四这个员工
    CommonEmployee liSi = new CommonEmployee();
    liSi.setJob("页面美工，审美素质太不流行了！");
    liSi.setName("李四");
    liSi.setSalary(1900);
    liSi.setSex(Employee.FEMALE);
    empList.add(liSi);
    //再产生一个经理
    Manager wangWu = new Manager();
    wangWu.setName("王五");
    wangWu.setPerformance("基本上是负值，但是我会拍马屁呀");
    wangWu.setSalary(18750);
    wangWu.setSex(Employee.MALE);
    empList.add(wangWu);
    return empList;
    }
}
```

先通过mockEmployee来模拟出一个数组，初始化两个员工和一个经理，当然在实际项目中这个数组应该由持久层产生。运行结果如下所示：

姓名：张三　　　性别：男　　薪水：1800　　　工作：编写Java程序，绝对的蓝领、苦工加搬运工

姓名：李四　　　性别：女　　薪水：1900　　　工作：页面美工，审美素质太不流行了！

姓名：王五　　　性别：男　　薪水：18750　　业绩：基本上是负值，但是我会拍马屁呀

结果出来了，非常正确。我们来想一想实际的情况，人力资源部门拿这份表格会给谁看呢？那当然是大老板了！大老板关心的是什么？关心部门经理的业绩！小兵的情况不是他要了解的，就像战争时期一位将军说："我一想到我的士兵也有孩子、妻子、父母，我就痛心疾首……但是这是战场，我只能认为他们是一群机器……"是啊，其实我们也一样啊，那问题就出来了：

❏ 大老板就看部门经理的报表，小兵的报表可看可不看。

❏ 多个大老板的"嗜好"是不同的，主管销售的，则主要关心营销的情况；主管会计的，则主要关心企业的整体财务运行状态；主管技术的，则主要看技术的研发情况。

综合成一句话，这个报表会修改：数据的修改以及报表的展现修改，按照开闭原则，项目分析的时候已经考虑到这些可能引起变更的因素，就需要在设计时考虑通过扩展来避开未来需求变更而引起的代码修改风险。我们来想一想，每个普通员工类和经理类都用一个方法report（从父类继承过来的），他无法为每一个子类定制特殊的属性，简化类图如图25-2所示。

　　我们思考一下，如何提供一个能够为每个子类定制报表的方法呢？可以这样思考，普通员工和管理层员工是两个不同的对象，例如，我邀请一个人过来参观我的家，参观者参观完毕后分别进行描述，那参观的对象不同，描述的结果也当然不同。好，按照这思路，我们把方法report提取到另外一个类Visitor中来实现，如图25-3所示。

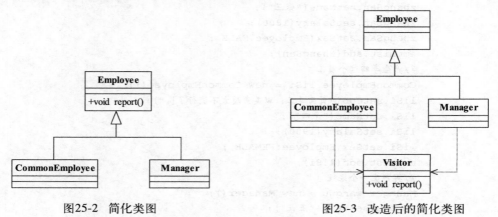

图25-2　简化类图　　　　　　　　　　图25-3　改造后的简化类图

　　两个子类的report方法都不需要了，只有Visitor类来实现了report的方法，这个猛一看还真有点委托（intergration）的意味，我们实现出来你就知道这和委托有非常大的差距。详细类图如图25-4所示。

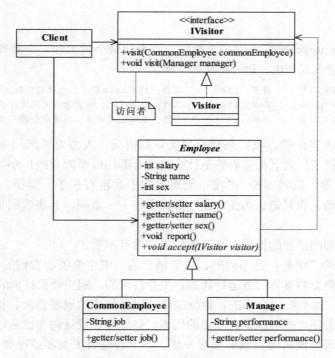

图25-4　改造后的详细类图

在抽象类Employee中增加了accept方法，该方法是一个抽象方法，由子类实现，其意义就是说我这个类可以允许谁来访问，也就是定义一类访问者，在具体的实现类中调用访问者的方法。我们先看访问者接口IVisitor程序，如代码清单25-5所示。

代码清单25-5 访问者接口

```java
public interface IVisitor {
        //首先，定义我可以访问普通员工
        public void visit(CommonEmployee commonEmployee);
        //其次，定义我还可以访问部门经理
        public void visit(Manager manager);
}
```

该接口的意义是：该接口可以访问两个对象，一个是普通员工，一个是高层员工。我们来看其具体实现类，如代码清单25-6所示。

代码清单25-6 访问者实现

```java
public class Visitor implements IVisitor {
        //访问普通员工，打印出报表
        public void visit(CommonEmployee commonEmployee) {
                System.out.println(this.getCommonEmployee(commonEmployee));
        }
        //访问部门经理，打印出报表
        public void visit(Manager manager) {
                System.out.println(this.getManagerInfo(manager));
        }
        //组装出基本信息
        private String getBasicInfo(Employee employee){
                String info = "姓名: " + employee.getName() + "\t";
                info = info + "性别: " + (employee.getSex() == Employee.FEMALE?"女":"男") + "\t";
                info = info + "薪水: " + employee.getSalary()  + "\t";
                return info;
        }
        //组装出部门经理的信息
        private String getManagerInfo(Manager manager){
                String basicInfo = this.getBasicInfo(manager);
                String otherInfo = "业绩: "+manager.getPerformance() + "\t";
                return basicInfo + otherInfo;
        }
        //组装出普通员工信息
        private String getCommonEmployee(CommonEmployee commonEmployee){
                String basicInfo = this.getBasicInfo(commonEmployee);
                String otherInfo = "工作: "+commonEmployee.getJob()+"\t";
                return basicInfo + otherInfo;
        }
}
```

在具体的实现类中，定义了两个私有方法，作用就是产生需要打印的数据和格式，然后在访问者访问相关的对象时产生这个报表。抽象员工Employee稍有修改，如代码清单25-7所示。

代码清单25-7　抽象员工类

```
public abstract class Employee {
    public final static int MALE = 0;   //0代表是男性
    public final static int FEMALE = 1; //1代表是女性
    //甭管是谁，都有工资
    private String name;
    //只要是员工那就有薪水
    private int salary;
    //性别很重要
    private int sex;
    //以下是简单的getter/setter
    public String getName() {
        return name;
    }
    public void setName(String name) {
        this.name = name;
    }
    public int getSalary() {
        return salary;
    }
    public void setSalary(int salary) {
        this.salary = salary;
    }
    public int getSex() {
        return sex;
    }
    public void setSex(int sex) {
        this.sex = sex;
    }
    //我允许一个访问者访问
    public abstract void accept(IVisitor visitor);
}
```

抽象员工类有3个变动：

❑ 删除了report方法。

❑ 增加了accept方法，接受访问者的访问。

❑ 删除了getOtherInfo方法。它的实现由访问者来处理，因为访问者对被访问的对象是"心知肚明"的，非常了解被访问者。

我们继续来看员工实现类，普通员工代码清单25-8所示。

代码清单25-8　普通员工

```
public class CommonEmployee extends Employee {
    //工作内容，这非常重要，以后的职业规划就是靠它了
    private String job;
```

```
        public String getJob() {
                return job;
        }
        public void setJob(String job) {
                this.job = job;
        }
        //我允许访问者访问
        @Override
        public void accept(IVisitor visitor){
                visitor.visit(this);
        }
}
```

上面是普通员工的实现类，该类的accept方法很简单，这个类就把自身传递过去，也就是让访问者访问本身这个对象。再看Manager类，如代码清单25-9所示。

代码清单25-9 管理层员工

```
public class Manager extends Employee {
        //这类人物的职责非常明确：业绩
        private String performance;
        public String getPerformance() {
                return performance;
        }
        public void setPerformance(String performance) {
                this.performance = performance;
        }
        //部门经理允许访问者访问
        @Override
        public void accept(IVisitor visitor){
                visitor.visit(this);
        }
}
```

所有的业务定义都已经完成，我们来看看怎么模拟这个逻辑，如代码清单25-10所示。

代码清单25-10 场景类

```
public class Client {
        public static void main(String[] args) {
                for(Employee emp:mockEmployee()){
                        emp.accept(new Visitor());
                }
        }
        //模拟出公司的人员情况，我们可以想象这个数据是通过持久层传递过来的
        public static List<Employee> mockEmployee(){
                List<Employee> empList = new ArrayList<Employee>();
                //产生张三这个员工
                CommonEmployee zhangSan = new CommonEmployee();
                zhangSan.setJob("编写Java程序，绝对的蓝领、苦工加搬运工");
```

```
                    zhangSan.setName("张三");
                    zhangSan.setSalary(1800);
                    zhangSan.setSex(Employee.MALE);
                    empList.add(zhangSan);
                    //产生李四这个员工
                    CommonEmployee liSi = new CommonEmployee();
                    liSi.setJob("页面美工，审美素质太不流行了！");
                    liSi.setName("李四");
                    liSi.setSalary(1900);
                    liSi.setSex(Employee.FEMALE);
                    empList.add(liSi);
                    //再产生一个经理
                    Manager wangWu = new Manager();
                    wangWu.setName("王五");
                    wangWu.setPerformance("基本上是负值，但是我会拍马屁呀");
                    wangWu.setSalary(18750);
                    wangWu.setSex(Employee.MALE);
                    empList.add(wangWu);
                    return empList;
            }
    }
```

改动非常少，就黑体那么一行的改动，运行结果如下：

姓名：张三	性别：男	薪水：1800	工作：编写Java程序，绝对的蓝领、苦工加搬运工
姓名：李四	性别：女	薪水：1900	工作：页面美工，审美素质太不流行了！
姓名：王五	性别：男	薪水：18750	业绩：基本上是负值，但是我会拍马屁呀

运行结果也完全相同，那回过头来看看这个程序是怎么实现的：

❏ 第一，通过循环遍历所有元素。

❏ 第二，每个员工对象都定义了一个访问者。

❏ 第三，员工对象把自己作为一个参数调用访问者visit方法。

❏ 第四，访问者调用自己内部的计算逻辑，计算出相应的数据和表格元素。

❏ 第五，访问者打印出报表和数据。

事情的经过就是这个样子。那我们再来看看上面提到的数据和报表格式都会改变的情况。首先是数据的改变，数据改了当然都要改，说不上两个方案有什么优劣；其次是报表格式的修改，这个方案绝对是有优势的，我只要再产生一个IVisitor的实现类就可以产生一个新的报表格式，而其他的类都不用修改，如果你用Spring开发，那就更好了，在Spring的配置文件中使用的是接口注入，我只要把配置文件<property name="xxx" ref=""/>中的 ref修改一下就行了，其他的都不用修改了！这就是访问者模式的优势所在。

25.2   访问者模式的定义

访问者模式（Visitor Pattern）是一个相对简单的模式，其定义如下：Represent an

operation to be performed on the elements of an object structure. Visitor lets you define a new operation without changing the classes of the elements on which it operates. （封装一些作用于某种数据结构中的各元素的操作，它可以在不改变数据结构的前提下定义作用于这些元素的新的操作。）

访问者模式的通用类图如图25-5所示。

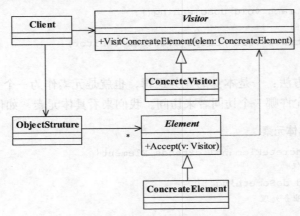

图25-5 访问者模式的通用类图

看了这个通用类图，大家可能要犯迷糊了，这里怎么有一个ObjectStruture类呢？你刚刚举的例子怎么就没有呢？真没有吗？我们不是定义了一个List了吗？它中间的元素是我们一个一个手动增加上去的，这就是一个ObjectStruture，我们来看这几个角色的职责。

❑ Visitor——抽象访问者

抽象类或者接口，声明访问者可以访问哪些元素，具体到程序中就是visit方法的参数定义哪些对象是可以被访问的。

❑ ConcreteVisitor——具体访问者

它影响访问者访问到一个类后该怎么干，要做什么事情。

❑ Element——抽象元素

接口或者抽象类，声明接受哪一类访问者访问，程序上是通过accept方法中的参数来定义的。

❑ ConcreteElement——具体元素

实现accept方法，通常是visitor.visit(this)，基本上都形成了一种模式了。

❑ ObjectStruture——结构对象

元素产生者，一般容纳在多个不同类、不同接口的容器，如List、Set、Map等，在项目中，一般很少抽象出这个角色。

大家可以这样理解访问者模式，我作为一个访客（Visitor）到朋友家（Visited Class）去拜访，朋友之间聊聊天，喝喝酒，再相互吹捧吹捧，炫耀炫耀，这都正常。聊天的时候，朋友告诉我，他今年加官晋爵了，工资也涨了30%，准备再买套房子，那我就在心里盘算（Visitor-self-method）"你这么有钱，我去年要借10万你都不借"，我根据朋友的信息，执行了自己的一个方法。

我们来看看访问者模式的通用源码，先看抽象元素，如代码清单25-11所示。

代码清单25-11 抽象元素

```java
public abstract class Element {
    //定义业务逻辑
    public abstract void doSomething();
    //允许谁来访问
    public abstract void accept(IVisitor visitor);
}
```

抽象元素有两类方法：一是本身的业务逻辑，也就是元素作为一个业务处理单元必须完成的职责；另外一个是允许哪一个访问者来访问。我们来看具体元素，如代码清单25-12所示。

代码清单25-12 具体元素

```java
public class ConcreteElement1 extends Element{
    //完善业务逻辑
    public void doSomething(){
        //业务处理
    }
    //允许那个访问者访问
    public void accept(IVisitor visitor){
        visitor.visit(this);
    }
}
public class ConcreteElement2 extends Element{
    //完善业务逻辑
    public void doSomething(){
        //业务处理
    }
    //允许那个访问者访问
    public void accept(IVisitor visitor){
        visitor.visit(this);
    }
}
```

它定义了两个具体元素，我们再来看抽象访问者，一般是有几个具体元素就有几个访问方法，如代码清单25-13所示。

代码清单25-13 抽象访问者

```java
public interface IVisitor {
    //可以访问哪些对象
    public void visit(ConcreteElement1 el1);
    public void visit(ConcreteElement2 el2);
}
```

具体访问者如代码清单25-14所示。

代码清单25-14 具体访问者

```
public class Visitor implements IVisitor {
    //访问el1元素
    public void visit(ConcreteElement1 el1) {
        el1.doSomething();
    }
    //访问el2元素
    public void visit(ConcreteElement2 el2) {
        el2.doSomething();
    }
}
```

结构对象是产生出不同的元素对象,我们使用工厂方法模式来模拟,如代码清单25-15所示。

代码清单25-15 结构对象

```
public class ObjectStruture {
    //对象生成器,这里通过一个工厂方法模式模拟
    public static Element createElement(){
        Random rand = new Random();
        if(rand.nextInt(100) > 50){
            return new ConcreteElement1();
        }else{
            return new ConcreteElement2();
        }
    }
}
```

进入了访问者角色后,我们对所有的具体元素的访问就非常简单了,我们通过一个场景类模拟这种情况,如代码清单25-16所示。

代码清单25-16 场景类

```
public class Client {
    public static void main(String[] args) {
        for(int i=0;i<10;i++){
            //获得元素对象
            Element el = ObjectStruture.createElement();
            //接受访问者访问
            el.accept(new Visitor());
        }
    }
}
```

通过增加访问者,只要是具体元素就非常容易访问,对元素的遍历就更加容易了,甭管它是什么对象,只要它在一个容器中,都可以通过访问者来访问,任务集中化。这就是访问者模式。

25.3   访问者模式的应用

25.3.1   访问者模式的优点

❑ 符合单一职责原则

具体元素角色也就是Employee抽象类的两个子类负责数据的加载，而Visitor类则负责报表的展现，两个不同的职责非常明确地分离开来，各自演绎变化。

❑ 优秀的扩展性

由于职责分开，继续增加对数据的操作是非常快捷的，例如，现在要增加一份给大老板的报表，这份报表格式又有所不同，直接在Visitor中增加一个方法，传递数据后进行整理打印。

❑ 灵活性非常高

例如，数据汇总，就以刚刚我们说的Employee的例子，如果我现在要统计所有员工的工资之和，怎么计算？把所有人的工资for循环加一遍？是个办法，那我再提个问题，员工工资×1.2，部门经理×1.4，总经理×1.8，然后把这些工资加起来，你怎么处理？1.2，1.4，1.8是什么？不是吧?！你没看到领导不论什么时候都比你拿得多，工资奖金就不说了，就是过节发个慰问券也比你多，就是这个系数在作祟。我们继续说你想怎么统计？使用for循环，然后使用instanceof来判断是员工还是经理？这可以解决，但不是个好办法，好办法是通过访问者模式来实现，把数据扔给访问者，由访问者来进行统计计算。

25.3.2   访问者模式的缺点

❑ 具体元素对访问者公布细节

访问者要访问一个类就必然要求这个类公布一些方法和数据，也就是说访问者关注了其他类的内部细节，这是迪米特法则所不建议的。

❑ 具体元素变更比较困难

具体元素角色的增加、删除、修改都是比较困难的，就上面那个例子，你想想，你要是想增加一个成员变量，如年龄age，Visitor就需要修改，如果Visitor是一个还好办，多个呢？业务逻辑再复杂点呢？

❑ 违背了依赖倒置转原则

访问者依赖的是具体元素，而不是抽象元素，这破坏了依赖倒置原则，特别是在面向对象的编程中，抛弃了对接口的依赖，而直接依赖实现类，扩展比较难。

25.3.3   访问者模式的使用场景

❑ 一个对象结构包含很多类对象，它们有不同的接口，而你想对这些对象实施一些依赖于其具体类的操作，也就说是用迭代器模式已经不能胜任的情景。

❑ 需要对一个对象结构中的对象进行很多不同并且不相关的操作，而你想避免让这些操作"污染"这些对象的类。

　　总结一下，在这种地方你一定要考虑使用访问者模式：业务规则要求遍历多个不同的对象。这本身也是访问者模式出发点，迭代器模式只能访问同类或同接口的数据（当然了，如果你使用instanceof，那么能访问所有的数据，这没有争论），而访问者模式是对迭代器模式的扩充，可以遍历不同的对象，然后执行不同的操作，也就是针对访问的对象不同，执行不同的操作。访问者模式还有一个用途，就是充当拦截器（Interceptor）角色，这个我们将在混编模式中讲解。

25.4　访问者模式的扩展

　　访问者模式是经常用到的模式，虽然你不注意，有可能你起的名字也不是什么Visitor，但是它确实是非常容易使用到的，在这里我提出两个扩展的功能供大家参考。

25.4.1　统计功能

　　在例子中我们也提到访问者的统计功能，汇总和报表是金融类企业非常常用的功能，基本上都是一堆的计算公式，然后出一个报表，很多项目采用了数据库的存储过程来实现，我不是很推荐这种方式，除非海量数据处理，一个晚上要批处理上亿、几十亿条的数据，除了存储过程来处理还没有其他办法，你要是用应用服务器来处理，连接数据库的网络就是处于100%占用状态，一个晚上也未必能处理完这批数据！除了这种海量数据外，我建议数据统计和报表的批处理通过访问者模式来处理会比较简单。好，那我们来统计一下公司人员的工资总额，先看类图，如图25-6所示。

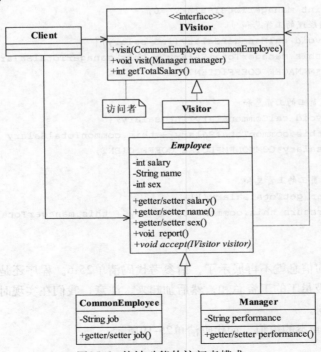

图25-6　统计功能的访问者模式

没什么变化？仔细看IVisitor接口，增加了一个getTotalSalary方法，在Visitor实现类中实现该方法。我们先看接口，如代码清单25-17所示。

代码清单25-17 抽象访问者

```
public interface IVisitor {
    //首先定义我可以访问普通员工
    public void visit(CommonEmployee commonEmployee);
    //其次定义，我还可以访问部门经理
    public void visit(Manager manager);
    //统计所有员工工资总和
    public int getTotalSalary();
}
```

这就多了一个getTotalSalary方法。我们再来看实现类，如代码清单25-18所示。

代码清单25-18 具体访问者

```
public class Visitor implements IVisitor {
    //部门经理的工资系数是5
    private final static int MANAGER_COEFFICIENT = 5;
    //员工的工资系数是2
    private final static int COMMONEMPLOYEE_COEFFICIENT = 2;
    //普通员工的工资总和
    private int commonTotalSalary = 0;
    //部门经理的工资总和
    private int managerTotalSalary =0;
    //计算部门经理的工资总和
    private void calManagerSalary(int salary){
        this.managerTotalSalary = this.managerTotalSalary + salary
        *MANAGER_COEFFICIENT ;
    }
    //计算普通员工的工资总和
    private void calCommonSlary(int salary){
        this.commonTotalSalary = this.commonTotalSalary +
        salary*COMMONEMPLOYEE_COEFFICIENT;
    }
    //获得所有员工的工资总和
    public int getTotalSalary(){
        return this.commonTotalSalary + this.managerTotalSalary;
    }
}
```

员工和经理层的信息就不再展示了，请参考代码清单25-6。程序还是比较简单的，分别计算普通员工和经理级员工的工资总和，然后加起来。注意，我们在实现时已经考虑员工工资和经理工资的系数不同。

我们再来看Client类的模拟，如代码清单25-19所示。

代码清单25-19　场景类

```java
public class Client {
    public static void main(String[] args) {
        IVisitor visitor = new Visitor();
        for(Employee emp:mockEmployee()){
            emp.accept(visitor);
        }
        System.out.println("本公司的月工资总额是: "+visitor.getTotalSalary());
    }
}
```

其中mockEmployee静态方法没有任何改动，请参考代码清单25-10，在此不再赘述。运行结果如下所示：

姓名: 张三	性别: 男	薪水: 1800	工作: 编写Java程序，绝对的蓝领、苦工加搬运工
姓名: 李四	性别: 女	薪水: 1900	工作: 页面美工，审美素质太不流行了!
姓名: 王五	性别: 男	薪水: 18750	业绩: 基本上是负值，但是我会拍马屁呀

本公司的月工资总额是: 101150

然后你想修改工资的系数，没有问题! 想换个展示格式，也没有问题! 多多练习吧，这都是非常简单的。

25.4.2　多个访问者

在实际的项目中，一个对象，多个访问者的情况非常多。其实我们上面例子就应该是两个访问者，为什么呢? 报表分两种: 第一种是展示表，通过数据库查询，把结果展示出来，这个就类似于我们的那个列表; 第二种是汇总表，这个是需要通过模型或者公式计算出来的，一般都是批处理结果，这个类似于我们计算工资总额，这两种报表格式是对同一堆数据的两种处理方式。从程序上看，一个类就有个不同的访问者了。修改一下类图，如图25-7所示。

类图看着挺复杂，其实也没什么复杂的，只是多了两个接口和两个实现类，分别负责展示表和汇总表的业务处理，IVisitor接口没有改变，请参考代码清单25-5所示代码，这里不再赘述。我们来看展示报表接口，如代码清单25-20所示。

代码清单25-20　展示表接口

```java
public interface IShowVisitor extends IVisitor {
    //展示报表
    public void report();
}
```

展示表的实现也比较简单，如代码清单25-21所示。

代码清单25-21　具体展示表

```java
public class ShowVisitor implements IShowVisitor {
    private String info = "";
    //打印出报表
    public void report() {
```

```
        System.out.println(this.info);
    }
    //访问普通员工，组装信息
    public void visit(CommonEmployee commonEmployee) {
        this.info = this.info + this.getBasicInfo(commonEmployee)
        + "工作: "+commonEmployee.getJob()+"\t\n";
    }
    //访问经理，然后组装信息
    public void visit(Manager manager) {
        this.info = this.info + this.getBasicInfo(manager) + "业绩:
        "+manager.getPerformance() + "\t\n";
    }
    //组装出基本信息
    private String getBasicInfo(Employee employee){
        String info = "姓名: " + employee.getName() + "\t";
        info = info + "性别: " + (employee.getSex() == Employee.FEMALE?"女":
        "男") + "\t";
        info = info + "薪水: " + employee.getSalary()  + "\t";
        return info;
    }
}
```

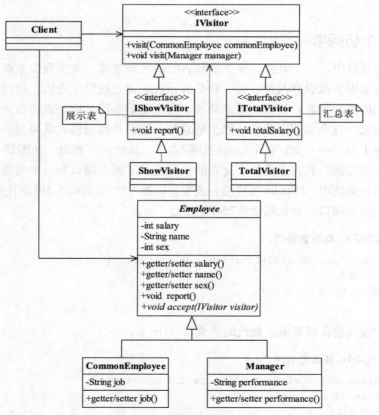

图25-7 多访问者的类图

汇总表实现数据汇总功能，其接口如代码清单25-22所示。

代码清单25-22　汇总表接口

```java
public interface ITotalVisitor extends IVisitor {
    //统计所有员工工资总和
    public void totalSalary();
}
```

就一句话，非常简单，我们再来看具体的汇总表访问者，如代码清单25-23所示。

代码清单25-23　具体汇总表

```java
public class TotalVisitor implements ITotalVisitor {
    //部门经理的工资系数是5
    private final static int MANAGER_COEFFICIENT = 5;
    //员工的工资系数是2
    private final static int COMMONEMPLOYEE_COEFFICIENT = 2;
    //普通员工的工资总和
    private int commonTotalSalary = 0;
    //部门经理的工资总和
    private int managerTotalSalary =0;
    public void totalSalary() {
        System.out.println("本公司的月工资总额是" + (this.commonTotalSalary +
        this.managerTotalSalary));
    }
    //访问普通员工，计算工资总额
    public void visit(CommonEmployee commonEmployee) {
        this.commonTotalSalary = this.commonTotalSalary + commonEmployee.getSalary()
        *COMMONEMPLOYEE_COEFFICIENT;
    }
    //访问部门经理，计算工资总额
    public void visit(Manager manager) {
        this.managerTotalSalary = this.managerTotalSalary + manager.getSalary()
        *MANAGER_COEFFICIENT ;
    }
}
```

最后看我们的场景类如何计算出工资总额，如代码清单25-24所示。

代码清单25-24　场景类

```java
public class Client {
    public static void main(String[] args) {
        //展示报表访问者
        IShowVisitor showVisitor = new ShowVisitor();
        //汇总报表的访问者
        ITotalVisitor totalVisitor = new TotalVisitor();
        for(Employee emp:mockEmployee()){
            emp.accept(showVisitor);   //接受展示报表访问者
```

```
                              emp.accept(totalVisitor);//接受汇总表访问者
              }
              //展示报表
              showVisitor.report();
              //汇总报表
              totalVisitor.totalSalary();
       }
}
```

运行结果如下所示：

姓名：张三　　　　性别：男　　　　薪水：1800　　　　工作：编写Java程序，绝对的蓝领、苦工加搬运工

姓名：李四　　　　性别：女　　　　薪水：1900　　　　工作：页面美工，审美素质太不流行了！

姓名：王五　　　　性别：男　　　　薪水：18750　　　业绩：基本上是负值，但是我会拍马屁啊

本公司的月工资总额是101150

大家可以再深入地想象，一堆数据从几个角度来分析，那是什么？即数据挖掘（Data Mining），数据的上切、下钻等处理，大家有兴趣看可以翻看数据挖掘或者商业智能（BI）的书。

25.4.3　双分派

说到访问者模式就不得不提一下双分派（double dispatch）问题，什么是双分派呢？我们先来解释一下什么是单分派（single dispatch）和多分派（multiple dispatch），单分派语言处理一个操作是根据请求者的名称和接收到的参数决定的，在Java中有静态绑定和动态绑定之说，它的实现是依据重载（overload）和覆写（override）实现的，我们来说一个简单的例子。

例如，演员演电影角色，一个演员可以扮演多个角色，我们先定义一个影视中的两个角色：功夫主角和白痴配角，如代码清单25-25所示。

代码清单25-25　角色接口及实现类

```java
public interface Role {
    //演员要扮演的角色
}
public class KungFuRole implements Role {
    //武功天下第一的角色
}
public class IdiotRole implements Role {
    //一个弱智角色
}
```

角色有了，我们再定义一个演员抽象类，如代码清单25-26所示。

代码清单25-26　抽象演员

```java
public abstract class AbsActor {
    //演员都能够演一个角色
    public void act(Role role){
        System.out.println("演员可以扮演任何角色");
    }
}
```

```
//可以演功夫戏
public void act(KungFuRole role){
        System.out.println("演员都可以演功夫角色");
    }
}
```

很简单，这里使用了Java的重载，我们再来看青年演员和老年演员，采用覆写的方式来细化抽象类的功能，如代码清单25-27所示。

代码清单25-27 青年演员和老年演员

```
public class YoungActor extends AbsActor {
    //年轻演员最喜欢演功夫戏
    public void act(KungFuRole role){
            System.out.println("最喜欢演功夫角色");
    }
}
public class OldActor extends AbsActor {
    //不演功夫角色
    public void act(KungFuRole role){
            System.out.println("年龄大了，不能演功夫角色");
    }
}
```

覆写和重载都已经实现，我们编写一个场景，如代码清单25-28所示。

代码清单25-28 场景类

```
public class Client {
    public static void main(String[] args) {
            //定义一个演员
            AbsActor actor = new OldActor();
            //定义一个角色
            Role role = new KungFuRole();
            //开始演戏
            actor.act(role);
            actor.act(new KungFuRole());
    }
}
```

猜猜看运行结果是什么？很简单，运行结果如下所示。

```
演员可以扮演任何角色
年龄大了，不能演功夫角色
```

重载在编译器期就决定了要调用哪个方法，它是根据role的表面类型而决定调用act(Role role)方法，这是静态绑定；而Actor的执行方法act则是由其实际类型决定的，这是动态绑定。

一个演员可以扮演很多角色，我们的系统要适应这种变化，也就是根据演员、角色两个对象类型，完成不同的操作任务，该如何实现呢？很简单，我们让访问者模式上场就可以解决该问题，只要把角色类稍稍修改即可，如代码清单25-29所示。

代码清单25-29 引入访问者模式

```java
public interface Role {
        //演员要扮演的角色
        public void accept(AbsActor actor);
}
public class KungFuRole implements Role {
        //武功天下第一的角色
        public void accept(AbsActor actor){
                actor.act(this);
        }
}
public class IdiotRole implements Role {
        //一个弱智角色，由谁来扮演
        public void accept(AbsActor actor){
                actor.act(this);
        }
}
```

场景类稍有改动，如代码清单25-30所示。

代码清单25-30 场景类

```java
public class Client {
        public static void main(String[] args) {
                //定义一个演员
                AbsActor actor = new OldActor();
                //定义一个角色
                Role role = new KungFuRole();
                //开始演戏
                role.accept(actor);
        }
}
```

运行结果如下所示。

年龄大了，不能演功夫角色

看到没？不管演员类和角色类怎么变化，我们都能够找到期望的方法运行，这就是双反派。双分派意味着得到执行的操作决定于请求的种类和两个接收者的类型，它是多分派的一个特例。从这里也可以看到Java是一个支持双分派的单分派语言。

25.5 最佳实践

访问者模式是一种集中规整模式，特别适用于大规模重构的项目，在这一个阶段需求已经非常清晰，原系统的功能点也已经明确，通过访问者模式可以很容易把一些功能进行梳理，达到最终目的——功能集中化，如一个统一的报表运算、UI展现等，我们还可以与其他模式混编建立一套自己的过滤器或者拦截器，请大家参考混编模式的相关章节。

第26章

状态模式

26.1 城市的纵向发展功臣——电梯

现在城市发展很快，百万级人口的城市很多，那其中有两个东西的发明在城市的发展中起到非常重要的作用：一个是汽车，另一个是电梯。汽车让城市可以横向扩展，电梯让城市可以纵向延伸，向空中伸展。汽车对城市的发展我们就不说了，电梯，你想想看，如果没有电梯，每天你需要爬15层楼梯，你是不是会累坏了？建筑师设计了一个没有电梯的建筑，投资者肯定不愿意投资，那也是建筑师的耻辱，今天我们就用程序表现一下这个电梯是怎么运作的。

我们每天都在乘电梯，那我们来看看电梯有哪些动作（映射到Java中就是有多少方法）：开门、关门、运行、停止。好，我们就用程序来实现一下电梯的动作，先看类图设计，如图26-1所示。

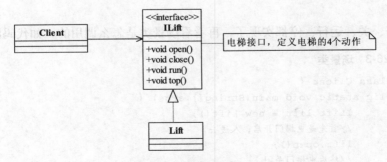

图26-1 电梯的类图

非常简单的类图，定义一个接口，然后是一个实现类，然后业务场景类Client就可以调用，并运行起来，简单也要实现出来。看看该程序的接口，如代码清单26-1所示。

代码清单26-1 电梯接口

```
public interface ILift {
    //首先电梯门开启动作
    public void open();
```

```
    //电梯门可以开启，那当然也就有关闭了
    public void close();
    //电梯要能上能下
    public void run();
    //电梯还要能停下来
    public void stop();
}
```

接口有了，再来看实现类，如代码清单26-2所示。

代码清单26-2　电梯实现类

```java
public class Lift implements ILift {
    //电梯门关闭
    public void close() {
            System.out.println("电梯门关闭...");
    }
    //电梯门开启
    public void open() {
            System.out.println("电梯门开启...");
    }
    //电梯开始运行起来
    public void run() {
            System.out.println("电梯上下运行起来...");
    }
    //电梯停止
    public void stop() {
            System.out.println("电梯停止了...");
    }
}
```

电梯的开、关、运行、停都实现了，再看看场景类是怎么调用的，如代码清单26-3所示。

代码清单26-3　场景类

```java
public class Client {
    public static void main(String[] args) {
            ILift lift = new Lift();
            //首先是电梯门开启，人进去
            lift.open();
            //然后电梯门关闭
            lift.close();
            //再然后，电梯运行起来，向上或者向下
            lift.run();
            //最后到达目的地，电梯停下来
            lift.stop();
    }
}
```

运行的结果如下所示：

电梯门开启...
电梯门关闭...
电梯上下运行起来...
电梯停止了...

太简单的程序了！每个程序员都会写这个程序，这么简单的程序还拿出来显摆，是不是太小看我们的智商了？非也，非也，我们继续往下分析，这个程序有什么问题？你想想，电梯门可以打开，但不是随时都可以开，是有前提条件的。你不可能电梯在运行的时候突然开门吧？！电梯也不会出现停止了但是不开门的情况吧？！那要是有也是事故嘛，再仔细想想，电梯的这4个动作的执行都有前置条件，具体点说就是在特定状态下才能做特定事，那我们来分析一下电梯有哪些特定状态。

❑ 敞门状态

按了电梯上下按钮，电梯门开，这中间大概有10秒的时间，那就是敞门状态。在这个状态下电梯只能做的动作是关门动作。

❑ 闭门状态

电梯门关闭了，在这个状态下，可以进行的动作是：开门（我不想坐电梯了）、停止（忘记按路层号了）、运行。

❑ 运行状态

电梯正在跑，上下窜，在这个状态下，电梯只能做的是停止。

❑ 停止状态

电梯停止不动，在这个状态下，电梯有两个可选动作：继续运行和开门动作。

我们用一张表来表示电梯状态和动作之间的关系，如图26-2所示。

	开门（open）	关门（close）	运行（run）	停止（stop）
敞门状态	○	☆	○	○
闭门状态	☆	○	☆	☆
运行状态	○	○	○	☆
停止状态	☆	○	☆	○

图26-2 电梯状态和动作对应表（○表示不允许，☆表示允许动作）

看到这张表后，我们才发觉，哦，我们的程序做得很不严谨，好，我们来修改一下，如图26-3所示。

在接口中定义了4个常量，分别表示电梯的4个状态：敞门状态、闭门状态、运行状态、停止状态，然后在实现类中电梯的每一次动作发生都要对状态进行判断，判断是否可以执行，也就是动作的执行是否符合业务逻辑，实现类中有4个私有方法是仅仅实现电梯的动作，没有任何前置条件，因此这4个方法是不能为外部类调用的，设置为私有方法。我们先看接口的改变，如代码清单26-4所示。

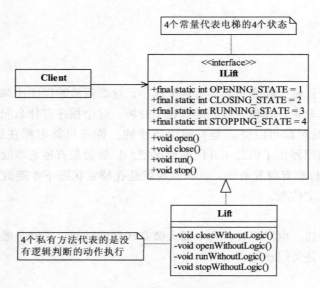

图26-3 增加了状态的类图

代码清单26-4 电梯接口

```java
public interface ILift {
    //电梯的4个状态
    public final static int OPENING_STATE = 1;  //敞门状态
    public final static int CLOSING_STATE = 2;  //闭门状态
    public final static int RUNNING_STATE = 3;  //运行状态
    public final static int STOPPING_STATE = 4; //停止状态
    //设置电梯的状态
    public void setState(int state);
    //首先电梯门开启动作
    public void open();
    //电梯门可以开启，那当然也就有关闭了
    public void close();
    //电梯要能上能下，运行起来
    public void run();
    //电梯还要能停下来
    public void stop();
}
```

这里增加了4个静态常量，并增加了一个方法setState，设置电梯的状态。我们再来看实现类是如何实现的，如代码清单26-5所示。

代码清单26-5 电梯实现类

```java
public class Lift implements ILift {
    private int state;
    public void setState(int state) {
            this.state = state;
    }
```

```java
//电梯门关闭
public void close() {
        //电梯在什么状态下才能关闭
        switch(this.state){
                case OPENING_STATE:  //可以关门, 同时修改电梯状态
                        this.closeWithoutLogic();
                        this.setState(CLOSING_STATE);
                        break;
                case CLOSING_STATE:  //电梯是关门状态, 则什么都不做
                        //do nothing;
                        break;
                case RUNNING_STATE: //正在运行, 门本来就是关闭的, 也什么都不做
                        //do nothing;
                        break;
                case STOPPING_STATE:  //停止状态, 门也是关闭的, 什么也不做
                        //do nothing;
                        break;
                }

}
//电梯门开启
public void open() {
        //电梯在什么状态才能开启
        switch(this.state){
                case OPENING_STATE: //闭门状态, 什么都不做
                        //do nothing;
                        break;
                case CLOSING_STATE: //闭门状态, 则可以开启
                        this.openWithoutLogic();
                        this.setState(OPENING_STATE);
                        break;
                case RUNNING_STATE: //运行状态, 则不能开门, 什么都不做
                        //do nothing;
                        break;
                case STOPPING_STATE: //停止状态, 当然要开门了
                        this.openWithoutLogic();
                        this.setState(OPENING_STATE);
                        break;
                }

}
//电梯开始运行起来
public void run() {
        switch(this.state){
                case OPENING_STATE: //敞门状态, 什么都不做
                        //do nothing;
                        break;
                case CLOSING_STATE: //闭门状态, 则可以运行
```

```
                                this.runWithoutLogic();
                                this.setState(RUNNING_STATE);
                                break;
                        case RUNNING_STATE: //运行状态，则什么都不做
                                //do nothing;
                                break;
                        case STOPPING_STATE: //停止状态，可以运行
                                this.runWithoutLogic();
                                this.setState(RUNNING_STATE);
                }
        }
        //电梯停止
        public void stop() {
                switch(this.state){
                case OPENING_STATE: //敞门状态，要先停下来的，什么都不做
                        //do nothing;
                        break;
                case CLOSING_STATE: //闭门状态，则当然可以停止了
                        this.stopWithoutLogic();
                        this.setState(CLOSING_STATE);
                        break;
                case RUNNING_STATE: //运行状态，有运行当然那也就有停止了
                        this.stopWithoutLogic();
                        this.setState(CLOSING_STATE);
                        break;
                case STOPPING_STATE: //停止状态，什么都不做
                        //do nothing;
                        break;
                }
        }
        //纯粹的电梯关门，不考虑实际的逻辑
        private void closeWithoutLogic(){
                System.out.println("电梯门关闭...");
        }
        //纯粹的电梯开门，不考虑任何条件
        private void openWithoutLogic(){
                System.out.println("电梯门开启...");
        }
        //纯粹的运行，不考虑其他条件
        private void runWithoutLogic(){
                System.out.println("电梯上下运行起来...");
        }
        //单纯的停止，不考虑其他条件
        private void stopWithoutLogic(){
                System.out.println("电梯停止了...");
        }
}
```

程序有点长，但是还是很简单的，就是在每一个接口定义的方法中使用switch...case来判断它是否符合业务逻辑，然后运行指定的动作。我们重新编写一个场景类来描述一下该环境，如代码清单26-6所示。

代码清单26-6　场景类

```java
public class Client {
    public static void main(String[] args) {
        ILift lift = new Lift();
        //电梯的初始条件应该是停止状态
        lift.setState(ILift.STOPPING_STATE);
        //首先是电梯门开启，人进去
        lift.open();
        //然后电梯门关闭
        lift.close();
        //再然后，电梯运行起来，向上或者向下
        lift.run();
        //最后到达目的地，电梯停下来
        lift.stop();
    }
}
```

在业务调用的方法中增加了电梯状态判断，电梯要不是随时都可以开的，必须满足一定条件才能开门，人才能走进去，我们设置电梯的起始是停止状态，运行结果如下所示：

电梯门开启...
电梯门关闭...
电梯上下运行起来...
电梯停止了...

我们来想一下，这段程序有什么问题。

❑ 电梯实现类Lift有点长

长的原因是我们在程序中使用了大量的switch...case这样的判断（if...else也是一样），程序中只要有这样的判断就避免不了加长程序，而且在业务复杂的情况下，程序会更长，这就不是一个很好的习惯了，较长的方法和类无法带来良好的维护性，毕竟，程序首先是给人阅读的，然后才是机器执行。

❑ 扩展性非常差劲

大家来想想，电梯还有两个状态没有加，是什么？通电状态和断电状态，你要是在程序增加这两个方法，你看看Open()、Close()、Run()、Stop()这4个方法都要增加判断条件，也就是说switch判断体中还要增加case项，这与开闭原则相违背。

❑ 非常规状态无法实现

我们来思考我们的业务，电梯在门敞开状态下就不能上下运行了吗？电梯有没有发生过只有运行没有停止状态呢（从40层直接坠到1层嘛）？电梯故障嘛，还有电梯在检修的时候，可以在stop状态下不开门，这也是正常的业务需求呀，你想想看，如果加上这些判断条件，上面的程序有多少需要修改？虽然这些都是电梯的业务逻辑，但是一个类有且仅有一个原因引起类的变化，单一职责原则，看看我们的类，业务任务上一个小小的增加或改动都使得我们这个电梯类产生了修改，这在项目开发上是有很大风险的。

既然我们已经发现程序中有以上问题，我们怎么来修改呢？刚刚我们是从电梯的方法以及这些方法执行的条件去分析，现在我们换个角度来看问题。我们来想，电梯在具有这些状态的时候能够做什么事情，也就是说在电梯处于某个具体状态时，我们来思考这个状态是由什么动作触发而产生的，以及在这个状态下电梯还能做什么事情。例如，电梯在停止状态时，我们来思考两个问题：

❏ 停止状态是怎么来的，那当然是由于电梯执行了stop方法而来的。

❏ 在停止状态下，电梯还能做什么动作？继续运行？开门？当然都可以了。

我们再来分析其他3个状态，也都是一样的结果，我们只要实现电梯在一个状态下的两个任务模型就可以了：这个状态是如何产生的，以及在这个状态下还能做什么其他动作（也就是这个状态怎么过渡到其他状态），既然我们以状态为参考模型，那我们就先定义电梯的状态接口，类图如图26-4所示。

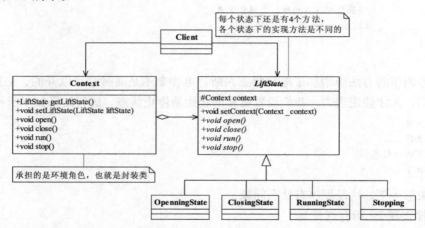

图26-4　以状态作为导向的类图

在类图中，定义了一个LiftState抽象类，声明了一个受保护的类型Context变量，这个是串联各个状态的封装类。封装的目的很明显，就是电梯对象内部状态的变化不被调用类知晓，也就是迪米特法则了（我的类内部情节你知道得越少越好），并且还定义了4个具体的实现类，承担的是状态的产生以及状态间的转换过渡，我们先来看LiftState代码，如代码清单26-7所示。

代码清单26-7　抽象电梯状态

```
public abstract class LiftState{
    //定义一个环境角色，也就是封装状态的变化引起的功能变化
    protected Context context;
    public void setContext(Context _context){
        this.context = _context;
    }
    //首先电梯门开启动作
```

```
public abstract void open();
//电梯门有开启，那当然也就有关闭了
public abstract void close();
//电梯要能上能下，运行起来
public abstract void run();
//电梯还要能停下来
public abstract void stop();
}
```

抽象类比较简单，我们先看一个具体的实现——敞门状态的实现类，如代码清单26-8所示。

代码清单26-8 敞门状态

```
public class OpenningState extends LiftState {
        //开启当然可以关闭了，我就想测试一下电梯门开关功能
        @Override
        public void close() {
                //状态修改
                super.context.setLiftState(Context.closeingState);
                //动作委托为CloseState来执行
                super.context.getLiftState().close();
        }
        //打开电梯门
        @Override
        public void open() {
                System.out.println("电梯门开启...");
        }
        //门开着时电梯就运行跑，这电梯，吓死你!
        @Override
        public void run() {
                //do nothing;
        }
        //开门还不停止?
        public void stop() {
                //do nothing;
        }
}
```

我来解释一下这个类的几个方法，Openning状态是由open()方法产生的，因此，在这个方法中有一个具体的业务逻辑，我们是用print来代替了。在Openning状态下，电梯能过渡到其他什么状态呢? 按照现在的定义的是只能过渡到Closing状态，因此我们在Close()中定义了状态变更，同时把Close这个动作也委托了给CloseState类下的Close方法执行，这个可能不好理解，我们再看看Context类可能好理解一点，如代码清单26-9所示。

代码清单26-9 上下文类

```
public class Context {
        //定义出所有的电梯状态
        public final static OpenningState openningState = new OpenningState();
```

```java
        public final static ClosingState closeingState = new ClosingState();
        public final static RunningState runningState = new RunningState();
        public final static StoppingState stoppingState = new StoppingState();
        //定义一个当前电梯状态
        private LiftState liftState;
        public LiftState getLiftState() {
                return liftState;
        }
        public void setLiftState(LiftState liftState) {
                this.liftState = liftState;
                //把当前的环境通知到各个实现类中
                this.liftState.setContext(this);
        }
        public void open(){
                this.liftState.open();
        }
        public void close(){
                this.liftState.close();
        }
        public void run(){
                this.liftState.run();
        }
        public void stop(){
                this.liftState.stop();
        }
}
```

结合以上3个类，我们可以这样理解：Context是一个环境角色，它的作用是串联各个状态的过渡，在LiftSate抽象类中我们定义并把这个环境角色聚合进来，并传递到子类，也就是4个具体的实现类中自己根据环境来决定如何进行状态的过渡。关闭状态如代码清单26-10所示。

代码清单26-10　关闭状态

```java
public class ClosingState extends LiftState {
        //电梯门关闭，这是关闭状态要实现的动作
        @Override
        public void close() {
                System.out.println("电梯门关闭...");
        }
        //电梯门关了再打开
        @Override
        public void open() {
                super.context.setLiftState(Context.openningState);   //置为敞门状态
                super.context.getLiftState().open();
        }
        //电梯门关了就运行，这是再正常不过了
        @Override
        public void run() {
```

```
                super.context.setLiftState(Context.runningState); //设置为运行状态
                super.context.getLiftState().run();
        }
        //电梯门关着，我就不按楼层
        @Override
        public void stop() {
                super.context.setLiftState(Context.stoppingState);  //设置为停止状态
                super.context.getLiftState().stop();
        }
}
```

运行状态如代码清单26-11所示。

代码清单26-11 运行状态

```
public class RunningState extends LiftState {
        //电梯门关闭？这是肯定的
        @Override
        public void close() {
                //do nothing
        }
        //运行的时候开电梯门？你疯了！电梯不会给你开的
        @Override
        public void open() {
                //do nothing
        }
        //这是在运行状态下要实现的方法
        @Override
        public void run() {
                System.out.println("电梯上下运行...");
        }
        //这绝对是合理的，只运行不停止还有谁敢坐这个电梯？！估计只有上帝了
        @Override
        public void stop() {
                super.context.setLiftState(Context.stoppingState);//环境设置为停止状态
                super.context.getLiftState().stop();
        }
}
```

停止状态如代码清单26-12所示。

代码清单26-12 停止状态

```
public class StoppingState extends LiftState {
        //停止状态关门？电梯门本来就是关着的!
        @Override
        public void close() {
                //do nothing;
        }
        //停止状态，开门，那是要的!
```

```
    @Override
    public void open() {
            super.context.setLiftState(Context.openningState);
            super.context.getLiftState().open();
    }
    //停止状态再运行起来，正常得很
    @Override
    public void run() {
            super.context.setLiftState(Context.runningState);
            super.context.getLiftState().run();
    }
    //停止状态是怎么发生的呢？当然是停止方法执行了
    @Override
    public void stop() {
            System.out.println("电梯停止了...");
    }
}
```

业务逻辑都已经实现了，我们看看怎么来模拟场景类，如代码清单26-13所示。

代码清单26-13　场景类

```
public class Client {
    public static void main(String[] args) {
            Context context = new Context();
            context.setLiftState(new ClosingState());
            context.open();
            context.close();
            context.run();
            context.stop();
    }
}
```

Client场景类太简单了，只要定义一个电梯的初始状态，然后调用相关的方法，就完成了，完全不用考虑状态的变更，运行结果完全相同，不再赘述。

我们再来回顾一下我们刚刚批判的上一段代码。首先是代码太长，这个问题已经解决了，通过各个子类来实现，每个子类的代码都很短，而且也取消了switch...case条件的判断。其次是不符合开闭原则，那如果在我们这个例子中要增加两个状态应该怎么做呢？增加两个子类，一个是通电状态，另一个是断电状态，同时修改其他实现类的相应方法，因为状态要过渡，那当然要修改原有的类，只是在原有类中的方法上增加，而不去做修改。再次是不符合迪米特法则，我们现在的各个状态是单独的类，只有与这个状态有关的因素修改了，这个类才修改，符合迪米特法则，非常完美！这就是状态模式。

26.2　状态模式的定义

上面的例子中多次提到状态，本节讲的就是状态模式，什么是状态模式呢？其定义如下：

Allow an object to alter its behavior when its internal state changes. The object will appear to change its class.（当一个对象内在状态改变时允许其改变行为，这个对象看起来像改变了其类。）

状态模式的核心是封装，状态的变更引起了行为的变更，从外部看起来就好像这个对象对应的类发生了改变一样。状态模式的通用类图如图26-5所示。

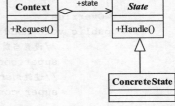

我们先来看看状态模式中的3个角色。

❑ State——抽象状态角色

接口或抽象类，负责对象状态定义，并且封装环境角色以实现状态切换。

❑ ConcreteState——具体状态角色

每一个具体状态必须完成两个职责：本状态的行为管理以及趋向状态处理，通俗地说，就是本状态下要做的事情，以及本状态如何过渡到其他状态。

❑ Context——环境角色

定义客户端需要的接口，并且负责具体状态的切换。

状态模式相对来说比较复杂，它提供了一种对物质运动的另一个观察视角，通过状态变更促使行为的变化，就类似水的状态变更一样，一碗水的初始状态是液态，通过加热转变为气态，状态的改变同时也引起体积的扩大，然后就产生了一个新的行为：鸣笛或顶起壶盖，瓦特就是这么发明蒸汽机的。我们再来看看状态模式的通用源代码，首先来看抽象环境角色，如代码清单26-14所示。

代码清单26-14　抽象环境角色

```java
public abstract class State {
    //定义一个环境角色，提供子类访问
    protected Context context;
    //设置环境角色
    public void setContext(Context _context){
        this.context = _context;
    }
    //行为1
    public abstract void handle1();
    //行为2
    public abstract void handle2();
}
```

抽象环境中声明一个环境角色，提供各个状态类自行访问，并且提供所有状态的抽象行为，由各个实现类实现。具体环境角色如代码清单26-15所示。

图26-5　状态模式通用类图

代码清单26-15   环境角色

```java
public class ConcreteState1 extends State {
    @Override
    public void handle1() {
        //本状态下必须处理的逻辑
    }
    @Override
    public void handle2() {
        //设置当前状态为stat2
        super.context.setCurrentState(Context.STATE2);
        //过渡到state2状态, 由Context实现
        super.context.handle2();
    }
}
public class ConcreteState2 extends State {
    @Override
    public void handle1() {
        //设置当前状态为state1
        super.context.setCurrentState(Context.STATE1);
        //过渡到state1状态, 由Context实现
        super.context.handle1();
    }
    @Override
    public void handle2() {
        //本状态下必须处理的逻辑
    }
}
```

具体环境角色有两个职责：处理本状态必须完成的任务，决定是否可以过渡到其他状态。我们再来看环境角色，如代码清单26-16所示。

代码清单26-16   具体环境角色

```java
public class Context {
    //定义状态
    public final static State STATE1 = new ConcreteState1();
    public final static State STATE2 = new ConcreteState2();
    //当前状态
    private State CurrentState;
    //获得当前状态
    public State getCurrentState() {
        return CurrentState;
    }
    //设置当前状态
    public void setCurrentState(State currentState) {
        this.CurrentState = currentState;
        //切换状态
        this.CurrentState.setContext(this);
    }
```

```
//行为委托
public void handle1(){
        this.CurrentState.handle1();
}
public void handle2(){
        this.CurrentState.handle2();
}
}
```

环境角色有两个不成文的约束：

❏ 把状态对象声明为静态常量，有几个状态对象就声明几个静态常量。

❏ 环境角色具有状态抽象角色定义的所有行为，具体执行使用委托方式。

我们再来看场景类如何执行，如代码清单26-17所示。

代码清单26-17 具体环境角色

```
public class Client {
    public static void main(String[] args) {
            //定义环境角色
            Context context = new Context();
            //初始化状态
            context.setCurrentState(new ConcreteState1());
            //行为执行
            context.handle1();
            context.handle2();
    }
}
```

看到没？我们已经隐藏了状态的变化过程，它的切换引起了行为的变化。对外来说，我们只看到行为的发生改变，而不用知道是状态变化引起的。

26.3 状态模式的应用

26.3.1 状态模式的优点

❏ 结构清晰

避免了过多的switch...case或者if...else语句的使用，避免了程序的复杂性,提高系统的可维护性。

❏ 遵循设计原则

很好地体现了开闭原则和单一职责原则，每个状态都是一个子类，你要增加状态就要增加子类，你要修改状态，你只修改一个子类就可以了。

❏ 封装性非常好

这也是状态模式的基本要求，状态变换放置到类的内部来实现，外部的调用不用知道类内部如何实现状态和行为的变换。

26.3.2　状态模式的缺点

状态模式既然有优点，那当然有缺点了。但只有一个缺点，子类会太多，也就是类膨胀。如果一个事物有很多个状态也不稀奇，如果完全使用状态模式就会有太多的子类，不好管理，这个需要大家在项目中自己衡量。其实有很多方式可以解决这个状态问题，如在数据库中建立一个状态表，然后根据状态执行相应的操作，这个也不复杂，看大家的习惯和嗜好了。

26.3.3　状态模式的使用场景

❑ 行为随状态改变而改变的场景

这也是状态模式的根本出发点，例如权限设计，人员的状态不同即使执行相同的行为结果也会不同，在这种情况下需要考虑使用状态模式。

❑ 条件、分支判断语句的替代者

在程序中大量使用switch语句或者if判断语句会导致程序结构不清晰，逻辑混乱，使用状态模式可以很好地避免这一问题，它通过扩展子类实现了条件的判断处理。

26.3.4　状态模式的注意事项

状态模式适用于当某个对象在它的状态发生改变时，它的行为也随着发生比较大的变化，也就是说在行为受状态约束的情况下可以使用状态模式，而且使用时对象的状态最好不要超过5个。

26.4　最佳实践

上面的例子可能比较复杂，请各位看官耐心看，看完肯定有所收获。我翻遍了所有能找得到的资料（关于这个电梯的例子也是由《Design Pattern for Dummies》这本书激发出来的），基本上没有一本把这个状态模式讲透彻的（当然，还是有几本讲得不错），我不敢说我就讲得透彻，大家都只讲了一个状态到另一个状态的过渡。状态间的过渡是固定的，举个简单的例子，如图26-6所示。

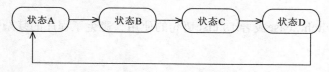

图26-6　简单状态切换示意图

这个状态图是很多书上都有的，状态A只能切换到状态B，状态B再切换到状态C。举例最多的就是TCP监听的例子。TCP有3个状态：等待状态、连接状态、断开状态，然后这3个状态按照顺序循环切换。按照这个状态变更来讲解状态模式，我认为是不太合适的，为什么呢？你在项目中很少看到一个状态只能过渡到另一个状态情形，项目中遇到的大多数情况都是一个状态可以转换为几种状态，如图26-7所示。

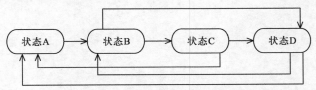

图26-7 复杂状态切换示意图

状态B既可以切换到状态C，又可以切换到状态D，而状态D也可以切换到状态A或状态B，这在项目分析过程中有一个状态图可以完整地展示这种蜘蛛网结构，例如，一些收费网站的用户就有很多状态，如普通用户、普通会员、VIP会员、白金级用户等，这个状态的变更你不允许跳跃？！这不可能，所以我在例子中就举了一个比较复杂的应用，基本上可以实现状态间自由切换，这才是最经常用到的状态模式。

再提一个问题，状态间的自由切换，那会有很多种呀，你要挨个去牢记一遍吗？比如上面那个电梯的例子，我要一个正常的电梯运行逻辑，规则是开门->关门->运行->停止；还要一个紧急状态（如火灾）下的运行逻辑，关门->停止，紧急状态时，电梯当然不能用了；再要一个维修状态下的运行逻辑，这个状态任何情况都可以，开着门电梯运行？可以！门来回开关？可以！永久停止不动？可以！那这怎么实现呢？需要我们把已经有的几种状态按照一定的顺序再重新组装一下，那这个是什么模式？什么模式？大声点！建造者模式！对，建造模式+状态模式会起到非常好的封装作用。

更进一步，应该有部分读者做过工作流开发，如果不是土制框架，那么就应该有个状态机管理（即使是土制框架也应该有），如一个Activity（节点）有初始化状态（Initialized State）、挂起状态（Suspended State）、完成状态（Completed State）等，流程实例也有这么多状态，那这些状态怎么管理呢？通过状态机（State Machine）来管理，那状态机是个什么东西呢？就是我们上面提到的Context类的升级变态BOSS！

第27章

解释器模式

27.1　四则运算你会吗

在银行、证券类项目中，经常会有一些模型运算，通过对现有数据的统计、分析而预测不可知或未来可能发生的商业行为。模型运算大部分是针对海量数据的，例如建立一个模型公式，分析一个城市的消费倾向，进而影响银行的营销和业务扩张方向。一般的模型运算都有一个或多个运算公式，通常是加、减、乘、除四则运算，偶尔也有指数、开方等复杂运算。具体到一个金融业务中，模型公式是非常复杂的，虽然只有加、减、乘、除四则运算，但是公式有可能有十多个参数，而且上百个业务品各有不同的取参路径，同时相关表的数据量都在百万级。呵呵，复杂了吧，不复杂那就不叫金融业务，我们来讲讲运算的核心——模型公式及其如何实现。

业务需求：输入一个模型公式（加、减运算），然后输入模型中的参数，运算出结果。

设计要求：

❑ 公式可以运行时编辑，并且符合正常算术书写方式，例如$a+b-c$。

❑ 高扩展性，未来增加指数、开方、极限、求导等运算符号时较少改动。

❑ 效率可以不用考虑，晚间批量运算。

需求不复杂，若仅仅对数字采用四则运算，每个程序员都可以写出来。但是增加了增加模型公式就复杂了。先解释一下为什么需要公式，而不采用直接计算的方法，例如有如下3个公式：

❑ 业务种类1的公式：$a+b+c-d$。

❑ 业务种类2的公式：$a+b+e-d$。

❑ 业务种类3的公式：$a-f$。

其中，a、b、c、d、e、f参数的值都可以取得，如果使用直接计算数值的方法需要为每个品种写一个算法，目前仅仅是3个业务种类，那上百个品种呢？歇菜了吧！建立公式，然后通过公式运算才是王道。

我们以实现加、减算法（由于篇幅所限，乘、除法的运算读者可以自行扩展）的公式为例，讲解如何解析一个固定语法逻辑。由于使用语法解析的场景比较少，而且一些商业公司（如

SAS、SPSS等统计分析软件）都支持类似的规则运算，亲自编写语法解析的工作已经非常少，以下例程采用逐步分析方法，带领大家了解这一实现过程。

想想公式中有什么？仅有两类元素：运算元素和运算符号，运算元素就是指a、b、c等符号，需要具体赋值的对象，也叫做终结符号，为什么叫终结符号呢？因为这些元素除了需要赋值外，不需要做任何处理，所有运算元素都对应一个具体的业务参数，这是语法中最小的单元逻辑，不可再拆分；运算符号就是加减符号，需要我们编写算法进行处理，每个运算符号都要对应处理单元，否则公式无法运行，运算符号也叫做非终结符号。两类元素的共同点是都要被解析，不同点是所有的运算元素具有相同的功能，可以用一个类表示，而运算符号则是需要分别进行解释，加法需要加法解析器，减法需要减法解析器。分析到这里，我们就可以先画一个简单的类图，如图27-1所示。

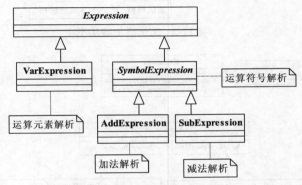

图27-1 初步分析加减法类图

这是一个很简单的类图，VarExpression用来解析运算元素，各个公式能运算元素的数量是不同的，但每个运算元素都对应一个VarExpression对象。SybmolExpression负责解析符号，由两个子类AddExpression（负责加法运算）和SubExpression（负责减法运算）来实现。解析的工作完成了，我们还需要把安排运行的先后顺序（加减法不用考虑，但是乘除法呢？注意扩展性），并且还要返回结果，因此我们需要增加一个封装类来进行封装处理，由于我们只做运算，暂时还不与业务有关联，定义为Calculator类。分析到这里，思路就比较清晰了，优化后加减法类图如图27-2所示。

Calculator的作用是封装，根据迪米特法则，Client只与直接的朋友Calculator交流，与其他类没关系。整个类图的结构比较清晰，下面填充类图中的方法，完整类图如图27-3所示。

类图已经完成，下面来看代码实现。Expression抽象类如代码清单27-1所示。

代码清单27-1 抽象表达式类

```
public abstract class Expression {
    //解析公式和数值，其中var中的key值是公式中的参数，value值是具体的数字
    public abstract int interpreter(HashMap<String,Integer> var);
}
```

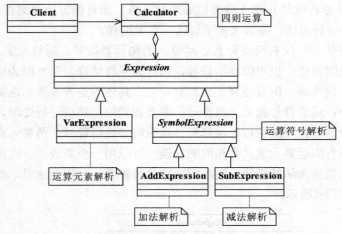

图27-2　优化后加减法类图

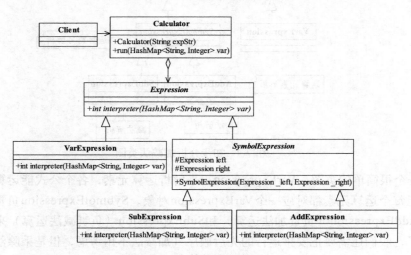

图27-3　完整加减法类图

抽象类非常简单，仅一个方法interpreter负责对传递进来的参数和值进行解析和匹配，其中输入参数为HashMap类型，key值为模型中的参数，如a、b、c等，value为运算时取得的具体数字。

变量解析器如代码清单27-2所示。

代码清单27-2　变量解析器

```java
public class VarExpression extends Expression {
    private String key;
    public VarExpression(String _key){
        this.key = _key;
    }
    //从map中取之
    public int interpreter(HashMap<String, Integer> var) {
```

```
            return var.get(this.key);
        }
    }
```

抽象运算符号解析器如代码清单27-3所示。

代码清单27-3 抽象运算符号解析器

```
public abstract class SymbolExpression extends Expression {
    protected Expression left;
    protected Expression right;
    //所有的解析公式都应只关心自己左右两个表达式的结果
    public SymbolExpression(Expression _left,Expression _right){
        this.left = _left;
        this.right = _right;
    }
}
```

这个解析过程还是比较有意思的，每个运算符号都只和自己左右两个数字有关系，但左右两个数字有可能也是一个解析的结果，无论何种类型，都是Expression的实现类，于是在对运算符解析的子类中增加了一个构造函数，传递左右两个表达式。具体的加、减法解析器如代码清单27-4、代码清单27-5所示。

代码清单27-4 加法解析器

```
public class AddExpression extends SymbolExpression {
    public AddExpression(Expression _left,Expression _right){
        super(_left,_right);
    }
    //把左右两个表达式运算的结果加起来
    public int interpreter(HashMap<String, Integer> var) {
        return super.left.interpreter(var) + super.right.interpreter(var);
    }
}
```

代码清单27-5 减法解析器

```
public class SubExpression extends SymbolExpression {
    public SubExpression(Expression _left,Expression _right){
        super(_left,_right);
    }
    //左右两个表达式相减
    public int interpreter(HashMap<String, Integer> var) {
        return super.left.interpreter(var) - super.right.interpreter(var);
    }
}
```

解析器的开发工作已经完成了，但是需求还没有完全实现。我们还需要对解析器进行封装，封装类Calculator如代码清单27-6所示。

代码清单27-6 解析器封装类

```java
public class Calculator {
        //定义表达式
        private Expression expression;
        //构造函数传参,并解析
        public Calculator(String expStr){
                //定义一个栈,安排运算的先后顺序
                Stack<Expression> stack = new Stack<Expression>();
                //表达式拆分为字符数组
                char[] charArray = expStr.toCharArray();
                //运算
                Expression left = null;
                Expression right = null;
                for(int i=0;i<charArray.length;i++){
                        switch(charArray[i])        {
                        case '+': //加法
                        //加法结果放到栈中
                        left = stack.pop();
                        right=new VarExpression(String.valueOf(charArray[++i]));
                        stack.push(new AddExpression(left,right));
                        break;
                        case '-':
                        left = stack.pop();
                        right=new VarExpression(String.valueOf(charArray[++i]));
                        stack.push(new SubExpression(left,right));
                        break;
                        default: //公式中的变量
                        stack.push(new VarExpression(String.valueOf(charArray[i])));
                        }
                }
                //把运算结果抛出来
                this.expression = stack.pop();
        }
        //开始运算
        public int run(HashMap<String,Integer> var){
                return this.expression.interpreter(var);
        }
}
```

方法比较长,我们来分析一下,Calculator构造函数接收一个表达式,然后把表达式转化为char数组,并判断运算符号,如果是"+"则进行加法运算,把左边的数(left变量)和右边的数(right变量)加起来就可以了,那左边的数为什么是在栈中呢?例如这个公式:a+b-c,根据for循环,首先被压入栈中的应该是有a元素生成的VarExpression对象,然后判断到加号时,把a元素的对象VarExpression从栈中弹出,与右边的数组b进行相加,b又是怎么得来的呢?当前的数组游标下移一个单元格即可,同时为了防止该元素再次被遍历,则通过++i的方式跳过下一个遍历——于是一个加法的运行结束。减法也采用相同的运行原理。

为了满足业务要求，我们设置了一个Client类来模拟用户情况，用户要求可以扩展，可以修改公式，那就通过接收键盘事件来处理，Client类如代码清单27-7所示。

代码清单27-7　客户模拟类

```java
public class Client {
    //运行四则运算
    public static void main(String[] args) throws IOException{
        String expStr = getExpStr();
        //赋值
        HashMap<String,Integer> var = getValue(expStr);
        Calculator cal = new Calculator(expStr);
        System.out.println("运算结果为: "+expStr +"="+cal.run(var));
    }
    //获得表达式
    public static String getExpStr() throws IOException{
        System.out.print("请输入表达式: ");
        return (new BufferedReader(new InputStreamReader(System.in))).readLine();
    }
    //获得值映射
    public static HashMap<String,Integer> getValue(String exprStr) throws
    IOException{
        HashMap<String,Integer> map = new HashMap<String,Integer>();
        //解析有几个参数要传递
        for(char ch:exprStr.toCharArray()){
            if(ch != '+' && ch != '-'){
                //解决重复参数的问题
                if(!map.containsKey(String.valueOf(ch))){
                    String in = (new BufferedReader(new InputStreamReader
                    (System.in))).readLine();
                    map.put(String.valueOf(ch),Integer.valueOf(in));
                }
            }
        }
        return map;
    }
}
```

其中，getExpStr是从键盘事件中获得的表达式，getValue方法是从键盘事件中获得表达式中的元素映射值，运行过程如下。

❑ 首先，要求输入公式。

请输入表达式: a+b-c

❑ 其次，要求输入公式中的参数。

请输入a的值: 100
请输入b的值: 20

请输入c的值:40

❑ 最后，运行出结果。

运算结果为: a+b-c=80

看，要求输入一个公式，然后输入参数，运行结果出来了！那我们是不是可以修改公式？当然可以，我们只要输入公式，然后输入相应的值就可以了，公式是在运行时定义的，而不是在运行前就制定好的，是不是类似于初中学过的"代数"这门课？先公式，然后赋值，运算出结果。

需求已经开发完毕，公式可以自由定义，只要符合规则（有变量有运算符合）就可以运算出结果；若需要扩展也非常容易，只要增加SymbolExpression的子类就可以了，这就是解释器模式。

27.2　解释器模式的定义

解释器模式（Interpreter Pattern）是一种按照规定语法进行解析的方案，在现在项目中使用较少，其定义如下：Given a language, define a representation for its grammar along with an interpreter that uses the representation to interpret sentences in the language. （给定一门语言，定义它的文法的一种表示，并定义一个解释器，该解释器使用该表示来解释语言中的句子。）

解释器模式的通用类图如图27-4所示。

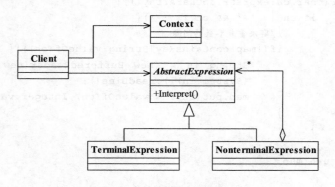

图27-4　解释器模式通用类图

❑ AbstractExpression——抽象解释器

具体的解释任务由各个实现类完成，具体的解释器分别由TerminalExpression和NonterminalExpression完成。

❑ TerminalExpression——终结符表达式

实现与文法中的元素相关联的解释操作，通常一个解释器模式中只有一个终结符表达式，但有多个实例，对应不同的终结符。具体到我们例子就是VarExpression类，表达式中的每个终结符都在栈中产生了一个VarExpression对象。

❑ NonterminalExpression——非终结符表达式

文法中的每条规则对应于一个非终结表达式，具体到我们的例子就是加减法规则分别对应到AddExpression和SubExpression两个类。非终结符表达式根据逻辑的复杂程度而增加，原则上每个文法规则都对应一个非终结符表达式。

❑ Context——环境角色

具体到我们的例子中是采用HashMap代替。

解释器是一个比较少用的模式，以下为其通用源码，可以作为参考。抽象表达式通常只有一个方法，如代码清单27-8所示。

代码清单27-8　抽象表达式

```java
public abstract class Expression {
    //每个表达式必须有一个解析任务
    public abstract Object interpreter(Context  ctx);
}
```

抽象表达式是生成语法集合（也叫做语法树）的关键，每个语法集合完成指定语法解析任务，它是通过递归调用的方式，最终由最小的语法单元进行解析完成。终结符表达式如代码清单27-9所示。

代码清单27-9　终结符表达式

```java
public class TerminalExpression extends Expression {
    //通常终结符表达式只有一个，但是有多个对象
    public Object interpreter(Context ctx) {
        return null;
    }
}
```

通常，终结符表达式比较简单，主要是处理场景元素和数据的转换。

非终结符表达式如代码清单27-10所示。

代码清单27-10　非终结符表达式

```java
public class NonterminalExpression extends Expression {
    //每个非终结符表达式都会对其他表达式产生依赖
    public NonterminalExpression(Expression... expression){
    }

    public Object interpreter(Context ctx) {
        //进行文法处理
        return null;
    }
}
```

每个非终结符表达式都代表了一个文法规则，并且每个文法规则都只关心自己周边的文法规则的结果（注意是结果），因此这就产生了每个非终结符表达式调用自己周边的非终结符表达式，然后最终、最小的文法规则就是终结符表达式，终结符表达式的概念就是如此，不能够

再参与比自己更小的文法运算了。

客户类如代码清单27-11所示。

代码清单27-11 客户类

```
public class Client {
    public static void main(String[] args) {
        Context ctx = new Context();
        //通常定一个语法容器，容纳一个具体的表达式，通常为ListArray、LinkedList、Stack等类型
        Stack<Expression> stack = null;
        for(;;){
            //进行语法判断，并产生递归调用
        }
        //产生一个完整的语法树，由各个具体的语法分析进行解析
        Expression exp = stack.pop();
        //具体元素进入场景
        exp.interpreter(ctx);
    }
}
```

通常Client是一个封装类，封装的结果就是传递进来一个规范语法文件，解析器分析后产生结果并返回，避免了调用者与语法解析器的耦合关系。

27.3 解释器模式的应用

27.3.1 解释器模式的优点

解释器是一个简单语法分析工具，它最显著的优点就是扩展性，修改语法规则只要修改相应的非终结符表达式就可以了，若扩展语法，则只要增加非终结符类就可以了。

27.3.2 解释器模式的缺点

❑ 解释器模式会引起类膨胀

每个语法都要产生一个非终结符表达式，语法规则比较复杂时，就可能产生大量的类文件，为维护带来了非常多的麻烦。

❑ 解释器模式采用递归调用方法

每个非终结符表达式只关心与自己有关的表达式，每个表达式需要知道最终的结果，必须一层一层地剥茧，无论是面向过程的语言还是面向对象的语言，递归都是在必要条件下使用的，它导致调试非常复杂。想想看，如果要排查一个语法错误，我们是不是要一个断点一个断点地调试下去，直到最小的语法单元。

❑ 效率问题

解释器模式由于使用了大量的循环和递归，效率是一个不容忽视的问题，特别是一用于解

析复杂、冗长的语法时，效率是难以忍受的。

27.3.3 解释器模式使用的场景

❑ 重复发生的问题可以使用解释器模式

例如，多个应用服务器，每天产生大量的日志，需要对日志文件进行分析处理，由于各个服务器的日志格式不同，但是数据要素是相同的，按照解释器的说法就是终结符表达式都是相同的，但是非终结符表达式就需要制定了。在这种情况下，可以通过程序来一劳永逸地解决该问题。

❑ 一个简单语法需要解释的场景

为什么是简单？看看非终结表达式，文法规则越多，复杂度越高，而且类间还要进行递归调用（看看我们例子中的栈）。想想看，多个类之间的调用你需要什么样的耐心和信心去排查问题。因此，解释器模式一般用来解析比较标准的字符集，例如SQL语法分析，不过该部分逐渐被专用工具所取代。

在某些特用的商业环境下也会采用解释器模式，我们刚刚的例子就是一个商业环境，而且现在模型运算的例子非常多，目前很多商业机构已经能够提供出大量的数据进行分析。

27.3.4 解释器模式的注意事项

尽量不要在重要的模块中使用解释器模式，否则维护会是一个很大的问题。在项目中可以使用shell、JRuby、Groovy等脚本语言来代替解释器模式，弥补Java编译型语言的不足。我们在一个银行的分析型项目中就采用JRuby进行运算处理，避免使用解释器模式的四则运算，效率和性能各方面表现良好。

27.4 最佳实践

解释器模式在实际的系统开发中使用得非常少，因为它会引起效率、性能以及维护等问题，一般在大中型的框架型项目能够找到它的身影，如一些数据分析工具、报表设计工具、科学计算工具等，若你确实遇到"一种特定类型的问题发生的频率足够高"的情况，准备使用解释器模式时，可以考虑一下Expression4J、MESP（Math Expression String Parser）、Jep等开源的解析工具包（这三个开源产品都可以通过百度、Google搜索到，请读者自行查询），功能都异常强大，而且非常容易使用，效率也还不错，实现大多数的数学运算完全没有问题，自己没有必要从头开始编写解释器。有人已经建立了一条康庄大道，何必再走自己的泥泞小路呢？

第28章

享 元 模 式

28.1 内存溢出，司空见惯

下午，我正在开会中，老大推门进来。

"三儿，出来一下。"

我刚出会议室门口，老大就发话了。

"郎当（姓朗，顺口就叫郎当）的那个报考系统又crash了一台机器，两天已经宕了4次了，你这边还有紧急的事情没有？……没有，那赶快过去顶一下，就运行三天的程序，两天宕了4次，还怎么玩？！"

我马上收拾东西，冲到马路上拦了出租车，同时打电话给郎当。

"三哥，厂商人员已经定位出了，OutOfMemory内存溢出，没查到有内存泄漏的情况，现在还在跟踪……是突然暴涨的，都是在繁忙期出现问题的……"

内存溢出对Java应用来说实在是太平常了，有以下两种可能。

❑ 内存泄漏

无意识的代码缺陷，导致内存泄漏，JVM不能获得连续的内存空间。

❑ 对象太多

代码写得很烂，产生的对象太多，内存被耗尽。现在的情况是没有内存泄漏，那只有一种原因——代码太差把内存耗尽。

到现场后，郎当给我介绍了一下系统情况。该系统是一个报考系统，其中有一个模块负责社会人员报名，该模块对全国的考试人员只开放3天，并且限制报考人员数量。第一天9点开始报考，系统慢得像蜗牛，基本上都不能访问，后来设置了HTTP Server的并发数量，稍有缓解，40分钟后宕了一台机器，10分钟后，又挂了一台，下午3点又挂了一台，看样子晚上要让郎当去寺庙烧烧香了。

该系统一共有8台应用服务器，基本上CPU繁忙程度都在60%以上，HTTP的最大并发是2000，平均分配到每台应用服务器上没有太大的压力，于是怀疑是代码问题，然后详细了解了一下业务和数据流逻辑，基本的业务操作过程清楚了，先登录（没有账号的，则要先注册），登录后，需要填写以下信息：

❑ 考试科目，选择框。

❑ 考试地点，选择框，根据科目不同，列表不同。

❑ 准考证邮寄地址，输入框。

还有其他一堆信息，我们以这三者作为代表来讲解。信息填写完毕后，点击确认，报名就结束了。简单程序的业务逻辑也确实是这样，为什么出现Crash情况呢？那肯定是和压力有关系！

我们先把这个过程的静态类图画出来，如图28-1所示。

很简单的工厂方法模式，表现层通过工厂方法模式创建对象，然后传递给业务层和持久层，最终保存到数据库中，为什么要使用工厂方法模式而不用直接new一个对象呢？因为是在框架下编程，必须有一个对象工厂（ObjectFactory，Spring也有对象工厂）。我们先来看报考信息，如代码清单28-1所示。

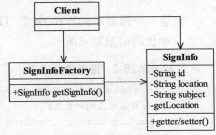

图28-1 报考系统类图

代码清单28-1 报考信息

```java
public class SignInfo {
    //报名人员的ID
    private String id;
    //考试地点
    private String location;
    //考试科目
    private String subject;
    //邮寄地址
    private String postAddress;
    public String getId() {
        return id;
    }
    public void setId(String id) {
        this.id = id;
    }
    public String getLocation() {
        return location;
    }
    public void setLocation(String location) {
        this.location = location;
    }
    public String getSubject() {
        return subject;
    }
    public void setSubject(String subject) {
        this.subject = subject;
    }
```

```
        public String getPostAddress() {
                return postAddress;
        }
        public void setPostAddress(String postAddress) {
                this.postAddress = postAddress;
        }
}
```

它是一个很简单的POJO对象（Plain Ordinary Java Object，简单Java对象）。我们再来看工厂类，如代码清单28-2所示。

代码清单28-2　报考信息工厂

```
public class SignInfoFactory {
        //报名信息的对象工厂
        public static SignInfo getSignInfo(){
                return new SignInfo();
        }
}
```

工厂类就这么简单？非也，这是我们的教学代码，真实的ObjectFactory要复杂得多，主要是注入了部分Handler的管理。表现层是如何创建对象的，如代码清单28-3所示。

代码清单28-3　场景类

```
public class Client {
        public static void main(String[] args) {
                //从工厂中获得一个对象
                SignInfo signInfo = SignInfoFactory.getSignInfo();
                //进行其他业务处理
        }
}
```

就这么简单，但是简单为什么会出现问题呢？而且这样写也没有问题呀，很标准的工厂方法模式，应该不会有大问题，然后又看了看系统厂商提供的分析报告，报告中指出：内存突然由800MB飙升到1.4GB，新的对象申请不到内存空间，于是出现OutOfMemory，同时报告中还列出宕机时刻内存中的对象，其中SignInfo类的对象就有400MB，疯子，绝对是疯子！报告都没有看嘛！

问题找到了，我拉郎当过来谈话，"厂商不是分析出原因了嘛，人家已经指出SignInfo类的对象占用了400MB多的内存，这是怎么回事？"

"三哥，这是很正常的，这么大的访问量，产生出这么多的SignInfo对象也是应该的，内存中有这么多对象并不表示这些对象正在被使用呀，估计很大一部分还没有被回收而已，垃圾回收器什么时候回收内存中的对象这是不确定的。你看，并发200多个，这可是并发数量……"

我想了想，也确实是这么回事。既然已经定位是内存中对象太多，那就应该想到使用一种共享的技术减少对象数量，那怎么共享呢？

大家知道，对象池（Object Pool）的实现有很多开源工具，比如Apache的commons-pool就是一个非常不错的池工具，我们暂时还用不到这种重量级的工具，我们自己来设计一个共享对象池，需要实现如下两个功能。

❑ 容器定义

我们要定义一个池容器，在这个容器中容纳哪些对象。

❑ 提供客户端访问的接口

我们要提供一个接口供客户端访问，池中有可用对象时，可以直接从池中获得，否则建立一个新的对象，并放置到池中。

设计思路有了，那我们池中对象的标准是什么呢？你想想看，如果你把所有的对象都放到池中，那还有什么意义？内存早就给你撑爆了！这么多对象，必然有一些相同的属性值，如几十万SignInfo对象中，考试科目就4个，考试地点也就是30多个，其他的属性则是每个对象都不相同的，我们把对象的相同属性提取出来，不同的属性在系统内进行赋值处理，是不是就可以建立一个池了？话无须多说，我们以类图来表示，如图28-2所示。

做一个很小的改动，增加了一个子类，实现带缓冲池的对象建立，同时在工厂类上增加了一个容器对象HashMap，保存池中的所有对象。我们先来看产品子类，如代码清单28-4所示。

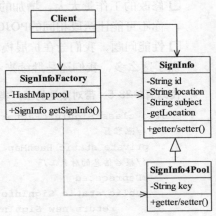

图28-2 增加对象池的类图

代码清单28-4 带对象池的报考信息

```java
public class SignInfo4Pool extends SignInfo {
    //定义一个对象池提取的KEY值
    private String key;
    //构造函数获得相同标志
    public SignInfo4Pool(String _key){
        this.key = _key;
    }
    public String getKey() {
        return key;
    }
    public void setKey(String key) {
        this.key = key;
    }
}
```

很简单，就是增加了一个key值，为什么要增加key值？为什么要使用子类，而不在SignInfo类上做修改？好，我来给你解释为什么要这样做，我们刚刚已经分析了所有的SignInfo对象都有一些共同的属性：考试科目和考试地点，我们把这些共性提取出来作为所有对象的外部状态，在这个对象池中一个具体的外部状态只有一个对象。按照这个设计，我们定义key值的标准为：考试科目+考试地点的复合字符串作为唯一的池对象标准，也就是说在对象池中，一个key值唯一对应一个对象。

注意　在对象池中，对象一旦产生，必然有一个唯一的、可访问的状态标志该对象，而且池中的对象声明周期是由池容器决定，而不是由使用者决定的。

你可能马上就要提出了，为什么不建立一个新的类，包含subject和location两个属性作为外部状态呢？嗯，这是一个办法，但不是最好的办法，有两个原因：

❏ 修改的工作量太大，增加的这个类由谁来创建呢？同时，SignInfo类是否也要修改呢？你不可能让两段相同的POJO程序同时出现在同一模块中吧！

❏ 性能问题，我们会在扩展模块中讲解。

说了这么多，我们还是继续来看程序，工厂类如代码清单28-5所示。

代码清单28-5　带对象池的工厂类

```java
public class SignInfoFactory {
    //池容器
    private static HashMap<String,SignInfo> pool = new HashMap<String,SignInfo>();
    //报名信息的对象工厂
    @Deprecated
    public static SignInfo(){
        return new SignInfo();
    }
    //从池中获得对象
    public static SignInfo getSignInfo(String key){
        //设置返回对象
        SignInfo result = null;
        //池中没有该对象，则建立，并放入池中
        if(!pool.containsKey(key)){
            System.out.println(key + "----建立对象，并放置到池中");
            result = new SignInfo4Pool(key);
            pool.put(key, result);
        }else{
            result = pool.get(key);
            System.out.println(key +"---直接从池中取得");
        }
        return result;
    }
}
```

方法都很简单，不多解释。读者需要注意一点的是@Deprecated注解，不要有删除投产中代码的念头，如果方法或类确实不再使用了，增加该注解，表示该方法或类已经过时，尽量不要再使用了，我们应该保持历史原貌，同时也有助于版本向下兼容，特别是在产品级研发中。

我们再来看看客户端是如何调用的，如代码清单28-6所示。

代码清单28-6 场景类

```java
public class Client {
    public static void main(String[] args) {
        //初始化对象池
        for(int i=0;i<4;i++){
            String subject = "科目" + i;
            //初始化地址
            for(int j=0;j<30;j++){
                String key = subject + "考试地点"+j;
                SignInfoFactory.getSignInfo(key);
            }
        }
        SignInfo signInfo = SignInfoFactory.getSignInfo("科目1考试地点1");
    }
}
```

运行结果如下所示:

科目3考试地点25----建立对象,并放置到池中
科目3考试地点26----建立对象,并放置到池中
科目3考试地点27----建立对象,并放置到池中
科目3考试地点28----建立对象,并放置到池中
科目3考试地点29----建立对象,并放置到池中
科目1考试地点1---直接从池中取得

前面还有很多的对象创建提示语句,不再复制。通过这样的改造后,我们想想内存中有多少个SignInfo对象?是的,最多120个对象,相比之前几万个SignInfo对象优化了非常多。细心的读者可能注意到了SignInfo4Pool类基本上没有跑出我们的视线范围,仅仅在工厂方法中使用到了,尽量缩小变更引起的风险,想想看我们的改动是不是很小,只要在展示层中拼一个字符串,然后传递到工厂方法中就可以了。

通过这样的改造后,第三天系统运行得非常稳定,CPU占用率也下降了,而且以后再也没有出现类似问题,这就是享元模式的功劳。

28.2 享元模式的定义

享元模式(Flyweight Pattern)是池技术的重要实现方式,其定义如下:Use sharing to support large numbers of fine-grained objects efficiently. (使用共享对象可有效地支持大量的细粒度的对象。)

享元模式的定义为我们提出了两个要求:细粒度的对象和共享对象。我们知道分配太多的对象到应用程序中将有损程序的性能,同时还容易造成内存溢出,那怎么避免呢?就是享元模式提到的共享技术。我们先来了解一下对象的内部状态和外部状态。

要求细粒度对象,那么不可避免地使得对象数量多且性质相近,那我们就将这些对象的信息分为两个部分:内部状态(intrinsic)与外部状态(extrinsic)。

❑ 内部状态

内部状态是对象可共享出来的信息,存储在享元对象内部并且不会随环境改变而改变,如我们例子中的id、postAddress等,它们可以作为一个对象的动态附加信息,不必直接储存在具体某个对象中,属于可以共享的部分。

❑ 外部状态

外部状态是对象得以依赖的一个标记,是随环境改变而改变的、不可以共享的状态,如我们例子中的考试科目+考试地点复合字符串,它是一批对象的统一标识,是唯一的一个索引值。

有了对象的两个状态,我们就可以来看享元模式的通用类图,如图28-3所示。

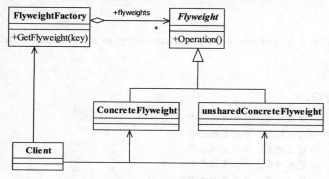

图28-3 享元模式的通用类图

类图也很简单,我们先来看我们享元模式角色名称。

❑ Flyweight——抽象享元角色

它简单地说就是一个产品的抽象类,同时定义出对象的外部状态和内部状态的接口或实现。

❑ ConcreteFlyweight——具体享元角色

具体的一个产品类,实现抽象角色定义的业务。该角色中需要注意的是内部状态处理应该与环境无关,不应该出现一个操作改变了内部状态,同时修改了外部状态,这是绝对不允许的。

❑ unsharedConcreteFlyweight——不可共享的享元角色

不存在外部状态或者安全要求(如线程安全)不能够使用共享技术的对象,该对象一般不会出现在享元工厂中。

❑ FlyweightFactory——享元工厂

职责非常简单,就是构造一个池容器,同时提供从池中获得对象的方法。

享元模式的目的在于运用共享技术,使得一些细粒度的对象可以共享,我们的设计确实也应该这样,多使用细粒度的对象,便于重用或重构。我来看享元模式的通用代码,先看抽象享元角色,如代码清单28-7所示。

代码清单28-7 抽象享元角色

```
public abstract class Flyweight {
    //内部状态
```

```
        private String intrinsic;
        //外部状态
        protected final String Extrinsic;
        //要求享元角色必须接受外部状态
        public Flyweight(String _Extrinsic){
                this.Extrinsic = _Extrinsic;
        }
        //定义业务操作
        public abstract void operate();
        //内部状态的getter/setter
        public String getIntrinsic() {
                return intrinsic;
        }
        public void setIntrinsic(String intrinsic) {
                this.intrinsic = intrinsic;
        }
}
```

　　抽象享元角色一般为抽象类,在实际项目中,一般是一个实现类,它是描述一类事物的方法。在抽象角色中,一般需要把外部状态和内部状态(当然了,可以没有内部状态,只有行为也是可以的)定义出来,避免子类的随意扩展。我们再来看具体的享元角色,如代码清单28-8所示。

代码清单28-8　具体享元角色

```
public class ConcreteFlyweight1 extends Flyweight{
        //接受外部状态
        public ConcreteFlyweight1(String _Extrinsic){
                super(_Extrinsic);
        }
        //根据外部状态进行逻辑处理
        public void operate(){
                //业务逻辑
        }
}
public class ConcreteFlyweight2 extends Flyweight{
        //接受外部状态
        public ConcreteFlyweight2(String _Extrinsic){
                super(_Extrinsic);
        }
        //根据外部状态进行逻辑处理
        public void operate(){
                //业务逻辑
        }
}
```

　　这很简单,实现自己的业务逻辑,然后接收外部状态,以便内部业务逻辑对外部状态的依赖。注意,我们在抽象享元中对外部状态加上了final关键字,防止意外产生,什么意外?获得了一个外部状态，然后无意修改了一下，池就混乱了！

注意 在程序开发中，确认只需要一次赋值的属性则设置为final类型，避免无意修改导致逻辑混乱，特别是Session级的常量或变量。

我们继续看享元工厂，如代码清单28-9所示。

代码清单28-9 享元工厂

```java
public class FlyweightFactory {
    //定义一个池容器
    private static  HashMap<String,Flyweight> pool= new HashMap<String,Flyweight>();
    //享元工厂
    public static Flyweight getFlyweight(String Extrinsic){
            //需要返回的对象
            Flyweight flyweight = null;
            //在池中没有该对象
            if(pool.containsKey(Extrinsic)){
                    flyweight = pool.get(Extrinsic);
            }else{
                    //根据外部状态创建享元对象
                    flyweight = new ConcreteFlyweight1(Extrinsic);
                    //放置到池中
                    pool.put(Extrinsic, flyweight);
            }
            return flyweight;
    }
}
```

28.3 享元模式的应用

28.3.1 享元模式的优点和缺点

享元模式是一个非常简单的模式，它可以大大减少应用程序创建的对象，降低程序内存的占用，增强程序的性能，但它同时也提高了系统复杂性，需要分离出外部状态和内部状态，而且外部状态具有固化特性，不应该随内部状态改变而改变，否则导致系统的逻辑混乱。

28.3.2 享元模式的使用场景

在如下场景中则可以选择使用享元模式。

❏ 系统中存在大量的相似对象。
❏ 细粒度的对象都具备较接近的外部状态，而且内部状态与环境无关，也就是说对象没有特定身份。
❏ 需要缓冲池的场景。

28.4 享元模式的扩展

28.4.1 线程安全的问题

线程安全是一个老生常谈的话题，只要使用Java开发都会遇到这个问题，我们之所以要在今天的享元模式中提到该问题，是因为该模式有太大的几率发生线程不安全，为什么呢？

我们还以报考系统为例来说明这个问题。大家有没有想过，为什么要以考试科目+考试地点作为外部状态呢？为什么不能以考试科目或者考试地点作为外部状态呢？这样池中的对象会更少！可以！完全可以！我们把程序以考试科目为外部状态，把享元工厂稍作修改，如代码清单28-10所示。

代码清单28-10 报考信息工厂

```java
public class SignInfoFactory {
    //池容器
    private static HashMap<String,SignInfo> pool = new HashMap<String,SignInfo>();
    //从池中获得对象
    public static SignInfo getSignInfo(String key){
        //设置返回对象
        SignInfo result = null;
        //池中没有该对象，则建立，并放入池中
        if(!pool.containsKey(key)){
            result = new SignInfo();
            pool.put(key, result);
        }else{
            result = pool.get(key);
        }
        return result;
    }
}
```

下面做很小的改动，只修改了黑色字体部分。为了展示多线程的情况，我们写一个多线程的类，如代码清单28-11所示。

代码清单28-11 多线程场景

```java
public class MultiThread extends Thread {
    private SignInfo signInfo;
    public MultiThread(SignInfo _signInfo){
        this.signInfo = _signInfo;
    }
    public void run(){
        if(!signInfo.getId().equals(signInfo.getLocation())){
            System.out.println("编号: "+signInfo.getId());
            System.out.println("考试地址: "+signInfo.getLocation());
```

```
                              System.out.println("线程不安全了！");
                  }
           }
    }
```

在run方法中判断特殊值，检查是否是线程安全，我们来看看场景类，如代码清单28-12所示。

代码清单28-12 场景类

```
public class Client {
    public static void main(String[] args) {
              //在对象池中初始化4个对象
              SignInfoFactory.getSignInfo("科目1");
              SignInfoFactory.getSignInfo("科目2");
              SignInfoFactory.getSignInfo("科目3");
              SignInfoFactory.getSignInfo("科目4");
              //取得对象
              SignInfo signInfo = SignInfoFactory.getSignInfo("科目2");
              while(true){
                     signInfo.setId("ZhangSan");
                     signInfo.setLocation("ZhangSan");
                     (new MultiThread(signInfo)).start();
                     signInfo.setId("LiSi");
                     signInfo.setLocation("LiSi");
                     (new MultiThread(signInfo)).start();
              }
       }
}
```

模拟实际的多线程情况，在对象池中我们保留4个对象，然后启动N多个线程来模拟，我们马上就看到如下的提示：

```
编号：LiSi
考试地址：ZhangSan
线程不安全了！
```

看看，线程不安全了吧，这是正常的，设置的享元对象数量太少，导致每个线程都到对象池中获得对象，然后都去修改其属性，于是就出现一些不和谐数据。只要使用Java开发，线程问题是不可避免的，那我们怎么去避免这个问题呢？享元模式是让我们使用共享技术，而Java的多线程又有如此问题，该如何设计呢？没什么可以参考的标准，只有依靠经验，在需要的地方考虑一下线程安全，在大部分的场景下都不用考虑。我们在使用享元模式时，对象池中的享元对象尽量多，多到足够满足业务为止。

28.4.2 性能平衡

尽量使用Java基本类型作为外部状态。在报考系统中，我们不考虑系统的修改风险，完全可以重新建立一个类作为外部状态，因为这才完全符合面向对象编程的理念。好，我们实现处理，先看类图，如图28-4所示。

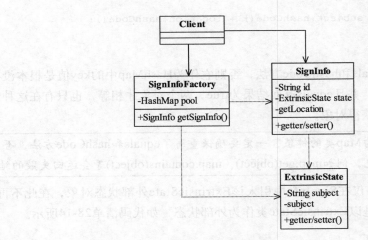

图28-4 类作为外部状态

我们首先来看ExtrinsicState外部状态类，如代码清单28-13所示。

代码清单28-13 外部状态类

```java
public class ExtrinsicState {
    //考试科目
    private String subject;
    //考试地点
    private String location;
    public String getSubject() {
        return subject;
    }
    public void setSubject(String subject) {
        this.subject = subject;
    }
    public String getLocation() {
        return location;
    }
    public void setLocation(String location) {
        this.location = location;
    }
    @Override
    public boolean equals(Object obj){
        if(obj instanceof ExtrinsicState){
            ExtrinsicState state = (ExtrinsicState)obj;
            return state.getLocation().equals(location) && state.getSubject().equals(subject);
        }
        return false;
    }
    @Override
    public int hashCode(){
```

```
                    return subject.hashCode() + location.hashCode();
            }
    }
```

注意，一定要覆写equals和hashCode方法，否则它作为HashMap中的key值是根本没有意义的，只有hashCode值相等，并且equals返回结果为true，两个对象才相等，也只有在这种情况下才有可能从对象池中查找获得对象。

注意 　如果把一个对象作为Map类的键值，一定要确保重写了equals和hashCode方法，否则会出现通过键值搜索失败的情况，例如map.get(object)、map.contains(object)等会返回失败的结果。

SignInfo的修改较小，仅在SignInfo中引入该ExtrinsicState外部状态对象，在此不再赘述。我们再来看享元工厂，它是以ExtrinsicState类作为外部状态，如代码清单28-14所示。

代码清单28-14　享元工厂

```java
public class SignInfoFactory {
    //池容器
    private static HashMap<ExtrinsicState,SignInfo> pool = new HashMap
    <ExtrinsicState,SignInfo>();
    //从池中获得对象
    public static SignInfo getSignInfo(ExtrinsicState key){
            //设置返回对象
            SignInfo result = null;
            //池中没有该对象，则建立，并放入池中
            if(!pool.containsKey(key)){
                    result = new SignInfo();
                    pool.put(key, result);
            }else{
                    result = pool.get(key);
            }
            return result;
    }
}
```

重点是看看我们的场景类，我们来测试一下性能差异，如代码清单28-15所示。

代码清单28-15　场景类

```java
public class Client {
    public static void main(String[] args) {
            //初始化对象池
            ExtrinsicState state1 = new ExtrinsicState();
            state1.setSubject("科目1");
            state1.setLocation("上海");
            SignInfoFactory.getSignInfo(state1);
            ExtrinsicState state2 = new ExtrinsicState();
            state2.setSubject("科目1");
            state2.setLocation("上海");
```

```
//计算执行100万次需要的时间
long currentTime = System.currentTimeMillis();
for(int i=0;i<1000000;i++){
        SignInfoFactory.getSignInfo(state2);
}
long tailTime = System.currentTimeMillis();
System.out.println("执行时间: "+(tailTime - currentTime) + " ms");
    }
}
```

运行结果如下所示:

执行时间: 172 ms

同样,我们看看以String类型作为外部状态的运行情况,如代码清单28-16所示。

代码清单28-16 场景类

```
public class Client {
    public static void main(String[] args) {
            String key1 = "科目1上海";
            String key2 = "科目1上海";
            //初始化对象池
            SignInfoFactory.getSignInfo(key1);
            //计算执行10万次需要的时间
            long currentTime = System.currentTimeMillis();
            for(int i=0;i<10000000;i++){
                    SignInfoFactory.getSignInfo(key2);
            }
            long tailTime = System.currentTimeMillis();
            System.out.println("执行时间: "+(tailTime - currentTime) + " ms");
    }
}
```

运行结果如下所示:

执行时间: 78 ms

看到没? 一半的效率,这还是非常简单的享元对象,看看我们重写的equals方法和hashCode方法,这段代码是必须实现的,如果比较复杂,这个时间差异会更大。

各位,想想看,使用自己编写的类作为外部状态,必须覆写equals方法和hashCode方法,而且执行效率还比较低,这种吃力不讨好的事情最好别做,外部状态最好以Java的基本类型作为标志,如String、int等,可以大幅地提升效率。

28.5 最佳实践

Flyweight是拳击比赛中的特用名词,意思是"特轻量级",指的是51公斤级比赛,用到设计模式中是指我们的类要轻量级,粒度要小,这才是它要表达的意思。粒度小了,带来的问题就是对象太多，那就用共享技术来解决。

享元模式在Java API中也是随处可见，如这样的程序就是一个很好的例子，如代码清单28-17所示。

代码清单28-17　API中的享元模式

```java
public class Test {
    public static void main(String[] args) {
        String str1 = "和谐";
        String str2 = "社会";
        String str3 = "和谐社会";
        String str4;
        str4 = str1 + str2;
        System.out.println(str3 == str4);
        str4 = (str1 + str2).intern();
        System.out.println(str3 == str4);
    }
}
```

看看Java的帮助文件中String类的intern方法。如果是String的对象池中有该类型的值，则直接返回对象池中的对象，那当然相等了。

需要说明一下的是，虽然可以使用享元模式可以实现对象池，但是这两者还是有比较大的差异，对象池着重在对象的复用上，池中的每个对象是可替换的，从同一个池中获得A对象和B对象对客户端来说是完全相同的，它主要解决复用，而享元模式在主要解决的对象的共享问题，如何建立多个可共享的细粒度对象则是其关注的重点。

第29章

桥梁模式

29.1 我有一个梦想……

我们每个人都有理想，但不要只是空想，理想是要靠今天的拼搏来实现的。今天咱们就来谈谈自己的理想，如希望成为一个富翁，身价过亿，有两家大公司，一家是房地产公司，另一家是服装制造公司。这两家公司都很赚钱，天天帮你累积财富。其实你并不关心公司的类型，你关心的是它们是不是在赚钱，赚了多少，这才是你关注的。商人嘛，唯利是图是其本性，偷税漏税是方法，欺上瞒下、压榨员工血汗是常用的手段，先用类图表示一下这两个公司，如图29-1所示。

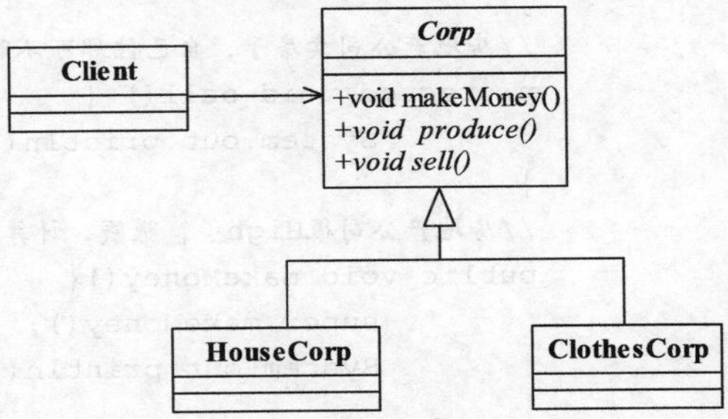

类图很简单，声明了一个Corp抽象类，定义

图29-1 盈利模式的类图

一个公司的抽象模型，公司首要是赚钱的，做义务或善举那也是有背后利益支撑的，还是赞成这句话"天下熙熙，皆为利来；天下攘攘，皆为利往"。我们先看Corp类的源代码，如代码清单29-1所示。

代码清单29-1 抽象公司

```
public abstract class Corp {
    /*
     * 如果是公司就应该有生产，不管是软件公司还是制造业公司
     * 每家公司生产的东西都不一样，所以由实现类来完成
     */
    protected abstract void produce();
    /*
     * 有产品了，那肯定要销售啊，不销售公司怎么生存
     */
    protected abstract void sell();
    //公司是干什么的? 赚钱的
```

```
public void makeMoney(){
        //每个公司都是一样,先生产
        this.produce();
        //然后销售
        this.sell();
    }
}
```

怎么这是模板方法模式啊？是的，这是个引子，请继续往下看。合适的方法存在合适的类中，这个基本上是每本Java基础书上都会讲的，但是到实际的项目中应用的时候就不是这么回事儿了。我们继续看两个实现类是如何实现的，先看HouseCorp类，这是最赚钱的公司，如代码清单29-2所示。

代码清单29-2 房地产公司

```
public class HouseCorp extends Corp {
    //房地产公司盖房子
    protected void produce() {
            System.out.println("房地产公司盖房子...");
    }
    //房地产公司卖房子,自己住那可不赚钱
    protected void sell() {
            System.out.println("房地产公司出售房子...");
    }
    //房地产公司很High了,赚钱,计算利润
    public void makeMoney(){
            super.makeMoney();
            System.out.println("房地产公司赚大钱了...");
    }
}
```

房地产公司按照正规翻译来说应该是realty corp，这个是比较准确的翻译，但是我问你把房地产公司翻译成英文，你的第一反应是什么？house corp！这是中式英语。我们再来看服装公司，虽然不景气，但好歹也是赚钱的，如代码清单29-3所示。

代码清单29-3 服装公司

```
public class ClothesCorp extends Corp {
    //服装公司生产的就是衣服了
    protected void produce() {
            System.out.println("服装公司生产衣服...");
    }
    //服装公司卖服装,可只卖服装,不卖穿衣服的模特
    protected void sell() {
            System.out.println("服装公司出售衣服...");
    }
    //服装公司不景气,但怎么说也是赚钱行业
    public void makeMoney(){
```

```
                super.makeMoney();
                System.out.println("服装公司赚小钱...");
        }
    }
```

两个公司都有了,那肯定有人会关心两个公司的运营情况。你也要知道它是生产什么的,以及赚多少钱吧。通过场景类来进行模拟,如代码清单29-4所示。

代码清单29-4 场景类

```
public class Client {
    public static void main(String[] args) {
        System.out.println("-------房地产公司是这样运行的-------");
        //先找到我的公司
        HouseCorp houseCorp =new HouseCorp();
        //看我怎么挣钱
        houseCorp.makeMoney();
        System.out.println("\n");
        System.out.println("-------服装公司是这样运行的-------");
        ClothesCorp clothesCorp = new ClothesCorp();
        clothesCorp.makeMoney();
    }
}
```

这段代码很简单,运行结果如下所示:

-------房地产公司是这样运行的-------
房地产公司盖房子...
房地产公司出售房子...
房地产公司赚大钱了...
-------服装公司是这样运行的-------
服装公司生产衣服...
服装公司出售衣服...
服装公司赚小钱...

上述代码完全可以描述我现在的公司,但是你要知道万物都是运动的,你要用运动的眼光看问题,公司才会发展……终于有一天你觉得赚钱速度太慢,于是你上下疏通,左右打关系,终于开辟了一条赚钱的"康庄大道":生产山寨产品!什么产品呢?即市场上什么牌子的东西火爆我生产什么牌子的东西,不管是打火机还是电脑,只要它火爆,我就生产,赚过了高峰期就换个产品,打一枪换一个牌子,不承担售后成本、也不担心销路问题,我只要正品的十分之一的价格,你买不买?哈哈,赚钱啊!

企业的方向定下来了,通过调查,苹果公司的iPod系列产品比较火爆,那咱就生产这个,把服装厂改成iPod生产厂,看类图的变化,如图29-2所示。

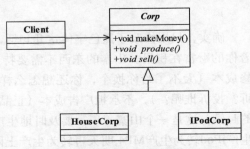

图29-2 服装公司改头换面后的类图

好，我的企业改头换面了，开始生产iPod产品了，看我IPodCorp类的实现，如代码清单29-5所示。

代码清单29-5　iPod山寨公司

```java
public class IPodCorp extends Corp {
        //我开始生产iPod了
        protected void produce() {
                System.out.println("我生产iPod...");
        }
        //山寨的iPod很畅销，便宜嘛
        protected void sell() {
                System.out.println("iPod畅销...");
        }
        //狂赚钱
        public void makeMoney(){
                super.makeMoney();
                System.out.println("我赚钱呀...");
        }
}
```

服装工厂改成了电子工厂，你这个董事长还是要去看看到底生产什么的，场景类如代码清单29-6所示。

代码清单29-6　场景类

```java
public class Client {
        public static void main(String[] args) {
                System.out.println("-------房地产公司是按这样运行的-------");
                //先找到我的公司
                HouseCorp houseCorp =new HouseCorp();
                //看我怎么挣钱
                houseCorp.makeMoney();
                System.out.println("\n");
                System.out.println("-------山寨公司是按这样运行的-------");
                IPodCorp iPodCorp = new IPodCorp();
                iPodCorp.makeMoney();
        }
}
```

确实，只用修改了黑色字体这几句话，服装厂就开始变成山寨iPod生产车间，然后你就看着你的财富在积累。山寨的东西不需要特别的销售渠道（正品到哪里我就到哪里），不需要维修成本（大不了给你换个，你还想怎么样，过了高峰期我就改头换面了，你找谁维修去？投诉？投诉谁呢？），不承担广告成本（正品在打广告，我还需要吗？需要吗？），但是也有犯愁的时候，这是一个山寨工厂，要及时地生产出市场上流行的产品，转型要快，要灵活，今天从生产iPod转为生产MP4,明天再转为生产上网本，这都需要灵活的变化，不要限制得太死！那问题来了，每次我的厂房，我的工人，我的设备都在，不可能每次我换个山寨产品厂子就彻底不要了。这不行，成本忒高了点，那怎么办？

Thinking，Thinking...I got an idea!（跳跳虎语），既然产品和工厂绑得太死，那我就给你来松松，改变设计，如图29-3所示。

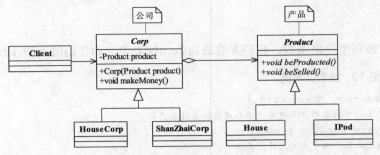

图29-3 使用快速变化的类图

公司和产品之间建立关联关系，可以彻底解决以后山寨公司生产产品的问题，工厂想换产品？太容易了！看程序说话，先看Product抽象类，如代码清单29-7所示。

代码清单29-7 抽象产品类

```java
public abstract class Product {
    //甭管是什么产品它总要能被生产出来
    public abstract void beProducted();
    //生产出来的东西，一定要销售出去，否则亏本
    public abstract void beSelled();
}
```

简单！忒简单了！House产品类如代码清单29-8所示。

代码清单29-8 房子

```java
public class House extends Product {
    //豆腐渣就豆腐渣呗，好歹也是房子
    public void beProducted() {
        System.out.println("生产出的房子是这样的...");
    }
    //虽然是豆腐渣，也是能够销售出去的
    public void beSelled() {
        System.out.println("生产出的房子卖出去了...");
    }
}
```

既然是产品类，那肯定有两种行为要存在：被生产和被销售，否则就不能称为产品了。我们再来看iPod产品类，如代码清单29-9所示。

代码清单29-9 iPod产品

```java
public class IPod extends Product {
    public void beProducted() {
```

```
            System.out.println("生产出的iPod是这样的...");
        }
        public void beSelled() {
            System.out.println("生产出的iPod卖出去了...");
        }
    }
```

产品是由公司生产出来的,我们来看公司Corp抽象类,如代码清单29-10所示。

代码清单29-10 抽象公司类

```
public abstract class Corp {
    //定义一个抽象的产品对象,不知道具体是什么产品
    private Product product;
    //构造函数,由子类定义传递具体的产品进来
    public Corp(Product product){
        this.product = product;
    }
    //公司是干什么的? 赚钱的!
    public void makeMoney(){
        //每家公司都是一样,先生产
        this.product.beProducted();
        //然后销售
        this.product.beSelled();
    }
}
```

这里多了个有参构造,其目的是要继承的子类都必选重写自己的有参构造函数,把产品类传递进来,再看子类HouseCorp的实现,如代码清单29-11所示。

代码清单29-11 房地产公司

```
public class HouseCorp extends Corp {
    //定义传递一个House产品进来
    public HouseCorp(House house){
        super(house);
    }
    //房地产公司很High了,赚钱,计算利润
    public void makeMoney(){
        super.makeMoney();
        System.out.println("房地产公司赚大钱了...");
    }
}
```

理解上没有多少难度,不多说,继续看山寨公司的实现,如代码清单29-12所示。

代码清单29-12 山寨公司

```
public class ShanZhaiCorp extends Corp {
    //产什么产品,不知道,等被调用的才知道
    public ShanZhaiCorp(Product product){
```

```
            super(product);
    }
    //狂赚钱
    public void makeMoney(){
            super.makeMoney();
            System.out.println("我赚钱呀...");
    }
}
```

HouseCorp类和ShanZhaiCorp类的区别是在有参构造的参数类型上，HouseCorp类比较明确，我就是只要House类，所以直接定义传递进来的必须是House类，一个类尽可能少地承担职责，那方法也一样，既然HouseCorp类已经非常明确地只生产House产品，那为什么不定义成House类型呢？ShanZhaiCorp就不同了，它确定不了生产什么类型。

好了，两大对应的阵营都已经产生了。我们再看Client程序，如代码清单29-13所示。

代码清单29-13 场景类

```
public class Client {
    public static void main(String[] args) {
            House house = new House();
            System.out.println("-------房地产公司是这样运行的-------");
            //先找到房地产公司
            HouseCorp houseCorp =new HouseCorp(house);
            //看我怎么挣钱
            houseCorp.makeMoney();
            System.out.println("\n");
            //山寨公司生产的产品很多，不过我只要指定产品就成了
            System.out.println("-------山寨公司是这样运行的-------");
            ShanZhaiCorp shanZhaiCorp = new ShanZhaiCorp(new IPod());
            shanZhaiCorp.makeMoney();
    }
}
```

运行结果如下所示：

```
-------房地产公司是这样运行的-------
生产出的房子是这样的...
生产出的房子卖出去了...
房地产公司赚大钱了...
-------山寨公司是这样运行的-------
生产出的iPod是这个样子的...
生产出的iPod卖出去了...
我赚钱呀...
```

突然有一天，老板良心发现了，不准备生产这种"三无"产品了，那我们程序该怎么修改呢？如果仍重操旧业，生产衣服，那该如何处理呢？很容易处理，增加一个产品类，然后稍稍修改一下场景就可以了，我们来看衣服产品类，如代码清单29-14所示。

代码清单29-14　服装

```
public class Clothes extends Product {
    public void beProducted() {
            System.out.println("生产出的衣服是这样的...");
    }
    public void beSelled() {
            System.out.println("生产出的衣服卖出去了...");
    }
}
```

然后再稍稍修改一下场景类，如代码清单29-15所示。

代码清单29-15　场景类

```
public class Client {
    public static void main(String[] args) {
            House house = new House();
            System.out.println("-------房地产公司是这样运行的-------");
            //先找到房地产公司
            HouseCorp houseCorp =new HouseCorp(house);
            //看我怎么挣钱
            houseCorp.makeMoney();
            System.out.println("\n");
            //山寨公司生产的产品很多，不过我只要指定产品就成了
            System.out.println("-------山寨公司是这样运行的-------");
            ShanZhaiCorp shanZhaiCorp = new ShanZhaiCorp(new Clothes());
            shanZhaiCorp.makeMoney();
    }
}
```

修改后的运行结果如下所示：

```
-------房地产公司是这样运行的-------
生产出的房子是这样的...
生产出的房子卖出去了...
房地产公司赚大钱了...
-------山寨公司是这样运行的-------
生产出的衣服是这样的...
生产出的衣服卖出去了...
我赚钱呀...
```

看代码中的黑体部分，就修改了这一条语句就完成了生产产品的转换。那我们深入思考一下，既然万物都是运动的，我现在只有房地产公司和山寨公司，那以后我会不会增加一些其他的公司呢？或者房地产公司会不会对业务进行细化，如分为公寓房公司、别墅公司，以及商业房公司等呢？那我告诉你，会的！绝对会的！但是你发觉没有，这种变化对我们上面的类图来说不会做大的修改，充其量只是扩展：

❑ 增加公司，要么继承Corp类，要么继承HouseCorp或ShanZhaiCorp，不用再修改原有的类了。

❑ 增加产品，继承Product类，或者继承House类，你要把房子分为公寓房、别墅、商业用房等。

你唯一要修改的就是Client类。类都增加了，高层模块也需要修改，也就是说Corp类和Product类都可以自由地扩展，而不会对整个应用产生太大的变更，这就是桥梁模式。

29.2 桥梁模式的定义

桥梁模式（Bridge Pattern）也叫做桥接模式，是一个比较简单的模式，其定义如下：Decouple an abstraction from its implementation so that the two can vary independently.（将抽象和实现解耦，使得两者可以独立地变化。）

桥梁模式的重点是在"解耦"上，如何让它们两者解耦是我们要了解的重点，我们先来看桥梁模式的通用类，如图29-4所示。

我们先来看桥梁模式中的4个角色。

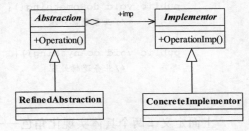

图29-4 桥梁模式通用类图

❑ Abstraction——抽象化角色

它的主要职责是定义出该角色的行为，同时保存一个对实现化角色的引用，该角色一般是抽象类。

❑ Implementor——实现化角色

它是接口或者抽象类，定义角色必需的行为和属性。

❑ RefinedAbstraction——修正抽象化角色

它引用实现化角色对抽象化角色进行修正。

❑ ConcreteImplementor——具体实现化角色

它实现接口或抽象类定义的方法和属性。

桥梁模式中的几个名词比较拗口，大家只要记住一句话就成：抽象角色引用实现角色，或者说抽象角色的部分实现是由实现角色完成的。我们来看其通用源码，先看实现化角色，如代码清单29-16所示。

代码清单29-16 实现化角色

```
public interface Implementor {
    //基本方法
    public void doSomething();
    public void doAnything();
}
```

它没有任何特殊的地方，就是一个一般的接口，定义要实现的方法。其实现类如代码清单29-17所示。

代码清单29-17 具体实现化角色

```
public class ConcreteImplementor1 implements Implementor{
    public void doSomething(){
            //业务逻辑处理
    }
    public void doAnything(){
            //业务逻辑处理
    }
}
public class ConcreteImplementor2 implements Implementor{
    public void doSomething(){
            //业务逻辑处理
    }
    public void doAnything(){
            //业务逻辑处理
    }
}
```

上面定义了两个具体实现化角色——代表两个不同的业务逻辑。我们再来看抽象化角色，如代码清单29-18所示。

代码清单29-18 抽象化角色

```
public abstract class Abstraction {
    //定义对实现化角色的引用
    private Implementor imp;
    //约束子类必须实现该构造函数
    public Abstraction(Implementor _imp){
            this.imp = _imp;
    }
    //自身的行为和属性
    public void request(){
            this.imp.doSomething();
    }
    //获得实现化角色
    public Implementor getImp(){
            return imp;
    }
}
```

各位可能要问，为什么要增加一个构造函数？答案是为了提醒子类，你必须做这项工作，指定实现者，特别是已经明确了实现者，则尽量清晰明确地定义出来。我们来看具体的抽象化角色，如代码清单29-19所示。

代码清单29-19 具体抽象化角色

```
public class RefinedAbstraction extends Abstraction {
    //覆写构造函数
    public RefinedAbstraction(Implementor _imp){
```

```
                super(_imp);
        }
        //修正父类的行为
        @Override
        public void request(){
                /*
                 * 业务处理...
                 */
                super.request();
                super.getImp().doAnything();
        }
}
```

想想看，如果我们的实现化角色有很多的子接口，然后是一堆的子实现。如果在构造函数中不传递一个尽量明确的实现者，代码就很不清晰。我们来看场景类如何模拟，如代码清单29-20所示。

代码清单29-20 场景类

```
public class Client {
    public static void main(String[] args) {
            //定义一个实现化角色
            Implementor imp = new ConcreteImplementor1();
            //定义一个抽象化角色
            Abstraction abs = new RefinedAbstraction(imp);
            //执行行文
            abs.request();
    }
}
```

桥梁模式是一个非常简单的模式，它只是使用了类间的聚合关系、继承、覆写等常用功能，但是它却提供了一个非常清晰、稳定的架构。

29.3 桥梁模式的应用

29.3.1 桥梁模式的优点

❑ 抽象和实现分离

这也是桥梁模式的主要特点，它完全是为了解决继承的缺点而提出的设计模式。在该模式下，实现可以不受抽象的约束，不用再绑定在一个固定的抽象层次上。

❑ 优秀的扩充能力

看看我们的例子，想增加实现？没问题！想增加抽象，也没有问题！只要对外暴露的接口层允许这样的变化，我们已经把变化的可能性减到最小。

❑ 实现细节对客户透明

客户不用关心细节的实现，它已经由抽象层通过聚合关系完成了封装。

29.3.2 桥梁模式的使用场景

❑ 不希望或不适用使用继承的场景

例如继承层次过渡、无法更细化设计颗粒等场景，需要考虑使用桥梁模式。

❑ 接口或抽象类不稳定的场景

明知道接口不稳定还想通过实现或继承来实现业务需求，那是得不偿失的，也是比较失败的做法。

❑ 重用性要求较高的场景

设计的颗粒度越细，则被重用的可能性就越大，而采用继承则受父类的限制，不可能出现太细的颗粒度。

29.3.3 桥梁模式的注意事项

桥梁模式是非常简单的，使用该模式时主要考虑如何拆分抽象和实现，并不是一涉及继承就要考虑使用该模式，那还要继承干什么呢？桥梁模式的意图还是对变化的封装，尽量把可能变化的因素封装到最细、最小的逻辑单元中，避免风险扩散。因此读者在进行系统设计时，发现类的继承有N层时，可以考虑使用桥梁模式。

29.4 最佳实践

大家对类的继承有什么看法吗？继承的优点有很多，可以把公共的方法或属性抽取，父类封装共性，子类实现特性，这是继承的基本功能。缺点有没有？有！即强侵入，父类有一个方法，子类也必须有这个方法。这是不可选择的，会带来扩展性的问题。我举个简单的例子来说明：Father类有一个方法A，Son继承了这个方法，然后GrandSon也继承了这个方法，问题是突然有一天Son要重写父类的这个方法，他敢做吗？绝对不敢！GrandSon要用从Father继承过来的方法A，如果你修改了，那就要修改Son和GrandSon之间的关系，那这个风险就太大了！

这里讲的这个桥梁模式就是这一问题的解决方法，桥梁模式描述了类间弱关联关系，还说上面的那个例子，Father类完全可以把可能会变化的方法放出去，Son子类要拥有这个方法很简单，桥梁搭过去，获得这个方法，GrandSon也一样，即使你Son子类不想使用这个方法也没关系，对GrandSon不产生影响，它不是从Son中继承来的方法！

不能说继承不好，它非常好，但是有缺点，我们可以扬长避短，对于比较明确不发生变化的，则通过继承来完成；若不能确定是否会发生变化的，那就认为是会发生变化，则通过桥梁模式来解决，这才是一个完美的世界。

第三部分

谁的地盘谁做主
——设计模式PK

第30章

创建类模式大PK

创建类模式包括工厂方法模式、建造者模式、抽象工厂模式、单例模式和原型模式，它们都能够提供对象的创建和管理职责。其中的单例模式和原型模式非常容易理解，单例模式是要保持在内存中只有一个对象，原型模式是要求通过复制的方式产生一个新的对象，这两个不容易混淆。剩下的就是工厂方法模式、抽象工厂模式和建造者模式了，这三个之间有较多的相似性。

30.1 工厂方法模式VS建造者模式

工厂方法模式注重的是整体对象的创建方法，而建造者模式注重的是部件构建的过程，旨在通过一步一步地精确构造创建出一个复杂的对象。我们举个简单例子来说明两者的差异，如要制造一个超人，如果使用工厂方法模式，直接产生出来的就是一个力大无穷、能够飞翔、内裤外穿的超人；而如果使用建造者模式，则需要组装手、头、脚、躯干等部分，然后再把内裤外穿，于是一个超人就诞生了。纯粹使用文字来描述比较枯燥，我们还是通过程序来更加清晰地认识两者的差别。

30.1.1 按工厂方法建造超人

首先，按照工厂方法模式创建出一个超人，类图如图30-1所示。

类图中我们按照年龄段把超人分为两种类型：成年超人（如克拉克、超能先生）和未成年超人（如Dash、Jack）。这是一个非常正宗的工厂方法模式，定义一个产品的接口，然后再定义两个实现，通过超人制造工厂制造超人。想想看我们对超人最大印象是什么？当然是他的超能力，我们以specialTalent（特殊天赋）方法来代表，先看抽象产品类，如代码清单30-1所示。

代码清单30-1 超人接口

```java
public interface ISuperMan {
    //每个超人都有特殊技能
    public void specialTalent();
}
```

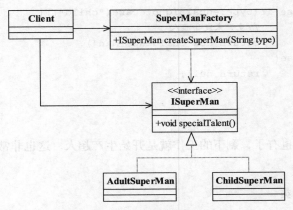

图30-1 按工厂方法建造超人

产品的接口定义好了，我们再来看具体的产品。先看成年超人，很简单，如代码清单30-2
所示。

代码清单30-2 成年超人

```java
public class AdultSuperMan implements ISuperMan {
    //超能先生
    public void specialTalent() {
        System.out.println("超人力大无穷");
    }
}
```

未成年超人的代码如代码清单30-3所示。

代码清单30-3 未成年超人

```java
public class ChildSuperMan implements ISuperMan {
    //超能先生的三个孩子
    public void specialTalent() {
        System.out.println("小超人的能力是刀枪不入、快速运动");
    }
}
```

产品都具备，那我们编写一个工厂类，其意图就是生产超人，具体是成年超人还是未成年
超人，则由客户端决定，如代码清单30-4所示。

代码清单30-4 超人制造工厂

```java
public class SuperManFactory {
    //定义一个生产超人的工厂
    public static ISuperMan createSuperMan(String type){
        //根据输入参数产生不同的超人
        if(type.equalsIgnoreCase("adult")){
            //生产成人超人
            return new AdultSuperMan();
```

```
            }else if(type.equalsIgnoreCase("child")){
                    //生产未成年超人
                    return new ChildSuperMan();
            }else{
                    return null;
            }
        }
    }
```

产品有了，工厂类也有了，剩下的工作就是开始生产超人。这也非常简单，如代码清单30-5所示。

代码清单30-5 场景类

```
public class Client {
    //模拟生产超人
    public static void main(String[] args) {
            //生产一个成年超人
            ISuperMan adultSuperMan = SuperManFactory.createSuperMan("adult");
            //展示一下超人的技能
            adultSuperMan.specialTalent();
    }
}
```

建立了一个超人生产工厂，年复一年地生产超人，对于具体生产出的产品，不管是成年超人还是未成年超人，都是一个模样：深蓝色紧身衣、胸前S标记、内裤外穿，没有特殊的地方。但是我们的目的达到了——生产出超人，拯救全人类，这就是我们的意图。具体怎么生产、怎么组装，这不是工厂方法模式要考虑的，也就是说，工厂模式关注的是一个产品整体，生产出的产品应该具有相似的功能和架构。

注意 通过工厂方法模式生产出对象，然后由客户端进行对象的其他操作，但是并不代表所有生产出的对象都必须具有相同的状态和行为，它是由产品所决定。

30.1.2 按建造者模式建造超人

我们再来看看建造者模式是如何生产超人的,如图30-2所示。

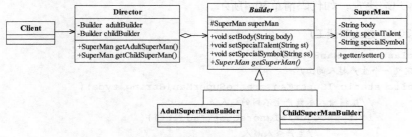

图30-2 按建造者模式生产超人

又是一个典型的建造者模式！哎，不对呀！通用模式上抽象建造者与产品类没有关系呀！是的，我们当然可以加强了，我们在抽象建造者上使用了模板方法模式，每一个建造者都必须返回一个产品，但是产品是如何制造的，则由各个建造者自己负责。我们来看看程序，先看产品类，如代码清单30-6所示。

代码清单30-6 超人产品

```java
public class SuperMan {
    //超人的躯体
    private String body;
    //超人的特殊技能
    private String specialTalent;
    //超人的标志
    private String specialSymbol;
    public String getBody() {
        return body;
    }
    public void setBody(String body) {
        this.body = body;
    }
    public String getSpecialTalent() {
        return specialTalent;
    }
    public void setSpecialTalent(String specialTalent) {
        this.specialTalent = specialTalent;
    }
    public String getSpecialSymbol() {
        return specialSymbol;
    }
    public void setSpecialSymbol(String specialSymbol) {
        this.specialSymbol = specialSymbol;
    }
}
```

超人这个产品是由三部分组成：躯体、特殊技能、身份标记，这就类似于电子产品，首先生产出一个固件，然后再安装一个灵魂（软件驱动），最后再打上产品标签。完事了！一个崭新的产品就诞生了！我们的超人也是这样生产的，先生产一个普通的躯体，然后注入特殊技能，最后打上S标签，一个超人生产完毕。我们再来看一下建造者的抽象定义，如代码清单30-7所示。

代码清单30-7 抽象建造者

```java
public abstract class Builder {
    //定义一个超人的应用
    protected final SuperMan superMan = new SuperMan();
    //构建出超人的躯体
    public void setBody(String body){
```

```
                this.superMan.setBody(body);
        }
        //构建出超人的特殊技能
        public void setSpecialTalent(String st){
                this.superMan.setSpecialTalent(st);
        }
        //构建出超人的特殊标记
        public void setSpecialSymbol(String ss){
                this.superMan.setSpecialSymbol(ss);
        }
        //构建出一个完整的超人
        public abstract SuperMan getSuperMan();
}
```

一个典型的模板方法模式，超人的各个部件（躯体、灵魂、标志）都准备好了，具体怎么组装则是由实现类来决定。我们先来看成年超人，如代码清单30-8所示。

代码清单30-8　成年超人建造者

```
public class AdultSuperManBuilder extends Builder {
        @Override
        public SuperMan getSuperMan() {
                super.setBody("强壮的躯体");
                super.setSpecialTalent("会飞行");
                super.setSpecialSymbol("胸前带S标记");
                return super.superMan;
        }
}
```

怎么回事？在第11章中讲解建造者模式的时候在产品中使用了模板方法模式，在这里怎么把模板方法模式迁移到建造者了？怎么会这样？你是不是在发出这样的疑问？别疑问了！设计模式只是提供了一个解决问题的意图：复杂对象的构建与它的表示分离，而没有具体定出一个设计模式必须是这样的实现，必须是这样的代码，灵活运用模式才是其根本，别学死板了。

我们继续看未成年超人的建造者，如代码清单30-9所示。

代码清单30-9　未成年超人建造者

```
public class ChildSuperManBuilder extends Builder {
        @Override
        public SuperMan getSuperMan() {
                super.setBody("强壮的躯体");
                super.setSpecialTalent("刀枪不入");
                super.setSpecialSymbol("胸前带小S标记");
                return super.superMan;
        }
}
```

大家注意看我们这两个具体的建造者，它们都关注了产品的各个部分，在某些应用场景下甚至会关心产品的构建顺序，即使是相同的部件，装配顺序不同，产生的结果也不同，这也正是建造者模式的意图：通过不同的部件、不同装配产生不同的复杂对象。我们再来看导演类，如代码清单30-10所示。

代码清单30-10 导演类

```
public class Director {
        //两个建造者的应用
        private static Builder  adultBuilder = new AdultSuperManBuilder();
        //未成年超人的建造者
        private static Builder childBuilder = new ChildSuperManBuilder();
        //建造一个成年、会飞行的超人
        public static SuperMan getAdultSuperMan(){
                return adultBuilder.getSuperMan();
        }
        //建造一个未成年、刀枪不入的超人
        public static SuperMan getChildSuperMan(){
                return childBuilder.getSuperMan();
        }
}
```

这很简单，不多说了！看看场景类是如何调用的，如代码清单30-11所示。

代码清单30-11 场景类

```
public class Client {
        public static void main(String[] args) {
                //建造一个成年超人
                SuperMan adultSuperMan = Director.getAdultSuperMan();
                //展示一下超人的信息
                adultSuperMan.getSpecialTalent();
        }
}
```

这个场景类的写法与工厂方法模式是相同的，但是你可以看到，在建立超人的过程中，建造者必须关注超人的各个部件，而工厂方法模式则只关注超人的整体，这就是两者的区别。

30.1.3 最佳实践

工厂方法模式和建造者模式都属于对象创建类模式，都用来创建类的对象。但它们之间的区别还是比较明显的。

❑ 意图不同

在工厂方法模式里，我们关注的是一个产品整体，如超人整体，无须关心产品的各部分是如何创建出来的；但在建造者模式中，一个具体产品的产生是依赖各个部件的产生以及装配顺序，它关注的是"由零件一步一步地组装出产品对象"。简单地说，工厂模式是一个对象创建的粗线条应用，建造者模式则是通过细线条勾勒出一个复杂对象，关注的是产品组成部分的创建过程。

❑ 产品的复杂度不同

工厂方法模式创建的产品一般都是单一性质产品，如成年超人，都是一个模样，而建造者模式创建的则是一个复合产品，它由各个部件复合而成，部件不同产品对象当然不同。这不是说工厂方法模式创建的对象简单，而是指它们的粒度大小不同。一般来说，工厂方法模式的对象粒度比较粗，建造者模式的产品对象粒度比较细。

两者的区别有了，那在具体的应用中，我们该如何选择呢？是用工厂方法模式来创建对象，还是用建造者模式来创建对象，这完全取决于我们在做系统设计时的意图，如果需要详细关注一个产品部件的生产、安装步骤，则选择建造者，否则选择工厂方法模式。

30.2 抽象工厂模式VS建造者模式

抽象工厂模式实现对产品家族的创建，一个产品家族是这样的一系列产品：具有不同分类维度的产品组合，采用抽象工厂模式则是不需要关心构建过程，只关心什么产品由什么工厂生产即可。而建造者模式则是要求按照指定的蓝图建造产品，它的主要目的是通过组装零配件而产生一个新产品，两者的区别还是比较明显的，但是还有读者对这两个模式产生混淆，我们通过一个例子说明两者的差别。

现代化的汽车工厂能够批量生产汽车（不考虑手工打造的豪华车）。不同的工厂生产不同的汽车，宝马工厂生产宝马牌子的车，奔驰工厂生产奔驰牌子的车。车不仅具有不同品牌，还有不同的用途分类，如商务车Van，运动型车SUV等，我们按照两种设计模式分别实现车辆的生产过程。

30.2.1 按抽象工厂模式生产车辆

按照抽象工厂模式，首先需要定义一个抽象的产品接口即汽车接口，然后宝马和奔驰分别实现该接口，由于它们只具有了一个品牌属性，还没有定义一个具体的型号，属于对象的抽象层次，每个具体车型由其子类实现，如R系列的奔驰车是商务车，X系列的宝马车属于SUV，我们来看类图，如图30-3所示。

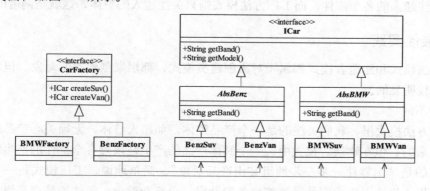

图30-3 车辆生产的工厂类图

在类图中，产品类很简单，我们从两个维度看产品：品牌和车型，每个品牌下都有两个车型，如宝马SUV，宝马商务车等，同时我们又建造了两个工厂，一个专门生产宝马车的宝马工厂BMWFactory，一个是生产奔驰车的奔驰车生产工厂BenzFactory。当然，汽车工厂也有两个不同的维度，可以建立这样两个工厂：一个专门生产SUV车辆的生产工厂，生产宝马SUV和奔驰SUV，另外一个工厂专门生成商务车，分别是宝马商务车和奔驰商务车，这样设计在技术上是完全可行的，但是在业务上是不可行的，为什么？这是因为你看到过有一个工厂既能生产奔驰SUV也能生产宝马SUV吗？这是不可能的，因为业务受限，除非是国内的山寨工厂。我们先来看产品类，汽车接口如代码清单30-12所示。

代码清单30-12 汽车接口

```java
public interface ICar {
    //汽车的生产商，也就是牌子
    public String getBand();
    //汽车的型号
    public String getModel();
}
```

在产品接口中我们定义了车辆有两个可以查询的属性：品牌和型号，奔驰车和宝马车是两个不同品牌的产品，但不够具体，只是知道它们的品牌而已，还不能够实例化，因此还是一个抽象类，如代码清单30-13所示。

代码清单30-13 抽象宝马车

```java
public abstract class AbsBMW implements ICar {
    private final static String BMW_BAND = "宝马汽车";
    //宝马车
    public String getBand() {
        return BMW_BAND;
    }
    //型号由具体的实现类实现
    public abstract String getModel();
}
```

抽象产品类中实现了产品的类型定义，车辆的型号没有实现，两实现类分别实现商务车和运动型车，分别如代码清单30-14、代码清单30-15所示。

代码清单30-14 宝马商务车

```java
public class BMWVan extends AbsBMW {
    private final static String SEVENT_SEARIES = "7系列车型商务车";
    public String getModel() {
        return SEVENT_SEARIES;
    }
}
```

代码清单30-15 宝马SUV

```
public class BMWSuv extends AbsBMW {
    private final static String X_SEARIES = "X系列车型SUV";
    public String getModel() {
        return X_SEARIES;
    }
}
```

奔驰车与宝马车类似，都已经有清晰品牌定义，但是型号还没有确认，也是一个抽象的产品类，如代码清单30-16所示。

代码清单30-16 抽象奔驰车

```
public abstract class AbsBenz implements ICar {
    private final static String BENZ_BAND = "奔驰汽车";
    public String getBand() {
        return BENZ_BAND;
    }
    //具体型号由实现类完成
    public abstract String getModel();
}
```

由于分类的标准是相同的，因此奔驰车也应该有商务车和运动车两个类型，分别如代码清单30-17和代码清单30-18所示。

代码清单30-17 奔驰商务车

```
public class BenzVan extends AbsBenz {
    private final static String R_SERIES = "R系列商务车";
    public String getModel() {
        return R_SERIES;
    }
}
```

代码清单30-18 奔驰SUV

```
public class BenzSuv extends AbsBenz {
    private final static String G_SERIES = "G系列SUV";
    public String getModel() {
        return G_SERIES;
    }
}
```

所有的产品类都已经实现了，剩下的工作就是要定义工厂类进行生产，由于产品类型多样，也导致了必须有多个工厂类来生产不同产品，首先就需要定义一个抽象工厂，声明每个工厂必须完成的职责，如代码清单30-19所示。

代码清单30-19 抽象工厂

```
public interface CarFactory {
```

```
//生产SUV
public ICar createSuv();
//生产商务车
public ICar createVan();
}
```

抽象工厂定义了每个工厂必须生产两个类型车：SUV（运动车）和VAN（商务车），否则一个工厂就不能被实例化，我们来看宝马车工厂，如代码清单30-20所示。

代码清单30-20 宝马车工厂

```java
public class BMWFactory implements CarFactory {
    //生产SUV
    public ICar createSuv() {
        return new BMWSuv();
    }
    //生产商务车
    public ICar createVan(){
        return new BMWVan();
    }
}
```

很简单，你要我生产宝马商务车，没问题，直接产生一个宝马商务车对象，返回给调用者，这对调用者来说根本不需要关心到底是怎么生产的，它只要找到一个宝马工厂，即可生产出自己需要的产品（汽车）。奔驰车工厂与此类似，如代码清单30-21所示。

代码清单30-21 奔驰车工厂

```java
public class BenzFactory implements CarFactory {
    //生产SUV
    public ICar createSuv() {
        return new BenzSuv();
    }
    //生产商务车
    public ICar createVan(){
        return new BenzVan();
    }
}
```

产品和工厂都具备了，剩下的工作就是建立一个场景类模拟调用者调用，如代码清单30-22所示。

代码清单30-22 场景类

```java
public class Client {
    public static void main(String[] args) {
        //要求生产一辆奔驰SUV
        System.out.println("===要求生产一辆奔驰SUV===");
        //首先找到生产奔驰车的工厂
        System.out.println("A、找到奔驰车工厂");
```

```
        CarFactory carFactory= new BenzFactory();
        //开始生产奔驰SUV
        System.out.println("B、开始生产奔驰SUV");
        ICar benzSuv = carFactory.createSuv();
        //生产完毕,展示一下车辆信息
        System.out.println("C、生产出的汽车如下: ");
        System.out.println("汽车品牌: "+benzSuv.getBand());
        System.out.println("汽车型号: " + benzSuv.getModel());
    }
}
```

运行结果如下所示:

```
===要求生产一辆奔驰SUV===
A、找到奔驰车工厂
B、开始生产奔驰SUV
C、生产出的汽车如下:
汽车品牌:奔驰汽车
汽车型号:G系列SUV
```

对外界调用者来说,只要更换一个具备相同结构的对象,即可发生非常大的改变,如我们原本使用BenzFactory生产汽车,但是过了一段时间后,我们的系统需要生产宝马汽车,这对系统来说不需要很大的改动,只要把工厂类使用BMWFactory代替即可,立刻可以生产出宝马车,注意这里生产的是一辆完整的车,对于一个产品,只要给出产品代码(车类型)即可生产,抽象工厂模式把一辆车认为是一个完整的、不可拆分的对象。它注重完整性,一个产品一旦找到一个工厂生产,那就是固定的型号,不会出现一个宝马工厂生产奔驰车的情况。那现在的问题是我们就想要一辆混合的车型,如奔驰的引擎,宝马的车轮,那该怎么处理呢?使用我们的建造者模式!

30.2.2　按建造者模式生产车辆

按照建造者模式设计一个生产车辆需要把车辆进行拆分,拆分成引擎和车轮两部分,然后由建造者进行建造,想要什么车,你只要有设计图纸就成,马上可以制造一辆车出来。它注重的是对零件的装配、组合、封装,它从一个细微构件装配角度看待一个对象。我们来看生产车辆的类图,如图30-4所示。

注意看我们类图中的蓝图类Blueprint,它负责对产品建造过程定义。既然要生产产品,那必然要对产品进行一个描述,在类图中我们定义了一个接口来描述汽车,如代码清单30-23所示。

代码清单30-23　车辆产品描述

```
public interface ICar {
    //汽车车轮
    public String getWheel();
    //汽车引擎
    public String getEngine();
}
```

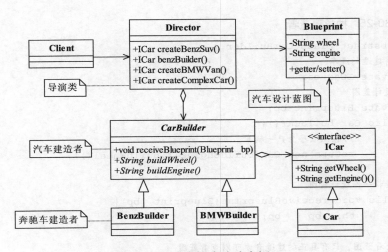

图30-4　建造者模式建造车辆

我们定义一辆车必须有车轮和引擎，具体的产品如代码清单30-24所示。

代码清单30-24　具体车辆

```java
public class Car implements ICar {
    //汽车引擎
    private String engine;
    //汽车车轮
    private String wheel;
    //一次性传递汽车需要的信息
    public Car(String _engine,String _wheel){
        this.engine = _engine;
        this.wheel = _wheel;
    }
    public String getEngine() {
        return engine;
    }
    public String getWheel() {
        return wheel;
    }
    public String toString(){
        return "车的轮子是: " + wheel + "\n车的引擎是: " + engine;
    }
}
```

一个简单的JavaBean定义产品的属性，明确对产品的描述。我们继续来思考，因为我们的产品是比较抽象的，它没有指定引擎的型号，也没有指定车轮的牌子，那么这样的组合方式有很多，完全要靠建造者来建造，建造者说要生产一辆奔驰SUV那就得用奔驰的引擎和奔驰的车轮，该建造者对于一个具体的产品来说是绝对的权威，我们来描述一下建造者，如代码清单30-25所示。

代码清单30-25　抽象建造者

```java
public abstract class CarBuilder {
        //待建造的汽车
        private ICar car;
        //设计蓝图
        private Blueprint bp;
        public Car buildCar(){
                //按照顺序生产一辆车
                return new Car(buildEngine(),buildWheel());
        }
        //接收一份设计蓝图
        public void receiveBlueprint(Blueprint _bp){
                this.bp = _bp;
        }
        //查看蓝图，只有真正的建造者才可以查看蓝图
        protected Blueprint getBlueprint(){
                return bp;
        }
        //建造车轮
        protected abstract String buildWheel();
        //建造引擎
        protected abstract String buildEngine();
}
```

看到Blueprint类了，它中文的意思是"蓝图"，你要建造一辆车必须有一个设计样稿或者蓝图吧，否则怎么生产？怎么装配？该类就是一个可参考的生产样本，如代码清单30-26所示。

代码清单30-26　生产蓝图

```java
public class Blueprint {
        //车轮的要求
        private String wheel;
        //引擎的要求
        private String engine;
        public String getWheel() {
                return wheel;
        }
        public void setWheel(String wheel) {
                this.wheel = wheel;
        }
        public String getEngine() {
                return engine;
        }
        public void setEngine(String engine) {
                this.engine = engine;
        }
}
```

这和一个具体的产品Car类是一样的？错，不一样！它是一个蓝图，是一个可以参考的模板，有一个蓝图可以设计出非常多的产品，如有一个R系统的奔驰商务车设计蓝图，我们就可以生产出一系列的奔驰车。它指导我们的产品生产，而不是一个具体的产品。我们来看宝马车建造车间，如代码清单30-27所示。

代码清单30-27　宝马车建造车间

```java
public class BMWBuilder extends CarBuilder {
    public String buildEngine() {
        return super.getBlueprint().getEngine();
    }
    public String buildWheel() {
        return super.getBlueprint().getWheel();
    }
}
```

这是非常简单的类。只要获得一个蓝图，然后按照蓝图制造引擎和车轮即可，剩下的事情就交给抽象的建造者进行装配。奔驰车间与此类似，如代码清单30-28所示。

代码清单30-28　奔驰车建造车间

```java
public class BenzBuilder extends CarBuilder {
    public String buildEngine() {
        return super.getBlueprint().getEngine();
    }
    public String buildWheel() {
        return super.getBlueprint().getWheel();
    }
}
```

两个建造车间都已经完成，那现在的问题就变成了怎么让车间运作，谁来编写蓝图？谁来协调生产车间？谁来对外提供最终产品？于是导演类出场了，它不仅仅有每个车间需要的设计蓝图，还具有指导不同车间装配顺序的职责，如代码清单30-29所示。

代码清单30-29　导演类

```java
public class Director {
    //声明对建造者的引用
    private CarBuilder benzBuilder = new BenzBuilder();
    private CarBuilder bmwBuilder = new BMWBuilder();
    //生产奔驰SUV
    public ICar createBenzSuv(){
        //制造出汽车
        return createCar(benzBuilder, "benz的引擎", "benz的轮胎");
    }
    //生产出一辆宝马商务车
    public ICar createBMWVan(){
        return createCar(benzBuilder, "BMW的引擎", "BMW的轮胎");
    }
```

```
        //生产出一个混合车型
        public ICar createComplexCar(){
                return createCar(bmwBuilder, "BMW的引擎", "benz的轮胎");
        }
        //生产车辆
        private ICar createCar(CarBuilder _carBuilder,String engine,String wheel){
                //导演怀揣蓝图
                Blueprint bp = new Blueprint();
                bp.setEngine(engine);
                bp.setWheel(wheel);
                System.out.println("获得生产蓝图");
                _carBuilder.receiveBlueprint(bp);
                return _carBuilder.buildCar();
        }
}
```

这里有一个私有方法createCar，其作用是减少导演类中的方法对蓝图的依赖，全部由该方法来完成。我们编写一个场景类，如代码清单30-30所示。

代码清单30-30 场景类

```
public class Client {
    public static void main(String[] args) {
                //定义出导演类
                Director director =new Director();
                //给我一辆奔驰车SUV
                System.out.println("===制造一辆奔驰SUV===");
                ICar benzSuv = director.createBenzSuv();
                System.out.println(benzSuv);
                //给我一辆宝马商务车
                System.out.println("\n===制造一辆宝马商务车===");
                ICar bmwVan = director.createBMWVan();
                System.out.println(bmwVan);
                //给我一辆混合车型
                System.out.println("\n===制造一辆混合车===");
                ICar complexCar = director.createComplexCar();
                System.out.println(complexCar);
    }
}
```

场景类只要找到导演类（也就是车间主任了）说给我制造一辆这样的宝马车，车间主任马上通晓你的意图，设计了一个蓝图，然后命令建造车间拼命加班加点建造，最终返回给你一件最新出品的产品，运行结果如下所示：

```
===制造一辆奔驰SUV===
获得生产蓝图
车的轮子是：benz的轮胎
车的引擎是：benz的引擎
===制造一辆宝马商务车===
```

获得生产蓝图
车的轮子是：BMW的轮胎
车的引擎是：BMW的引擎
===制造一辆混合车===
获得生产蓝图
车的轮子是：benz的轮胎
车的引擎是：BMW的引擎

注意最后一个运行结果片段，我们可以立刻生产出一辆混合车型，只要有设计蓝图，这非常容易实现。反观我们的抽象工厂模式，它是不可能实现该功能的，因为它更关注的是整体，而不关注到底用的是奔驰引擎还是宝马引擎，而我们的建造者模式却可以很容易地实现该设计，市场信息变更了，我们就可以立刻跟进，生产出客户需要的产品。

30.2.3 最佳实践

注意看上面的描述，我们在抽象工厂模式中使用"工厂"来描述构建者，而在建造者模式中使用"车间"来描述构建者，其实我们已经在说它们两者的区别了，抽象工厂模式就好比是一个一个的工厂，宝马车工厂生产宝马SUV和宝马VAN，奔驰车工厂生产奔驰车SUV和奔驰VAN，它是从一个更高层次去看对象的构建，具体到工厂内部还有很多的车间，如制造引擎的车间、装配引擎的车间等，但这些都是隐藏在工厂内部的细节，对外不公布。也就是对领导者来说，他只要关心一个工厂到底是生产什么产品的，不用关心具体怎么生产。而建造者模式就不同了，它是由车间组成，不同的车间完成不同的创建和装配任务，一个完整的汽车生产过程需要引擎制造车间、引擎装配车间的配合才能完成，它们配合的基础就是设计蓝图，而这个蓝图是掌握在车间主任（导演类）手中，它给建造车间什么蓝图就能生产什么产品，建造者模式更关心建造过程。虽然从外界看来一个车间还是生产车辆，但是这个车间的转型是非常快的，只要重新设计一个蓝图，即可产生不同的产品，这有赖于建造者模式的功劳。

相对来说，抽象工厂模式比建造者模式的尺度要大，它关注产品整体，而建造者模式关注构建过程，因此建造者模式可以很容易地构建出一个崭新的产品，只要导演类能够提供具体的工艺流程。也正因为如此，两者的应用场景截然不同，如果希望屏蔽对象的创建过程，只提供一个封装良好的对象，则可以选择抽象工厂方法模式。而建造者模式可以用在构件的装配方面，如通过装配不同的组件或者相同组件的不同顺序，可以产生出一个新的对象，它可以产生一个非常灵活的架构，方便地扩展和维护系统。

第31章

结构类模式大PK

结构类模式包括适配器模式、桥梁模式、组合模式、装饰模式、门面模式、享元模式和代理模式。为什么叫结构类模式呢？因为它们都是通过组合类或对象产生更大结构以适应更高层次的逻辑需求。我们来分析以下几个模式的相似点和不同点。

31.1 代理模式VS装饰模式

对于两个模式，首先要说的是，装饰模式就是代理模式的一个特殊应用，两者的共同点是都具有相同的接口，不同点则是代理模式着重对代理过程的控制，而装饰模式则是对类的功能进行加强或减弱，它着重类的功能变化，我们举例来说明它们的区别。

31.1.1 代理模式

一个著名的短跑运动员有自己的代理人。如果你很仰慕他，你找运动员说"你跑个我看看"，运动员肯定不搭理你，不过你找到他的代理人就不一样了，你可能和代理人比较熟，可以称兄道弟，这个忙代理人还是可以帮的，于是代理人同意让你欣赏运动员的练习赛，这对你来说已经是莫大的荣耀了。我们来看类图，如图31-1所示。

这是一个套用代理模式的简单应用，非常简单！一个对象，然后再是自己的代理。我们先来看一下代码，先看抽象主题类，如代码清单31-1所示。

图31-1 运动员跑步

代码清单31-1 抽象运动员

```
public interface IRunner {
    //运动员的主要工作就是跑步
    public void run();
}
```

一个具体的短跑运动员跑步是很潇洒的，如代码清单31-2所示。

代码清单31-2 运动员跑步

```java
public class Runner implements IRunner {
    public void run() {
        System.out.println("运动员跑步：动作很潇洒");
    }
}
```

看看现在的明星运动员，一般都有自己的代理人，要么是专职的，要么就是自己的教练兼职，那我们来看看代理人的职责，如代码清单31-3所示。

代码清单31-3 代理人

```java
public class RunnerAgent implements IRunner {
    private IRunner runner;
    public RunnerAgent(IRunner _runner){
        this.runner = _runner;
    }
    //代理人是不会跑的
    public void run() {
        Random rand = new Random();
        if(rand.nextBoolean()){
            System.out.println("代理人同意安排运动员跑步");
            runner.run();
        }else{
            System.out.println("代理人心情不好，不安排运动员跑步");
        }
    }
}
```

我们只是定义了一个代理人，并没有明确定义是哪一个运动员的代理，需要在运行时指定被代理者，而且我们还在代理人的run方法中做了判断，想让被代理人跑步就跑步，不乐意就拒绝，对于主题类的行为是否可以发生，代理类有绝对的控制权。我们编写一个场景类来模拟这种情况，如代码清单31-4所示。

代码清单31-4 场景类

```java
public class Client {
    public static void main(String[] args) {
        //定义一个短跑运动员
        IRunner liu = new Runner();
        //定义liu的代理人
        IRunner agent = new RunnerAgent(liu);
        //要求运动员跑步
        System.out.println("====客人找到运动员的代理要求其去跑步===");
        agent.run();
    }
}
```

由于我们使用了随机数产生模拟结果，因此运行结果有两种可能情况，第一种情况如下所示：

```
====客人找到运动员的代理要求其去跑步===
代理人同意安排运动员跑步
运动员跑步：动作很潇洒
```

运行结果的第二种情况如下所示：

```
====客人找到运动员的代理要求其去跑步===
代理人心情不好，不安排运动员跑步
```

不管是哪种情况，我们都证实了代理的一个功能：在不改变接口的前提下，对过程进行控制。在我们例子中，运动员要不要跑步是由代理人决定的，代理人说跑步就跑步，说不跑就不跑，它有绝对判断权。

31.1.2　装饰模式

如果使用装饰模式，我们该怎么实现这个过程呢？装饰模式是对类功能的加强，怎么加强呢？增强跑步速度！在屁股后面安装一个喷气动力装置，类似火箭的喷气装置，那速度变得很快，《蜘蛛侠》中的那个反面角色不就是这样的吗？好，我们来看类图，如图31-2所示。

很惊讶？这个代理模式完全一样的类图？是的，完全一样！不过其实现的意图却不同，我们先来看代码，IRunner和Runner与代理模式相同，详见代码清单31-1和代码清单31-2所示，在此不再赘述。我们来看装饰类RunnerWithJet，如代码清单31-5所示。

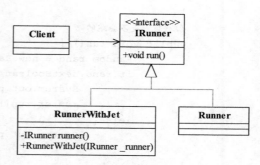

图31-2　增强运动员的功能

代码清单31-5　装饰类

```java
public class RunnerWithJet implements IRunner {
    private IRunner runner;
    public RunnerWithJet(IRunner _runner){
        this.runner = _runner;
    }
    public void run() {
        System.out.println("加快运动员的速度：为运动员增加喷气装置");
        runner.run();
    }
}
```

这和代理模式中的代理类也是非常相似的，只是装饰类对类的行为没有决定权，只有增强作用，也就是说它不决定被代理的方法是否执行，它只是再次增加被代理的功能。我们来看场景类，如代码清单31-6所示。

代码清单31-6 场景类

```
public class Client {
    public static void main(String[] args) {
        //定义运动员
        IRunner liu = new Runner();
        //对其功能加强
        liu = new RunnerWithJet(liu);
        //看看它的跑步情况如何
        System.out.println("===增强后的运动员的功能===");
        liu.run();
    }
}
```

运行结果如下所示：

===增强后的运动员的功能===
加快运动员的速度：为运动员增加喷气装置
运动员跑步：动作很潇洒

注意思考一下我们的程序，我们通过增加了一个装饰类，就完成了对原有类的功能增加，由一个普通的短跑运动员变成了带有喷气装置的超人运动员，其速度岂是普通人能相比的？！

31.1.3 最佳实践

通过例子，我们可以看出代理模式和装饰模式有非常相似的地方，甚至代码实现都非常相似，特别是装饰模式中省略抽象装饰角色后，两者代码基本上相同，但是还是有细微的差别。

代理模式是把当前的行为或功能委托给其他对象执行，代理类负责接口限定：是否可以调用真实角色，以及是否对发送到真实角色的消息进行变形处理，它不对被主题角色（也就是被代理类）的功能做任何处理，保证原汁原味的调用。代理模式使用到极致开发就是AOP，这是各位采用Spring架构开发必然要使用到的技术，它就是使用了代理和反射的技术。

装饰模式是在要保证接口不变的情况下加强类的功能，它保证的是被修饰的对象功能比原始对象丰富（当然，也可以减弱），但不做准入条件判断和准入参数过滤，如是否可以执行类的功能，过滤输入参数是否合规等，这不是装饰模式关心的。

代理模式在Java的开发中俯拾皆是，是大家非常熟悉的模式，应用非常广泛，而装饰模式是一个比较拘谨的模式，在实际应用中接触比较少，但是也有不少框架项目使用了装饰模式，例如在JDK的java.io.*包中就大量使用装饰模式，类似如下的代码：

```
OutputStream out = new DataOutputStream (new FileOutputStream ("test.txt"))
```

这是装饰模式的一个典型应用，使用DataOutputStream封装了一个FileOutputStream，以方便进行输出流处理。

31.2 装饰模式VS适配器模式

装饰模式和适配器模式在通用类图上没有太多的相似点，差别比较大，但是它们的功能有相似的地方：都是包装作用，都是通过委托方式实现其功能。不同点是：装饰模式包装的是自己的兄弟类，隶属于同一个家族（相同接口或父类），适配器模式则修饰非血缘关系类，把一个非本家族的对象伪装成本家族的对象，注意是伪装，因此它的本质还是非相同接口的对象。

大家都应该听过丑小鸭的故事吧，我们今天就用这两种模式分别讲述丑小鸭的故事。话说鸭妈妈有5个孩子，其中4个孩子都是黄白相间的颜色，而最小的那只也就是叫做丑小鸭的那只，是纯白色的，与兄弟姐妹不相同，在遭受了诸多的嘲讽和讥笑后，最终丑小鸭变成了一只美丽的天鹅。那我们如何用两种不同模式来描述这一故事呢？

31.2.1 用装饰模式描述丑小鸭

用装饰模式来描述丑小鸭，首先就要肯定丑小鸭是一只天鹅，只是因为她小或者是鸭妈妈的无知才没有被认出是天鹅，经过一段时间后，它逐步变成一个漂亮、自信、优美的白天鹅。根据分析我们可以这样设计，先设计一个丑小鸭，然后根据时间先后来进行不同的美化处理，怎么美化呢？先长出漂亮的羽毛，然后逐步展现出异于鸭子的不同行为，如飞行，最终在具备了所有的行为后，它就成为一只纯粹的白天鹅了，我们来看类图，如图31-3所示。

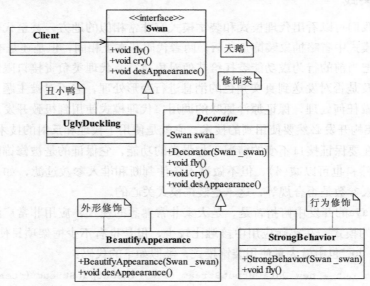

图31-3 装饰模式实现丑小鸭

类图比较简单，非常标准的装饰模式。我们按照故事的情节发展一步一步地实现程序。初期的时候，丑小鸭表现得很另类，叫声不同，外形不同，致使周围的亲戚、朋友都对她鄙视，那我们来建立这个过程，由于丑小鸭的本质就是一个天鹅，我们就先生成一个天鹅的接口，如代码清单31-7所示。

代码清单31-7 天鹅接口

```java
public interface Swan {
    //天鹅会飞
    public void fly();
    //天鹅会叫
    public void cry();
    //天鹅都有漂亮的外表
    public void desAppaearance();
}
```

我们定义了天鹅的行为，都会飞行、会叫，并且可以描述她们漂亮的外表。丑小鸭是一只白天鹅，是"is-a"的关系，也就是需要实现这个接口了，其实现如代码清单31-8所示。

代码清单31-8 丑小鸭

```java
public class UglyDuckling implements Swan {
    //丑小鸭的叫声
    public void cry() {
        System.out.println("叫声是克噜——克噜——克噜");
    }
    //丑小鸭的外形
    public void desAppaearance() {
        System.out.println("外形是脏兮兮的白色，毛茸茸的大脑袋");
    }
    //丑小鸭还比较小，不能飞
    public void fly() {
        System.out.println("不能飞行");
    }
}
```

丑小鸭具备了天鹅的所有行为和属性，因为她本来就是一只白天鹅，只是因为她太小了还不能飞行，也不能照顾自己，所以丑丑的，在经过长时间的流浪生活后，丑小鸭长大了。终于有一天，她发现自己竟然变成了一只美丽的白天鹅，有着漂亮、洁白的羽毛，而且还可以飞行，这完全是一种升华行为。我们来看看她的行为（飞行）和属性（外形）是如何加强的，先看抽象的装饰类，如代码清单31-9所示。

代码清单31-9 抽象装饰类

```java
public class Decorator implements Swan {
    private Swan swan;
    //修饰的是谁
    public Decorator(Swan _swan){
        this.swan =_swan;
    }
    public void cry() {
        swan.cry();
    }
    public void desAppaearance() {
```

```
                swan.desAppaearance();
        }
        public void fly() {
                swan.fly();
        }
}
```

这是一个非常简单的代理模式。我们再来看丑小鸭是如何开始变得美丽的，变化是由外及里的，有了漂亮的外表才有内心的实质变化，如代码清单31-10所示。

代码清单31-10　外形美化

```
public class BeautifyAppearance extends Decorator {
        //要美化谁
        public BeautifyAppearance(Swan _swan){
                super(_swan);
        }
        //外表美化处理
        @Override
        public void desAppaearance(){
                System.out.println("外表是纯白色的，非常惹人喜爱！");
        }
}
```

丑小鸭最后发现自己还能飞行，这是一个行为突破，是对原有行为"不会飞行"的一种强化，如代码清单31-11所示。

代码清单31-11　强化行为

```
public class StrongBehavior extends Decorator {
        //强化谁
        public StrongBehavior(Swan _swan){
                super(_swan);
        }
        //会飞行了
        public void fly(){
                System.out.println("会飞行了！");
        }
}
```

所有的故事元素我们都具备了，就等有人来讲故事了，场景类如代码清单31-12所示。

代码清单31-12　场景类

```
public class Client {
        public static void main(String[] args) {
                //很久很久以前，这里有一个丑陋的小鸭子
                System.out.println("===很久很久以前，这里有一只丑陋的小鸭子===");
                Swan duckling = new UglyDuckling();
                //展示一下小鸭子
```

```
duckling.desAppaearance();  //小鸭子的外形
duckling.cry();  //小鸭子的叫声
duckling.fly();  //小鸭子的行为
System.out.println("\n===小鸭子终于发现自己是一只天鹅====");
//首先外形变化了
duckling = new BeautifyAppearance(duckling);
//其次行为也发生了改变
duckling = new StrongBehavior(duckling);
//虽然还是叫丑小鸭，但是已经发生了很大变化
duckling.desAppaearance();  //小鸭子的新外形
duckling.cry();  //小鸭子的新叫声
duckling.fly();  //小鸭子的新行为
    }
}
```

运行结果如下所示：

===很久很久以前，这里有一只丑陋的小鸭子===
外形是脏兮兮的白色，毛茸茸的大脑袋
叫声是克噜——克噜——克噜
不能飞行
===小鸭子终于发现自己是一只天鹅====
外表是纯白色的，非常惹人喜爱！
叫声是克噜——克噜——克噜
会飞行了！

使用装饰模式描述丑小鸭蜕变的过程是如此简单，它关注了对象功能的强化，是对原始对象的行为和属性的修正和加强，把原本被人歧视、冷落的丑小鸭通过两次强化处理最终转变为受人喜爱、羡慕的白天鹅。

31.2.2 用适配器模式实现丑小鸭

采用适配器模式实现丑小鸭变成白天鹅的过程要从鸭妈妈的角度来分析，鸭妈妈有5个孩子，它认为这5个孩子都是她的后代，都是鸭类，但是实际上是有一只（也就是丑小鸭）不是真正的鸭类，她是一只小白天鹅，就像《木兰辞》中说的"雄兔脚扑朔，雌兔眼迷离。双兔傍地走，安能辨我是雄雌？"同样，因为太小，差别太细微，很难分辨，导致鸭妈妈认为她是一只鸭子，从鸭子的审美观来看，丑小鸭是丑陋的。通过分析，我们要做的就是要设计两个对象：鸭和天鹅，然后鸭妈妈把一只天鹅看成了小鸭子，最终时间到来的时候丑小鸭变成了白天鹅。我们来看类图，如图31-4所示。

类图非常简单，我们定义了两个接口：鸭

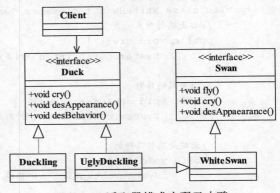

图31-4 适配器模式实现丑小鸭

类接口和天鹅类接口，然后建立了一个适配器UglyDuckling，把一只白天鹅封装成了小鸭子。我们来看代码，先看鸭类接口，如代码清单31-13所示。

代码清单31-13　鸭类接口

```java
public interface Duck {
    //会叫
    public void cry();
    //鸭子的外形
    public void desAppearance();
    //描述鸭子的其他行为
    public void desBehavior();
}
```

鸭类有3个行为，一个是鸭会叫，一个是外形描述，还有一个是综合性的其他行为描述，例如会游泳等。我们来看鸭妈妈的4个正宗孩子，如代码清单31-14所示。

代码清单31-14　小鸭子

```java
public class Duckling implements Duck {
    public void cry() {
        System.out.println("叫声是嘎——嘎——嘎");
    }
    public void desAppearance() {
        System.out.println("外形是黄白相间，嘴长");
    }
    //鸭子的其他行为，如游泳
    public void desBehavior(){
        System.out.println("会游泳");
    }
}
```

4只正宗的小鸭子形象已经清晰地定义出来了。鸭妈妈还有一个孩子，就是另类的丑小鸭，她实际是一只白天鹅。我们先定义出白天鹅，如代码清单31-15所示。

代码清单31-15　白天鹅

```java
public class WhiteSwan implements Swan {
    //白天鹅的叫声
    public void cry() {
        System.out.println("叫声是克噜——克噜——克噜");
    }
    //白天鹅的外形
    public void desAppaearance() {
        System.out.println("外形是纯白色，惹人喜爱");
    }
    //天鹅是能够飞行的
    public void fly() {
        System.out.println("能够飞行");
    }
}
```

但是，鸭妈妈却不认为自己这个另类的孩子是白天鹅，它从自己的观点出发，认为她很丑陋，有碍自己的脸面，于是驱赶她——鸭妈妈把这只小天鹅误认为一只鸭。我们来看实现，如代码清单31-16所示。

代码清单31-16 把白天鹅当做小鸭子看待

```java
public class UglyDuckling extends WhiteSwan implements Duck {
    //丑小鸭的叫声
    public void cry() {
        super.cry();
    }
    //丑小鸭的外形
    public void desAppearance() {
        super.desAppaearance();
    }
    //丑小鸭的其他行为
    public void desBehavior(){
        //丑小鸭不仅会游泳
        System.out.println("会游泳");
        //还会飞行
        super.fly();
    }
}
```

天鹅被看成了鸭子，有点暴殄天物的感觉。我们再来创建一个场景类来描述这一场景，如代码清单31-17所示。

代码清单31-17 场景类

```java
public class Client {
    public static void main(String[] args) {
        //鸭妈妈有5个孩子，其中4个都是一个模样
        System.out.println("===妈妈有五个孩子，其中四个模样是这样的：===");
        Duck duck = new Duckling();
        duck.cry();  //小鸭子的叫声
        duck.desAppearance(); //小鸭子的外形
        duck.desBehavior(); //小鸭子的其他行为
        System.out.println("\n===一只独特的小鸭子，模样是这样的：===");
        Duck uglyDuckling = new UglyDuckling();
        uglyDuckling.cry(); //丑小鸭的叫声
        uglyDuckling.desAppearance(); //丑小鸭的外形
        uglyDuckling.desBehavior(); //丑小鸭的其他行为
    }
}
```

运行结果如下所示：

===妈妈有5个孩子, 其中4个模样是这样的: ===
叫声是嘎——嘎——嘎
外形是黄白相间, 嘴长
会游泳
===一只独特的小鸭子, 模样是这样的: ===
叫声是克噜——克噜——克噜
外形是纯白色, 惹人喜爱
会游泳
能够飞行

可怜的小天鹅被认为是一只丑陋的小鸭子, 造物弄人呀! 采用适配器模式讲述丑小鸭的故事, 我们首先观察到的是鸭与天鹅的不同点, 建立了不同的接口以实现不同的物种, 然后在需要的时候 (根据故事情节) 把一个物种伪装成另外一个物种, 实现不同物种的相同处理过程, 这就是适配器模式的设计意图。

31.2.3　最佳实践

我们用两个模式实现了丑小鸭的美丽蜕变。我们发现: 这两个模式有较多的不同点。

❑ 意图不同

装饰模式的意图是加强对象的功能, 例子中就是把一个怯弱的小天鹅强化成了一个美丽、自信的白天鹅, 它不改变类的行为和属性, 只是增加 (当然了, 减弱类的功能也是可能存在的) 功能, 使美丽更加美丽, 强壮更加强壮, 安全更加安全; 而适配器模式关注的则是转化, 它的主要意图是两个不同对象之间的转化, 它可以把一个天鹅转化为一个小鸭子看待, 也可以把一只小鸭子看成是一只天鹅(那估计要在小鸭子的背上装个螺旋桨了), 它关注转换。

❑ 施与对象不同

装饰模式装饰的对象必须是自己的同宗, 也就是相同的接口或父类, 只要在具有相同的属性和行为的情况下, 才能比较行为是增加还是减弱; 适配器模式则必须是两个不同的对象, 因为它着重于转换, 只有两个不同的对象才有转换的必要, 如果是相同对象还转换什么? !

❑ 场景不同

装饰模式在任何时候都可以使用, 只要是想增强类的功能, 而适配器模式则是一个补救模式, 一般出现在系统成熟或已经构建完毕的项目中, 作为一个紧急处理手段采用。

❑ 扩展性不同

装饰模式很容易扩展! 今天不用这个修饰, 好, 去掉; 明天想再使用, 好, 加上。这都没有问题。而且装饰类可以继续扩展下去; 但是适配器模式就不同了, 它在两个不同对象之间架起了一座沟通的桥梁, 建立容易, 去掉就比较困难了, 需要从系统整体考虑是否能够撤销。

第32章

行为类模式大PK

行为类模式包括责任链模式、命令模式、解释器模式、迭代器模式、中介者模式、备忘录模式、观察者模式、状态模式、策略模式、模板方法模式、访问者模式。该组真可谓是人才济济，高手如云。行为类模式的11个模式基本上都是大家耳熟能详的，而且它们之间还有很多的相似点，特别是一些扩展部分就更加相似了，我们挑选几个比较重要的模式进行对比说明。

32.1　命令模式VS策略模式

命令模式和策略模式的类图确实很相似，只是命令模式多了一个接收者（Receiver）角色。它们虽然同为行为类模式，但是两者的区别还是很明显的。策略模式的意图是封装算法，它认为"算法"已经是一个完整的、不可拆分的原子业务（注意这里是原子业务，而不是原子对象），即其意图是让这些算法独立，并且可以相互替换，让行为的变化独立于拥有行为的客户；而命令模式则是对动作的解耦，把一个动作的执行分为执行对象（接收者角色）、执行行为（命令角色），让两者相互独立而不相互影响。

我们从一个相同的业务需求出发，按照命令模式和策略模式分别设计出一套实现，来看看它们的侧重点有什么不同。zip和gzip文件格式相信大家都很熟悉，它们是两种不同的压缩格式，我们今天就来对一个目录或文件实现两种不同的压缩方式：zip压缩和gzip压缩（这里的压缩指的是压缩和解压缩两种对应的操作行为，下同）。实现这两种压缩格式有什么意义呢？有意义！一是zip格式（.zip后缀）是Windows操作系统常用的压缩格式，gzip格式（.gz后缀）是*nix系统常用的压缩格式；二是JDK提供了对zip和gzip文件的操作包，非常容易实现文件的压缩和解压缩操作。

下面我们来实现不同格式的压缩和解压缩功能。

32.1.1　策略模式实现压缩算法

使用策略模式实现压缩算法非常简单，也是非常标准的，类图如图32-1所示。

在类图中，我们的侧重点是zip压缩算法和gzip压缩算法可以互相替换，一个文件或者目录可以使用zip压缩，也可以使用gzip压缩，选择哪种压缩算法是由高层模块（实际操作者）决定的。我们来看一下代码实现。先看抽象的压缩算法，如代码清单32-1所示。

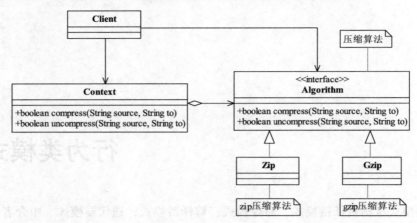

图32-1　策略模式实现压缩算法的类图

代码清单32-1　抽象压缩算法

```java
public interface Algorithm {
    //压缩算法
    public boolean compress(String source,String to);
    //解压缩算法
    public boolean uncompress(String source,String to);
}
```

每一个算法要实现两个功能：压缩和解压缩，传递进来一个绝对路径source，compress把它压缩到to目录下，uncompress则进行反向操作——解压缩，这两个方法一定要成对地实现，为什么呢？用gzip解压缩算法能解开zip格式的压缩文件吗？我们分别来看两种不同格式的压缩算法，zip、gzip压缩算法分别如代码清单32-2、代码清单32-3所示。

代码清单32-2　zip压缩算法

```java
public class Zip implements Algorithm {
    //zip格式的压缩算法
    public boolean compress(String source, String to) {
        System.out.println(source + " --> " +to + " ZIP压缩成功!");
        return true;
    }
    //zip格式的解压缩算法
    public boolean uncompress(String source,String to){
        System.out.println(source + " --> " +to + " ZIP解压缩成功!");
        return true;
    }
}
```

代码清单32-3 gzip压缩算法

```
public class Gzip implements Algorithm {
        //gzip的压缩算法
        public boolean compress(String source, String to) {
                System.out.println(source + " --> " +to + " GZIP压缩成功!");
                return true;
        }
        //gzip解压缩算法
        public boolean uncompress(String source,String to){
                System.out.println(source + " --> " +to + " GZIP解压缩成功!");
                return true;
        }
}
```

这两种压缩算法实现起来都很简单，Java对此都提供了相关的API操作，这里就不再提供详细的编写代码，读者可以参考JDK自己进行实现，或者上网搜索一下，网上有太多类似的源代码。

两个具体的算法实现了同一个接口，完全遵循依赖倒转原则。我们再来看环境角色，如代码清单32-4所示。

代码清单32-4 环境角色

```
public class Context {
        //指向抽象算法
        private Algorithm al;
        //构造函数传递具体的算法
        public Context(Algorithm _al){
                this.al = _al;
        }
        //执行压缩算法
        public boolean compress(String source,String to){
                return al.compress(source, to);
        }
        //执行解压缩算法
        public boolean uncompress(String source,String to){
                return al.uncompress(source, to);
        }
}
```

也是非常简单，指定一个算法，执行该算法，一个标准的策略模式就编写完毕了。请读者注意，这里虽然有两个算法Zip和Gzip，但是对调用者来说，这两个算法没有本质上的区别，只是"形式"上不同，什么意思呢？从调用者来看，使用哪一个算法都无所谓，两者完全可以互换，甚至用一个算法替代另外一个算法。我们继续看调用者是如何调用的，如代码清单32-5所示。

代码清单32-5　场景类

```
public class Client {
    public static void main(String[] args) {
        //定义环境角色
        Context context;
        //对文件执行zip压缩算法
        System.out.println("========执行算法========");
        context = new Context(new Zip());
        /*
         *算法替换
         * context = new Context(new Gzip());
         *
         */
        //执行压缩算法
        context.compress("c:\\windows","d:\\windows.zip");
        //执行解压缩算法
        context.uncompress("c:\\windows.zip","d:\\windows");
    }
}
```

运行结果如下所示：

```
========执行算法========
c:\windows --> d:\windows.zip ZIP压缩成功！
c:\windows.zip --> d:\windows ZIP解压缩成功！
```

要使用gzip算法吗？在客户端（Client）上把注释删掉就可以了，其他的模块根本不受任何影响，策略模式关心的是算法是否可以相互替换。策略模式虽然简单，但是在项目组使用得非常多，可以说随手拈来就是一个策略模式。

32.1.2　命令模式实现压缩算法

命令模式的主旨是封装命令，使请求者与实现者解耦。例如，到饭店点菜，客人（请求者）通过服务员（调用者）向厨师（接收者）发送了订单（行为的请求），该例子就是通过封装命令来使请求者和接收者解耦。我们继续来看压缩和解压缩的例子，怎么使用命令模式来完成该需求呢？我们先画出类图，如图32-2所示。

类图看着复杂，但是还是一个典型的命令模式，通过定义具体命令完成文件的压缩、解压缩任务，注意我们这里对文件的每一个操作都是封装好的命令，对于给定的请求，命令不同，处理的结果当然也不同，这就是命令模式要强调的。我们先来看抽象命令，如代码清单32-6所示。

代码清单32-6　抽象压缩命令

```
public abstract class AbstractCmd {
    //对接收者的引用
    protected IReceiver zip = new ZipReceiver();
    protected IReceiver gzip = new GzipReceiver();
    //抽象方法，命令的具体单元
```

```
public abstract boolean execute(String source,String to);
}
```

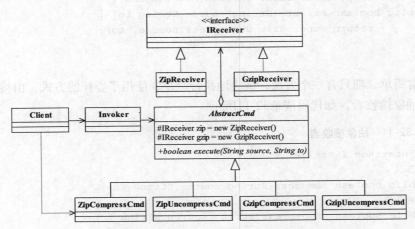

图32-2 命令模式实现压缩算法的类图

抽象命令定义了两个接收者的引用:zip接收者和gzip接收者,大家可以想象一下这两个"受气包",它们完全是受众,人家让它干啥它就干啥,具体使用哪个接收者是命令决定的。具体命令有4个:zip压缩、zip解压缩、gzip压缩、gzip解压缩,分别如代码清单32-7、32-8、32-9、32-10所示。

代码清单32-7 zip压缩命令

```
public class ZipCompressCmd extends AbstractCmd {
    public boolean execute(String source,String to) {
        return super.zip.compress(source, to);
    }
}
```

代码清单32-8 zip解压缩命令

```
public class ZipUncompressCmd extends AbstractCmd {
    public boolean execute(String source,String to) {
        return super.zip.uncompress(source, to);
    }
}
```

代码清单32-9 gzip压缩命令

```
public class GzipCompressCmd extends AbstractCmd {
    public boolean execute(String source,String to) {
        return super.gzip.compress(source, to);
    }
}
```

代码清单32-10　gzip解压缩命令

```
public class GzipUncompressCmd extends AbstractCmd {
      public boolean execute(String source,String to) {
              return super.gzip.uncompress(source, to);
      }
}
```

它们非常简单，都只有一个方法，坚决地执行命令，使用了委托的方式，由接收者来实现。我们再来看抽象接收者，如代码清单32-11所示。

代码清单32-11　抽象接收者

```
public interface IReceiver {
      //压缩
      public boolean compress(String source,String to);
      //解压缩
      public boolean uncompress(String source,String to);
}
```

抽象接收者与策略模式的抽象策略完全相同，具体的实现也完全相同，只是类名做了改动，我们先来看zip压缩的实现，如代码清单32-12所示。

代码清单32-12　zip接收者

```
public class ZipReceiver implements IReceiver {
      //zip格式的压缩算法
      public boolean compress(String source, String to) {
              System.out.println(source + " --> " +to + " ZIP压缩成功!");
              return true;
      }
      //zip格式的解压缩算法
      public boolean uncompress(String source,String to){
              System.out.println(source + " --> " +to + " ZIP解压缩成功!");
              return true;
      }
}
```

这就是一个具体动作执行者，它在策略模式中是一个具体的算法，关心的是是否可以被替换；而在命令模式中，它则是一个具体、真实的命令执行者。我们再来看gzip接收者，如代码清单32-13所示。

代码清单32-13　gzip接收者

```
public class GzipReceiver implements IReceiver {
      //gzip的压缩算法
      public boolean compress(String source, String to) {
              System.out.println(source + " --> " +to + " GZIP压缩成功!");
              return true;
      }
```

```
//gzip解压缩算法
public boolean uncompress(String source,String to){
        System.out.println(source + " --> " +to + " GZIP解压缩成功!");
        return true;
    }
}
```

大家可以这样思考这个问题，接收者就是厨房的厨师，具体要哪个厨师做这道菜则是餐馆的规章制度已经明确的，你让专做粤菜的师傅做一个剁椒鱼头，能做出好菜吗？在命令模式中，就是在抽象命令中定义了接收者的引用，然后在具体的实现类中确定要让哪个接收者进行处理。这就好比是客人点菜：我要一个剁椒鱼头，这就是一个命令，然后服务员（Inovker）接收到这个命令后，就开始执行，把这个命令指定给具体的执行者执行。

当然了，接收者这部分还可以这样设计，即按照职责设计接收者，比如压缩接收者、解压缩接收者，但接口需要稍稍改动，如代码清单32-14所示。

代码清单32-14　依照职责设计的接收者接口

```
public interface IReceiver {
    //执行zip命令
    public boolean zipExec(String source,String to);
    //执行gzip命令
    public boolean gzipExec(String source,String to);
}
```

接收者接口只是定义了每个接收者都必须完成zip和gzip相关的两个逻辑，有多少个职责就有多少个实现类。我们这里只有两个职责：压缩和解压缩，分别如代码清单32-15、32-16所示。

代码清单32-15　压缩接收者

```
public class CompressReceiver implements IReceiver {
    //执行gzip压缩命令
    public boolean gzipExec(String source, String to) {
        System.out.println(source + " --> " +to + " GZIP压缩成功!");
        return true;
    }
    //执行zip压缩命令
    public boolean zipExec(String source, String to) {
        System.out.println(source + " --> " +to + " ZIP压缩成功!");
        return true;
    }
}
```

代码清单32-16　解压缩接收者

```
public class UncompressReceiver implements IReceiver {
    //执行gzip解压缩命令
    public boolean gzipExec(String source, String to) {
        System.out.println(source + " --> " +to + " GZIP解压缩成功!");
```

```
                return true;
        }
        //执行zip解压缩命令
        public boolean zipExec(String source, String to) {
                System.out.println(source + " --> " +to + " ZIP解压缩成功!");
                return true;
        }
}
```

　　剩下的工作就是对抽象命令、具体命令稍作修改,这里不再赘述。为什么要在这里增加一个分支描述呢?这是为了与策略模式对比,在命令模式中,我们可以把接收者设计得与策略模式的算法相同,也可以不相同。我们按照职责设计的接口就不适用于策略模式,不可能封装一个叫做压缩的算法类,然后在类中提供两种不同格式的压缩功能,这违背了策略模式的意图——封装算法,为什么呢?如果要增加一个rar压缩算法,该怎么办呢?修改抽象算法?这是绝对不允许的!那为什么命令模式就是允许的呢?因为命令模式着重于请求者和接收者解耦,你管我接收者怎么变化,只要不影响请求者就成,这才是命令模式的意图。

　　命令、接收者都具备了,我们再来封装一个命令的调用者,如代码清单32-17所示。

代码清单32-17　调用者

```
public class Invoker {
        //抽象命令的引用
        private AbstractCmd cmd;
        public Invoker(AbstractCmd _cmd){
                this.cmd = _cmd;
        }
        //执行命令
        public boolean execute(String source,String to){
                return cmd.execute(source, to);
        }
}
```

　　调用者非常简单,只负责把命令向后传递,当然这里也可以进行一定的拦截处理,我们暂时用不到就不做处理了。我们来看场景类是如何描述这个场景的,如代码清单32-18所示。

代码清单32-18　场景类

```
public class Client {
        public static void main(String[] args) {
                //定义一个命令,压缩一个文件
                AbstractCmd cmd = new ZipCompressCmd();
                /*
                 * 想换一个? 执行解压命令
                 * AbstractCmd cmd = new ZipUncompressCmd();
                 */
                //定义调用者
                Invoker invoker = new Invoker(cmd);
```

```
//我命令你对这个文件进行压缩
System.out.println("========执行压缩命令========");
invoker.execute("c:\\windows", "d:\\windows.zip");
        }
    }
```

想新增一个命令？当然没有问题，只要重新定义一个命令就成，命令改变了，高层模块只要调用它就成。请注意，这里的程序还有点欠缺，没有与文件的后缀名绑定，不应该出现使用zip压缩命令产生一个.gzip后缀的文件名，读者在实际应用中可以考虑与文件后缀名之间建立关联。

通过以上例子，我们看到命令模式也实现了文件的压缩、解压缩的功能，它的实现是关注了命令的封装，是请求者与执行者彻底分开，看看我们的程序，执行者根本就不用了解命令的具体执行者，它只要封装一个命令——"给我用zip格式压缩这个文件"就可以了，具体由谁来执行，则由调用者负责，如此设计后，就可以保证请求者和执行者之间可以相互独立，各自发展而不相互影响。

同时，由于是一个命令模式，接收者的处理可以进行排队处理，在排队处理的过程中，可以进行撤销处理，比如客人点了一个菜，厨师还没来得及做，那要撤销很简单，撤回也是命令，这是策略模式所不能实现的。

32.1.3 小结

策略模式和命令模式相似，特别是命令模式退化时，比如无接收者（接收者非常简单或者接收者是一个Java的基础操作，无需专门编写一个接收者），在这种情况下，命令模式和策略模式的类图完全一样，代码实现也比较类似，但是两者还是有区别的。

❑ 关注点不同
策略模式关注的是算法替换的问题，一个新的算法投产，旧算法退休，或者提供多种算法由调用者自己选择使用，算法的自由更替是它实现的要点。换句话说，策略模式关注的是算法的完整性、封装性，只有具备了这两个条件才能保证其可以自由切换。

命令模式则关注的是解耦问题，如何让请求者和执行者解耦是它需要首先解决的，解耦的要求就是把请求的内容封装为一个一个的命令，由接收者执行。由于封装成了命令，就同时可以对命令进行多种处理，例如撤销、记录等。

❑ 角色功能不同
在我们的例子中，策略模式中的抽象算法和具体算法与命令模式的接收者非常相似，但是它们的职责不同。策略模式中的具体算法是负责一个完整算法逻辑，它是不可再拆分的原子业务单元，一旦变更就是对算法整体的变更。

而命令模式则不同，它关注命令的实现，也就是功能的实现。例如我们在分支中也提到接收者的变更问题，它只影响到命令族的变更，对请求者没有任何影响，从这方面来说，接收者对命令负责，而与请求者无关。命令模式中的接收者只要符合六大设计原则，完全不用关心它是否完成了一个具体逻辑，它的影响范围也仅仅是抽象命令和具体命令，对它的修改不会扩散到模式外的模块。

当然，如果在命令模式中需要指定接收者，则需要考虑接收者的变化和封装，例如一个老顾客每次吃饭都点同一个厨师的饭菜，那就必须考虑接收者的抽象化问题。

❑ 使用场景不同

策略模式适用于算法要求变换的场景，而命令模式适用于解耦两个有紧耦合关系的对象场合或者多命令多撤销的场景。

32.2　策略模式VS状态模式

在行为类设计模式中，状态模式和策略模式是亲兄弟，两者非常相似，我们先看看两者的通用类图，把两者放在一起比较一下，如图32-3所示。

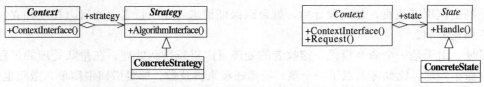

图32-3　策略模式（左）和状态模式（右）的通用类图

两个类图非常相似，都是通过Context类封装一个具体的行为，都提供了一个封装的方法，是高扩展性的设计模式。但根据两者的定义，我们发现两者的区别还是很明显的：策略模式封装的是不同的算法，算法之间没有交互，以达到算法可以自由切换的目的；而状态模式封装的是不同的状态，以达到状态切换行为随之发生改变的目的。这两种模式虽然都有变换的行为，但是两者的目标却是不同的。我们举例来说明两者的不同点。

人只要生下来就有工作可做，人在孩童时期的主要工作就是玩耍（学习只是在人类具有了精神意识行为后才产生的）；成人时期的主要工作是养活自己，然后为社会做贡献；老年时期的主要工作就是享受天伦之乐。按照策略模式来分析，这三种不同的工作方式就是三个不同的具体算法，随着时光的推移工作内容随之更替，这和对一堆数组的冒泡排序、快速排序、插入排序一样，都是一系列的算法；而按照状态模式进行设计，则认为人的状态（孩童、成人、老人）产生了不同的行为结果，这里的行为都相同，都是工作，但是它们的实现方式确实不同，也就是产生的结果不同，看起来就像是类改变了。

32.2.1　策略模式实现人生

下面按照策略模式进行设计，先来看类图，如图32-4所示。

这是非常典型的策略模式，没有太多的玄机，它定义了一个工作算法，然后有三个实现类：孩童工作、成年人工作和老年人工作。我们来看代码，首先看抽象工作算法，如代码清单32-19所示。

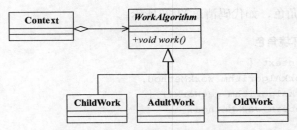

图32-4 策略模式实现人生的类图

代码清单32-19 抽象工作算法

```java
public abstract class WorkAlgorithm {
    //每个年龄段都必须完成的工作
    public abstract void work();
}
```

无论如何，每个算法都必须实现work方法，完成对工作内容的定义，三个具体的工作算法如代码清单32-20、32-21、32-22所示。

代码清单32-20 孩童工作

```java
public class ChildWork extends WorkAlgorithm {
    //小孩的工作
    @Override
    public void work() {
        System.out.println("儿童的工作是玩耍！");
    }
}
```

代码清单32-21 成年人工作

```java
public class AdultWork extends WorkAlgorithm {
    //成年人的工作
    @Override
    public void work() {
        System.out.println("成年人的工作就是先养活自己，然后为社会做贡献！");
    }
}
```

代码清单32-22 老年人工作

```java
public class OldWork extends WorkAlgorithm {
    //老年人的工作
    @Override
    public void work() {
        System.out.println("老年人的工作就是享受天伦之乐！");
    }
}
```

我们再来看环境角色，如代码清单32-23所示。

代码清单32-23　环境角色

```java
public class Context {
    private WorkAlgorithm workMethod;
    public WorkAlgorithm getWork() {
        return workMethod;
    }
    public void setWork(WorkAlgorithm work) {
        this.workMethod = work;
    }
    //每个算法都有必须具有的功能
    public void work(){
        workMethod.work();
    }
}
```

我们编写一个场景类来模拟该场景，如代码清单32-24所示。

代码清单32-24　场景类

```java
public class Client {
    public static void main(String[] args) {
        //定义一个环境角色
        Context context=new Context();
        System.out.println("====儿童的主要工作=====");
        context.setWork(new ChildWork());
        context.work();
        System.out.println("\n====成年人的主要工作=====");
        context.setWork(new AdultWork());
        context.work();
        System.out.println("\n====老年人的主要工作=====");
        context.setWork(new OldWork());
        context.work();
    }
}
```

在这里我们把每个不同的工作内容作为不同的算法，分别是孩童工作、成年人工作、老年人工作算法，然后在场景类中根据不同的年龄段匹配不同的工作内容，其运行结果如下所示：

```
====儿童的主要工作=====
儿童的工作是玩耍！
====成年人的主要工作=====
成年人的工作就是先养活自己，然后为社会做贡献！
====老年人的主要工作=====
老年人的工作就是享受天伦之乐！
```

通过采用策略模式我们实现了"工作"这个策略的三种不同算法，算法可以自由切换，到底用哪个算法由调用者（高层模块）决定。策略模式的使用重点是算法的自由切换——老的算法退休，新的算法上台，对模块的整体功能没有非常大的改变，非常灵活。而如果想要增加一个新的算法，比如未出生婴儿的工作，只要继承WorkAlgorithm就可以了。

32.2.2 状态模式实现人生

我们再来看看使用状态模式是如何实现该需求的。随着时间的变化，人的状态变化了，同时引起了人的工作行为改变，完全符合状态模式。我们来看类图，如图32-5所示。

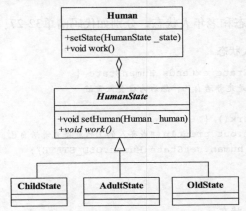

图32-5 状态模式实现人生的类图

这与策略模式非常相似，基本上就是几个类名称的修改而已，但是其中蕴藏的玄机就大了，看看代码你就会明白。我们先来看抽象状态类，如代码清单32-25所示。

代码清单32-25 人的抽象状态

```
public abstract class HumanState {
    //指向一个具体的人
    protected Human human;
    //设置一个具体的人
    public void setHuman(Human _human){
        this.human = _human;
    }
    //不管人是什么状态都要工作
    public abstract void work();
}
```

抽象状态定义了一个具体的人（human）必须进行工作（work），但是一个人在哪些状态下完成哪些工作则是由子类来实现的。我们先来看孩童状态，如代码清单32-26所示。

代码清单32-26 孩童状态

```
public class ChildState extends HumanState{
    //儿童的工作就是玩耍
    public void work(){
        System.out.println("儿童的工作是玩耍！");
```

```
                super.human.setState(Human.ADULT_STATE);
        }
}
```

ChildState类代表孩童状态，在该状态下的工作就是玩耍。读者看着可能有点惊奇，在work方法中为什么要设置下一个状态？因为我们的状态变化都是单方向的，从孩童到成年人，然后到老年人，每个状态转换到其他状态只有一个方向，因此会在这里看到work有两个职责：完成工作逻辑和定义下一状态。

我们再来看成年人状态和老年人状态，分别如代码清单32-27、32-28所示。

代码清单32-27　成年人状态

```
public class AdultState extends HumanState {
        //成年人的工作就是先养活自己，然后为社会做贡献
        @Override
        public void work() {
                System.out.println("成年人的工作就是先养活自己，然后为社会做贡献！");
                super.human.setState(Human.OLD_STATE);
        }
}
```

代码清单32-28　老年人状态

```
public class OldState extends HumanState {
        //老年人的工作就是享受天伦之乐
        @Override
        public void work() {
                System.out.println("老年人的工作就是享受天伦之乐！");
        }
}
```

每一个HumanState的子类都代表了一种状态，虽然实现的方法名work都相同，但是实现的内容却不同，也就是在不同的状态下行为随之改变。我们来看环境角色是如何处理行为随状态的改变而改变的，如代码清单32-29所示。

代码清单32-29　环境角色

```
public class Human {
        //定义人类都具备哪些状态
        public static final HumanState CHIILD_STATE = new ChildState();
        public static final HumanState ADULT_STATE = new AdultState();
        public static final HumanState OLD_STATE = new OldState();
        //定义一个人的状态
        private HumanState state;
        //设置一个状态
        public void setState(HumanState _state){
                this.state = _state;
                this.state.setHuman(this);
        }
```

```
//人类的工作
public void work(){
        this.state.work();
}
}
```

定义一个Human类代表人类，也就是状态模式中的环境角色，每个人都会经历从孩童到成年人再到老年人这样一个状态过渡（当然了，老顽童周伯通的情况我们就没有考虑进来），随着状态的改变，行为也改变。我们来看场景类，如代码清单32-30所示。

代码清单32-30　场景类

```
public class Client {
        public static void main(String[] args) {
                //定义一个普通的人
                Human human = new Human();
                //设置一个人的初始状态
                human.setState(new ChildState());
                System.out.println("====儿童的主要工作=====");
                human.work();
                System.out.println("\n====成年人的主要工作=====");
                human.work();
                System.out.println("\n====老年人的主要工作=====");
                human.work();
        }
}
```

运行结果如下所示：

```
====儿童的主要工作=====
儿童的工作是玩耍!
====成年人的主要工作=====
成年人的工作就是先养活自己，然后为社会做贡献!
====老年人的主要工作=====
老年人的工作就是享受天伦之乐!
```

运行结果与策略模式相同，但是两者的分析角度是大相径庭的。策略模式的实现是通过分析每个人的工作方式的不同而得出三个不同的算法逻辑，状态模式则是从人的生长规律来分析，每个状态对应了不同的行为，状态改变后行为也随之改变。从以上示例中我们也可以看出，对于相同的业务需求，有很多种实现方法，问题的重点是业务关注的是什么，是人的生长规律还是工作逻辑？找准了业务的焦点，才能选择一个好的设计模式。

32.2.3　小结

从例子中我们可以看出策略模式和状态模式确实非常相似，称之为亲兄弟亦不为过，但是这两者还是存在着非常大的差别，而且也是很容易区分的。

❑ 环境角色的职责不同

两者都有一个叫做Context环境角色的类，但是两者的区别很大，策略模式的环境角色只是一个委托作用，负责算法的替换；而状态模式的环境角色不仅仅是委托行为，它还具有登记状态变化的功能，与具体的状态类协作，共同完成状态切换行为随之切换的任务。

❑ 解决问题的重点不同

策略模式旨在解决内部算法如何改变的问题，也就是将内部算法的改变对外界的影响降低到最小，它保证的是算法可以自由地切换；而状态模式旨在解决内在状态的改变而引起行为改变的问题，它的出发点是事物的状态，封装状态而暴露行为，一个对象的状态改变，从外界来看就好像是行为改变。

❑ 解决问题的方法不同

策略模式只是确保算法可以自由切换，但是什么时候用什么算法它决定不了；而状态模式对外暴露的是行为，状态的变化一般是由环境角色和具体状态共同完成的，也就是说状态模式封装了状态的变化而暴露了不同的行为或行为结果。

❑ 应用场景不同

两者都能实现前面例子中的场景，但并不表示两者的应用场景相同，这只是为了更好地展示出两者的不同而设计的一个场景。我们来想一下策略模式和状态模式的使用场景有什么不同，策略模式只是一个算法的封装，可以是一个有意义的对象，也可以是一个无意义的逻辑片段，比如MD5加密算法，它是一个有意义的对象吗？不是，它只是我们数学上的一个公式的相关实现，它是一个算法，同时DES算法、RSA算法等都是具体的算法，也就是说它们都是一个抽象算法的具体实现类，从这点来看策略模式是一系列平行的、可相互替换的算法封装后的结果，这就限定了它的应用场景：算法必须是平行的，否则策略模式就封装了一堆垃圾，产生了"坏味道"。状态模式则要求有一系列状态发生变化的场景，它要求的是有状态且有行为的场景，也就是一个对象必须具有二维（状态和行为）描述才能采用状态模式，如果只有状态而没有行为，则状态的变化就失去了意义。

❑ 复杂度不同

通常策略模式比较简单，这里的简单指的是结构简单，扩展比较容易，而且代码也容易阅读。当然，一个具体的算法也可以写得很复杂，只有具备很高深的数学、物理等知识的人才可以看懂，这也是允许的，我们只是说从设计模式的角度来分析，它是很容易被看懂的。而状态模式则通常比较复杂，因为它要从两个角色看到一个对象状态和行为的改变，也就是说它封装的是变化，要知道变化是无穷尽的，因此相对来说状态模式通常都比较复杂，涉及面很多，虽然也很容易扩展，但是一般不会进行大规模的扩张和修正。

32.3　观察者模式VS责任链模式

为什么要把观察者模式和责任链模式放在一起对比呢？看起来这两个模式没有太多的相似性，真没有吗？回答是有。我们在观察者模式中也提到了触发链（也叫做观察者链）的问题，一个具体的角色既可以是观察者，也可以是被观察者，这样就形成了一个观察者链。这与责任链模式非常类似，它们都实现了事务的链条化处理，比如说在上课的时候你睡着了，打鼾声音太大，盖过了老师讲课声音，老师火了，捅到了校长这里，校长也处理不了，然后告状给你父母，于是你的魔鬼日子来临了，这是责任链模式，老师、校长、父母都是链中的一个具体角色，事件（你睡觉）在链中传递，最终由一个具体的节点来处理，并将结果反馈给调用者（你挨揍了）。那什么是触发链？你还是在课堂上睡觉，还是打鼾声音太大，老师火了，但是老师掏出个扩音器来讲课，于是你睡不着了，同时其他同学的耳朵遭殃了，这就是触发链，其中老师既是观察者（相对你）也是被观察者（相对其他同学），事件从"你睡觉"到老师这里转化为"扩音器放大声音"，这也是一个链条结构，但是链结构中传递的事件改变了。

我们还是以一个具体的例子来说明两者的区别，DNS协议相信大家都听说过，只要在"网络设置"中设置一个DNS服务器地址就可以把我们需要的域名翻译成IP地址。DNS协议还是比较简单的，传递过去一个域名以及记录标志（比如是要A记录还是要MX记录），DNS就开始查找自己的记录树，找到后把IP地址反馈给请求者。我们可以在Windows操作系统中了解一下DNS解析过程，在DOS窗口下输入nslookup命令后，结果如图32-6所示。

我们的意图就是要DNS服务器192.168.10.1解析出www.xxx.com.cn的IP地址，DNS服务器是如何工作的呢？图32-6中的192.168.10.1这个DNS Server存储着全球的域名和IP之间的对应关系吗？不可能，目前全球的域名数量是1.7亿个，如此庞大的数字，每个DNS服务器都存储一份，还怎么快速响应？DNS解析的响应时间一般都是毫秒级别的，如此高的性能要求还怎么让DNS服务器遍地开花呢？而且域名变更非常频繁，数据读写的量也非常大，不可能每个DNS服务器

```
> set type=a
> www.xxx.com.cn
Server:  192.168.10.1
Address: 192.168.10.1

Non-authoritative answer:
Name:    xxx.xxx.com.cn
Address: 202.108.33.122
Aliases: www.xxx.com.cn
```

图32-6　DNS服务器解析域名

都保留这1.7亿数据，那么是怎么设计的呢？DNS协议还是很聪明的，它规定了每个区域的DNS服务器（Local DNS）只保留自己区域的域名解析，对于不能解析的域名，则提交上级域名解析器解析，最终由一台位于美国洛杉矶的顶级域名服务器进行解析，返回结果。很明显这是一个事务的链结构处理，我们使用两种模式来实现该解析过程。

32.3.1　责任链模式实现DNS解析过程

本小节我们用责任链模式来实现DNS解析过程。首先我们定义一下业务场景，这里有三个DNS服务器：上海DNS服务器（区域服务器）、中国顶级DNS服务器（父服务器）、全球顶级DNS服务器，其示意图如图32-7所示。

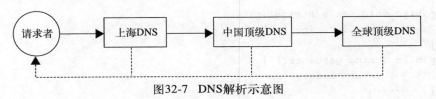

图32-7　DNS解析示意图

　　假设有请求者发出请求，由上海DNS进行解析，如果能够解析，则返回结果，若不能解析，则提交给父服务器（中国顶级DNS）进行解析，若还不能解析，则提交到全球顶级DNS进行解析，若还不能解析呢？那就返回该域名无法解析。确实，这与责任链模式非常相似，我们把这一过程抽象一下，类图如图32-8所示。

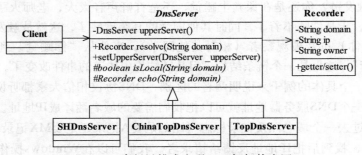

图32-8　责任链模式实现DNS解析的类图

　　我们来解释一下类图，Recorder是一个BO对象，它记录DNS服务器解析后的结果，包括域名、IP地址、属主（即由谁解析的），除此之外还有getter/setter方法。DnsServer抽象类中的resolve方法是一个基本方法，每个DNS服务器都必须拥有该方法，它对DNS进行解析，如何解析呢？具体是由echo方法来实现的，每个DNS服务器独自实现。类图还是比较简单的，我们首先看一下解析记录Recorder类，如代码清单32-31所示。

代码清单32-31　解析记录

```java
public class Recorder {
    //域名
    private String domain;
    //IP地址
    private String ip;
    //属主
    private String owner;
    public String getDomain() {
        return domain;
    }
    public void setDomain(String domain) {
        this.domain = domain;
    }
    public String getIp() {
        return ip;
    }
    public void setIp(String ip) {
        this.ip = ip;
    }
    public String getOwner() {
        return owner;
    }
}
```

```
public void setOwner(String owner) {
        this.owner = owner;
}
//输出记录信息
@Override
public String toString(){
        String str= "域名: " + this.domain;
        str = str + "\nIP地址: " + this.ip;
        str = str + "\n解析者: " + this.owner;
        return str;
}
}
```

为什么要覆写toString方法呢？是为了打印展示的需要，可以直接把Recorder的信息打印出来。我们再来看抽象域名服务器，如代码清单32-32所示。

代码清单32-32　抽象域名服务器

```
public abstract class DnsServer {
    //上级DNS是谁
    private DnsServer upperServer;
    //解析域名
    public final Recorder resolve(String domain){
            Recorder recorder=null;
            if(isLocal(domain)){//是本服务器能解析的域名
                    recorder = echo(domain);
            }else{//本服务器不能解析
                    //提交上级DNS进行解析
                    recorder = upperServer.resolve(domain);
            }
            return recorder;
    }
    //指向上级DNS
    public void setUpperServer(DnsServer _upperServer){
            this.upperServer = _upperServer;
    }
    //每个DNS都有一个数据处理区（ZONE），检查域名是否在本区中
    protected abstract boolean isLocal(String domain);
    //每个DNS服务器都必须实现解析任务
    protected Recorder echo(String domain){
            Recorder recorder = new Recorder();
            //获得IP地址
            recorder.setIp(genIpAddress());
            recorder.setDomain(domain);
            return recorder;
    }
    //随机产生一个IP地址，工具类
    private String genIpAddress(){
```

```
            Random rand = new Random();
            String address = rand.nextInt(255) + "." + rand.nextInt(255) + "."+
        rand.nextInt(255) + "."+ rand.nextInt(255);
            return address;
        }
    }
```

在该类中有一个方法——genIpAddress方法——没有在类图中展现出来，它用于实现随机生成IP地址，这是我们为模拟DNS解析场景而建立的一个虚拟方法，在实际的应用中是不可能出现的。抽象DNS服务器编写完成，我们再来看具体的DNS服务器，先看上海的DNS服务器，如代码清单32-33所示。

代码清单32-33 上海DNS服务器

```
public class SHDnsServer extends DnsServer {
    @Override
    protected Recorder echo(String domain) {
            Recorder recorder= super.echo(domain);
            recorder.setOwner("上海DNS服务器");
            return recorder;
    }
    //定义上海的DNS服务器能处理的级别
    @Override
    protected boolean isLocal(String domain) {
            return domain.endsWith(".sh.cn");
    }
}
```

为什么要覆写echo方法？各具体的DNS服务器实现自己的解析过程，属于个性化处理，它代表的是每个DNS服务器的不同处理逻辑。还要注意一下，我们在这里做了一个简化处理，所有以".sh.cn"结尾的域名都由上海DNS服务器解析。其他的中国顶级DNS和全球顶级DNS实现过程类似，如代码清单32-34、32-35所示。

代码清单32-34 中国顶级DNS服务器

```
public class ChinaTopDnsServer extends DnsServer {
    @Override
    protected Recorder echo(String domain) {
            Recorder recorder = super.echo(domain);
            recorder.setOwner("中国顶级DNS服务器");
            return recorder;
    }
    @Override
    protected boolean isLocal(String domain) {
            return domain.endsWith(".cn");
    }
}
```

代码清单32-35 全球顶级DNS服务器

```java
public class TopDnsServer extends DnsServer {
    @Override
    protected Recorder echo(String domain) {
        Recorder recorder = super.echo(domain);
        recorder.setOwner("全球顶级DNS服务器");
        return recorder;
    }
    @Override
    protected boolean isLocal(String domain) {
        //所有的域名最终的解析地点
        return true;
    }
}
```

所有的DNS服务器都准备好了，下面我们写一个客户端来模拟一下IP地址是怎么解析的，如代码清单32-36所示。

代码清单32-36 场景类

```java
public class Client {
    public static void main(String[] args) throws Exception {
        //上海域名服务器
        DnsServer sh = new SHDnsServer();
        //中国顶级域名服务器
        DnsServer china = new ChinaTopDnsServer();
        //全球顶级域名服务器
        DnsServer top = new TopDnsServer();
        //定义查询路径
        china.setUpperServer(top);
        sh.setUpperServer(china);
        //解析域名
        System.out.println("=====域名解析模拟器=====");
        while(true){
            System.out.print("\n请输入域名(输入N退出):");
            String domain = (new BufferedReader(new InputStreamReader
                (System.in))).readLine();
            if(domain.equalsIgnoreCase("n")){
                return;
            }
            Recorder recorder = sh.resolve(domain);
            System.out.println("----DNS服务器解析结果----");
            System.out.println(recorder);
        }
    }
}
```

我们来模拟一下，运行结果如下所示：

```
=====域名解析模拟器=====
请输入域名(输入N退出):www.xxx.sh.cn
----DNS服务器解析结果----
域名:www. xxx.sh.cn
IP地址:69.224.162.154
解析者:上海DNS服务器
请输入域名(输入N退出):www. xxx.com.cn
----DNS服务器解析结果----
域名:www. xxx.com.cn
IP地址:51.28.66.140
解析者:中国顶级DNS服务器
请输入域名(输入N退出):www. xxx.com
----DNS服务器解析结果----
域名:www. xxx.com
IP地址:73.247.80.117
解析者:全球顶级DNS服务器
请输入域名(输入N退出):n
```

请注意看运行结果,以".sh.cn"结尾的域名确实由上海DNS服务器解析了,以".cn"结尾的域名由中国顶级DNS服务器解析了,其他域名都由全球顶级DNS服务器解析。这个模拟过程看起来很完整,它完全就是责任链模式的一个具体应用,把一个请求放置到链中的首节点,然后由链中的某个节点进行解析并将结果反馈给调用者。但是,我可以负责任地告诉你:这个解析过程是有缺陷的,什么缺陷?后面会说明。

32.3.2　触发链模式实现DNS解析过程

上面说到使用责任链模式模拟DNS解析过程是有缺陷的,究竟有什么缺陷?大家是不是觉得这个解析过程很完美了,没什么问题了?那说明你对DNS协议了解得还不太深入。我们来做一个实验,在DOS窗口下输入nslookup命令,然后输入多个域名,注意观察返回值有哪些数据是相同的。可以看出,解析者都相同,都是由同一个DNS服务器解析的,准确地说都是由本机配置的DNS服务器做的解析。这与我们上面的模拟过程是不相同的,看看我们模拟的过程,对请求者来说,".sh.cn"是由区域DNS解析的,".com"却是由全球顶级DNS解析的,与真实的过程不相同,这是怎么回事呢?

肯定地说,采用责任链模式模拟DNS解析过程是不完美的,或者说是有缺陷的,怎么来修复这个缺陷呢?我们先来看看真实的DNS解析过程,如图32-9所示。

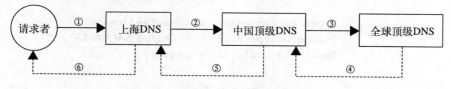

图32-9　真实的DNS解析示意图

解析一个域名的完整路径如图32-9中的标号①～⑥所示,首先由请求者发送一个请求,然后由上海DNS服务器尝试解析，若不能解析再通过路径②转发给中国顶级DNS进行解析，解析后的结果通过路径⑤返回给上海DNS服务器，然后由上海DNS服务器通过路径⑥返回给请求者。同样，若中国顶级DNS不能解析，则通过路径③转由全球顶级DNS进行解析，通过路径④把结果返回给中国顶级DNS，然后再通过路径⑤返回给上海DNS。注意看标号⑥，不管一个域名最终由谁解析，最终反馈到请求者的还是第一个节点，也就是说首节点负责对请求者应答，其他节点都不与请求者交互，而只与自己的左右节点交互。实际上我们的DNS服务器确实是如此处理的，例如本机请求查询一个www.abcdefg.com的域名，上海DNS服务器解析不到这个域名，于是提交到中国顶级DNS服务器，如果中国顶级DNS服务器有该域名的记录，则找到该记录，反馈到上海DNS服务器，上海DNS服务器做两件事务处理：一是响应请求者，二是存储该记录，以备其他请求者再次查询，这类似于数据缓存。

整个场景我们已经清晰，想想看，我们把请求者看成是被观察者，它的行为或属性变更通知了观察者——上海DNS，上海DNS又作为被观察者出现了自己不能处理的行为（行为改变），通知了中国顶级DNS，依次类推，这是不是一个非常标准的触发链？而且还必须是同步的触发，异步触发已经在该场景中失去了意义（读者可以想想为什么）。

分析了这么多，我们用触发链来模拟DNS的解析过程，如图32-10所示。

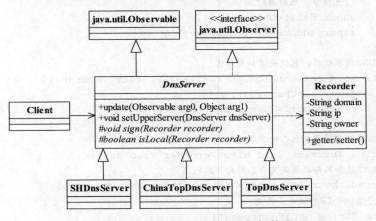

图32-10　触发链模式实现DNS解析的类图

与责任链模式很相似，仅仅多了一个Observable父类和Observer接口，但是在实现上这两种模式有非常大的差异。我们先来解释一下抽象DnsServer的作用。

❏ 标示声明

表示所有的DNS服务器都具备双重身份：既是观察者也是被观察者，这很重要，它声明所有的服务器都具有相同的身份标志，具有该标志后就可以在链中随意移动，而无需固定在链中的某个位置（这也是链的一个重要特性）。

❏ 业务抽象

方法setUpperServer的作用是设置父DNS，也就是设置自己的观察者，update方法不仅仅是一个事件的处理者，也同时是事件的触发者。

我们来看代码，首先是最简单的，Recorder类与责任链模式中的记录相同，这里不再赘述。
那我们就先看看该模式的核心抽象DnsServer，如代码清单32-37所示。

代码清单32-37 抽象DNS服务器

```java
public abstract class DnsServer extends Observable implements Observer {
    //处理请求，也就是接收到事件后的处理
    public void update(Observable arg0, Object arg1) {
        Recorder recorder = (Recorder)arg1;
        //如果本机能解析
        if(isLocal(recorder)){
            recorder.setIp(genIpAddress());
        }else{//本机不能解析，则提交到上级DNS
            responsFromUpperServer(recorder);
        }
        //签名
        sign(recorder);
    }
    //作为被观察者，允许增加观察者，这里上级DNS一般只有一个
    public void setUpperServer(DnsServer dnsServer){
        //先清空，然后再增加
        super.deleteObservers();
        super.addObserver(dnsServer);
    }
    //向父DNS请求解析，也就是通知观察者
    private void responsFromUpperServer(Recorder recorder){
        super.setChanged();
        super.notifyObservers(recorder);
    }
    //每个DNS服务器签上自己的名字
    protected abstract void sign(Recorder recorder);
    //每个DNS服务器都必须定义自己的处理级别
    protected abstract boolean isLocal(Recorder recorder);
    //随机产生一个IP地址，工具类
    private String genIpAddress(){
        Random rand = new Random();
        String address = rand.nextInt(255) + "." + rand.nextInt(255) + "."+
            rand.nextInt(255) + "."+ rand.nextInt(255);
        return address;
    }
}
```

注意看一下responseFromUpperServer方法，它只允许设置一个观察者，因为一般的DNS服
务器都只有一个上级DNS服务器。sign方法是签名，这个记录是由谁解析出来的，就由各个实
现类独自来实现。三个DnsServer的实现类都比较简单，如代码清单32-38、32-39、32-40所示。

代码清单32-38 上海DNS服务器

```java
public class SHDnsServer extends DnsServer {
```

```
    @Override
    protected void sign(Recorder recorder) {
            recorder.setOwner("上海DNS服务器");
    }
    //定义上海的DNS服务器能处理的级别
    @Override
    protected boolean isLocal(Recorder recorder) {
            return recorder.getDomain().endsWith(".sh.cn");
    }
}
```

代码清单32-39 中国顶级DNS服务器

```
public class ChinaTopDnsServer extends DnsServer {
    @Override
    protected void sign(Recorder recorder) {
            recorder.setOwner("中国顶级DNS服务器");
    }
    @Override
    protected boolean isLocal(Recorder recorder) {
            return recorder.getDomain().endsWith(".cn");
    }
}
```

代码清单32-40 全球顶级DNS服务器

```
public class TopDnsServer extends DnsServer {
    @Override
    protected void sign(Recorder recorder) {
            recorder.setOwner("全球顶级DNS服务器");
    }

    @Override
    protected boolean isLocal(Recorder recorder) {
            //所有的域名最终的解析地点
            return true;
    }
}
```

我们再建立一个场景类模拟一下DNS解析过程，如代码清单32-41所示。

代码清单32-41 场景类

```
public class Client {
    public static void main(String[] args) throws Exception {
            //上海域名服务器
            DnsServer sh = new SHDnsServer();
            //中国顶级域名服务器
            DnsServer china = new ChinaTopDnsServer();
            //全球顶级域名服务器
```

```
                DnsServer top = new TopDnsServer();
                //定义查询路径
                china.setUpperServer(top);
                sh.setUpperServer(china);
                //解析域名
                System.out.println("=====域名解析模拟器=====");
                while(true){
                        System.out.print("\n请输入域名(输入N退出):");
                        String domain = (new BufferedReader(new InputStreamReader
                            (System.in))).readLine();
                        if(domain.equalsIgnoreCase("n")){
                                return;
                        }
                        Recorder recorder = new Recorder();
                        recorder.setDomain(domain);
                        sh.update(null,recorder);
                        System.out.println("----DNS服务器解析结果----");
                        System.out.println(recorder);
                }
        }
}
```

与责任链模式中的场景类很相似。读者请注意sh.update(null,recorder)这句代码，这是我们虚拟了观察者触发动作，完整的做法是把场景类作为一个被观察者，然后设置观察者为上海DNS服务器，再进行测试，其结果完全相同，我们这里为减少代码量采用了简化处理，有兴趣的读者可以扩充实现。

我们来看看运行结果如何，结果如下所示：

```
=====域名解析模拟器=====
请输入域名(输入N退出):www.xxx.sh.cn
----DNS服务器解析结果----
域名：www.xxx.sh.cn
IP地址：197.15.34.227
解析者：上海DNS服务器
请输入域名(输入N退出):www.xxx.com.cn
----DNS服务器解析结果----
域名：www.xxx.com.cn
IP地址：201.177.148.99
解析者：上海DNS服务器
请输入域名(输入N退出):www.xxx.com
----DNS服务器解析结果----
域名：www.xxx.com
IP地址：251.41.14.230
解析者：上海DNS服务器
请输入域名(输入N退出):n
```

可以看出，所有的解析结果都是由上海DNS服务器返回的，这才是真正的DNS解析过程。如何知道它是由上海DNS服务器解析的还是由别的DNS服务器解析的呢？很好办，把代码拷贝过去，然后调试跟踪一下就可以了。或者仔细看看代码，理解一下代码逻辑也可以非常清楚地知道它是如何解析的。

再仔细看一下我们的代码逻辑，上下两个节点之间的关系很微妙，很有意思。

❏ 下级节点对上级节点顶礼膜拜

比如我们输入的这个域名www.xxx.com，上海域名服务器只知道它是由父节点（中国顶级DNS服务器）解析的，而不知道父节点把该请求转发给了更上层节点（全球顶级DNS服务器），也就是说下级节点关注的是上级节点的响应，只要是上级反馈的结果就认为是上级的。www.xxx.com这个域名最终是由最高节点（全球顶级DNS服务器）解析的，它把解析结果传递给第二个节点（中国顶级DNS服务器）时的签名为"全球顶级DNS服务器"，而第二个节点把请求传递给首节点（上海DNS服务器）时的签名被修改为"中国顶级DNS服务器"。所有从上级节点反馈的响应都认为是上级节点处理的结果，而不追究到底是不是真的是上级节点处理的。

❏ 上级节点对下级节点绝对信任

上级节点只对下级节点负责，它不关心下级节点的请求从何而来，只要是下级发送的请求就认为是下级的。还是以www.xxx.com域名为例，当最高节点（全球顶级DNS服务器）获得解析请求时，它认为这个请求是谁的？当然是第二个节点（中国顶级DNS服务器）的，否则它也不会把结果反馈给它，但是这个请求的源头却是首节点（上海DNS服务器）的。

32.3.3 小结

通过对DNS解析过程的实现，我们发现触发链和责任链虽然都是链结构，但是还是有区别的。

❏ 链中的消息对象不同

从首节点开始到最终的尾节点，两个链中传递的消息对象是不同的。责任链模式基本上不改变消息对象的结构，虽然每个节点都可以参与消费（一般是不参与消费），类似于"雁过拔毛"，但是它的结构不会改变，比如从首节点传递进来一个String对象或者Person对象，不会到链尾的时候成了int对象或者Human对象，这在责任链模式中是不可能的，但是在触发链模式中是允许的，链中传递的对象可以自由变化，只要上下级节点对传递对象了解即可，它不要求链中的消息对象不变化，它只要求链中相邻两个节点的消息对象固定。

❏ 上下节点的关系不同

在责任链模式中，上下节点没有关系，都是接收同样的对象，所有传递的对象都是从链首传递过来，上一节点是什么没有关系，只要按照自己的逻辑处理就成。而触发链模式就不同了，它的上下级关系很亲密，下级对上级顶礼膜拜，上级对下级绝对信任，链中的任意两个相邻节点都是一个牢固的独立团体。

❏ 消息的分销渠道不同

在责任链模式中，一个消息从链首传递进来后，就开始沿着链条向链尾运动，方向是单一的、固定的；而触发链模式则不同，由于它采用的是观察者模式，所以有非常大的灵活性，一个消息传递到链首后，具体怎么传递是不固定的，可以以广播方式传递，也可以以跳跃方式传递，这取决于处理消息的逻辑。

第33章

跨战区PK

创建类模式描述如何创建对象，行为类模式关注如何管理对象的行为，结构类模式则着重于如何建立一个软件结构，虽然三种模式的着重点不同，但是在实际应用中还是有重叠的，会出现一种模式适用、另外一种模式也适用的情况，我们到底该选用哪一个设计模式呢？本章就带领读者进入不同类设计模式PK的世界中，让你清晰地认识到各个模式的不同点以及它们的特长。

33.1 策略模式VS桥梁模式

这对冤家终于碰头了，策略模式与桥梁模式是如此相似，简直就是孪生兄弟，要把它们两个分开可不太容易。我们来看看两者的通用类图，如图33-1所示。

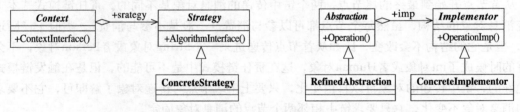

图33-1 策略模式（左）和桥梁模式（右）通用类图

两者之间确实很相似。如果把策略模式的环境角色变更为一个抽象类加一个实现类，或者桥梁模式的抽象角色未实现，只有修正抽象化角色，想想看，这两个类图有什么地方不一样？完全一样！正是由于类似场景的存在才导致了两者在实际应用中经常混淆的情况发生，我们来举例说明两者有何差别。

大家都知道邮件有两种格式：文本邮件（Text Mail）和超文本邮件（HTML MaiL），在文本邮件中只能有简单的文字信息，而在超文本邮件中可以有复杂文字（带有颜色、字体等属性）、图片、视频等，如果你使用Foxmail邮件客户端的话就应该有深刻体验，看到一份邮件，怎么没内容？原来是你忘记点击那个"HTML邮件"标签了。下面我们就来讲解如何发送这两种不同格式的邮件，研究一下这两种模式如何处理这样的场景。

33.1.1 策略模式实现邮件发送

使用策略模式发送邮件，我们认为这两种邮件是两种不同的封装格式，给定了发件人、收件人、标题、内容的一封邮件，按照两种不同的格式分别进行封装，然后发送之。按照这样的分析，我们发现邮件的两种不同封装格式就是两种不同的算法，具体到策略模式就是两种不同策略，这样看已经很简单了，我们可以直接套用策略模式来实现。先看类图，如图33-2所示。

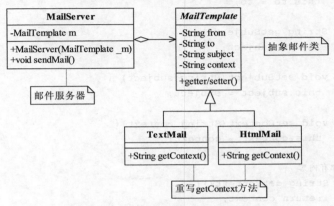

图33-2 策略模式实现邮件发送的类图

我们定义了一个邮件模板，它有两个实现类：TextMail（文本邮件）和HtmlMail（超文本邮件），分别实现两种不同格式的邮件封装。MailServer是一个环境角色，它接收一个MailTemplate对象，然后通过sendMail方法发送出去。我们来看具体的代码，先看抽象邮件，如代码清单33-1所示。

代码清单33-1 抽象邮件

```java
public abstract class MailTemplate {
    //邮件发件人
    private String from;
    //收件人
    private String to;
    //邮件标题
    private String subject;
    //邮件内容
    private String context;
    //通过构造函数传递邮件信息
    public MailTemplate(String _from,String _to,String _subject,String
    _context){
        this.from = _from;
        this.to = _to;
        this.subject = _subject;
        this.context = _context;
    }
    public String getFrom() {
        return from;
    }
```

```
        public void setFrom(String from) {
                this.from = from;
        }
        public String getTo() {
                return to;
        }
        public void setTo(String to) {
                this.to = to;
        }
        public String getSubject() {
                return subject;
        }
        public void setSubject(String subject) {
                this.subject = subject;
        }
        public void setContext(String context){
                this.context = context;

        }
        //邮件都有内容
        public String getContext(){
                return context;
        }
}
```

很奇怪，是吗？抽象类没有抽象的方法，设置为抽象类还有什么意义呢？有意义，在这里我们定义了一个这样的抽象类：它具有邮件的所有属性，但不是一个具体可以被实例化的对象。例如，你对邮件服务器说"给我制造一封邮件"，邮件服务器肯定拒绝，为什么？你要产生什么邮件？什么格式的？邮件对邮件服务器来说是一个抽象表示，是一个可描述但不可形象化的事物。你可以这样说："我要一封标题为XX，发件人是XXX的文本格式的邮件"，这就是一个可实例化的对象，因此我们的设计就产生了两个子类以具体化邮件，而且每种邮件格式对邮件的内容都有不同的处理。我们首先看文本邮件，如代码清单33-2所示。

代码清单33-2 文本邮件

```
public class TextMail extends MailTemplate {
    public TextMail(String _from, String _to, String _subject, String _context) {
            super(_from, _to, _subject, _context);
    }
    public String getContext() {
            //文本类型设置邮件的格式为：text/plain
            String context = "\nContent-Type: text/plain;charset=GB2312\n"
                +super.getContext();
            //同时对邮件进行base64编码处理,这里用一句话代替
            context = context + "\n邮件格式为：文本格式";
            return context;
    }
}
```

我们覆写了getContext方法，因为要把一封邮件设置为文本邮件必须加上一个特殊的标志：text/plain，用于告诉解析这份邮件的客户端："我是一封文本格式的邮件，别解析错了"。同样，超文本格式的邮件也有类似的设置，如代码清单33-3所示。

代码清单33-3　超文本邮件

```java
public class HtmlMail extends MailTemplate {
    public HtmlMail(String _from, String _to, String _subject, String _context) {
        super(_from, _to, _subject, _context);
    }
    public String getContext(){
        //超文本类型设置邮件的格式为：multipart/mixed
        String context = "\nContent-Type: multipart/mixed; charset=
        GB2312\n" +super.getContext();
        //同时对邮件进行HTML检查，是否有类似未关闭的标签
        context = context + "\n邮件格式为：超文本格式";
        return context;
    }
}
```

优秀一点的邮件客户端会对邮件的格式进行检查，比如编写一封超文本格式的邮件，在内容中加上了<font>标签，但是遗忘了</font>结尾标签，邮件的产生者（也就是邮件的客户端）会提示进行修正，我们这里用了"邮件格式为：超文本格式"来代表该逻辑。

两个实现类实现了不同的算法，给定相同的发件人、收件人、标题和内容可以产生不同的邮件信息。我们看看邮件是如何发送出去的，如代码清单33-4所示。

代码清单33-4　邮件服务器

```java
public class MailServer {
    //发送的是哪封邮件
    private MailTemplate m;
    public MailServer(MailTemplate _m){
        this.m = _m;
    }
    //发送邮件
    public void sendMail(){
        System.out.println("====正在发送的邮件信息====");
        //发件人
        System.out.println("发件人：" + m.getFrom());
        //收件人
        System.out.println("收件人：" + m.getTo());
        //标题
        System.out.println("邮件标题：" + m.getSubject());
        //邮件内容
        System.out.println("邮件内容：" + m.getContext());
    }
}
```

很简单，邮件服务器接收了一封邮件，然后调用自己的发送程序进行发送。可能读者要问了，为什么不把sendMail方法移植到邮件模板类中呢？这也是邮件模板类的一个行为，邮件可以被发送。是的，这确实是邮件的一个行为，完全可以这样做，两者没有什么区别，只是从不同的角度看待该方法而已。我们继续看场景类，如代码清单33-5所示。

代码清单33-5　场景类

```
public class Client {
    public static void main(String[] args) {
        //创建一封TEXT格式的邮件
        MailTemplate m = new HtmlMail("a@a.com","b@b.com","外星人攻击地球了","
        结局是外星人被地球人打败了！");
        //创建一个Mail发送程序
        MailServer mail = new MailServer(m);
        //发送邮件
        mail.sendMail();
    }
}
```

运行结果如下所示：

```
====正在发送的邮件信息====
发件人：a@a.com
收件人：b@b.com
邮件标题：外星人攻击地球了
邮件内容：
Content-Type: multipart/mixed;charset=GB2312
结局是外星人被地球人打败了！
邮件格式为：超文本格式
```

当然，如果想产生一封文本格式的邮件，只要稍稍修改一下场景类就可以了：new HtmlMail修改为new TextMail，读者可以自行实现，非常简单。在该场景中，我们使用策略模式实现两种算法的自由切换，它提供了这样的保证：封装邮件的两种行为是可选择的，至于选择哪个算法是由上层模块决定的。策略模式要完成的任务就是提供两种可以替换的算法。

33.1.2　桥梁模式实现邮件发送

桥梁模式关注的是抽象和实现的分离，它是结构型模式，结构型模式研究的是如何建立一个软件架构，下面我们就来看看桥梁模式是如何构件一套发送邮件的架构的，如图33-3所示。

类图中我们增加了SendMail和Postfix两个邮件服务器来实现类，在邮件模板中允许增加发送者标记，其他与策略模式都相同。我们在这里已经完成了一个独立的架构，邮件有了，发送邮件的服务器也具备了，是一个完整的邮件发送程序。需要读者注意的是，SendMail类不是一个动词行为（发送邮件），它指的是一款开源邮件服务器产品，一般*nix系统的默认邮件服务器就是SendMail；Postfix也是一款开源的邮件服务器产品，其性能、稳定性都在逐步赶超SendMail。

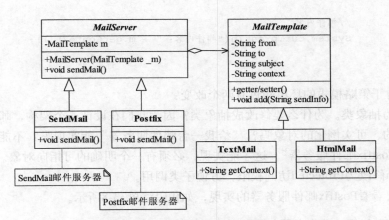

图33-3　桥梁模式实现邮件发送的类图

我们来看代码实现，邮件模板仅仅增加了一个add方法，如代码清单33-6所示。

代码清单33-6　邮件模板

```
public abstract class MailTemplate {
    /*
    *该部分代码不变，请参考代码清单33-1
    */
    //允许增加邮件发送标志
    public void add(String sendInfo){
            context = sendInfo + context;
    }
}
```

文本邮件、超文本邮件都没有任何改变，如代码清单33-2、33-3所示，这里不再赘述。
我们来看邮件服务器，也就是桥梁模式的抽象化角色，如代码清单33-7所示。

代码清单33-7　邮件服务器

```
public abstract class MailServer {
    //发送的是哪封邮件
    protected final MailTemplate m;
    public MailServer(MailTemplate _m){
            this.m = _m;
    }
    //发送邮件
    public void sendMail(){
            System.out.println("====正在发送的邮件信息====");
            //发件人
            System.out.println("发件人: " + m.getFrom());
            //收件人
            System.out.println("收件人: " + m.getTo());
            //标题
            System.out.println("邮件标题: " + m.getSubject());
```

```
                    //邮件内容
                    System.out.println("邮件内容: " + m.getContext());
            }
    }
```

该类相对于策略模式的环境角色有两个改变:

❑ 修改为抽象类。为什么要修改成抽象类? 因为我们在设计一个架构,邮件服务器是一个
具体的、可实例化的对象吗? "给我一台邮件服务器"能实现吗? 不能,只能说"给我
一台Postfix邮件服务器",这才能实现,必须有一个明确的可指向对象。

❑ 变量m修改为Protected访问权限,方便子类调用。

我们再来看看Postfix邮件服务器的实现,如代码清单33-8所示。

代码清单33-8　Postfix邮件服务器

```java
public class Postfix extends MailServer {
    public Postfix(MailTemplate _m) {
            super(_m);
    }
    //修正邮件发送程序
    public void sendMail(){
                    //增加邮件服务器信息
            String context ="Received: from XXXX (unknown [xxx.xxx.xxx.xxx]) by
            aaa.aaa.com (Postfix) with ESMTP id 8DBCD172B8\n" ;
            super.m.add(context);
            super.sendMail();
    }
}
```

为什么要覆写sendMail程序呢? 这是因为每个邮件服务器在发送邮件时都会在邮件内容上
留下自己的标志,一是广告作用,二是为了互联网上统计需要,三是方便同质软件的共振。我
们再来看SendMail邮件服务器的实现,如代码清单33-9所示。

代码清单33-9　SendMail邮件服务器

```java
public class SendMail extends MailServer {
    //传递一封邮件
    public SendMail(MailTemplate _m) {
            super(_m);
    }
    //修正邮件发送程序
    @Override
    public void sendMail(){
            //增加邮件服务器信息
            super.m.add("Received: (sendmail); 7 Nov 2009 04:14:44 +0100");
            super.sendMail();
    }
}
```

邮件和邮件服务器都有了，我们来看怎么发送邮件，如代码清单33-10所示。

代码清单33-10 场景类

```java
public class Client {
    public static void main(String[] args) {
        //创建一封TEXT格式的邮件
        MailTemplate m = new HtmlMail("a@a.com","b@b.com","外星人攻击地球了","
                结局是外星人被地球人打败了！");
        //使用Postfix发送邮件
        MailServer mail = new Postfix(m);
        //发送邮件
        mail.sendMail();
    }
}
```

运行结果如下所示：

```
====正在发送的邮件信息====
发件人：a@a.com
收件人：b@b.com
邮件标题：外星人攻击地球了
邮件内容：
Content-Type: multipart/mixed;charset=GB2312
Received: from XXXX (unknown [xxx.xxx.xxx.xxx]) by aaa.aaa.com (Postfix) with
ESMTP id 8DBCD172B8
结局是外星人被地球人打败了！
邮件格式为：超文本格式
```

当然了，还有其他三种发送邮件的方式：Postfix发送文本邮件以及SendMail发送文本邮件和超文本邮件。修改量很小，读者可以自行修改实现，体会一下桥梁模式的特点。

33.1.3 最佳实践

策略模式和桥梁模式是如此相似，我们只能从它们的意图上来分析。策略模式是一个行为模式，旨在封装一系列的行为，在例子中我们认为把邮件的必要信息（发件人、收件人、标题、内容）封装成一个对象就是一个行为，封装的格式（算法）不同，行为也就不同。而桥梁模式则是解决在不破坏封装的情况下如何抽取出它的抽象部分和实现部分，它的前提是不破坏封装，让抽象部分和实现部分都可以独立地变化，在例子中，我们的邮件服务器和邮件模板是不是都可以独立地变化？不管是邮件服务器还是邮件模板，只要继承了抽象类就可以继续扩展，它的主旨是建立一个不破坏封装性的可扩展架构。

简单来说，策略模式是使用继承和多态建立一套可以自由切换算法的模式，桥梁模式是在不破坏封装的前提下解决抽象和实现都可以独立扩展的模式。桥梁模式必然有两个"桥墩"——抽象化角色和实现化角色，只要桥墩搭建好，桥就有了，而策略模式只有一个抽象角色，可以没有实现，也可以有很多实现。

还是很难区分，是吧？多想想两者的意图，就可以理解为什么要建立两个相似的模式了。我们在做系统设计时，可以不考虑到底使用的是策略模式还是桥梁模式，只要好用，能够解决问题就成，"不管黑猫白猫，抓住老鼠的就是好猫"。

33.2 门面模式VS中介者模式

门面模式为复杂的子系统提供一个统一的访问界面，它定义的是一个高层接口，该接口使得子系统更加容易使用，避免外部模块深入到子系统内部而产生与子系统内部细节耦合的问题。中介者模式使用一个中介对象来封装一系列同事对象的交互行为，它使各对象之间不再显式地引用，从而使其耦合松散，建立一个可扩展的应用架构。

33.2.1 中介者模式实现工资计算

大家工作会得到工资，那么工资与哪些因素有关呢？这里假设工资与职位、税收有关，职位提升工资就会增加，同时税收也增加，职位下降了工资也同步降低，当然税收也降低。而如果税收比率增加了呢？工资自然就减少了！这三者之间两两都有关系，很适合中介者模式的场景，类图如图33-4所示。

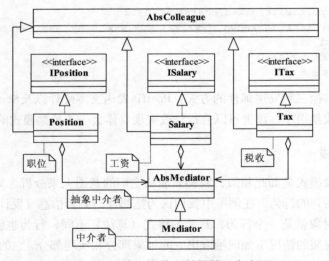

图33-4 工资、职位、税收的示意类图

类图中的方法比较简单，我们主要分析的是三者之间的关系，通过类图可以发现三者之间已经没有耦合，原本在需求分析时我们发现三者有直接的交互，采用中介者模式后，三个对象之间已经相互独立了，全部委托中介者完成。我们在类图中还定义了一个抽象同事类，它是一个标志性接口，其子类都是同事类，都可以被中介者接收，如代码清单33-11所示。

代码清单33-11 抽象同事类

```
public abstract class AbsColleague {
```

```
//每个同事类都对中介者非常了解
protected AbsMediator mediator;
public AbsColleague(AbsMediator _mediator){
        this.mediator = _mediator;
    }
}
```

在抽象同事类中定义了每个同事类对中介者都非常了解，如此才能把请求委托给中介者完成。三个同事类都具有相同的设计，即定义一个业务接口以及每个对象必须实现的职责，同时既然是同事类就都继承AbsColleague。抽象同事类只是一个标志性父类，并没有限制子类的业务逻辑，因此每一个同事类并没有违背单一职责原则。首先来看职位接口，如代码清单33-12所示。

代码清单33-12　职位接口

```
public interface IPosition {
    //升职
    public void promote();
    //降职
    public void demote();
}
```

职位会有升有降，职位变化如代码清单33-13所示。

代码清单33-13　职位

```
public class Position extends AbsColleague implements IPosition {
    public Position(AbsMediator _mediator){
            super(_mediator);
    }
    public void demote() {
            super.mediator.down(this);
    }
    public void promote() {
            super.mediator.up(this);
    }
}
```

每一个职位的升降动作都委托给中介者执行，具体一个职位升降影响到谁这里没有定义，完全由中介者完成，简单而且扩展性非常好。下面我们来看工资接口，如代码清单33-14所示。

代码清单33-14　工资接口

```
public interface ISalary {
    //加薪
    public void increaseSalary();
    //降薪
    public void decreaseSalary();
}
```

工资也会有升有降，如代码清单33-15所示。

代码清单33-15 工资

```
public class Salary extends AbsColleague implements ISalary {
    public Salary(AbsMediator _mediator){
        super(_mediator);
    }
    public void decreaseSalary() {
        super.mediator.down(this);
    }
    public void increaseSalary() {
        super.mediator.up(this);
    }
}
```

交税是公民的义务，税收接口如代码清单33-16所示。

代码清单33-16 税收接口

```
public interface ITax {
    //税收上升
    public void raise();
    //税收下降
    public void drop();
}
```

税收的变化对我们的工资当然有影响，如代码清单33-17所示。

代码清单33-17 税收

```
public class Tax extends AbsColleague implements ITax {
    //注入中介者
    public Tax(AbsMediator _mediator){
        super(_mediator);
    }
    public void drop() {
        super.mediator.down(this);
    }
    public void raise() {
        super.mediator.up(this);
    }
}
```

以上同事类的业务都委托给了中介者，其本类已经没有任何的逻辑了，非常简单，现在的问题是中介者类非常复杂，因为它要处理三者之间的关系。我们首先来看抽象中介者，如代码清单33-18所示。

代码清单33-18 抽象中介者

```
public abstract class AbsMediator {
```

```
        //工资
        protected final ISalary salary;
        //职位
        protected final IPosition position;
        //税收
        protected final ITax tax;
        public AbsMediator(){
                salary = new Salary(this);
                position = new Position(this);
                tax = new Tax(this);
        }
        //工资增加了
        public abstract void up(ISalary _salary);
        //职位提升了
        public abstract void up(IPosition _position);
        //税收增加了
        public abstract void up(ITax _tax);
        //工资降低了
        public abstract void down(ISalary _salary);
        //职位降低了
        public abstract void down(IPosition _position);
        //税收降低了
        public abstract void down(ITax _tax);
}
```

在抽象中介者中我们定义了6个方法，分别处理职位升降、工资升降以及税收升降的业务逻辑，采用Java多态机制来实现，我们来看实现类，如代码清单33-19所示。

代码清单33-19 中介者

```
public class Mediator extends AbsMediator{
        //工资增加了
        public void up(ISalary _salary) {
                upSalary();
                upTax();
        }
        //职位提升了
        public void up(IPosition position) {
                upPosition();
                upSalary();
                upTax();
        }
        //税收增加了
        public void up(ITax tax) {
                upTax();
                downSalary();
        }
```

```
/*
*工资、职位、税收降低的处理方法相同，不再赘述
*/
//工资增加
private void upSalary(){
        System.out.println("工资翻倍，乐翻天");
}
private void upTax(){
        System.out.println("税收上升，为国家做贡献");
}
private void upPosition(){
        System.out.println("职位上升一级，狂喜");
}
private void downSalary(){
        System.out.println("经济不景气，降低工资");
}
private void downTax(){
        System.out.println("税收减低，国家收入减少");
}
private void downPostion(){
        System.out.println("官降三级，比自杀还痛苦");
}
}
```

该类的方法较多，但是还是非常简单的，它的12个方法分为两大类型：一类是每个业务的独立流程，比如增加工资，仅仅实现单独增加工资的职能，而不关心职位、税收是如何变化的，该类型的方法是private私有类型，只能提供本类内访问；另一类是实现抽象中介者定义的方法，完成具体的每一个逻辑，比如职位上升，同时也引起了工资增加、税收增加。我们编写一个场景类，看看运行结果，如代码清单33-20所示。

代码清单33-20 场景类

```
public class Client {
    public static void main(String[] args) {
            //定义中介者
            Mediator mediator = new Mediator();
            //定义各个同事类
            IPosition position = new Position(mediator);
            ISalary salary = new Salary(mediator);
            ITax tax = new Tax(mediator);
            //职位提升了
            System.out.println("===职位提升===");
            position.promote();
    }
}
```

运行结果如下所示：

===职位提升===
职位上升一级，狂喜
工资翻倍，乐翻天
税收上升，为国家做贡献

我们回过头来分析一下设计，在接收到需求后我们发现职位、工资、税收之间有着紧密的耦合关系，如果不采用中介者模式，则每个对象都要与其他两个对象进行通信，这势必会增加系统的复杂性，同时也使系统处于僵化状态，很难实现拥抱变化的理想。通过增加一个中介者，每个同事类的职位、工资、税收都只与中介者通信，中介者封装了各个同事类之间的逻辑关系，方便系统的扩展和维护。

33.2.2 门面模式实现工资计算

工资计算是一件非常复杂的事情，简单来说，它是对基本工资、月奖金、岗位津贴、绩效、考勤、税收、福利等因素综合运算后的一个数字。即使设计一个HR（人力资源）系统，员工工资计算也是非常复杂的模块，但是对于外界，比如高管层，最希望看到的结果是张三拿了多少钱，李四拿了多少钱，而不是看中间的计算过程，怎么计算那是人事部门的事情。换句话说，对外界的访问者来说，它只要传递进去一个人员名称和月份即可获得工资数，而不用关心其中的计算有多么复杂，这就用得上门面模式了。

门面模式对子系统起封装作用，它可以提供一个统一的对外服务接口，如图33-5所示。

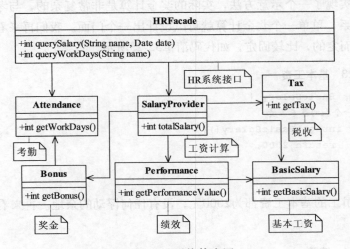

图33-5 HR系统的类图

该类图主要实现了工资计算，通过HRFacade门面可以查询用户的工资以及出勤天数等，而不用关心这个工资或者出勤天数是怎么计算出来的，从而屏蔽了外系统对工资计算模块的内部细节依赖。我们先看子系统内部的各个实现，考勤情况如代码清单33-21所示。

代码清单33-21 考勤情况

```
public class Attendance {
```

```
//得到出勤天数
public int getWorkDays(){
        return (new Random()).nextInt(30);
}
}
```

非常简单，只用一个方法获得一个员工的出勤天数。我们再来看奖金计算，如代码清单33-22所示。

代码清单33-22 奖金计算

```
public class Bonus {
    //考勤情况
    private Attendance atte = new Attendance();
    //奖金
    public int getBonus(){
        //获得出勤情况
        int workDays = atte.getWorkDays();
        //奖金计算模型
        int bonus = workDays * 1800 / 30;
        return bonus;
    }
}
```

我们在这里实现了一个示意方法，实际的奖金计算是非常复杂的，与考勤、绩效、基本工资、岗位都有关系，单单一个奖金计算就可以设计出一个门面。我们再来看基本工资，这个基本上是按照职位而定的，比较固定，如代码清单33-23所示。

代码清单33-23 基本工资

```
public class BasicSalary {
    //获得一个人的基本工资
    public int getBasicSalary(){
        return 2000;
    }
}
```

我们定义了员工的基本工资都为2000元，没有任何浮动的余地。再来看绩效，如代码清单33-24所示。

代码清单33-24 绩效

```
public class Performance {
    //基本工资
    private BasicSalary salary = new BasicSalary();
    //绩效奖励
    public int getPerformanceValue(){
        //随机绩效
        int perf = (new Random()).nextInt(100);
```

```
            return salary.getBasicSalary() * perf /100;
        }
    }
```

绩效按照一个非常简单的算法，即基本工资乘以一个随机的百分比。我们再来看税收，如代码清单33-25所示。

代码清单33-25　税收

```
public class Tax {
    //收取多少税金
    public int getTax(){
        //交纳一个随机数量的税金
        return (new Random()).nextInt(300);
    }
}
```

一个计算员工薪酬的所有子元素都已经具备了，剩下的就是编写组合逻辑类，总工资的计算如代码清单33-26所示。

代码清单33-26　总工资计算

```
public class SalaryProvider {
    //基本工资
    private BasicSalary basicSalary = new BasicSalary();
    //奖金
    private  Bonus bonus = new Bonus();
    //绩效
    private  Performance perf = new Performance();
    //税收
    private  Tax tax = new Tax();
    //获得用户的总收入
    public int totalSalary(){
        return basicSalary.getBasicSalary() + bonus.getBonus() +
            perf.getPerformanceValue() - tax.getTax();
    }
}
```

这里只是对前面的元素值做了一个加减法计算，这是对实际HR系统的简化处理，如果把这个类暴露给外系统，那么被修改的风险是非常大的，因为它的方法totalSalary是一个具体的业务逻辑。我们采用门面模式的目的是要求门面是无逻辑的，与业务无关，只是一个子系统的访问入口。门面模式只是一个技术层次上的实现，全部业务还是在子系统内实现。我们来看HR门面，如代码清单33-27所示。

代码清单33-27　HR门面

```
public class HRFacade {
    //总工资情况
    private  SalaryProvider salaryProvider = new SalaryProvider();
```

```
            //考勤情况
            private  Attendance attendance = new Attendance();
            //查询一个人的总收入
            public int querySalary(String name,Date date){
                    return salaryProvider.totalSalary();
            }
            //查询一个员工一个月工作了多少天
            public int queryWorkDays(String name){
                    return attendance.getWorkDays();
            }
    }
```

所有的行为都是委托行为，由具体的子系统实现，门面只是提供了一个统一访问的基础而已，不做任何的校验、判断、异常等处理。我们编写一个场景类查看运行结果，如代码清单33-28所示。

代码清单33-28 场景类

```
public class Client {
    public static void main(String[] args) {
            //定义门面
            HRFacade facade = new HRFacade();
            System.out.println("===外系统查询总收入===");
            int salary = facade.querySalary("张三",new Date(System.
                currentTimeMillis()));
            System.out.println( "张三 11月 总收入为: " +salary);
            //再查询出勤天数
            System.out.println("\n===外系统查询出勤天数===");
            int workDays = facade.queryWorkDays("李四");
            System.out.println("李四 本月出勤: " +workDays);
    }
}
```

运行结果如下所示：

```
===外系统查询总收入===
张三 11月 总收入为: 4133
===外系统查询出勤天数===
李四 本月出勤: 22
```

在该例中，我们使用了门面模式对薪水计算子系统进行封装，避免子系统内部复杂逻辑外泄，确保子系统的业务逻辑的单纯性，即使业务流程需要变更，影响的也是子系统内部功能，比如奖金需要与基本工资挂钩，这样的修改对外系统来说是透明的，只需要子系统内部变更即可。

33.2.3 最佳实践

门面模式和中介者模式之间的区别还是比较明显的，门面模式是以封装和隔离为主要任务，而中介者模式则是以调和同事类之间的关系为主，因为要调和，所以具有了部分的业务逻辑控制。两者的主要区别如下：

❑ 功能区别

门面模式只是增加了一个门面，它对子系统来说没有增加任何的功能，子系统若脱离门面模式是完全可以独立运行的。而中介者模式则增加了业务功能，它把各个同事类中的原有耦合关系移植到了中介者，同事类不可能脱离中介者而独立存在，除非是想增加系统的复杂性和降低扩展性。

❑ 知晓状态不同

对门面模式来说，子系统不知道有门面存在，而对中介者来说，每个同事类都知道中介者存在，因为要依靠中介者调和同事之间的关系，它们对中介者非常了解。

❑ 封装程度不同

门面模式是一种简单的封装，所有的请求处理都委托给子系统完成，而中介者模式则需要有一个中心，由中心协调同事类完成，并且中心本身也完成部分业务，它属于更进一步的业务功能封装。

33.3 包装模式群PK

我们讲了这么多的设计模式，大家有没有发觉在很多的模式中有些角色是不干活的？它们只是充当黔首作用，你有问题，找我，但我不处理，我让其他人处理。最典型的就是代理模式了，代理角色接收请求然后传递到被代理角色处理。门面模式也是一样，门面角色的任务就是把请求转发到子系统。类似这种结构的模式还有很多，我们先给这种类型的模式定义一个名字，叫做包装模式（wrapping pattern）。注意，包装模式是一组模式而不是一个。包装模式包括哪些设计模式呢？包装模式包括：装饰模式、适配器模式、门面模式、代理模式、桥梁模式。下面我们通过一组例子来说明这五个包装模式的区别。

33.3.1 代理模式

现在很多明星都有经纪人，一般有什么事他们都会说："你找我的经纪人谈好了"，下面我们就看看这一过程怎么模拟。假设有一个追星族想找明星签字，我们看看采用代理模式怎么实现。代理模式是包装模式中的最一般的实现，类图如图33-6所示。

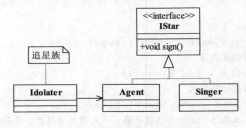

图33-6 追星族找明星签字

类图很简单，就是一个简单的代理模式，我们来看明星的定义，明星接口如代码清单
33-29所示。

代码清单33-29 明星接口

```java
public interface IStar {
    //明星都会签名
    public void sign();
}
```

明星只有一个行为：签字。我们来看明星的实现，如代码清单33-30所示。

代码清单33-30 明星

```java
public class Singer implements IStar {
    public void sign() {
        System.out.println("明星签字：我是XXX大明星");
    }
}
```

经纪人与明星应该有相同的行为，比如说签名，虽然经纪人不签名，但是他把你要签名的
笔记本、衣服、CD等传递过去让真正的明星签字，经纪人如代码清单33-31所示。

代码清单33-31 经纪人

```java
public class Agent implements IStar {
    //定义是谁的经纪人
    private IStar star;
    //构造函数传递明星
    public Agent(IStar _star){
        this.star = _star;
    }
    //经纪人是不会签字的，签字了歌迷也不认
    public void sign() {
        star.sign();
    }
}
```

应该非常明确地指出一个经纪人是谁的代理，因此要在构造函数中接收一个明星对象，确
定是要做这个明星的代理。我们再来看看追星族是怎么找明星签字的，如代码清单33-32所示。

代码清单33-32 追星族

```java
public class Idolater {
    public static void main(String[] args) {
        //崇拜的明星是谁
        IStar star = new Singer();
        //找到明星的经纪人
        IStar agent = new Agent(star);
        System.out.println("追星族：我是你的崇拜者，请签名！");
        //签字
```

```
                agent.sign();
        }
}
```

很简单，找到明星的代理，然后明星就签字了。运行结果如下所示：

追星族：我是你的崇拜者，请签名！
明星签字：我是XXX大明星

看看我们的程序逻辑，我们是找明星的经纪人签字，真实签字的是明星，经纪人只是把这个请求传递给明星处理而已，这是普通的代理模式的典型应用。

33.3.2 装饰模式

明星也都是一步一步地奋斗出来的，谁都不是一步就成为大明星的。甚至一些演员通过粉饰自己给观众一个好的印象，现在我们就来看怎么粉饰一个演员，如图33-7所示。

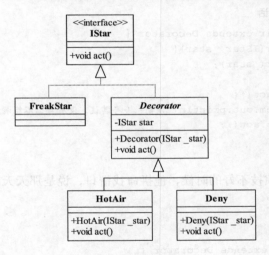

图33-7 演技修饰

下面我们就来看看这些过程如何实现，先看明星接口，如代码清单33-33所示。

代码清单33-33 明星接口
```
public interface IStar {
    //演戏
    public void act();
}
```
我们来看看我们的主角，如代码清单33-34所示。

代码清单33-34 假明星
```
public class FreakStar implements IStar {
    public void act() {
        System.out.println("演中：演技很拙劣");
    }
}
```

我们看看这个明星是怎么粉饰的，先定义一个抽象装饰类，如代码清单33-35所示。

代码清单33-35 抽象装饰类

```java
public abstract class Decorator implements IStar {
    //粉饰的是谁
    private IStar star;
    public Decorator(IStar _star){
        this.star = _star;
    }
    public void act() {
        this.star.act();
    }
}
```

前后两次修饰，开演前毫无忌惮地吹嘘，如代码清单33-36所示。

代码清单33-36 吹大话

```java
public class HotAir extends Decorator {
    public HotAir(IStar _star){
        super(_star);
    }
    public void act(){
        System.out.println("演前：夸夸其谈，没有自己不能演的角色");
        super.act();
    }
}
```

大家发现这个明星演技不好的时候，他拼命找借口，说是那天天气不好、心情不好等，如代码清单33-37所示。

代码清单33-37 抵赖

```java
public class Deny extends Decorator {
    public Deny(IStar _star){
        super(_star);
    }
    public void act(){
        super.act();
        System.out.println("演后：百般抵赖，死不承认");
    }
}
```

我们建立一个场景把这种情况展示一下，如代码清单33-38所示。

代码清单33-38 场景类

```java
public class Client {
    public static void main(String[] args) {
        //定义出所谓的明星
        IStar freakStar = new FreakStar();
```

```
        //看看他是怎么粉饰自己的
        //演前吹嘘自己无所不能
        freakStar = new HotAir(freakStar);
        //演完后，死不承认自己演的不好
        freakStar = new Deny(freakStar);
        System.out.println("====看看一些虚假明星的形象====");
        freakStar.act();
    }
}
```

运行结果如下所示：

====看看一些虚假明星的形象====
演前：夸夸其谈，没有自己不能演的角色
演中：演技很拙劣
演后：百般抵赖，死不承认

33.3.3 适配器模式

我们知道在演艺圈中还存在一种情况：替身，替身也是演员，只是普通的演员而已，在一段戏中，前十五分钟是明星本人，后十五分钟也是明星本人，就中间的五分钟是替身，那这个场景该怎么描述呢？注意中间那五分钟，这个时候一个普通演员被导演认为是明星演员，我们来看类图，如图33-8所示。

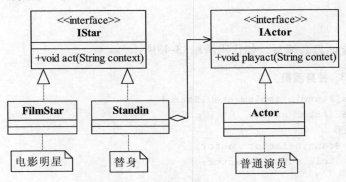

图33-8 替身演员类图

导演找了一个普通演员作为明星的替身，不过观众看到的还是明星的身份。我们来看代码，首先看明星接口，如代码清单33-39所示。

代码清单33-39 明星接口

```
public interface IStar {
    //明星都要演戏
    public void act(String context);
}
```

再来看一个具体的电影明星，他的主要职责就是演戏，如代码清单33-40所示。

代码清单33-40 电影明星

```java
public class FilmStar implements IStar {
    public void act(String context) {
        System.out.println("明星演戏: " + context);
    }
}
```

我们再来看普通演员，明星就那么多，但是普通演员非常多，我们看其接口，如代码清单33-41所示。

代码清单33-41 普通演员接口

```java
public interface IActor {
    //普通演员演戏
    public void playact(String contet);
}
```

普通演员也是演员，是要演戏的，我们来看一个普通演员的实现，如代码清单33-42所示。

代码清单33-42 普通演员

```java
public class UnknownActor implements IActor {
    //普通演员演戏
    public void playact(String context) {
        System.out.println("普通演员: "+context);
    }
}
```

我们来看替身该怎么编写，如代码清单33-43所示。

代码清单33-43 替身演员

```java
public class Standin implements IStar {
    private IActor actor;
    //替身是谁
    public Standin(IActor _actor){
        this.actor = _actor;
    }
    public void act(String context) {
        actor.playact(context);
    }
}
```

这是一个通用的替身，哪个普通演员能担任哪个明星的替身是由导演决定的，导演想让谁当就让谁当，我们来看导演，如代码清单33-44所示。

代码清单33-44 导演类

```java
public class direcotr {
    public static void main(String[] args) {
        System.out.println("=======演戏过程模拟==========");
```

```
                //定义一个大明星
                IStar star = new FilmStar();
                star.act("前十五分钟，明星本人演戏");
                //导演把一个普通演员当做明星演员来用
                IActor actor = new UnknownActor();
                IStar standin= new Standin(actor);
                standin.act("中间五分钟，替身在演戏");
                star.act("后十五分钟，明星本人演戏");
        }
}
```

运行结果如下所示：

```
=======演戏过程模拟=========
明星演戏：前十五分钟，明星本人演戏
普通演员：中间五分钟，替身在演戏
明星演戏：后十五分钟，明星本人演戏
```

这里使用了适配器模式，把一个普通的演员转换为一个明星演员。

33.3.4 桥梁模式

我们继续说明星圈的事情，现在明星类型太多了，比如电影明星、电视明星、歌星、体育明星、网络明星等，每个类型的明星都有明确的职责，电影明星的主要工作就是演电影，电视明星的主要工作就是演电视剧或者主持电视节目。再看看现在的明星，单一发展的基本没有，主持人出专辑、体育明星演电影、歌星拍戏等太平常了，我们就用程序来表现一下多元化情形，如图33-9所示。

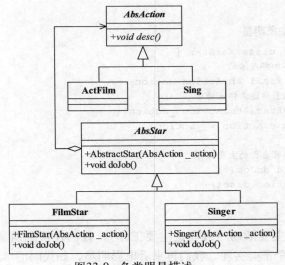

图33-9　各类明星描述

图33-9中定义了一个抽象明星AbsStar，然后产生出各个具体类型的明星，比如电影明星FilmStar、歌星Singer，当然还可以继续扩展下去。这里还定义了一个抽象的行为AbsAction，

描述明星所具有的活动，比如演电影、唱歌等，在这种设计下，明星可以扩展，明星的活动也可以扩展，非常灵活。我们先来看明星的活动，抽象活动如代码清单33-45所示。

代码清单33-45　抽象活动

```java
public abstract class AbsAction {
    //每个活动都有描述
    public abstract void desc();
}
```

很简单，只有一个活动的描述，由子类来实现。我们来看演电影和唱歌两个活动，分别如代码清单33-46、33-47所示。

代码清单33-46　演电影

```java
public class ActFilm extends AbsAction {
    public void desc() {
        System.out.println("演出精彩绝伦的电影");
    }
}
```

代码清单33-47　唱歌

```java
public class Sing extends AbsAction {
    public void desc() {
        System.out.println("唱出优美的歌曲");
    }
}
```

各种精彩的活动都有了，我们再来看抽象明星，它是所有明星的代表，如代码清单33-48所示。

代码清单33-48　抽象明星

```java
public abstract class AbsStar {
    //一个明星参加哪些活动
    protected final AbsAction action;
    //通过构造函数传递具体活动
    public AbsStar(AbstAction _action){
        this.action = _action;
    }
    //每个明星都有自己的主要工作
    public void doJob(){
        action.desc();
    }
}
```

明星都有自己的主要活动（或者是主要工作），我们在抽象明星中只是定义明星有活动，具体有什么活动由各个子类实现。我们再来看电影明星，如代码清单33-49所示。

代码清单33-49　电影明星

```java
public class FilmStar extends AbsStar {
```

```
//默认的电影明星的主要工作是拍电影
public FilmStar(){
        super(new ActFilm());
}
//也可以重新设置一个新职业
public FilmStar(AbsAction _action){
        super(_action);
}
//细化电影明星的职责
public void doJob(){
        System.out.println("\n======影星的工作=====");
        super.doJob();
}
}
```

电影明星的本职工作就应该是演电影，因此就有了一个无参构造函数来定义电影明星的默认工作，如果明星要客串一下去唱歌也可以，有参构造解决了该问题。歌星的实现与此相同，如代码清单33-50所示。

代码清单33-50 歌星

```
public class Singer extends AbsStar {
        //歌星的默认活动是唱歌
        public Singer(){
                super(new Sing());
        }
        //也可以重新设置一个新职业
        public Singer(AbsAction _action){
                super(_action);
        }
        //细化歌星的职责
        public void doJob(){
                System.out.println("\n======歌星的工作=====");
                super.doJob();
        }
}
```

我们使用电影明星和歌星来作为代表，这两类明星也是我们经常听到或看到的，下面建立一个场景类来模拟一下明星的事迹，如代码清单33-51所示。

代码清单33-51 场景类

```
public class Client {
        public static void main(String[] args) {
                //声明一个电影明星
                AbsStar zhangSan = new FilmStar();
                //声明一个歌星
                AbsStar liSi = new Singer();
                //展示一下各个明星的主要工作
                zhangSan.doJob();
```

```
            liSi.doJob();
            //当然, 也有部分明星不务正业, 比如歌星演戏
            liSi = new Singer(new ActFilm());
            liSi.doJob();
        }
}
```

运行结果如下所示:

======影星的工作=====
演出精彩绝伦的电影
======歌星的工作=====
唱出优美的歌曲
======歌星的工作=====
演出精彩绝伦的电影

好了, 各类明星都有自己的本职工作, 但是偶尔客串一个其他类型的活动也是允许的, 如此设计后, 明星就可以不用固定在自己的本职工作上, 而是向其他方向发展, 比如影视歌三栖明星。

门面模式我们在其他章节已经讲解得比较多了, 本小节就不再赘述。

33.3.5 最佳实践

5个包装模式是大家在系统设计中经常会用到的模式, 它们具有相似的特征: 都是通过委托的方式对一个对象或一系列对象 (例如门面模式) 施行包装, 有了包装, 设计的系统才更加灵活、稳定, 并且极具扩展性。从实现的角度来看, 它们都是代理的一种具体表现形式, 我们来看看它们在使用场景上有什么区别。

代理模式主要用在不希望展示一个对象内部细节的场景中, 比如一个远程服务不需要把远程连接的所有细节都暴露给外部模块, 通过增加一个代理类, 可以很轻松地实现被代理类的功能封装。此外, 代理模式还可以用在一个对象的访问需要限制的场景中, 比如AOP。

装饰模式是一种特殊的代理模式, 它倡导的是在不改变接口的前提下为对象增强功能, 或者动态添加额外职责。就扩展性而言, 它比子类更加灵活, 例如在一个已经运行的项目中, 可以很轻松地通过增加装饰类来扩展系统的功能。

适配器模式的主要意图是接口转换, 把一个对象的接口转换成系统希望的另外一个接口, 这里的系统指的不仅仅是一个应用, 也可能是某个环境, 比如通过接口转换可以屏蔽外界接口, 以免外界接口深入系统内部, 从而提高系统的稳定性和可靠性。

桥梁模式是在抽象层产生耦合, 解决的是自行扩展的问题, 它可以使两个有耦合关系的对象互不影响地扩展, 比如对于使用笔画图这样的需求, 可以采用桥梁模式设计成用什么笔 (铅笔、毛笔) 画什么图 (圆形、方形) 的方案, 至于以后需求的变更, 如增加笔的类型, 增加图形等, 对该设计来说是小菜一碟。

门面模式是一个粗粒度的封装, 它提供一个方便访问子系统的接口, 不具有任何的业务逻辑, 仅仅是一个访问复杂系统的快速通道, 没有它, 子系统照样运行, 有了它, 只是更方便访问而已。

第四部分

完美世界
——设计模式混编

第34章

命令模式+责任链模式

34.1 搬移UNIX的命令

在操作系统的世界里，有两大阵营一直在PK着：*nix（包括UNIX和Linux）和Windows。从目前的统计数据来看，*nix在应用服务器领域占据相对优势，不过Windows也不甘示弱，国内某些小型银行已经在使用PC Server（安装Windows操作系统的服务器）集群来进行银行业务运算，而且稳定性、性能各方面的效果不错；而在个人桌面方面，Windows是占绝对优势的，大家应该基本上都在用这个操作系统，它的诸多优点这里就不多说了，我们今天就来解决一个习惯问题。如果你负责过UNIX系统维护，你自己的笔记本又是Windows操作系统的话，我想你肯定有这样的经验，如图34-1所示。

是不是经常把UNIX上的命令敲到Windows系统了？为了避免这种情况发生，可以把UNIX上的命令移植到Windows上，也就是Windows下的shell工具，有很多类似的工具，比如cygwin、GUN Bash等，这些都是非常完美的工具，我们今天的任务就是自己写一个这样的工具。怎么写呢？我们学了这么多的模式，当然要融会贯通了，可以

图34-1 时常犯的错误

使用命令模式、责任链模式、模板方法模式设计一个方便扩展、稳定的工具。

我们先说说UNIX下的命令，一条命令分为命令名、选项和操作数，例如命令"ls -l /usr"，其中，ls是命令名，l是选项，/usr是操作数，后两项都是可选项，根据实际情况而定。UNIX命令一定遵守以下几个规则：

❑ 命令名为小写字母。

❑ 命令名、选项、操作数之间以空格分隔，空格数量不受限制。

❑ 选项之间可以组合使用，也可以单独拆分使用。

❑ 选项以横杠（-）开头。

在UNIX世界中，我们最常用的就是ls这个命令，它用于显示目录或文件信息，下面我们先

来看看这个命令。常用的有以下几条组合命令：

- ls：简单列出一个目录下的文件。
- ls -l：详细列出目录下的文件。
- ls -a：列出目录下包含的隐藏文件，主要是点号（.）开头的文件。
- ls -s：列出文件的大小。

除此之外，还有一些非常常用的组合命令，如"ls -la"、"ls -ls"等。ls命令名确定了，但是其后连接的选项和操作数是不确定的。操作数我们不用关心它，每个命令必然有一个操作数，若没有则是当前的目录。问题的关键是选项，用哪个选项以及什么时候使用都是由用户决定的，也就是从设计上考虑。设计者需要完全解析所有的参数，需要很多个类来处理如此多的选项，客户输入一个参数，立刻返回一个结果。针对一个ls命令族，要求如下：

- 每一个ls命令都有操作数，默认操作数为当前目录。
- 选项不可重复，例如对于"ls -l -l -s"，解析出的选项应该只有两个：l选项和s选项。
- 每个选项返回不同的结果，也就是说每个选项应该由不同的业务逻辑来处理。
- 为提高扩展性，ls命令族内的运算应该是对外封闭的，减少外界访问ls命令族内部细节的可能性。

针对一个命令族的分析结果，我们可以使用什么模式？责任链模式！对，只要把一个参数传递到链首，就可以立刻获得一个结果，中间是如何传递的以及由哪个逻辑解析都不需要外界（高层）模块关心，该模块的类图如图34-2所示。

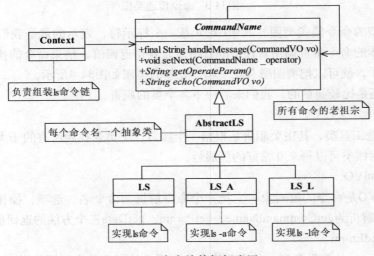

图34-2 命令族的解析类图

类图还是比较清晰的，UNIX的命令有上百个，我们定义一个CommandName抽象类，所有的命令都继承于该类，它就是责任链模式的handler类，负责链表控制；每个命令族都有一个独立的抽象类，因为每个命令族都有其独特的个性，比如ls命令和df命令，其后可加的参数是不一样的，这就可以在抽象类AbstractLS中定义，而且它还有标示作用，标示其下的实现类都是实现ls命令的，只是命令的选项不同；Context负责建立一条命令的链表，比如ls命令族、df命令族等，它组装出一个处理一个命令族的责任链，并返回首节点供高层模块调用，这是非常典型的责任链模式。

分析完毕一个具体的命令族，已经确定可以采用责任链模式，我们继续往下分析。UNIX命令非常多，敲一个命令返回一个结果，每个具体的命令可以由相关的命令族（也就是责任链）来解析，但是如此多的命令还是需要有一个派发的角色，输入一个命令，不管后台谁来解析，返回一个结果就成，这就要用到命令模式。命令模式负责协调各个命令正确地传递到各个责任链的首节点，这就是它的任务，其类图如图34-3所示。

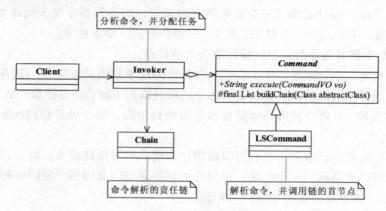

图34-3　命令传递类图

是不是典型的命令模式类图？其中Chain是一个标示符，表示的就是我们上面分析的责任链，每一个具体的命令负责调用责任链的首节点，获得返回值，结束命令的执行。两个核心模块都分析完毕了，就可以把类图融合在一起，完整的类图如图34-4所示。

这个类图还是比较简单的，我们来看一下各个类的职责。

❏ ClassUtils

ClassUtils是工具类，其主要职责是根据一个接口、父类查找到所有的子类。在不考虑效率的应用中，使用该类可以带来非常好的扩展性。

❏ CommandVO

CommandVO是命令的值对象，它把一个命令解析为命令名、选项、操作数，例如"ls -l /usr"命令分别解析为getCommandName、getParam、getData三个方法的返回值。

❏ CommandEnum

CommandEnum是枚举类型，是主要的命令配置文件。为什么需要枚举类型？这是JDK 1.5提供的一个非常好的功能，我们在程序中再讲解如何使用它。

所有的分析都已经完成了，我们来看看程序。程序不复杂，看看类图，应该先写命令的解释，这是项目的核心。我们先来看CommandName抽象类，如代码清单34-1所示。

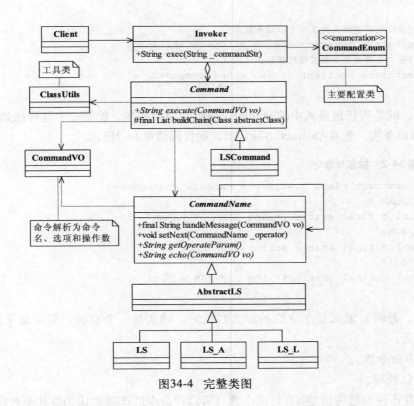

图34-4 完整类图

代码清单34-1 抽象命令名类

```java
public abstract class CommandName {
        private CommandName nextOperator;
        public final String handleMessage(CommandVO vo){
                //处理结果
                String result = "";
                //判断是否是自己处理的参数
                if(vo.getParam().size() == 0 || vo.getParam().contains (this.getOperateParam())){
                        result = this.echo(vo);
                }else{
                        if(this.nextOperator !=null){
                                result = this.nextOperator.handleMessage(vo);
                        }else{
                                result = "命令无法执行";
                        }
                }
                return result;
        }
        //设置剩余参数由谁来处理
        public void setNext(CommandName _operator){
                this.nextOperator = _operator;
        }
```

```
                //每个处理者都要处理一个后缀参数
                protected abstract String getOperateParam();
                //每个处理者都必须实现处理任务
                protected abstract String echo(CommandVO vo);
        }
```

很简单，就是责任链模式中的handler，也就是中控程序，控制一个链应该如何建立。我们再来看3个ls命令族，先看AbstractLS抽象类，如代码清单34-2所示。

代码清单34-2 抽象ls命令

```
public abstract class AbstractLS extends CommandName{
        //默认参数
        public final static String DEFAULT_PARAM = "";
        //参数a
        public final static String A_PARAM ="a";
        //参数l
        public final static String L_PARAM = "l";
}
```

很惊讶，是吗？怎么是个空的抽象类？是的，确实是一个空类，只定义了3个参数名称，它有两个职责：

❏ 标记ls命令族。

❏ 个性化处理。

因为现在还没有思考清楚ls有什么个性（可以把命令的选项也认为是其个性化数据），所以先写个空类放在这里，以后想清楚了再填写上去，留下一些可扩展的类也许会给未来带来不可估量的优点。

我们再来看ls不带任何参数的命令处理，如代码清单34-3所示。

代码清单34-3 ls命令

```
public class LS extends AbstractLS {
        //最简单的ls命令
        protected String echo(CommandVO vo) {
                return FileManager.ls(vo.formatData());
        }
        //参数为空
        protected String getOperateParam() {
                return super.DEFAULT_PARAM;
        }
}
```

太简单了，首先定义了自己能处理什么样的参数，即只能处理不带参数的ls命令，getOperateParam返回一个长度为零的字符串，就是说该类作为链上的一个节点，只处理没有参数的ls命令。echo方法是执行ls命令，通过调用操作系统相关的命令返回结果。我们再来看ls -l命令，如代码清单34-4所示。

代码清单34-4 ls -l命令

```java
public class LS_L extends AbstractLS {
    protected String echo(CommandVO vo) {
        return FileManager.ls_l(vo.formatData());
    }
    //l选项
    protected String getOperateParam() {
        return super.L_PARAM;
    }
}
```

该类只处理选项为"l"的命令，也非常简单。ls -a命令的处理与此类似，如代码清单34-5
所示。

代码清单34-5 ls -a命令

```java
public class LS_A extends AbstractLS {
    //ls -a命令
    protected String echo(CommandVO vo) {
        return FileManager.ls_a(vo.formatData());
    }
    protected String getOperateParam() {
        return super.A_PARAM;
    }
}
```

这3个实现类都关联到了FileManager，这个类有什么用呢？它是负责与操作系统交互的。
要把UNIX的命令迁移到Windows上运行，就需要调用Windows的低层函数，实现起来较复杂，
而且和我们本章要讲的内容没有太大关系，所以这里采用示例性代码代替，如代码清单34-6
所示。

代码清单34-6 文件管理类

```java
public class FileManager {
    //ls命令
    public static String ls(String path){
        return "file1\nfile2\nfile3\nfile4";
    }
    //ls -l命令
    public static String ls_l(String path){
        String str = "drw-rw-rw root system 1024 2009-8-20 10:23 file1\n";
        str = str + "drw-rw-rw root system 1024 2009-8-20 10:23 file2\n";
        str = str + "drw-rw-rw root system 1024 2009-8-20 10:23 file3";
        return str;
    }
    //ls -a命令
    public static String ls_a(String path){
        String str = ".\n..\nfile1\nfile2\nfile3";
```

```
                  return str;
             }
      }
```

以上都是比较简单的方法，大家有兴趣可以自己实现一下，以下提供3种思路：

❑ 通过java.io.File类自己封装出类似UNIX的返回格式。

❑ 通过java.lang.Runtime类的exec方法执行DOS的dir命令，产生类似的ls结果。

❑ 通过JNI（Java Native Interface）来调用与操作系统有关的动态链接库，当然前提是需要自己写一个动态链接库文件。

3个具体的命令都已经解析完毕，我们再来看看如何建立一条处理链，由于建链的任务已经移植到抽象命令类，我们就先来看抽象类Command，如代码清单34-7所示。

代码清单34-7   抽象命令

```java
public abstract class Command {
     public abstract String execute(CommandVO vo);
     //建立链表
     protected final List<? extends CommandName> buildChain(Class<? extends
     CommandName> abstractClass){
             //取出所有的命令名下的子类
             List<Class> classes = ClassUtils.getSonClass(abstractClass);
             //存放命令的实例，并建立链表关系
             List<CommandName> commandNameList = new ArrayList<CommandName>();
             for(Class c:classes){
                     CommandName commandName =null;
                     try {
                             //产生实例
                             commandName = (CommandName)Class.forName (c.getName())
                                  .newInstance();
                     } catch (Exception e){
                             // TODO 异常处理
                     }
                     //建立链表
                     if(commandNameList.size()>0){
                             commandNameList.get(commandNameList.size()-
                                  1).setNext (commandName);
                     }
                     commandNameList.add(commandName);
             }
             return commandNameList;
     }
}
```

Command抽象类有两个作用：一是定义命令的执行方法，二是负责命令族（责任链）的建立。其中buildChain方法负责建立一个责任链，它通过接收一个抽象的命令族类就可以建立一条命令解析链，如传递AbstarctLS类就可以建立一条解析ls命令族的责任链，请读者注意如下这句代码：

```
commandName = (CommandName)Class.forName(c.getName()).newInstance();
```

在一个遍历中，类中的每个元素都是一个类名，然后根据类名产生一个实例，它会抛出异常，例如类文件不存在、初始化失败等，读者在设计时要实现该部分的异常。我们再来想一下，每个实现类的类名是如何取得的呢？看下面这句代码：

```
List<Class> classes = ClassUtils.getSonClass(abstractClass);
```

根据一个父类取得所有子类，是一个非常好的工具类，其实现如代码清单34-8所示。

代码清单34-8 根据父类获得子类

```java
public class ClassUtils {
    //根据父类查找到所有的子类，默认情况是子类和父类都在同一个包名下
    public static List<Class> getSonClass(Class fatherClass){
        //定义一个返回值
        List<Class> returnClassList = new ArrayList<Class>();
        //获得包名称
        String packageName = fatherClass.getPackage().getName();
        //获得包中的所有类
        List<Class>  packClasses = getClasses(packageName);
        //判断是否是子类
        for(Class c:packClasses){
            if(fatherClass.isAssignableFrom(c) && !fatherClass.equals(c)){
                returnClassList.add(c);
            }
        }
        return returnClassList;
    }
    //从一个包中查找出所有的类，在jar包中不能查找
    private static List<Class> getClasses(String packageName) {
        ClassLoader classLoader = Thread.currentThread()
                .getContextClassLoader();
        String path = packageName.replace('.', '/');
        Enumeration<URL> resources = null;
        try {
            resources = classLoader.getResources(path);
        } catch (IOException e) {
            // TODO Auto-generated catch block
            e.printStackTrace();
        }
        List<File> dirs = new ArrayList<File>();
        while (resources.hasMoreElements()) {
            URL resource = resources.nextElement();
            dirs.add(new File(resource.getFile()));
        }
        ArrayList<Class> classes = new ArrayList<Class>();
```

```
        for (File directory : dirs) {
            classes.addAll(findClasses(directory, packageName));
        }
        return classes;
    }
    private static List<Class> findClasses(File directory, String packageName) {
        List<Class> classes = new ArrayList<Class>();
        if (!directory.exists()) {
            return classes;
        }
        File[] files = directory.listFiles();
        for (File file : files) {
            if (file.isDirectory()) {
                assert !file.getName().contains(".");
                classes.addAll(findClasses(file, packageName + "." + file.getName()));
            } else if (file.getName().endsWith(".class")) {
                try {
classes.add(Class.forName(packageName + '.' + file.getName() .substring(0,
    file.getName().length() - 6)));
                } catch (ClassNotFoundException e) {
                    e.printStackTrace();
                }
            }
        }
        return classes;
    }
}
```

这个类请大家谨慎使用,在核心的应用中尽量不要使用该工具,它会严重影响性能。

再来看LSCommand类的实现,如代码清单34-9所示。

代码清单34-9 具体的ls命令

```
public class LSCommand extends Command{
    public String execute(CommandVO vo){
        //返回链表的首节点
        CommandName firstNode = super.buildChain(AbstractLS.class).get(0);
        return firstNode.handleMessage(vo);
    }
}
```

很简单的方法,先建立一个命令族的责任链,然后找到首节点调用。在该类中我们使用
CommandVO类,它是一个封装对象,其代码如代码清单34-10所示。

代码清单34-10 命令对象

```
public class CommandVO {
    //定义参数名与参数的分隔符,一般是空格
    public final static String DIVIDE_FLAG =" ";
```

```java
//定义参数前的符号, UNIX一般是-,如ls -la
public final static String PREFIX="-";
//命令名, 如ls、du
private String commandName = "";
//参数列表
private ArrayList<String> paramList = new ArrayList<String>();
//操作数列表
private ArrayList<String> dataList = new ArrayList<String>();
//通过构造函数传递进来命令
public CommandVO(String commandStr){
        //常规判断
        if(commandStr != null && commandStr.length() !=0){
                //根据分隔符号拆分出执行符号
                String[] complexStr = commandStr.split(CommandVO.DIVIDE_FLAG);
                //第一个参数是执行符号
                this.commandName = complexStr[0];
                //把参数放到List中
                for(int i=1;i<complexStr.length;i++){
                        String str = complexStr[i];
                        //包含前缀符号, 认为是参数
                        if(str.indexOf(CommandVO.PREFIX)==0){
                        this.paramList.add(str.replace
                        (CommandVO.PREFIX, "").trim());
                        }else{
                                this.dataList.add(str.trim());
                        }
                }
        }else{
                //传递的命令错误
                System.out.println("命令解析失败, 必须传递一个命令才能执行! ");
        }
}
//得到命令名
public String getCommandName(){
        return this.commandName;
}
//获得参数
public ArrayList<String> getParam(){
        //为了方便处理空参数
        if(this.paramList.size() ==0){
                this.paramList.add("");
        }
        return new ArrayList(new HashSet(this.paramList));
}
//获得操作数
public ArrayList<String> getData(){
        return this.dataList;
}
}
```

　　CommandVO解析一个命令，规定一个命令必须有3项：命令名、选项、操作数。如果没有呢？那就以长度为零的字符串代替，通过这样的一个约定可以大大降低命令解析的开发工作。注意getParam参数中的返回值：

```
new ArrayList(new HashSet(this.paramList));
```

　　为什么要这么处理？HashSet具有值唯一的优点，这样处理就是为了避免出现两个相同的参数，比如对于"ls -l -l -s"这样的命令，通过getParam返回的参数是几个呢？回答是两个：l选项和s选项。

　　我们再来看Invoker类，它是负责命令分发的类，如代码清单34-11所示。

代码清单34-11　命令分发

```
public class Invoker {
    //执行命令
    public String  exec(String _commandStr){
        //定义返回值
        String result = "";
        //首先解析命令
        CommandVO vo = new CommandVO(_commandStr);
        //检查是否支持该命令
        if(CommandEnum.getNames().contains(vo.getCommandName())){
            //产生命令对象
            String className = CommandEnum.valueOf (vo.getCommandName())
                .getValue();
            Command command;
            try {
                command = (Command)Class.forName(className).newInstance();
                result = command.execute(vo);
            }catch(Exception e){
                // TODO 异常处理
            }
        }else{
            result = "无法执行命令，请检查命令格式";
        }
        return result;
    }
}
```

　　实现也是比较简单的，从CommandEnum中获得命令与命令类的配置信息，然后建立一个命令实例，调用其execute方法，完成命令的执行操作。CommandEnum类是一个枚举类型，如代码清单34-12所示。

代码清单34-12　命令配置对象

```
public enum CommandEnum {
    ls("com.cbf4life.common.command.LSCommand");
    private String value = "";
```

```
//定义构造函数, 目的是Data(value)类型的相匹配
private CommandEnum(String value){
        this.value = value;
}
public String getValue(){
        return this.value;
}
//返回所有的enum对象
public static List<String> getNames(){
        CommandEnum[] commandEnum = CommandEnum.values();
        List<String> names = new ArrayList<String>();
        for(CommandEnum c:commandEnum){
                names.add(c.name());
        }
        return names;
}
}
```

为什么要用枚举类型? 用一个接口来管理也是很容易实现的。注意CommandEnum中的构造函数CommandEnum(String value)和getValue类, 没有新建一个Enum对象, 但是可以直接使用CommandEnum.ls.getValue方法获得值, 这就是Enum类型的独特地方。再看下面:

```
ls("com.cbf4life.common.command.LSCommand");
```

是不是很特别? 是的, 枚举的基本功能就是定义默认可选值, 但是Java中的枚举功能又增强了很多, 可以添加方法和属性, 基本上就是一个特殊的类。若要详细了解Enum, 读者可以翻阅一下相关语法书。

现在剩下的工作就是写一个Client类, 然后看看运行情况如何, 如代码清单34-13所示。

代码清单34-13 场景类

```
public class Client {
    public static void main(String[] args) throws IOException {
            Invoker invoker = new Invoker();
            while(true){
                    //UNIX下的默认提示符号
                    System.out.print("#");
                    //捕获输出
                    String input = (new BufferedReader(new InputStreamReader
                    (System.in))).readLine();
                    //输入quit或exit则退出
                    if(input.equals("quit") || input.equals("exit")){
                            return;
                    }
                    System.out.println(invoker.exec(input));
            }
    }
}
```

Client也很简单，通过一个while循环允许使用者持续输入，然后打印出返回值，运行结果如下：

```
#ls
file1
file2
file3
file4
#ls -l
drw-rw-rw      root      system      1024      2009-8-20 10:23      file1
drw-rw-rw      root      system      1024      2009-8-20 10:23      file2
drw-rw-rw      root      system      1024      2009-8-20 10:23      file3
#ls -a
.
..
file1
file2
file3
#quit
```

我们已经实现了在Windows下操作UNIX命令的功能，但是仅仅一个ls命令族是不够的，我们要扩展，把一百多个命令都扩展出来，怎么扩展呢？现在增加一个df命令族，显示磁盘的大小，只要增加类图就成，如图34-5所示。

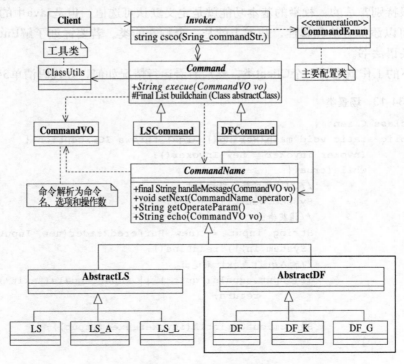

图34-5 扩展df命令后的类图

仅仅增加了粗框的部分，也就是增加DFCommand、AbstractDF以及实现类就可以完成扩展
功能。先看AbstractDF代码，如代码清单34-14所示。

代码清单34-14 df命令的抽象类

```
public abstract class AbstractDF extends CommandName {
    //默认参数
    public final static String DEFAULT_PARAM = "";
    //参数k
    public final static String K_PARAM = "k";
    //参数g
    public final static String G_PARAM = "g";
}
```

与前面一样的功能，定义选项名称。接下来是三个实现类，都非常简单，如代码清单
34-15所示。

代码清单34-15 df命令的具体实现类

```
public class DF extends AbstractDF{
    //定义一下自己能处理什么参数
    protected String getOperateParam() {
        return super.DEFAULT_PARAM;
    }
    //命令处理
    protected String echo(CommandVO vo) {
        return DiskManager.df();
    }
}
public class DF_K extends AbstractDF{
    //定义一下自己能处理什么参数
    protected String getOperateParam() {
        return super.K_PARAM;
    }
    //命令处理
    protected String echo(CommandVO vo) {
        return DiskManager.df_k();
    }
}
public class DF_G extends AbstractDF{
    //定义一下自己能处理什么参数
    protected String getOperateParam() {
        return super.G_PARAM;
    }
    //命令处理
    protected String echo(CommandVO vo) {
        return DiskManager.df_g();
    }
}
```

每个选项的实现类都定义了自己能解析什么命令，然后通过echo方法返回执行结果。在三个实现类中都与DiskManager类有关联关系，该类负责与操作系统有关的功能，是必须要实现的，其示例代码如代码清单34-16所示。

代码清单34-16　磁盘管理

```java
public class DiskManager {
    //默认的计算大小
    public static String df(){
        return "/\t10485760\n/usr\t104857600\n/home\t1048576000\n";
    }
    //按照kb来计算
    public static String df_k(){
        return "/\t10240\n/usr\t102400\n/home\tt10240000\n";
    }
    //按照gb计算
    public static String df_g(){
        return "/\t10\n/usr\t100\n/home\tt10000\n";
    }
}
```

以上为示例代码，若要实际计算磁盘大小，可以使用JNI的方式或者执行操作系统的命令的方式获得，特别是JDK 1.6提供了获得一个root目录大小的方法。

然后再增加一个DFCommand命令，负责执行命令，如代码清单34-17所示。

代码清单34-17　可执行的df命令

```java
public class DFCommand extends Command {
    public String execute(CommandVO vo) {
        return super.buildChain(AbstractDF.class).get(0).handleMessage(vo);
    }
}
```

最后一步，修改一下CommandEnum配置，增加一个枚举项，如代码清单34-18所示。

代码清单34-18　增加后的枚举项

```java
public enum CommandEnum {
    ls("com.cbf4life.common.command.LSCommand"),
    df("com.cbf4life.common.command.DFCommand");
    private String value = "";
    //定义构造函数，目的是Data(value)类型的相匹配
    private CommandEnum(String value){
        this.value = value;
    }
    public String getValue(){
        return this.value;
    }
    //返回所有的enum对象
```

```
        public static List<String> getNames(){
                CommandEnum[] commandEnum = CommandEnum.values();
                List<String> names = new ArrayList<String>();
                for(CommandEnum c:commandEnum){
                        names.add(c.name());
                }
                return names;
        }
}
```

运行结果如下所示：

```
#ls
file1
file2
file3
file4
#df
/       10485760
/usr    104857600
/home   1048576000
#df -k
/       10240
/usr    102400
/home   t10240000
#df -g
/       10
/usr    100
/home   t10000
#
```

仅仅增加类就完成了变更，这才是我们要的结果：对修改关闭，对扩展开放。

34.2 混编小结

在这里的例子中用到了以下模式。

❏ 责任链模式

负责对命令的参数进行解析，而且所有的扩展都是增加链数量和节点，不涉及原有的代码变更。

❏ 命令模式

负责命令的分发，把适当的命令分发到指定的链上。

❏ 模板方法模式

在Command类以及子类中，buildChain方法是模板方法，只是没有基本方法而已；在责任链模式的CommandName类中，用了一个典型的模板方法handlerMessage，它调用了基本方法，基本方法由各个实现类实现，非常有利于扩展。

❏ 迭代器模式

在for循环中我们多次用到类似for(Class c:classes)的结构，是谁来支撑该方法运行？当然是迭代器模式，只是JDK已经把它融入到了API中，更方便使用了。

可能读者已经注意到了，"ls -l -a"这样的组合选项还没有处理。确实没有处理，以下提供两个思路来处理。

❏ 独立处理

"ls -l -a"等同于"ls -la"，也等同于"ls -al"命令，可以把"ls -la"中的选项"la"作为一个参数来进行处理，扩展一个类就可以了。该方法的缺点是类膨胀得太大，但是简单。

❏ 混合处理

修正命令族处理链，每个命令处理节点运行完毕后，继续由后续节点处理，最终由Command类组装结果，根据每个节点的处理结果，组合后生成完整的返回信息，如"ls -l -a"就应该是LS_L类与LS_A类两者返回值组装的结果，当然链上的节点返回值就要放在Collection类型中了。

该框架还有一个名称，叫做命令链（Chain of Command）模式，具体来说就是命令模式作为责任链模式的排头兵，由命令模式分发具体的消息到责任链模式。对于该框架，读者可以继续扩展下去。当然，上面的程序还可以优化，优化的结果就是Command类缩为一个类，通过CommandEnum配置文件类传递命令，这比较容易实现，读者可以自行设计。

第35章

工厂方法模式+策略模式

35.1 迷你版的交易系统

　　大家可能对银行的交易系统充满敬畏之情，一听说是银行的IT人员，立马想当然地认为这是个很厉害的人物，那我们今天就来对银行的交易系统做一个初步探讨。国内一家大型集团（全球500强之一）计划建立全国"一卡通"计划，每个员工配备一张IC卡，该卡基本上就是万能的，门禁系统用它，办公系统用它，你想打开自己的邮箱，没有它就甭想了，它还可以用来进行消费，比如到食堂吃饭，到园区内的商店消费，甚至洗澡、理发、借书、买书等都可以用它，只要这张卡内有余额，在集团内部就是一张借记卡（当然还有一些内部的补助通过该卡发放）。我们要讲解的就是"一卡通"项目联机交易子系统，类似于银行的交易系统，可以说它是交易系统的mini版吧。

　　该项目具有一定的挑战性，集团公司的架构分为三层：总部、省级分部、市级机构，业务要求是"一卡通"推广到全国，一名员工从北京出差到了上海，凭一卡通能在北京做的事情在上海同样能完成。对于联机交易子项目，异地分支机构与总部之间的通信采用了MQ（Message Queue，消息队列）传递消息，也就是我们观察者模式的BOSS版，与目前的通过POS机刷信用卡基本上是一个道理。

　　联机交易子系统有一个非常重要的子模块（Module）——扣款子模块。这个模块太重要了！从业务上来说，扣款失败就代表着所有的商业交易关闭，这是不允许发生的；从技术上来说，扣款的异常处理、事务处理、鲁棒性都是不容忽视的，特别是饭点时间，并发量是很恐怖的，这对架构师提出了很高的要求。

　　我们详细分析一下扣款子模块，每个员工都有一张IC卡，他的IC卡上有以下两种金额。

❑ 固定金额

　　固定金额是指员工不能提现的金额，这部分金额只能用来特定消费，即员工日常必需的消费，例如食堂内吃饭、理发、健身等活动。

❑ 自由金额

　　自由金额是可以提现的，当然也可以用于消费。每个月初，总部都会为每个员工的IC卡中打入固定数量的金额，然后提倡大家在集团内的商店消费。

在实际的系统开发中，架构设计采用的是一张IC卡绑定两个账户：固定账户和自由账号，本书为了简化描述，还是使用固定金额和自由金额的概念。既然有消费，系统肯定有扣款处理，系统内有两套扣款规则。

❏ 扣款策略一

该类型的扣款会对IC卡上的两个金额产生影响，计算公式如下：

$$IC卡固定余额 = IC卡现有固定余额 - 交易金额 / 2$$
$$IC卡自由余额 = IC卡现有自由金额 - 交易金额 / 2$$

也就是说，该类型的消费分别在固定金额和自由金额上各扣除一半。它适用于固定消费场景例如吃饭、理发等情况下的扣款，这么做是为了防止乱请客，你请别人吃饭时自己也要出一半。

❏ 扣款策略二

全部从自由金额上扣除，由于集团内的各种消费、服务非常齐全，而且比市面价格稍低，员工还是很乐意到这里消费的，而且很多员工本身就住在集团附近，基本上就是"公司即家，家即公司"。

今天要讲的重点就是这两种消费的扣款策略该怎样设计？要知道这种联机交易，日后允许大规模变更的可能性基本上是零，所以系统设计的时候要做到可拆卸（Pluggable），避免日后维护的大量开支。

很明显，这是一个策略模式的实际应用，但是你还记得策略模式是有缺陷的吗？它的具体策略必须暴露出去，而且还要由上层模块初始化，这不合适，与迪米特法则有冲突，高层次模块对低层次的模块应该仅仅处在"接触"的层次上，而不应该是"耦合"的关系，否则，维护的工作量就会非常大。问题提出了，那我们就应该想办法来修改这个缺陷，正好工厂方法模式可以帮我们产生指定的对象，但是问题又来了，工厂方法模式要指定一个类，它才能产生对象，怎么办？引入一个配置文件进行映射，避免系统僵化情况的发生，我们以枚举类完成该任务。

还有一个问题，一个交易的扣款模式是固定的，根据其交易编号而定，那我们怎样把交易编号与扣款策略对应起来呢？采用状态模式或责任链模式都可以，如果采用状态则认为交易编号就是一个交易对象的状态，对于一笔确定的交易（一个已经生成了的对象），它的状态不会从一个状态过渡到另一个状态，也就是说它的状态只有一个，执行完毕后即结束，不存在多状态的问题；如果采用责任链模式，则可以用交易编码作为链中的判断依据，由每个执行节点进行判断，返回相应的扣款模式。但是在实际中，采用了关系型数据库存储扣款规则与交易编码的对应关系，为了简化该部分的讲义，我们在下面的设计中使用了条件判断语句来代替。

还有，这么复杂的扣款模块总要进行一个封装吧，不能让上层的业务模块直接深入到模块的内部，于是门面模式又摆在了眼前。

分析完毕，我们要先画出类图，做设计要遵循这样一个原则：先选最简单的业务，然后画出类图。那我们先定义交易中用到的两个类：IC卡类和交易类，如图35-1所示。

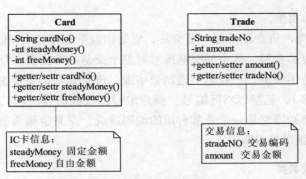

图35-1 IC卡类和交易类

每个IC卡有三个属性，分别是IC卡号码、固定金额、自由金额，然后通过getter/setter方法来访问，如代码清单35-1所示。

代码清单35-1 IC卡类

```java
public class Card {
    //IC卡号码
    private String cardNo="";
    //卡内的固定交易金额
    private int steadyMoney =0;
    //卡内自由交易金额
    private int freeMoney =0;
    //getter/setter方法
    public String getCardNo() {
        return cardNo;
    }
    public void setCardNo(String cardNo) {
        this.cardNo = cardNo;
    }
    public int getSteadyMoney() {
        return steadyMoney;
    }
    public void setSteadyMoney(int steadyMoney) {
        this.steadyMoney = steadyMoney;
    }
    public int getFreeMoney() {
        return freeMoney;
    }
    public void setFreeMoney(int freeMoney) {
        this.freeMoney = freeMoney;
    }
}
```

细心的读者可能注意到，金额怎么都是整数类型呀，应该是double类型或者BigDecimal类型呀。是，一般非银行的交易系统，比如超市的收银系统，系统内都是存放的int类型，在显示的时候才转换为货币类型。

　　交易信息Trade类，负责记录每一笔交易，它是由监听程序监听MQ队列而产生的，有两个属性：交易编号和交易金额，其中的交易编号对整个交易非常重要，18位字符（在银行的交易系统中，这里可不是字符串，一般是十进制数字或二进制数字，要考虑系统的性能，数字运算可比字符运算快得多），包括POS机编号、商户编号、校验码等，我们这里暂时用不到，就不多做介绍，我们只要知道它是一个非常有用的编码就成。交易金额为整数类型，实际金额放大100倍即可。如代码清单35-2所示。

代码清单35-2　交易类

```java
public class Trade {
    //交易编号
    private String tradeNo = "";
    //交易金额
    private int amount = 0;
    //getter/setter方法
    public String getTradeNo() {
        return tradeNo;
    }
    public void setTradeNo(String postNo) {
        this.tradeNo = postNo;
    }
    public int getAmount() {
        return amount;
    }
    public void setAmount(int amount) {
        this.amount = amount;
    }
}
```

　　两个最简单也是在应用中最常使用的对象定义完毕，下面就需要来定义策略了，非常明显的策略模式，类图如图35-2所示。

　　典型的策略模式，扣款有两种策略：固定扣款和自由扣款。下面我们来看代码，先看抽象策略，也就是扣款接口，如代码清单35-3所示。

代码清单35-3　扣款策略接口

```java
public interface IDeduction {
    //扣款，提供交易和卡信息，进行扣款，并返回扣款是否成功
    public boolean exec(Card card,Trade trade);
}
```

　　固定扣款的规则是固定金额和自由金额各扣除交易金额的一半，如代码清单35-4所示。

代码清单35-4　扣款策略一

```java
public class SteadyDeduction implements IDeduction {
    //固定性交易扣款
```

```
public boolean exec(Card card, Trade trade) {
    //固定金额和自由金额各扣除50%
    int halfMoney = (int)Math.rint(trade.getAmount() / 2.0);
    card.setFreeMoney(card.getFreeMoney() - halfMoney);
    card.setSteadyMoney(card.getSteadyMoney() - halfMoney);
    return true;
}
```

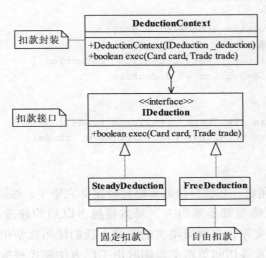

图35-2　扣款策略类图

　　这个具体策略也非常简单，就是两个金额各自减去交易额的一半（注意除数是2.0，可不是2），然后再四舍五入，算法确实简单。该逻辑没有考虑账户余额不足的情况，也没有考虑异常情况，比如并发情况，读者可以想想看，一张卡有两笔消费同时发生时，是不是就发生错误了？一张卡同时有两笔消费会出现这种情况吗？会的，网络阻塞的情况，MQ多通道发送，在网络繁忙的情况下是有可能出现该问题，这里就不多介绍，有兴趣的读者可以看看MQ的资料。我们在这里的讲解实现的是一个快乐路径，认为所有的交易都是在安全可靠的环境中发生的，并且所有的系统环境都满足我们的要求。我们再来看另一个策略，这个策略更简单，如代码清单35-5所示。

代码清单35-5　扣款策略二

```
public class FreeDeduction implements IDeduction {
    //自由扣款
    public boolean exec(Card card, Trade trade) {
        //直接从自由余额中扣除
        card.setFreeMoney(card.getFreeMoney() - trade.getAmount());
        return true;
    }
}
```

卡内的自由金额减去交易金额再修改卡内自由金额就完事了，异常情况不考虑。这两个具体的策略与我们的交易类型没有任何关系，也不应该有关系，策略模式就是提供两个可以相互替换的策略，至于在什么时候使用什么策略，则不是由策略模式来决定的。策略模式还有一个角色没出场，即封装角色，如代码清单35-6所示。

代码清单35-6　扣款策略的封装

```java
public class DeductionContext {
        //扣款策略
        private IDeduction deduction = null;
        //构造函数传递策略
        public DeductionContext(IDeduction _deduction){
                this.deduction = _deduction;
        }
        //执行扣款
        public boolean exec(Card card,Trade trade){
                return this.deduction.exec(card, trade);
        }
}
```

典型的策略上下文角色。扣款模块的策略已经定义完毕了，然后需要想办法解决策略模式的缺陷：它把所有的策略类都暴露出去，暴露得越多以后的修改风险也就越大。怎么修改呢？增加一个映射配置文件，实现策略类的隐藏。我们使用枚举担当此任，对策略类进行映射处理，避免高层模块直接访问策略类，同时由工厂方法模式根据映射产生策略对象，类图如图35-3所示。

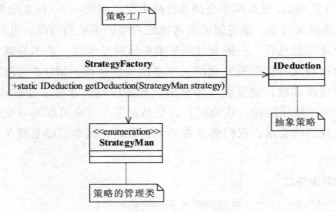

图35-3　策略工厂类图

又是一个简单得不能再简单的模式——工厂方法模式，通过StrategyMan负责对具体策略的映射，如代码清单35-7所示。

代码清单35-7　策略枚举

```java
public enum StrategyMan {
```

```
        SteadyDeduction("com.cbf4life.common.SteadyDeduction"),
        FreeDeduction("com.cbf4life.common.FreeDeduction");
        String value = "";
        private StrategyMan(String _value){
                this.value = _value;
        }
        public String getValue(){
                return this.value;
        }
}
```

类似的代码解释过很多遍了，不再多说，它就是一个登记容器，所有的具体策略都在这里登记，然后提供给工厂方法模式。策略工厂如代码清单35-8所示。

代码清单35-8　策略工厂

```
public class StrategyFactory {
        //策略工厂
        public static IDeduction getDeduction(StrategyMan strategy){
                IDeduction deduction = null;
                try {
                        deduction = (IDeduction)Class.forName(strategy.getValue()).newInstance();
                }  catch (Exception e) {
                        // 异常处理
                }
                return deduction;
        }
}
```

一个简单的工厂，根据策略管理类的枚举项创建一个策略对象，简单而实用，策略模式的缺陷也弥补成功。那这么复杂的系统怎么让高层模块访问？（你看不出复杂？那是因为我们写的都是快乐路径，太多情况都没有考虑，在实际项目中仅就并发处理和事务管理这两部分就够你头疼了。）既然系统很复杂，是不是需要封装一下。我们请出门面模式进行封装，如代码清单35-9所示。

代码清单35-9　扣款模块封装

```
public class DeductionFacade {
        //对外公布的扣款信息
        public static Card deduct(Card card,Trade trade){
                //获得消费策略
                StrategyMan reg = getDeductionType(trade);
                //初始化一个消费策略对象
                IDeduction deduction = StrategyFactory.getDeduction(reg);
                //产生一个策略上下文
                DeductionContext context = new DeductionContext(deduction);
                //进行扣款处理
                context.exec(card, trade);
```

```
            //返回扣款处理完毕后的数据
            return card;
    }
    //获得对应的商户消费策略
    private static StrategyMan getDeductionType(Trade trade){
            //模拟操作
            if(trade.getTradeNo().contains("abc")){
                    return StrategyMan.FreeDeduction;
            }else{
                    return StrategyMan.SteadyDeduction;
            }
    }
}
```

　　这次为什么要先展示代码而后写类图呢？那是因为这段代码比写类图更能让你理解。读者注意一下getDeductionType方法，这个方法在实际项目中是存在的，但是与上面的写法有天壤之别，因为在实际项目中，数据库中保存了策略代码与交易编码的对应关系，直接通过数据库的SQL语句就可以返回对应的扣款策略。这里我们采用大家最熟悉的条件转移来实现，也是比较清晰和容易理解的。

　　可能读者要问了，在门面模式中已经明确地说明，门面类中不允许有业务逻辑存在，但是你这里还是有了一个getDeductionType方法，它可代表的是一个判断逻辑呀，这是为什么呢？是的，该方法完全可以移到其他Hepler类中，由于我们是示例代码，暂没有明确的业务含义，故编写在此处，读者在实际应用中，请把该方法放置到其他类中。

　　好，所有用到的模式都介绍完毕了，我们把完整的类图整理一下，如图35-4所示。

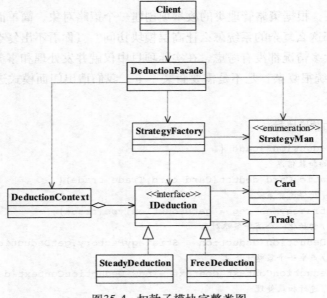

图35-4　扣款子模块完整类图

真实系统比这复杂得多，有了我们之前的分析，这个图还是比较容易看懂的。我们所有的开发都完成了，是不是应该写一个测试类来展示一下我们的成果，如代码清单35-10所示。

代码清单35-10 场景类

```java
public class Client {
    //模拟交易
    public static void main(String[] args) {
        //初始化一张IC卡
        Card card = initIC();
        //显示一下卡内信息
        System.out.println("========初始卡信息: =========");
        showCard(card);
        //是否停止运行标志
        boolean flag = true;
        while(flag){
            Trade trade = createTrade();
            DeductionFacade.deduct(card, trade);
            //交易成功，打印出成功处理消息
            System.out.println("\n======交易凭证========");
            System.out.println(trade.getTradeNo()+" 交易成功! ");
            System.out.println("本次发生的交易金额为: "+
            trade.getAmount()/100.0+"元");
            //展示一下卡内信息
            showCard(card);
            System.out.print("\n是否需要退出? (Y/N)");
            if(getInput().equalsIgnoreCase("y")){
                flag = false;  //退出
            }
        }
    }
    //初始化一个IC卡
    private static Card initIC(){
        Card card = new Card();
        card.setCardNo("1100010001000");
        card.setFreeMoney(100000);   //1000元
        card.setSteadyMoney(80000); //800元
        return card;
    }
    //产生一条交易
    private static Trade createTrade(){
        Trade trade = new Trade();
        System.out.print("请输入交易编号: ");
        trade.setTradeNo(getInput());
        System.out.print("请输入交易金额: ");
        trade.setAmount(Integer.parseInt(getInput()));
        //返回交易
        return trade;
    }
```

```
        //打印出当前卡内交易余额
        public static void showCard(Card card){
                System.out.println("IC卡编号:" + card.getCardNo());
                System.out.println("固定类型余额: "+ card.getSteadyMoney()/100.0 + " 元");
                System.out.println("自由类型余额: "+ card.getFreeMoney()/100.0 + " 元");
        }
        //获得键盘输入
        public static String getInput(){
                String str ="";
                try {
                        str=(new BufferedReader(new InputStreamReader(System.in))).readLine();
                } catch (IOException e) {
                        //异常处理
                }
                return str;
        }
}
```

类比较长，耐心看还是非常简单的，对其中Client类的方法说明如下：

□ initIC方法

初始化一张IC卡，方便进行测试。

□ createTrade方法

创建一笔交易，完成测试任务。

□ showCard方法

显示IC卡内的信息。

□ getInput方法

获得从键盘输入的字符，以回车符作为终结标志。

方法介绍完毕了，我们运行一下看看，结果如下所示：

```
========初始卡信息：=========
IC卡编号:1100010001000
固定类型余额: 800.0 元
自由类型余额: 1000.0 元
请输入交易编号: abcdef
请输入交易金额: 10000
======交易凭证========
abcdef  交易成功！
本次发生的交易金额为: 100.0 元
IC卡编号:1100010001000
固定类型余额: 800.0 元
自由类型余额: 900.0 元
是否需要退出？(Y/N)
```

我们模拟了一笔自由消费，直接从自由类型金额中扣除了。我们再模拟一笔固定类型的消费，运行结果如下所示：

```
========初始卡信息：=========
IC卡编号：1100010001000
固定类型余额：800.0 元
自由类型余额：1000.0 元
请输入交易编号：abcdef
请输入交易金额：10000
======交易凭证=========
abcdef 交易成功！
本次发生的交易金额为：100.0 元
IC卡编号：1100010001000
固定类型余额：800.0 元
自由类型余额：900.0 元
是否需要退出？(Y/N)n
请输入交易编号：1001
请输入交易金额：1234
======交易凭证=========
1001 交易成功！
本次发生的交易金额为：12.34 元
IC卡编号：1100010001000
固定类型余额：793.83 元
自由类型余额：893.83 元
是否需要退出？(Y/N)
```

交易成功！到这里为止，联机交易中的扣款子模块开发完毕了！是不是很简单，银行业的交易系统也就是这么回事！

35.2 混编小结

回顾一下我们在该案例中使用了几个模式。

❑ 策略模式

负责对扣款策略进行封装，保证两个策略可以自由切换，而且日后增加扣款策略也非常简单容易。

❑ 工厂方法模式

修正策略模式必须对外暴露具体策略的问题，由工厂方法模式直接产生一个具体策略对象，而其他模块则不需要依赖具体的策略。

❑ 门面模式

负责对复杂的扣款系统进行封装，封装的结果就是避免高层模块深入子系统内部，同时提供系统的高内聚、低耦合的特性。

我们主要使用了这三个模式，它们的好处是灵活、稳定，我们可以设想一下可能有哪些业务变化。

❑ 扣款策略变更

增加一个新扣款策略，三步就可以完成：实现IDeduction接口，增加StrategyMan配置项，扩展扣款策略的利用（也就是门面模式的getDeductionType方法，在实际项目中这里只需要增加数据库的配置项）。减少一个策略很简单，修改扣款策略的利用即可。变更一个扣款策略也很简单，扩展一个实现类口就可以了。

□ 变更扣款策略的利用规则

我们的系统不想大修改，还记得我们提出的状态模式吗？这个就是为策略的利用服务的，变更它就能满足要求。想把IC卡也纳入策略利用的规则也不复杂。其实这个变更还真发生了，系统投产后，业务提出考虑退休人员的情况，退休人员的IC卡与普通在职员工一样，但是它的扣款不仅仅是根据交易编码，还要根据IC卡对象，系统的变更做法是增加一个扣款策略，同时扩展扣款利用策略，也就是数据库的配置项，在getDeductionType中新扩展了一个功能：根据IC卡号，确认是否是退休人员，是退休人员，则使用新的扣款策略，这是一个非常简单的扩展。

这就是一个mini版的金融交易系统，没啥复杂的，剩下的问题就是开始考虑系统的鲁棒性，这才是难点。

第36章

观察者模式+中介者模式

36.1 事件触发器的开发

大家都应该做过桌面程序的开发吧，比如编写一个EXE文件，或者使用Java Swing编写一个应用程序，或者是用Delphi、C编写C/S结构的应用系统，即使这些都没有做过，那也总编写过B/S结构的页面吧？回忆一下开发过程，大家是不是经常使用文本框和按钮这两个控件？比如设计一个按钮，那总要编写鼠标点击处理，你是不是这样开发：在按钮的onClick函数中编写自己的逻辑代码，然后鼠标点击测试，该代码就会运行。大家有没有想过为什么我们点击了按钮就会触发我们自己编写的代码呢？浏览器怎么知道操作者按了按钮要触发该事件呢？鼠标点击动作、按钮、自己编写的代码之间是如何关联起来呢？

我们今天的任务就是来模拟类似触发过程。我们这样分析：有一个产品（不管是Frame还是Button或者是Radio），它有多个触发事件，它产生的时候触发一个创建事件，修改的时候触发修改事件，删除的时候触发删除事件，这就类似于我们的文本框，初始化（也就是创建）的时候要触发一个onLoad或onCreate事件，修改的时候触发onChange事件，双击(类似于删除)的时候又触发onDbClick事件，我们今天的目标就是来思考怎么实现这样一个架构。

设计都是先易后难，我们先从最简单的部分入手。首先需要一个产品，并且该产品要有创建、修改、销毁的动作，很明显这就是一个工厂方法模式。同时产品也可以通过克隆方式产生，这与我们在GUI设计中经常使用的复制粘贴操作相类似，要不界面上那么多的文本框，不使用复制粘贴，不累死人才怪呢，那这非常明显就是原型模式。好，分析到这里，我们先把这部分的类图建立起来，如图36-1所示。

很熟悉的类图，与工厂方法模式的通用类图非常相似，但不完全是。有什么差别呢？注意看产品类的私有属性canChanged和构造函数，它们有特殊的用途。在该类图中，我们使用了工厂方法模式创建产品，使用原型模式让对象可以被拷贝，仅仅这两个模式还不足以解决我们的问题，想想看，产品的产生是有一定的条件的，不是谁想产生就产生，否则怎么能够触发创建事件呢？因此需要限定产品的创建者，所以我们在类图中把产品和工厂的关系定位为组合关系，而不是简单的聚集或依赖关系。换句话说，产品只能由工厂类创建，而不能被其他对象通过

new方式创建，因此我们在这里还用到一个单来源调用（Single Call）方法解决该问题。这是一个方法，不是一个设计模式，我马上给大家讲解它是如何工作的。

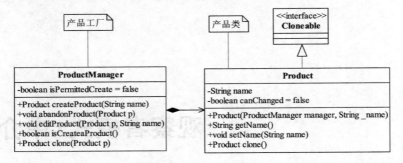

图36-1   产品创建工厂

我们先来看产品类的源代码，它比较简单，如代码清单36-1所示。

代码清单36-1   产品类

```java
public class Product implements Cloneable{
    //产品名称
    private String name;
    //是否可以属性变更
    private boolean canChanged = false;
    //产生一个新的产品
    public Product(ProductManager manager,String _name){
        //允许建立产品
        if(manager.isCreateProduct()){
            canChanged =true;
            this.name = _name;
        }
    }
    public String getName() {
        return name;
    }
    public void setName(String name) {
        if(canChanged){
            this.name = name;
        }
    }
    //覆写clone方法
    @Override
    public Product clone(){
        Product p =null;
        try {
            p =(Product)super.clone();
        } catch (CloneNotSupportedException e) {
            e.printStackTrace();
        }
```

```
            return p;
        }
    }
```

在产品类中，我们只定义产品的一个属性：产品名称（name），并实现了getter/setter方法，然后我们实现了它的clone方法，确保对象是可以被拷贝的。还有一个特殊的地方是我们的构造函数，它怎么会要求传递进来一个工厂对象ProductManager呢？保留你的好奇心，马上为你揭晓答案。我们继续看代码，工厂类如代码清单36-2所示。

代码清单36-2 工厂类

```java
public class ProductManager {
    //是否可以创建一个产品
    private boolean isPermittedCreate = false;
    //建立一个产品
    public Product createProduct(String name){
        //首先修改权限，允许创建
        isPermittedCreate = true;
        Product p = new Product(this,name);
        return p;
    }
    //废弃一个产品
    public void abandonProduct(Product p){
        //销毁一个产品，例如删除数据库记录
        p = null;
    }
    //修改一个产品
    public void editProduct(Product p,String name){
        //修改后的产品
        p.setName(name);
    }
    //获得是否可以创建一个产品
    public boolean isCreateProduct(){
        return isPermittedCreate;
    }
    //克隆一个产品
    public Product clone(Product p){
        //产生克隆事件
        return p.clone();
    }
}
```

仔细看看工厂类，产品的创建、修改、遗弃、克隆方法都很简单，但有一个方法可不简单——isCreateProduct方法，它的作用是告诉产品类"我是能创建产品的"，注意看我们的程序，在工厂类ProductManager中定义了一个私有变量isCreateProduct，该变量只有在工厂类的createProduct函数中才能设置为true，在创建产品的时候，产品类Product的构造函数要求传递工厂对象，然后判断是否能够创建产品，即使你想使用类似这样的方法：

```
Product p = new Product(new ProductManager(),"abc");
```

也是不可能创建出产品的，它在产品类中限制必须是当前有效工厂才能生产该产品，而且也只有有效的工厂才能修改产品，看看产品类的canChanged属性，只有它为true时，产品才可以修改，那怎么才能为true呢？在构造函数中判断是否可以为true。这就类似工厂要创建产品了，产品就问"你有权利创建我吗？"于是工厂类出示了两个证明材料证明自己可以创建产品：一是"我是你的工厂类"，二是"我的isCreateProduct返回true，我有权创建"，于是产品就被创建出来了。这种一个对象只能由固定的对象初始化的方法就叫做单来源调用（Single Call）——很简单，但非常有用的方法。

注意 采用单来源调用的两个对象一般是组合关系，两者有相同的生命期，它通常适用于有单例模式和工厂方法模式的场景中。

我们继续往下分析，一个产品新建要触发事件，那事件是什么？当然也是一个对象了，需要把它设计出来，仅仅有事件还不行，还要考虑有人去处理这个事件，产生了一个事件不可能没有对象去处理吧？如果是这样那事件还有什么意义呢？既然要去处理，那就需要一个通知渠道了，于是观察者模式准备好了。好，我们把这段分析的类图也画出来，如图36-2所示。

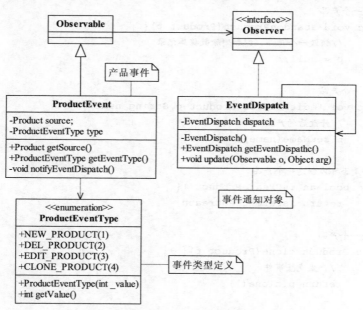

图36-2 观察者模式处理事件

在该类图中，观察者为EventDispatch类，它使用了单例模式，避免对象膨胀，但同时也带来了性能及线程安全隐患，这点需要大家在实际应用中注意（想想Spring中的Bean注入，默认也是单例，在通常的应用中一般不需要修改，除非是较大并发的应用）。我们来看代码，先来看事件类型定义，它是一个枚举类型，如代码清单36-3所示。

代码清单36-3 事件类型定义

```
public enum ProductEventType {
    //新建一个产品
    NEW_PRODUCT(1),
    //删除一个产品
    DEL_PRODUCT(2),
    //修改一个产品
    EDIT_PRODUCT(3),
    //克隆一个产品
    CLONE_PRODUCT(4);
    private int value=0;
    private ProductEventType(int _value){
        this.value = _value;
    }
    public int getValue(){
        return this.value;
    }
}
```

这里定义了4个事件类型，分别是新建、修改、删除以及克隆，比较简单。我们再来看产品的事件，如代码清单36-4所示。

代码清单36-4 产品事件

```
public class ProductEvent extends Observable{
    //事件起源
    private Product source;
    //事件的类型
    private ProductEventType type;
    //传入事件的源头，默认为新建类型
    public ProductEvent(Product p) {
        this(p,ProductEventType.NEW_PRODUCT);
    }
    //事件源头以及事件类型
    public ProductEvent(Product p,ProductEventType _type){
        this.source = p;
        this.type = _type;
        //事件触发
        notifyEventDispatch();
    }
    //获得事件的始作俑者
    public Product getSource(){
        return source;
    }
    //获得事件的类型
    public ProductEventType getEventType(){
        return this.type;
    }
```

```
//通知事件处理中心
private void notifyEventDispatch(){
        super.addObserver(EventDispatch.getEventDispatch());
        super.setChanged();
        super.notifyObservers(source);
    }
}
```

我们在产品事件类中增加了一个私有方法notifiyEventDispatch，该方法的作用是明确事件的观察者，并同时在初始化时通知观察者，它在有参构造中被调用。我们再来看事件的观察者，如代码清单36-5所示。

代码清单36-5　事件的观察者

```
public class EventDispatch implements Observer{
    //单例模式
    private final static EventDispatch dispatch = new EventDispatch();
    //不允许生成新的实例
    private EventDispatch(){
    }
    //获得单例对象
    public static EventDispatch getEventDispatch(){
            return dispatch;
    }
    //事件触发
    public void update(Observable o, Object arg) {
    }
}
```

产品和事件都定义出来了，那我们想想怎么把这两者关联起来，产品和事件是两个独立的对象，两者都可以独立地扩展，用什么来适应它们的扩展呢？桥梁模式！两个不相关的类可以通过桥梁模式组合出稳定、健壮的结构，我们画出类图，如图36-3所示。

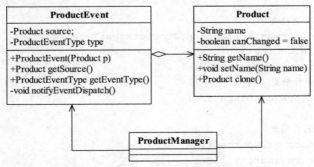

图36-3　桥梁模式实现产品和事件的组合

看着不像桥梁模式？看看桥梁模式的通用类图，然后把抽象化角色和实现化角色去掉看看，是不是就是一样了？各位可能要说了，把抽象化角色和实现化角色去掉，那桥梁模式在抽象层次耦合的优点还怎么体现呢？因为我们采用的是单个产品对象，没有必要进行抽象化处理，读者若要按照该框架做扩展开发，该部分是肯定需要抽象出接口或抽象类的，好在也非常简单，只要抽取一下就可以了。这样考虑后，我们的ProductManager类就增加一个功能：组合产品类和事件类，产生有意义的产品事件，如代码清单36-6所示。

代码清单36-6　修正后的产品工厂类

```
public class ProductManager {
    //是否可以创建一个产品
    private boolean isPermittedCreate = false;
    //建立一个产品
    public Product createProduct(String name){
        //首先修改权限，允许创建
        isPermittedCreate = true;
        Product p = new Product(this,name);
        //产生一个创建事件
        new ProductEvent(p,ProductEventType.NEW_PRODUCT);
        return p;
    }
    //废弃一个产品
    public void abandonProduct(Product p){
        //销毁一个产品，例如删除数据库记录
        //产生删除事件
        new ProductEvent(p,ProductEventType.DEL_PRODUCT);
        p = null;
    }
    //修改一个产品
    public void editProduct(Product p,String name){
        //修改后的产品
        p.setName(name);
        //产生修改事件
        new ProductEvent(p,ProductEventType.EDIT_PRODUCT);
    }
    //获得是否可以创建一个产品
    public boolean isCreateProduct(){
        return isPermittedCreate;
    }
    //克隆一个产品
    public Product clone(Product p){
        //产生克隆事件
        new ProductEvent(p,ProductEventType.CLONE_PRODUCT);
        return p.clone();
    }
}
```

在每个方法中增加了事件的产生机制，在createProduct方法中增加了创建产品事件，在editProduct方法中增加了修改产品事件，在delProduct方法中增加了遗弃产品事件，在clone方法中增加克隆产品事件，而且每个事件都是通过组合产生的，产品和事件的扩展性非常优秀。

　　刚刚我们说完了产品和事件的关系处理，现在回到我们事件的观察者，它承担着非常重要的职责。我们知道它要处理事件，但是现在还没有想好怎么实现它处理事件的update方法，暂时保持为空。

　　我们继续分析，这么多的事件（现在只有1个产品类，如果产品类很多呢？比如30多个）不可能每个产品事件都写一个处理者吧，对于产品事件来说，它最希望的结果就是我通知了事件处理者（也就是观察者模式的观察者），其他具体怎么处理由观察者来解决，那现在问题是观察者怎么来处理这么多的事件呢？事件的处理者必然有N多个，如何才能通知相应的处理者来处理事件呢？一个事件也可能通知多个处理者来处理，并且一个处理者处理完毕还可能通知其他的处理者，这不可能让每个处理者独自完成这样"不可能完成的任务"，我们把问题的示意图画出来，如图36-4所示。

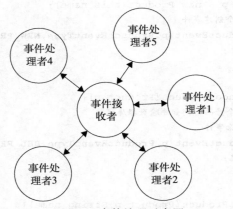

图36-4　事件处理示意图

　　看到该示意图，你立刻就会想到中介者模式。是的，需要中介者模式上场了，我们把EventDispatch类（嘿嘿，为什么要定义成Dispatch呢？就是分发的意思）作为事件分发的中介者，事件的处理者都是具体的同事类，它们有着相似的行为，都是处理产品事件，但是又有不相同的逻辑，每个同事类对事件都有不同的处理行为。我们来看类图，如图36-5所示。

　　在类图中，EventDispatch类有3个职责。

❑ 事件的观察者

　　作为观察者模式中的观察者角色，接收被观察期望完成的任务，在我们的框架中就是接收ProductEvent事件。

❑ 事件分发者

　　作为中介者模式的中介者角色，它担当着非常重要的任务——分发事件，并同时协调各个同事类（也就是事件的处理者）处理事件。

❑ 事件处理者的管理员角色

　　不是每一个事件的处理者都可以接收事件并进行处理，是需要获得分发者许可后才可以，也就是说只有事件分发者允许它处理，它才能处理。

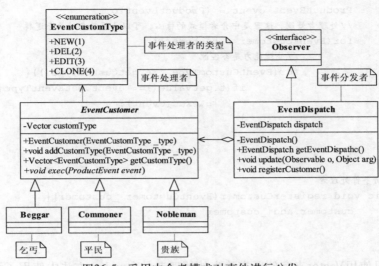

图36-5 采用中介者模式对事件进行分发

　　事件分发者担当了这么多的职责，那是不是与单一职责原则相违背了？确实如此，我们在整个系统的设计中确实需要这样一个角色担任这么多的功能，如果强制细分也可以完成，但是会加大代码量，同时导致系统的结构复杂，读者可以考虑拆分这3个职责，然后再组合相关的功能，看看代码量是如何翻倍的。

注意 设计原则只是一个理论，而不是一个带有刻度的标尺，因此在系统设计中不应该把它视为不可逾越的屏障，而是应该把它看成是一个方向标，尽量遵守，而不是必须恪守。

　　既然事件分发者这么重要，我们就仔细研读一下它的代码，如代码清单36-7所示。

代码清单36-7 事件分发者

```
public class EventDispatch implements Observer{
    //单例模式
    private final static EventDispatch dispatch = new EventDispatch();
    //事件消费者
    private Vector<EventCustomer> customer = new Vector<EventCustomer>();
    //不允许生成新的实例
    private EventDispatch(){
    }
    //获得单例对象
    public static EventDispatch getEventDispatch(){
        return dispatch;
    }
    //事件触发
    public void update(Observable o, Object arg) {
        //事件的源头
        Product product = (Product)arg;
        //事件
```

```
                    ProductEvent event = (ProductEvent)o;
                    //处理者处理，这里是中介者模式的核心，可以是很复杂的业务逻辑
                    for(EventCustomer e:customer){
                            //处理能力是否匹配
                            for(EventCustomType t:e.getCustomType()){
                                    if(t.getValue()== event.getEventType().getValue()){
                                            e.exec(event);
                                    }
                            }
                    }
            }
            //注册事件处理者
            public void registerCustomer(EventCustomer _customer){
                    customer.add(_customer);
            }
    }
```

我们在这里使用Vector来存储所有的事件处理者，在update方法中使用了两个简单的for循环来完成业务逻辑的判断，只要事件的处理者级别和事件的类型相匹配，就调用事件处理者的exec方法来处理事件，该逻辑是整个事件触发架构的关键点，但不是难点。请读者注意，在设计这样的框架前，一定要定义好消费者与生产者之间的搭配问题，一般的做法是通过xml文件类或者IoC容器配置规则，然后在框架启动时加载并驻留内存。

EventCustomer抽象类负责定义事件处理者必须具有的行为，首先是每一个事件的处理者都必须定义自己能够处理的级别，也就是通过构造函数来定义自己的处理能力，当然处理能力可以是多值的，也就是说一个处理者可以处理多个事件；然后各个事件的处理者只要实现exec方法就可以了，完成自己对事件的消费处理即可。我们先来看抽象的事件处理者，如代码清单36-8所示。

代码清单36-8 抽象的事件处理者

```
public abstract class EventCustomer {
        //容纳每个消费者能够处理的级别
        private Vector<EventCustomType> customType = new Vector<EventCustomType>();
        //每个消费者都要声明自己处理哪一类别的事件
        public EventCustomer(EventCustomType _type){
                addCustomType(_type);
        }
        //每个消费者可以消费多个事件
        public void addCustomType(EventCustomType _type){
                customType.add(_type);
        }
        //得到自己的处理能力
        public Vector<EventCustomType> getCustomType(){
                return customType;
        }
        //每个事件都要对事件进行声明式消费
```

```
public abstract void exec(ProductEvent event);
}
```

很简单，我们定义了一个Vector变量来存储处理者的处理能力，然后通过构造函数约束子类必须定义一个自己的处理能力。在代码中，我们用到了事件处理类型枚举，如代码清单36-9所示。

代码清单36-9 事件处理枚举

```java
public enum EventCustomType {
        //新建立事件
        NEW(1),
        //删除事件
        DEL(2),
        //修改事件
        EDIT(3),
        //克隆事件
        CLONE(4);
        private int value=0;
        private EventCustomType(int _value){
                this.value = _value;
        }
        public int getValue(){
                return value;
        }
}
```

我们在系统中定义了3个事件处理者，分别是乞丐、平民和贵族。乞丐只能获得别人遗弃的物品，平民消费自己生产的东西，自给自足，而贵族则可以获得精修的产品或者是绿色产品（也就是我们这里的克隆产品，不用自己劳动获得的产品）。我们先看乞丐的源代码，如代码清单36-10所示。

代码清单36-10 乞丐

```java
public class Beggar extends EventCustomer {
        //只能处理被人遗弃的东西
        public Beggar(){
                super(EventCustomType.DEL);
        }
        @Override
        public void exec(ProductEvent event) {
                //事件的源头
                Product p = event.getSource();
                //事件类型
                ProductEventType type = event.getEventType();
                System.out.println("乞丐处理事件:"+p.getName() +"销毁,事件类型="+type);
        }
}
```

乞丐在无参构造中定义了自己只能处理删除的事件，然后在exec方法中定义了事件的处理逻辑，每个处理者都是只要完成这两个方法即可，我们再来看平民级别的事件处理者，如代码清单36-11所示。

代码清单36-11　平民

```java
public class Commoner extends EventCustomer {
        //定义平民能够处理的事件的级别
        public Commoner() {
                super(EventCustomType.NEW);
        }
        @Override
        public void exec(ProductEvent event) {
                //事件的源头
                Product p = event.getSource();
                //事件类型
                ProductEventType type = event.getEventType();
                System.out.println("平民处理事件:"+p.getName() +"诞生记,事件类型="+type);
        }
}
```

平民只处理新建立的事件，其他事件不做处理，我们再来看贵族级别的事件处理者，如代码清单36-12所示。

代码清单36-12　贵族

```java
public class Nobleman extends EventCustomer {
        //定义贵族能够处理的事件的级别
        public Nobleman() {
                super(EventCustomType.EDIT);
                super.addCustomType(EventCustomType.CLONE);
        }
        @Override
        public void exec(ProductEvent event) {
                //事件的源头
                Product p = event.getSource();
                //事件类型
                ProductEventType type = event.getEventType();
                if(type.getValue() == EventCustomType.CLONE.getValue()){
                    System.out.println("贵族处理事件:"+p.getName() +"克隆,事件类型="+type);
                }else{
                    System.out.println("贵族处理事件:"+p.getName() +"修改,事件类型="+type);
                }
        }
}
```

贵族稍有不同，它有两个处理能力，能够处理修改事件和克隆事件，同时在exec方法中对这两类事件分别进行处理。此时，读者可能会想到另外一个处理模式：责任链模式。建立一个链，然后两类事件分别在链上进行处理并反馈结果。读者可以参考一下Servlet的过滤器（Filter）的设计，在框架平台的开发中可以采用该模式，它具有非常好的扩展性和稳定性。

所有的角色都已出场，我们建立一个场景类把它们串联起来，如代码清单36-13所示。

代码清单36-13 场景类

```java
public class Client {
    public static void main(String[] args) {
        //获得事件分发中心
        EventDispatch dispatch = EventDispatch.getEventDispatch();
        //接受乞丐对事件的处理
        dispatch.registerCustomer(new Beggar());
        //接受平民对事件的处理
        dispatch.registerCustomer(new Commoner());
        //接受贵族对事件的处理
        dispatch.registerCustomer(new Nobleman());
        //建立一个原子弹生产工厂
        ProductManager factory = new ProductManager();
        //制造一个产品
        System.out.println("=====模拟创建产品事件========");
        System.out.println("创建一个叫做小男孩的原子弹");
        Product p = factory.createProduct("小男孩原子弹");
        //修改一个产品
        System.out.println("\n=====模拟修改产品事件========");
        System.out.println("把小男孩原子弹修改为胖子号原子弹");
        factory.editProduct(p, "胖子号原子弹");
        //再克隆一个原子弹
        System.out.println("\n=====模拟克隆产品事件========");
        System.out.println("克隆胖子号原子弹");
        factory.clone(p);
        //遗弃一个产品
        System.out.println("\n=====模拟销毁产品事件========");
        System.out.println("遗弃胖子号原子弹");
        factory.abandonProduct(p);
    }
}
```

运行结果如下所示：

```
=====模拟创建产品事件========
创建一个叫做小男孩的原子弹
平民处理事件:小男孩原子弹诞生记,事件类型=NEW_PRODUCT
=====模拟修改产品事件========
把小男孩原子弹修改为胖子号原子弹
贵族处理事件:胖子号原子弹修改,事件类型=EDIT_PRODUCT
=====模拟克隆产品事件========
克隆胖子号原子弹
贵族处理事件:胖子号原子弹克隆,事件类型=CLONE_PRODUCT
```

```
=====模拟销毁产品事件=======
遗弃胖子号原子弹
乞丐处理事件:胖子号原子弹销毁,事件类型=DEL_PRODUCT
```

我们的事件处理框架已经生效了,有行为,就产生事件,并有处理事件的处理者,并且这三者都相互解耦,可以独立地扩展下去。比如,想增加处理者,没有问题,建立一个类继承EventCustomer,然后注册到EventDispatch上,就可以进行处理事件了;想扩展产品,没问题?需要稍稍修改一下,首先抽取出产品和事件的抽象类,然后再进行扩展即可。

36.2　混编小结

该事件触发框架结构清晰,扩展性好,读者可以进行抽象化处理后应用于实际开发中。我们回头看看在这个案例中使用了哪些设计模式。

❏ 工厂方法模式

负责产生产品对象,方便产品的修改和扩展,并且实现了产品和工厂的紧耦合,避免产品随意被创建而无触发事件的情况发生。

❏ 桥梁模式

在产品和事件两个对象的关系中我们使用了桥梁模式,如此设计后,两者都可以自由地扩展(前提是需要抽取抽象化)而不会破坏原有的封装。

❏ 观察者模式

观察者模式解决了事件如何通知处理者的问题,而且观察者模式还有一个优点是可以有多个观察者,也就是我们的架构是可以有多层级、多分类的处理者。想重新扩展一个新类型(新接口)的观察者?没有问题,扩展ProductEvent即可。

❏ 中介者模式

事件有了,处理者也有了,这些都会发生变化,并且处理者之间也有耦合关系,中介者则可以完美地处理这些复杂的关系。

我们再来思考一下,如果我们要扩展这个框架,可能还会用到什么模式?首先是责任链模式,它可以帮助我们解决一个处理者处理多个事件的问题;其次是模板方法模式,处理者的启用、停用等,都可以通过模板方法模式来实现;再次是装饰模式,事件的包装、处理者功能的强化都会用到装饰模式。当然了,我们还可能用到其他的模式,只要能够很好地解决我们的困境,那就好好使用吧,这也是我们学习设计模式的目的。

第五部分

扩 展 篇

第37章

MVC框架

37.1 MVC框架的实现

相信这本书的读者对Struts的使用是得心应手了，也明白MVC框架有诸如视图与逻辑解耦、灵活稳定、业务逻辑可重用等优点，而且还对其他的MVC框架（例如JSF、Spring MVC、WebWork）也了解一点。SSH（Struts+Spring+Hibernate）框架是Java项目常用的框架，作为一个Java开发人员，应该对SSH框架很熟悉了！我们今天就学Struts怎么用！我们要讲的是MVC框架如何设计，你可以设计一个新的MVC框架与Struts抗衡。

在开始设计MVC框架前，首先要对MVC框架做一个简单的介绍。MVC（Model View Controller）的中文名称叫做模型视图控制器模型，就是因为它的英文名字太流行了，中文名字反而被忽略了。它诞生于20世纪80年代，原本是为桌面应用程序建立起来的一个框架，现在反而在Web应用中大放异彩（其实也可以把B/S认为是C/S的瘦化结构），MVC框架的目的是通过控制器C将模型M（代表的是业务数据和业务逻辑）和视图V（人机交互的界面）实现代码分离，从而使同一个逻辑或行为或数据可以具有不同的表现形式，或者是同样的应用逻辑共享相同、不同视图。比如，可以用IE浏览器访问某应用网站（页面格式遵守HTML标准），也可以用手机通过WAP浏览器访问（页面格式遵守WML格式），对MVC框架来说，后台的程序（也就是模型）不用做任何修改，只是使用的视图不同而已。MVC框架如图37-1所示。

该框架是Model2的结构。MVC框架有两个版本，一个是Model1，也就是MVC的第一个版本，它的视图中存在着大量的流程控制和代码开发，也就是控制器和视图还具有部分的耦合。也有人不认为Model1属于MVC框架，那也说得通，因为在JSP页面中融合了控制器和视图的功能，这其实就是早期的开发模式，开发一堆的JSP页面，然后再开发一堆的JavaBean，JavaBean就是模型了，它只是把JSP和JavaBean拆分开了。Model2版本则提倡视图和模型的彻底分离，视图仅仅负责展示服务，不再参与业务的行为和数据处理。我们举例来说明MVC框架是如何

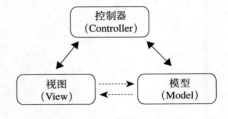

图37-1　MVC框架示意图

运行的。

在做Web开发时，例如开发一个数据展示界面，从一张表中把数据全部读出，然后展示到页面上，也是一个简单的表格，其中页面展示的格式就是视图V，怎么从数据库中取得数据则是模型M，那控制器C是做什么的呢？它负责把接收的浏览器的请求转发通知模型M处理，然后组合视图V，最终反馈一个带数据的视图到用户端，数据处理流程如图37-2所示。

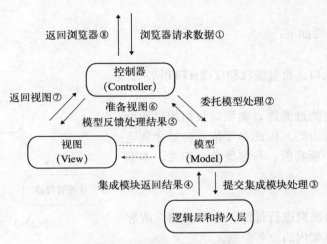

图37-2 MVC框架的逻辑流

浏览器通过HTTP协议发出数据请求①，由控制器接收请求，通过路径②委托给数据模型处理，模型通过与逻辑层和持久层的交互（路径③④），把处理结果反馈给控制器（路径⑤），控制器根据结果组装视图（路径⑥⑦），并最终反馈给浏览器可以接受的HTML数据（路径⑧）。整体MVC框架还是比较简单的，但它带来的优点非常多。

❑ 高重用性

一个模型可以有多个视图，比如同样是一批数据，可以是柱状展示，也可以是条形展示，还可以是波形展示。同样，多个模型也可以共享一个视图，同样是一个登录界面，不同用户看到的菜单数量（模型中的数据）不同，或者不同业务权限级别的用户在同一个视图中展示。

❑ 低耦合

因为模型和视图分离，两者没有耦合关系，所以可以独立地扩展和修改而不会产生相互影响。

❑ 快速开发和便捷部署

模型和视图分离，可以使各个开发人员自由发挥，做视图的人员和开发模型的人员可以制订自己的计划，然后在控制器的协作下实现完整的应用逻辑。

MVC框架还有很多优点，本章主要不是讲解MVC技术，主要是通过讲解设计MVC框架来说明设计模式该怎么应用，所以想了解更详细的MVC框架信息请自行查阅资料。

37.1.1 MVC的系统架构

我们设计的MVC框架包含以下模块：核心控制器（FilterDispatcher）、拦截器（Interceptor）、过滤器（Filter）、模型管理器（Model Action）、视图管理器（View Provider）等，基本上一个MVC框架上常用的功能我们都具备了，系统架构如图37-3所示。

各个模块的职责如下：

❏ 核心控制器

MVC框架的入口，负责接收和反馈HTTP请求。

❏ 过滤器

Servlet容器内的过滤器，实现对数据的过滤处理。由于它是容器内的，因此必须依靠容器才能运行，它是容器的一项功能，与容器息息相关，本章就不详细讲述了。

❏ 拦截器

对进出模型的数据进行过滤，它不依赖系统容器，只过滤MVC框架内的业务数据。

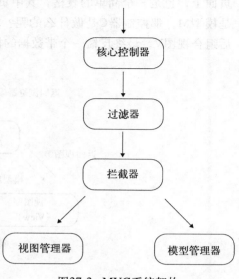

图37-3　MVC系统架构

❏ 模型管理器

提供一个模型框架，该框架内的所有业务操作都应该是无状态的，不关心容器对象，例如Session、线程池等。

❏ 视图管理器

管理所有的视图，例如提供多语言的视图等。

❏ 辅助工具

它其实就是一大堆的辅助管理工具，比如文件管理、对象管理等。

在我们的MVC框架中，核心控制器是最重要的，我们就先从它着手。核心控制器使用了Servlet容器的过滤器技术，需要编写一个过滤器，所有进入MVC框架的请求都需要经过核心控制器的转发，类图如图37-4所示。

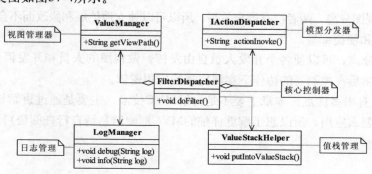

图37-4　核心控制器类图

由于类图中的部分输入参数类型较长，省略了，请读者仔细看代码。首先阅读FilterDispatcher代码，如代码清单37-1所示。

代码清单37-1 核心控制器

```
public class FilterDispatcher implements Filter {
    //定义一个值栈辅助类
    private ValueStackHelper valueStackHelper = new ValueStackHelper();
    //应用IActionDispatcher
    IActionDispather actionDispatcher = new ActionDispatcher();
    //servlet销毁时要做的事情
    public void destroy() {
    }
    //过滤器必须实现的方法
    public void doFilter(ServletRequest request, ServletResponse response,
            FilterChain chain) throws IOException, ServletException {
        //转换为HttpServletRequest
        HttpServletRequest req = (HttpServletRequest)request;
        HttpServletResponse res = (HttpServletResponse)response;
        //传递到其他过滤器处理
        chain.doFilter(req, res);
        //获得从HTTP请求的ACTION名称
        String actionName = getActionNameFromURI(req);
        //对ViewManager的应用
        ViewManager viewManager = new ViewManager(actionName);
        //所有参数放入值栈
        ValueStack  valueStack = valueStackHelper.putIntoStack(req);
        //把所有的请求传递给ActionDispatcher处理
        String result =actionDispatcher.actionInvoke(actionName);
        String viewPath = viewManager.getViewPath(result);
        //直接转向
        RequestDispatcher rd = req.getRequestDispatcher(viewPath);
        rd.forward(req, res);
    }
    public void init(FilterConfig arg0) throws ServletException {
        /*
         * 1、检查XML配置文件是否正确
         * 2、启动监控程序，观察配置文件是否正确
         */
    }
    //通过url获得actionName
    private String getActionNameFromURI(HttpServletRequest req){
        String path = (String) req.getRequestURI();
        String actionName = path.substring(path.lastIndexOf("/") + 1,
        path.lastIndexOf("."));
        return actionName;
    }
}
```

我们按照系统的执行顺序来讲解，首先在容器的配置文件中需要配置该过滤器，以tomcat为例，配置如代码清单37-2所示。

代码清单37-2　核心控制器的配置

```
<?xml version="1.0" encoding="UTF-8"?>
<web-app>
 <filter>
  <display-name>FilterDispatcher</display-name>
  <filter-name>FilterDispatcher</filter-name>
  <filter-class>{包名}.FilterDispatcher</filter-class>
 </filter>
 <filter-mapping>
  <filter-name>FilterDispatcher</filter-name>
  <url-pattern>*.do</url-pattern>
 </filter-mapping>
</web-app>
```

在这里定义了对所有以.do结尾的请求进行拦截，拦截后由FilterDispatcher的doFilter方法处理。过滤器是在启动时自动初始化，初始化完毕后立刻调用inti方法，在init方法中我们做了两件事情。

❑ 检查XML配置文件

所有的Action与视图的对应关系是在配置文件中配置的，因此若配置文件出错，该应用应该停止响应，这就需要在启动时对XML文件进行完整性检查和语法分析。

❑ 启动监视器

配置文件随时都可以修改，但是它修改后不应该需要重新启动应用才能生效，否则对系统的正常运行有非常大的影响，因此这里要使用到Listener（监听）行为了。

init方法需要做的这两件事情是非常重要的，而且都还包含了几种不同的设计模式。首先我们来看检查XML配置文件如何实现。先看我们定义的XML格式（框架中应该定义一个DTD文件，XML文件的模板，读者可以自行实现），如代码清单37-3所示。

代码清单37-3　XML配置文件

```
<?xml version="1.0" encoding="UTF-8"?>
<mvc>
    <action name="loginAction" class="{类名全路径}" method="execute">
        <result name="success">/index2.jsp</result>
        <result name="fail">/index.jsp</result>
    </action>
</mvc>
```

读者思考一下该怎么检查这个XML文件，有两个不同的检查策略：一是检查XML文件的语法是否正确；二是框架逻辑检查，这是什么意思呢？比如我们在XML文件中配置了一个类A，它只有一个方法methodA，在method中编写的配置文件为method="methoda"，方法名写错了，那这样的配置是肯定不能运行的，需要框架逻辑检查把它揪出来。这两种不同的算法是完全可以替换的，而且很有必要替换，逻辑检查在应用启动的时候需要对所有的类进行过滤处理，牺牲的是效率，这在测试机上没有问题，在生产机上要花20分钟才能把一个应用启动起来，在分秒必争的业务系统中这是不允许的，因此就要求该算法可以退休，想用的时候（测试机环境）就用，不想用的时候（生产环境）就不用，想到什么模式了吗？策略模式，这两个算法都是对同样的源文件进行检查，只是算法不同，当然可以相互替换了。类图比较简单，就不再画了，我们直接看代码，抽象策略如代码清单37-4所示。

代码清单37-4　XML文件校验

```
public interface IXmlValidate {
      //只有一个方法，检查XML是否符合条件
      public boolean validate(String xmlPath);
}
```

根据一个指定的路径，对XML进行校验，返回校验结果。普通XML校验如代码清单37-5所示。

代码清单37-5　普通XML校验

```
public class CommonXmlValidate implements IXmlValidate {
      //XML语法检查，比如是否少写了一个结束标志
      public boolean validate(String xmlPath) {
              return false;
      }
}
```

由于读写XML文件一般使用DOM4J或者JDOM，都提供对XML文件的语法校验功能，不符合XML语法（比如一个节点少写了结束标志</node>）的文件是不能解析的，读者可以在自己编写框架时使用该类型工具。

框架的逻辑算法如代码清单37-6所示。

代码清单37-6　框架逻辑校验

```
public class LogicXmlValidate implements IXmlValidate {
      //检查xmlPath是否符合逻辑，比如不会出现一个类中没有的方法
      public boolean validate(String xmlPath) {
              return false;
      }
}
```

逻辑校验相对比较复杂，它的逻辑流程如下：

❏ 读取XML文件。
❏ 使用反射技术初始化一个对象（配置文件中的class属性值）。
❏ 检查是否存在配置文件中配置的方法。
❏ 检查方法的返回值是否是String，并且无输入参数，同时必须继承指定类或接口。

逻辑校验需要把所有的对象都初始化一遍，在Action类较多的情况下，效率较低，但它可以提前发现出现访问异常的情况，把问题解决在萌芽状态。我们继续来看两个策略的场景类，

如代码清单37-7所示。

代码清单37-7 策略的场景类

```java
public class Checker {
    //使用哪一个策略
    private IXmlValidate validate;
    //xml配置文件的路径
    String xmlPath;
    //构造函数传递
    public Checker(IXmlValidate _validate){
        this.validate = _validate;
    }
    public void setXmlPath(String _xmlPath){
        this.xmlPath = _xmlPath;
    }
    //检查
    public boolean check(){
        return validate.validate(xmlPath);
    }
}
```

与通用策略模式稍有不同，每个模式在实际应用环境中都有其个性，很少出现完全照搬一个模式的情况，灵活应用设计模式才是关键。

在FilterDispatcher的init方法中，我们刚刚说它有两个职责：第一个职责是XML文件校验，这个我们完成了；第二个职责是启动监控程序。问题是要监控什么呢？监控XML有没有被修改，如果修改了就立刻通知校验程序对它进行校验。这就又用到了观察者模式：发现文件被修改，它立刻通知检查者处理，该片段的类图如图37-5所示。

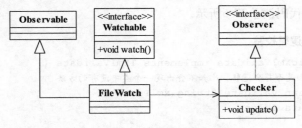

图37-5 XML文件监控类图

为什么要在这里定义一个Watchable接口呢？它表示所有可以监视的资源，比如数据库、日志文件、磁盘空间等。我们来看代码，监听接口如代码清单37-8所示。

代码清单37-8 监听接口

```java
public interface Watchable {
    //监听
    public void watch();
}
```

文件监听者是观察者模式的被观察者，它一旦发现文件发生变化立刻通知观察者，如代码清单37-9所示。

代码清单37-9 文件监听者

```java
public class FileWatcher extends Observable implements Watchable{
        //是否要重新加载XML文件
        private boolean isReload = false;
        //启动监视
        public void watch(){
                //启动一个线程，每隔15秒扫描一下文件，发现文件日期被修改，立刻通知观察者
                super.addObserver(new Checker());
                super.setChanged();
                super.notifyObservers(isReload);
        }
}
```

由于框架是在操作系统之上运行的，文件变化时操作系统是不会通知应用系统的，因此我们能做的就是启动一个线程监视一批文件，发现文件改变了，立刻通知相关的处理者，它虽然有时间延迟，但对于一个应用框架来说是非常有必要的，避免了重启应用才能使配置生效的情况。

读者可能很疑惑，这种死循环的监控方式会不会对性能产生影响，答案是不会！为什么呢？检查一个文件的时间一般是毫秒级的，相对于我们设置的运行周期（比如15秒执行一次）是一个非常微小的运行时间，对应用不会产生任何影响。大家都在使用Log4j进行日志处理，它有一个线程是每5秒检查一次日志是否满，大家觉得性能受影响了吗？基本上性能影响可以忽略不计。

由于Checker还要作为观察者，因此它要实现Observer接口，同时实现update方法，如代码清单37-10所示。

代码清单37-10 修正后的检查者

```java
public class Checker implements Observer{
     public void update(Observable arg0, Object arg1) {
             //检查是否符合条件
             arg1 = check();
     }
}
```

到此为止，我们把init方法已经讲解完毕，它是在容器初始化时调用。有一个HTTP请求发送过来，容器调用我们编写的doFilter方法。仔细看一下我们的代码，其中有这样一句话：Chain.doFilter(req,res)，这句话是什么意思呢？是说让后续的过滤器先运行，等它们运行完毕后该过滤器再运行，应该想到这是一个责任链模式，它的类型是FilterChain。Servlet容器把所有的过滤器组合在一起形成了一个过滤器链，它是怎么做到的呢？容器启动的时候，把所有的过滤器都初始化完毕，然后根据它们在web.xml中的配置顺序，从上向下组装一个过滤器链。注意所有的过滤器都必须实现Filter接口，这是建立过滤器链的首要前提。

我们再回过头来仔细看看类图，是不是有点熟悉？对，类似于中介者模式，我们并没有把

中介者传递到各个同事类，只是我们采用中介者模式的思想，把中介者的职责分发出去由各个同事类来处理。

37.1.2 模型管理器

模型管理器是整个MVC框架的难点，在这里我们会看到非常多的设计模式。我们在核心控制器的类图中看到有一个IActionDispatcher接口，它实现的模型行为分发是一个门面模式，如代码清单37-11所示。

代码清单37-11 模型行为分发接口

```
public interface IActionDispather {
    //根据Action的名字，返回处理结果
    public String actionInvoke(String actionName);
}
```

它的职责非常简单，得到actionName就执行，熟悉Struts的读者可能很清楚这个方法是非常复杂的，它要从配置文件中找到执行对象，然后执行方法，还要考虑值栈、异常等，非常复杂。我们这里就有一个方法，它对外提供一个门面，所有的访问都是通过该门面来完成，其实现类如代码清单37-12所示。

代码清单37-12 模型分发实现

```
public class ActionDispather implements IActionDispather {
    //需要执行的Action
    private ActionManager actionManager = new ActionManager();
    //拦截器链
    private ArrayList<Interceptors> listInterceptors = InterceptorFactory.createInterceptors();
    public String actionInvoke(String actionName) {
            //前置拦截器
            return actionManager.execAction(actionName);
            //后置拦截器
    }
}
```

它是一个非常简单的类，对外部提供统一封装好的行为。模型管理器的类图如图37-6所示。首先说ActionManager类，它负责管理所有的行为类Action，那就必须定义一个行为类的接口或抽象类，如代码清单37-13所示。

代码清单37-13 抽象Action

```
public abstract class ActionSupport {
    public final static String SUCCESS = "success";
    public final static String FAIL = "fail";
    //默认的执行方法
    public String execute(){
            return SUCCESS;
    }
}
```

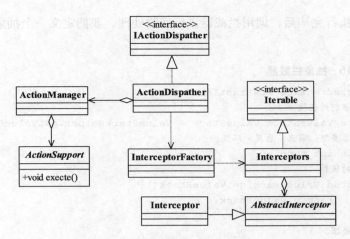

图37-6 模型管理器类图

抽象的ActionSupport类看起来很简单，其实它可不简单，所有的模型行为都继承该类，它之所以提供一个默认的execute方法，是因为在xml的配置文件中，可以省略掉method="XXX"这句话，默认就是调用该方法。它还有一个非常重要的行为：对象映射，把HTTP传递过来的字符串映射到一个业务对象上，我们会在值栈中详细讲解。

读者可能很疑惑，Action的操作是需要获得环境数据的，比如HTTPServletRequest的数据，还有系统中的Session数据，单单一个ActionManager如何获得这些数据呢？通过值栈，在值栈中保存着该Action需要的所有数据。

我们再来看ActionManager类，如代码清单37-14所示。

代码清单37-14 Action管理类

```
public class ActionManager {
    //执行Action的指定方法
    public String execAction(String actionName){
        return null;
    }
}
```

就这么简单吗？非也，其中的参数actionName指xml配置中的name属性值，它与从HTTP传递过来的请求对象是一致的，根据HTTP传递过来的actionName在xml文件中查找对应的节点（Node），然后就可以获取到该类的名称和方法，通过动态代理的方式执行该方法，在这里我们使用到了代理模式。

有读者可能听说过反射是影响性能的，它提供解释型操作。是这样的，但是实际应用还没有这么高的要求，把数据库设计得优秀一点，系统架构多考虑一点，提升的性能远比这个多。

然后我们再来看拦截器，拦截器和过滤器的区别就是：拦截器可以脱离容器（J2EE容器）运行，而过滤器不行。拦截器的目的是对数据和行为进行过滤，符合条件的才可以执行Action，

或者是在Action执行完毕后，调用拦截器进行回收处理。我们定义一个抽象的拦截器，如代码
清单37-15所示。

代码清单37-15　抽象拦截器

```
public abstract class AbstractInterceptor {
        //获得当前的值栈
        private ValueStack valueStack = ValueStackHelper.getValueStack();
        //拦截器类型：前置、后置、环绕
        private int type =0;
        //当前的值栈
        protected ValueStack getValueStack(){
                return valueStack;
        }
        //拦截处理
        public final void exec(){
                //根据type不同，处理方式也不同
        }
        //拦截器类型
        protected abstract void setType(int type);
        //子类实现的拦截器
        protected abstract void intercept();
}
```

这怎么和Struts的拦截器不相同呀！是的，Struts的拦截器的拦截方法intercept是要接收一
个ActionInvocation对象，这里却没有，我们主要是讲解模式，是为了技术实现，而类似Struts
的MVC框架属于工业级别的应用框架，考虑了太多的外界因素。拦截器分为三种。

❏ 前置拦截器

在Action调用前执行，对Action需要的场景数据进行过滤或重构。

❏ 后置拦截器

在Action调用后执行，负责回收场景，或对Action的后续事务进行处理。

❏ 环绕拦截器

在Action调用前后都执行。

我们的框架在这里使用了一个模板方法模式，开发者继承AbstractInterceptor后，只要完成
两个职责即可：定义拦截类型（setType）和实现拦截器要拦截的方法（intercept），不用考虑
它到底如何调用ActionInvocation，相对来说简单又实用。

有拦截器就肯定有拦截器链，多个拦截器组合在一起就成了拦截器链，如代码清单37-16
所示。

代码清单37-16　拦截器链

```
public class Interceptors implements Iterable<AbstractInterceptor> {
        //根据拦截器列表建立一个拦截器链
        public Interceptors(ArrayList<AbstractInterceptor> list){
        }
```

```
//列出所有的拦截器
public Iterator<AbstractInterceptor> iterator() {
        return null;
}
//拦截器链的执行方法
public void intercept(){
        //委托拦截器执行
}
```

它实现了Iterable接口，提供了一个方便遍历拦截器的方法，这是迭代器模式。同时，由于是一个链结构，我们就想到了责任链，这里确实也是一个责任链模式，只是核心控制器上的过滤链是Servlet容器自己实现的，而拦截器链则需要我们自己编码实现。代码不复杂，读者可以参考责任链章节。

这里还有两个很有意思的方法。我们来看构造函数，它通过一个容纳有拦截器的动态数组生成一个拦截器链，它是一个自激行为，在XML文件中配置一个拦截器，其中包含多个拦截器，我们的构造函数就是这样的用途，自己建立一条链，而不是父类或者高层模块。再看intercept方法，链中每个节点都是一个拦截器，都有一个intercept方法，拦截器链中的intercept方法行为是委托第一个节点拦截器的intercept方法，然后所有的拦截器都会按照顺序执行一遍，这一点和我们的责任链模式是不同的，责任链模式是只要有节点处理就可以认为是结束，后续节点可以不再参与处理。

Struts还实现了方法拦截器，只要继承MethodFilterInterceptor即可，主要使用了反射技术，有兴趣的话可以看看源代码。注意我们这里使用了拦截器链而不像Struts那样是拦截器栈，一字之差，系统设计差别可就大了。

注意 拦截器是会影响系统性能的，所有的Action在执行前后都会被拦截器过滤一遍，即使不符合拦截条件的也会被检查一遍，所以非必要情况不要使用拦截器。

由于在XML配置文档中有太多的拦截器链，因此需要有一个工厂来创建它，否则太烦琐。如代码清单37-17所示。

代码清单37-17 拦截器链工厂
```
public class InterceptorFactory {
    public static ArrayList<Interceptors> createInterceptors(){
            //根据配置文件创建出所有的拦截器链
            return null;
    }
}
```

它的作用是根据配置文件一次性地创建出所有的拦截器，很简单的工厂方法模式。如果读者还记得我们刚刚讲的配置文件更新问题的话，应该想到这里也应该有一个观察者，配置文件修改了，拦截器链当然也要重建了，确实应该有这样一个观察者，读者可以自行思考如何实现。

37.1.3　值栈

值栈按道理说应该很简单，就是把HTTP传递过来的String字符串压到堆栈中。听起来很简单，实现起来就比较有难度了，它要完成两个职责。

❑ 管理堆栈

不仅仅是出栈、入栈这么简单，它要管理栈中数据，同时还要允许前置拦截器对栈中数据进行修改，限制后置拦截器对栈的修改，还要把栈中数据与HTTPServletRequest中的数据建立关联。

❑ 值映射

从HTTP传递过来的数据都是字符串结构，那怎么才能转化成一个业务对象呢？比如在页面上有一个登录框，输入用户名（userName）和密码（password）。提交到MVC框架中怎么才能转为一个User对象呢？这也是值栈要完成的职责。

这里说一下值映射，怎么实现一个值的映射，这也是一个反射操作的结果。首先是HTTP传递过来的参数名称中要明确映射到哪一个对象，例如使用点号(.)区分，点号前是对象名称，点号后是属性名，如此规定后就可以轻松地处理了。由于使用的模式较少，这里就不再赘述。读者若有兴趣可以考虑使用一些开源工具，比如dozer等。

37.1.4　视图管理器

视图管理器的功能很单一，按照模型指定的要求返回视图，在这里用到的主要模式就是桥梁模式，如果大家做过多语言的开发就非常清楚了，比如一个外部网站，提供中日英三种语言版本，我们不可能每个语言都写一套页面吧。一般是定义一个语言资源文件，然后视图根据不同的语言环境加载不同的语言。我们先来说视图，它包含三部分。

❑ 静态页面

比如图片放在什么地方，字体大小是什么样子，菜单应该放置在什么地方，这部分工作是由前台人员开发的，不涉及业务逻辑和业务数据。

❑ 动态页面元素

它指的是在一个固定场景下不发生变化但在异构场景中发生变化的元素，其中语言就属于动态页面元素，还有为使用不同浏览器而开发的代码。比如浏览器IE、Firefox、Chrome等，虽然基本上都是符合HTML，但是还有一些细节差异，特别是在JavaScript的处理方面，稍不注意就可能产生灾难。

❑ 动态数据

由模型产生的数据，它对视图来说是结构固定，并可反复加载。

在这三部分中，静态页面是完全静态的，动态页面元素是稍微有点动感，动态数据完全是多变的（数据结构不发生变化，否则页面无法展现）。把动态数据融入到静态页面中比较容易，已经在配置文件中指定要把模型中的数据放到哪个页面中，现在的问题是怎么把动态页面元素融入到静态页面中。静态页面有很多，语言类型也有很多，怎么融合在一起提供给浏览器访问呢？

　　桥梁模式可以解决用什么笔（圆珠笔、铅笔）和画什么图形（圆形、方形）的问题，我们遇到的问题与此场景类似。先看类图，如图37-7所示。

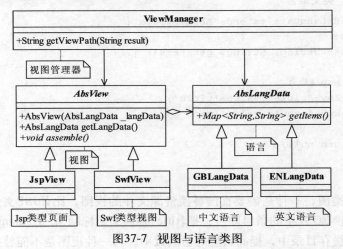

图37-7　视图与语言类图

　　大家还记得Struts是怎么配置多语言的文件吗？我们采用类似的结构，如代码清单37-18所示。

代码清单37-18　资源配置文件

```
title=标题
menu=菜单
```

　　英文配置菜单与此类似，它的结构就是一个Map类型，我们把它读入到Map中，抽象类如代码清单37-19所示。

代码清单37-19　抽象语言

```
public abstract class AbsLangData {
    //获得所有的动态元素的配置项
    public abstract Map<String,String> getItems();
}
```

　　getItems方法是获得一种语言下的所有配置。我们来看中文语言包，如代码清单37-20所示。

代码清单37-20　中文语言

```
public class GBLangData extends AbsLangData {
    @Override
    public Map<String, String> getItems() {
        /*
         * Map 的结构为:
         * key='title', value='标题'
         * key='menu',  value='菜单'
         */
        return null;
    }
}
```

英文语言如代码清单37-21所示。

代码清单37-21 英文语言

```java
public class ENLangData extends AbsLangData {
    @Override
    public Map<String, String> getItems() {
        /*
         * Map结构为:
         * key='title',value='title';
         * key='menu', value='menu'
         */
        return null;
    }
}
```

视图分为两种类图,一种是需要直接替换资源文件的视图,比如JSP文件,框架直接把语言包中的资源项替换掉JSP中的条目即可,把{title}替换为"标题",把{menu}替换为"菜单",替换后存在框架的缓存目录中,提高系统的访问效率。另一种视图是不能替换的,比如SWF文件,它的资源可以通过类似HTTP传递参数的形式传递,重写一个URL即可。我们首先来看抽象视图,如代码清单37-22所示。

代码清单37-22 抽象视图

```java
public abstract class AbsView {
    private AbsLangData langData;
    //必须有一个语言文件
    public AbsView(AbsLangData _langData){
        this.langData = _langData;
    }
    //获得当前的语言
    public AbsLangData getLangData(){
        return langData;
    }
    //页面的URL路径
    public String getURI(){
        return null;
    }
    //组装一个页面
    public abstract void assemble();
}
```

JSP视图是需要替换资源项,如代码清单37-23所示。

代码清单37-23 JSP视图

```java
public class JspView extends AbsView {
    //传递语言配置
    public JspView(AbsLangData _langData){
```

```
                super(_langData);
        }
        @Override
        public void assemble() {
                Map<String,String> langMap = getLangData().getItems();
                for(String key:langMap.keySet()){
                        /*
                         * 直接替换文件中的语言条目
                         *
                         */
                }
        }
}
```

SWF文件是不能替换的，采用重写URL的方式，如代码清单37-24所示。

代码清单37-24 SWF视图

```
public class SwfView extends AbsView {
    public SwfView(AbsLangData _langData){
            super(_langData);
    }
    @Override
    public void assemble() {
            Map<String,String> langMap = getLangData().getItems();
            for(String key:langMap.keySet()){
                    /*
                     * 组装一个HTTP的请求格式:
                     * http://abc.com/xxx.swf?key1=value&key2=value
                     */
            }
    }
}
```

ViewManager是一个视图模块的入口，所有的访问都是通过它传递进来的，如代码清单37-25所示。

代码清单37-25 视图管理

```
public class ViewManager {
    //Action的名称
    private String actionName;
    //当前的值栈
    private ValueStack valueStack = ValueStackHelper.getValueStack();
    //接收一个ActionName
    public ViewManager(String _actionName){
            this.actionName = _actionName;
    }
```

```
//根据模型的返回结果提供视图
public String getViewPath(String result){
        //根据值栈查找到需要提供的语言
        AbsLangData langData = new GBLangData();
        //根据action和result查找到指定的视图，并加载语言
        AbsView view = new JspView(langData);
        //返回视图的地址
        return view.getURI();
    }
}
```

通过桥梁模式我们把不同的语言和不同类型的视图结合起来，共同提供一个多语言的应用系统，即使以后增加语言也非常容易扩展。

37.1.5　工具类

每个框架或项目都有大量的工具类，MVC框架也不例外。先来看操作XML文件的工具类，不可能自己读写XML文件，我们使用DOM4J来实现，它在大文件的处理上性能很有优势，而且比较简单，架构也非常优秀。

使用DOM4J从XML文件中读出的对象是节点（Node）、元素（Element）、属性（Attribute）等，这些对象还是比较容易理解的，但是不能保证一个开发组的人对这些都了解，因此需要把它转换成每个开发成员都理解的对象，比如我们处理这样一段XML代码，如代码清单37-26所示。

代码清单37-26　XML文件片段

```
<action name="loginAction" class="{类名全路径}" method="execute">
    <result name="success">/index2.jsp</result>
    <result name="fail">/index.jsp</result>
</action>
```

使用DOM4J查找到该节点是一个Node对象，如果要取得属性，就需要转换为一个元素(Element)对象，这不是每个开发成员都能理解的，于是给架构师提出的问题就是：如何把一个DOM4J对象转换成自己设计的对象。答案是适配器模式，我们首先定义一个Action节点类，如代码清单37-27所示。

代码清单37-27　Action节点类

```
public abstract class ActionNode {
    //Action的名称
    private String actionName;
    //Action的类名
    private String actionClass;
    //方法名，默认是execute
    private String methodName = "excuete";
    //视图路径
    private String view;
```

```
        public String getActionName() {
                return actionName;
        }
        public String getActionClass() {
                return actionClass;
        }
        public String getMethodName() {
                return methodName;
        }
        public abstract String getView(String Result);
}
```

它是一个抽象类，其中的getView是一个抽象方法，是根据执行结果查找到视图路径。只要编写一个适配器就可以把Elemet对象转为Action节点，如代码清单37-28所示。

代码清单37-28 Action节点

```
public class XmlActionNode extends ActionNode {
    //需要转换的element
    private Element el;
    //通过构造函数传递
    public XmlActionNode(Element _el){
            this.el = _el;
    }
    @Override
    public String getActionName(){
            return getAttValue("name");
    }
    @Override
    public String getActionClass(){
            return getAttValue("class");
    }
    @Override
    public String getMethodName(){
            return getAttValue("method");
    }
    public String getView(String result){
            ViewPathVisitor visitor = new ViewPathVisitor("success");
            el.accept(visitor);
            return visitor.getViewPath();
    }
    //获得指定属性值
    private String getAttValue(String attName){
            Attribute att = el.attribute(attName);
            return att.getText();
    }
}
```

这是一个对象适配器，传递进来一个Element对象，把它转换为ActionNode对象，这样设计以后，系统开发人员就不用考虑开源工具对系统的影响，屏蔽了工具系统的影响，这是一个典型的适配器模式应用。

不知道读者是否注意到getView方法，它使用了一个访问者模式，这是DOM4J提供的一个非常优秀的API接口，传递进去一个访问者就可以遍历出我们需要的对象。我们来看自己定义的访问者，如代码清单37-29所示。

代码清单37-29　访问者

```java
public class ViewPathVisitor extends VisitorSupport {
    //获得指定的路径
    private String viewPath;
    private String result;
    //传递模型结果
    public ViewPathVisitor(String _result){
        result = _result;
    }
    @Override
    public void visit(Element el){
        Attribute att = el.attribute("name");
        if(att != null){
            if(att.getName().equals("name") && att.getText().equals(result)){
                viewPath = el.getText();
            }
        }
    }
    public String getViewPath(){
        return viewPath;
    }
}
```

DOM4J提供了VisitorSupport抽象接口，可以接受元素、节点、属性等访问者。我们这里接受了一个元素访问者，对所有的元素过滤一遍，然后找到自己需要的元素，非常强大！

我们继续分析，在IoC容器中都会区分对象是单例模式还是多例模式。想想我们的框架，每个HTTP请求都会产生一个线程，如果我们的Action初始化的时候是单例模式会出现什么情况？当并发足够多的时候就会产生阻塞，性能会严重下降，在特殊情况下还会产生线程不安全，这时就需要考虑多例情况。那多例是如何处理呢？使用Clone技术，首先在系统启动时初始化所有的Action，然后每过来一个请求就拷贝一个Action，减少了初始化对象的性能消耗。典型的原型模式，但问题也同时产生了，并发较多时，就可能会产生内存溢出的情况，内存不够用了！于是享元模式就可以上场了，建立一个对象池以容纳足够多的对象。

37.2　最佳实践

本章我们粗略地讲解了一个MVC框架。一个MVC框架要考虑的外界环境因素太多了，而且本身MVC框架也是一个轻量型的，就是希望我们编写的程序在没有Struts、Spring MVC等框架的环境中不需要大规模的修改照样能够运行，所以编写一个框架不是一件容易的事情。幸运的是我们以学习模式为主，通过设计MVC框架来了解设计模式。我们来看看本章用到了哪些模式。

- ❏ 工厂方法模式：通过工厂方法模式把所有的拦截器链实现出来，方便在系统初始化时直接处理。
- ❏ 单例模式：Action的默认配置都是单例模式，在一般的应用中单例已经足够了，在复杂情况下可以使用享元模式提供应用性能，减少单例模式的性能隐患。
- ❏ 责任链模式：建立拦截器链以及过滤器链，实现任务的链条化处理。
- ❏ 迭代器模式：非常方便地遍历拦截器链内的拦截器，而不用再自己写遍历拦截器链的方法。
- ❏ 中介者模式：以核心控制器为核心，其他同事类都负责为核心控制器"打工"，保证核心控制器瘦小、稳定。
- ❏ 观察者模式：配置文件修改时，不用重启应用可以即刻生效，提供使用者的体验。
- ❏ 桥梁模式：使不同的视图配合不同的语言文件，为终端用户展示不同的界面。
- ❏ 策略模式：对XML文件的检查可以使用两种不同的策略，而且可以在测试机和开发机中使用不同的检查策略，方便系统间自由切换。
- ❏ 访问者模式：在解析XML文件时，使用访问者非常方便地访问到需要的对象。
- ❏ 适配器模式：把一个开发者不熟悉的对象转换为熟悉的对象，避免工具或框架对开发者的影响。
- ❏ 门面模式：Action分发器负责所有的Action的分发工作，它提供了一个调用Action的唯一入口，避免外部模块深入到模型模块内部。
- ❏ 代理模式：大量使用动态代理，确保了框架的智能化。

MVC框架有非常成熟的源码，有兴趣的读者可以看看Struts、Spring MVC等源码，其中包含了非常多的设计模式。读源码是提高设计技能和开发技能的一个重要途径，看一本书是与作者进行了一次心灵交互，看一份源码是与一群作者进行心灵交互，对提高自己的技术修养有非常大的帮助。

第38章

新 模 式

设计模式已经诞生多年，"23"这个数字也在逐渐变大，这是好事情，表明我们软件界正在积累、汇编我们的知识和经验。一个模式的提出和成熟需要一段时间，因此本章挑选了5个大家时常使用，但又经常忽视的新模式进行讲解，即规格模式、对象池模式、雇工模式、黑板模式、空对象模式。希望这5个新模式能够帮助大家解决更多的实际开发难题。

38.1　规格模式

38.1.1　规格模式的实现

不知道诸位有没有使用C#3.5做过开发，它有一个非常重要的新特性——LINQ（Language INtegrated Query，语言集成查询），它提供了类似于SQL语法的遍历、筛选等功能，能完成对对象的查询，就像通过SQL语句查询数据库一样，例如这样的一个程序片段：

```
Dim DataList As String() = {"abc", "def", "ght"}
Dim Result = From T As String In DataList Where T = "abc"
```

这句话的意思就是从一个数组中查找出值为abc的元素，返回结果为IEnumerable，枚举器类型。注意看第二句话，它使用了类似SQL的Select语法结构，from、where关键字都有了，而且还支持类似的Orderby、Groupby功能，很强大，有兴趣的读者可以查阅有关资料。那在Java世界中是否也存在这样的辅助框架呢？有，JoSQL、Quaere都可以提供类似的LINQ语言，读者可以到网上研究一下JavaDoc，同样非常简单，功能强大。

我们今天要讲的主题与LINQ有很大关系，它是实现LINQ的核心。想想SQL语句中什么是最复杂的，是where后面的查询条件，看看自己写的SQL语句基本上都是一长串的条件判断，中间一堆的and、or、not逻辑符。我们今天的任务就是要实现条件语句的解析，该部分实现了，基本上LINQ语法已经实现了一大半。

我们以一个案例来讲解该技术，在内存中有10个User对象，根据不同的条件查找出用户，比如姓名包含某个字符、年龄小于多少岁等条件，类似这样的SQL：

```
Select  * From User where name like '%国庆%'
```

查找出姓名中包含"国庆"两个字的用户,这在关系型数据库中很容易实现,但是在对象群中怎么实现这样的查询呢?好,看似很简单,先设计一个用户类,然后提供一个用户查找工具类,类图非常容易,如图38-1所示。

很简单的类图,有一个用户类,同时提供了一个操作用户的辅助类,我们先来看User类,如代码清单38-1所示。

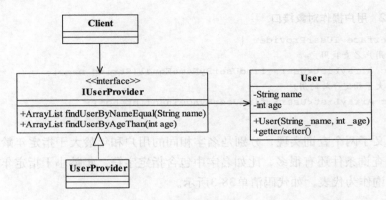

图38-1 简单用户查询类图

代码清单38-1 用户类

```java
public class User {
    //姓名
    private String name;
    //年龄
    private int age;
    public User(String _name,int _age){
        this.name = _name;
        this.age = _age;
    }
    public String getName() {
        return name;
    }
    public void setName(String name) {
        this.name = name;
    }
    public int getAge() {
        return age;
    }
    public void setAge(int age) {
        this.age = age;
    }
    //用户信息打印
```

```
            @Override
            public String toString(){
                    return "用户名: " + name+"\t年龄: " + age;
            }
    }
```

User就是一个简单BO业务对象，再来看用户操作接口，它定义一个用户操作类必须具有的方法，如代码清单38-2所示。

代码清单38-2 用户操作对象接口

```
public interface IUserProvider {
        //根据用户名查找用户
        public ArrayList<User> findUserByNameEqual(String name);
        //年龄大于指定年龄的用户
        public ArrayList<User> findUserByAgeThan(int age);
}
```

在这里只定义了两个查询实现，分别是名字相同的用户和年龄大于指定年龄的用户，大家都知道，相似的查询条件还有很多，比如名字中包含指定字符、年龄小于指定年龄等，我们仅以实现这两个查询作为代表，如代码清单38-3所示。

代码清单38-3 用户操作类

```
public class UserProvider implements IUserProvider {
        //用户列表
        private ArrayList<User> userList;
        //构造函数传递用户列表
        public UserProvider(ArrayList<User> _userList){
                this.userList = _userList;
        }
        //年龄大于指定年龄的用户
        public ArrayList<User> findUserByAgeThan(int age) {
                ArrayList<User> result = new ArrayList<User>();
                for(User u:userList){
                        if(u.getAge()>age){  //符合条件的用户
                                result.add(u);
                        }
                }
                return result;
        }
        //姓名等于指定姓名的用户
        public ArrayList<User> findUserByNameEqual(String name) {
                ArrayList<User> result = new ArrayList<User>();
                for(User u:userList){
                        if(u.getName().equals(name)){//符合条件
                                result.add(u);
                        }
                }
```

```
            return result;
        }
    }
```

通过for循环遍历一个动态数组，判断用户是否符合条件，将符合条件的用户放置到另外一个数组中，比较简单。我们编写场景类来模拟该情景，如代码清单38-4所示。

代码清单38-4 场景类

```
public class Client {
    public static void main(String[] args) {
        //首先初始化一批用户
        ArrayList<User> userList = new ArrayList<User>();
        userList.add(new User("苏大",3));
        userList.add(new User("牛二",8));
        userList.add(new User("张三",10));
        userList.add(new User("李四",15));
        userList.add(new User("王五",18));
        userList.add(new User("赵六",20));
        userList.add(new User("马七",25));
        userList.add(new User("杨八",30));
        userList.add(new User("侯九",35));
        userList.add(new User("布十",40));
        //定义一个用户查询类
        IUserProvider userProvider = new UserProvider(userList);
        //打印出年龄大于20岁的用户
        System.out.println("===年龄大于20岁的用户===");
        for(User u:userProvider.findUserByAgeThan(20)){
            System.out.println(u);
        }
    }
}
```

运行结果如下所示：

```
===年龄大于20岁的用户===
用户名：马七 年龄：25
用户名：杨八 年龄：30
用户名：侯九 年龄：35
用户名：布十 年龄：40
```

结果非常正确，但是这样的一个框架基本上是不能适应业务变化的，为什么呢？业务变化虽然无规则，但是可以预测，比如我们这个查询，今天要查找年龄大于20岁的用户，明天要查找年龄小于30岁的用户，后天要查找姓名中包含"国庆"两个字的用户，想想看IUserProvider接口是不是要一直修改下去？接口是契约，而且我们一直提倡面向接口编程，但是在这里接口竟然都可以修改，是不是发现设计有很大问题了！

问题发现了，就要想办法解决。再回顾一下编写的代码，注意看findUserByAgeThan和findUserByNameEqual两个方法，两者的代码有什么不同呢？除了if后面的判断条件不同外，就没有不同的地方了，我们一直在说封装变化，这两段程序就仅仅有这一个变化点，我们是不是可以把它封装起来呢？完全可以，把它们两者的共同点抽取出来，先修改一下接口，如代码清单38-5所示。

代码清单38-5 修正后的接口

```
public interface IUserProvider {
    //根据条件查找用户
    public ArrayList<User> findUser(boolean condition);
}
```

这个接口的设计想法非常好，但是参数condition很难实现，看看findUserByAgeThan、findUserByNameEqual这两个方法，怎么才能把两者的不同点设置成一个布尔型呢？如果需要在IUserProvider对象外判断后传递进来，那我们的封装就没有任何意义了——目前为止，这个方案有问题了。

继续考虑，既然不能在封装外运算，那就把整个条件都进行封装，由IUserProvider自己实现运算。好方法！那我们就设计一个这样的类，我们叫它规格类，什么意思呢？它是对一批对象的说明性描述，它依照基准判断候选对象是否满足条件。

思考后，我们设计出类图，如图38-2所示。

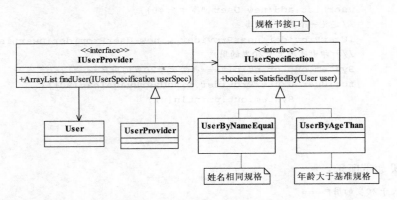

图38-2 加入规格后的设计类图

在该类图中建立了一个规格书接口，它的作用就是定制各种各样的规格，比如名字相等的规格UserByNameEqual、年龄大于基准年龄的规格UserByAgeThan等，然后在用户操作类中采用该规格进行判断。User类没有任何改变，如代码清单38-1所示，不再赘述。

规格书接口是对全体规格书的声明定义，如代码清单38-6所示。

代码清单38-6 规格书接口

```
public interface IUserSpecification {
    //候选者是否满足要求
    public boolean isSatisfiedBy(User user);
}
```

规格书接口只定义一个方法，判断候选用户是否满足条件。再来看姓名相同的规格书，它实现了规格书接口，如代码清单38-7所示。

代码清单38-7 姓名相同的规格书

```
public class UserByNameEqual implements IUserSpecification {
    //基准姓名
    private String name;
    //构造函数传递基准姓名
    public UserByNameEqual(String _name){
        this.name = _name;
    }
    //检验用户是否满足条件
    public boolean isSatisfiedBy(User user) {
        return user.getName().equals(name);
    }
}
```

代码很简单，通过构造函数传递进来基准用户名，然后判断候选用户是否匹配。大于基准年龄的规格书与此类似，如代码清单38-8所示。

代码清单38-8 大于基准年龄的规格书

```
public class UserByAgeThan implements IUserSpecification {
    //基准年龄
    private int age;
    //构造函数传递基准年龄
    public UserByAgeThan(int _age){
        this.age = _age;
    }
    //检验用户是否满足条件
    public boolean isSatisfiedBy(User user) {
        return user.getAge() > age;
    }
}
```

规格书都已经定义完毕，我们再来看用户操作类，先看用户操作的接口，如代码清单38-9所示。

代码清单38-9 用户操作接口

```
public interface IUserProvider {
    //根据条件查找用户
    public ArrayList<User> findUser(IUserSpecification userSpec);
}
```

只有一个方法——根据指定的规格书查找用户。再来看其实现类，如代码清单38-10所示。

代码清单38-10 用户操作

```
public class UserProvider implements IUserProvider {
```

```
        //用户列表
        private ArrayList<User> userList;
        //传递用户列表
        public UserProvider(ArrayList<User> _userList){
                this.userList = _userList;
        }
        //根据指定的规格书查找用户
        public ArrayList<User> findUser(IUserSpecification userSpec) {
                ArrayList<User> result = new ArrayList<User>();
                for(User u:userList){
                        if(userSpec.isSatisfiedBy(u)){//符合指定规格
                                result.add(u);
                        }
                }
                return result;
        }
}
```

程序改动很小，仅仅在if判断语句中根据规格书进行判断，我们持续地扩展规格书，有多少查询分类就可以扩展出多少个实现类，而IUserProvider则不需要任何改动，它的一个方法就覆盖了我们刚刚提出的N多查询路径。我们设计一个场景来看看效果如何，如代码清单38-11所示。

代码清单38-11 场景类

```
public class Client {
        public static void main(String[] args) {
                //首先初始化一批用户
                ArrayList<User> userList = new ArrayList<User>();
                userList.add(new User("苏大",3));
                userList.add(new User("牛二",8));
                userList.add(new User("张三",10));
                userList.add(new User("李四",15));
                userList.add(new User("王五",18));
                userList.add(new User("赵六",20));
                userList.add(new User("马七",25));
                userList.add(new User("杨八",30));
                userList.add(new User("侯九",35));
                userList.add(new User("布十",40));
                //定义一个用户查询类
                IUserProvider userProvider = new UserProvider(userList);
                //打印出年龄大于20岁的用户
                System.out.println("===年龄大于20岁的用户===");
                //定义一个规格书
                IUserSpecification userSpec = new UserByAgeThan(20);
                for(User u:userProvider.findUser(userSpec)){
                        System.out.println(u);
                }
        }
}
```

在场景类中定义了一个规格书，然后把规格书提交给UserProvider就可以查找到自己需要的用户了，运行结果相同，不再赘述。

大家想想看，如果现在需求变更了，比如需要一个年龄小于基准年龄的用户，该怎么修改？增加一个小于基准年龄的规格书，实现IUserSpecification接口，然后在新的业务中调用即可，别的什么都不需要修改。再比如需要一个类似SQL中like语句的处理逻辑，这个也不难，如代码清单38-12所示。

代码清单38-12 Like规格书

```
public class UserByNameLike implements IUserSpecification {
    //like的标记
    private final static String LIKE_FLAG = "%";
    //基准的like字符串
    private String likeStr;
    //构造函数传递基准姓名
    public UserByNameLike(String _likeStr){
        this.likeStr = _likeStr;
    }
    //检验用户是否满足条件
    public boolean isSatisfiedBy(User user) {
        boolean result = false;
        String name = user.getName();
        //替换掉%后的干净字符串
        String str = likeStr.replace("%","");
        //是以名字开头，如'国庆%'
        if(likeStr.endsWith(LIKE_FLAG) && !likeStr.startsWith(LIKE_FLAG)){
            result = name.startsWith(str);
        }else if(likeStr.startsWith(LIKE_FLAG) && !likeStr.endsWith(LIKE_FLAG)){ //类似 '%国庆'
            result = name.endsWith(str);
        }else{
            result = name.contains(str); //类似于'%国庆%'
        }
        return result;
    }
}
```

同时，场景类也要适当地改动，毕竟业务已经发生了变化，高层模块要适应这种变化，如代码清单38-13所示。

代码清单38-13 场景类

```
public class Client {
    public static void main(String[] args) {
        //首先初始化一批用户
        ArrayList<User> userList = new ArrayList<User>();
        userList.add(new User("苏国庆",23));
        userList.add(new User("国庆牛",82));
        userList.add(new User("张国庆三",10));
```

```
            userList.add(new User("李四",10));
            //定义一个用户查询类
            IUserProvider userProvider = new UserProvider(userList);
            //打印出名字包含"国庆"的人员
            System.out.println("===名字包含国庆的人员===");
            //定义一个规格书
            IUserSpecification userSpec = new UserByNameLike("%国庆%");
            for(User u:userProvider.findUser(userSpec)){
                    System.out.println(u);
            }
        }
    }
```

运行结果如下所示：

```
===名字包含国庆的人员===
用户名：苏国庆        年龄：23
用户名：国庆牛        年龄：82
用户名：张国庆三      年龄：10
```

到目前为止，我们已经设计了一个可扩展的对象查询平台，但是我们还有遗留问题未解决，看看SQL语句，为什么where后面会很长？是因为有AND、OR、NOT这些逻辑操作符的存在，它们可以串联起多个判断语句，然后整体反馈出一个结果来。想想看，我们上面的平台能支持这种逻辑操作符吗？不能，你要说能，那也说得通，需要两次过滤才能实现，比如要找名字包含"国庆"并且年龄大于25岁的用户，代码该怎么修改？如代码清单38-14所示。

代码清单38-14 复合查询

```java
public class Client {
    public static void main(String[] args) {
            //定义一个规格书
            IUserSpecification userSpec1 = new UserByNameLike("%国庆%");
            IUserSpecification userSpec2 = new UserByAgeThan(20);
            userList = userProvider.findUser(userSpec1);
            for(User u:userProvider.findUser(userSpec2)){
                    System.out.println(u);
            }
        }
    }
```

能够实现，但是思考一下程序逻辑，它采用了两次过滤，也就是两次循环，如果对象数量少还好说，如果对象数量巨大，这个效率就太低了，这是其一；其二，组合方式非常多，比如"与"、"或"、"非"可以自由组合，姓名中包含"国庆"但年龄小于25的用户，姓名中不包含国庆但年龄大于25岁的用户等，我们还能如此设计吗？太多的组合方式，产生组合爆炸，这种设计就不妥了，应该有更优秀的方案。

我们换个方式思考该问题，不管是AND或者OR或者NOT操作，它们的返回结果都还是一个规格书，只是逻辑更复杂了而已，这3个操作符只是提供了对原有规格书的复合作用，换句话说，规格书对象之间可以进行与或非操作，操作的结果不变，分析到这里，我们就可以开始修改接口了，如代码清单38-15所示。

代码清单38-15 带与或非的规格书接口

```
public interface IUserSpecification {
    //候选者是否满足要求
    public boolean isSatisfiedBy(User user);
    //and操作
    public IUserSpecification and(IUserSpecification spec);
    //or操作
    public IUserSpecification or(IUserSpecification spec);
    //not操作
    public IUserSpecification not();
}
```

在规格书接口中增加了与或非的操作，接口修改了，实现类当然也要修改。先全面思考一下业务，与或非是不可扩展的操作，规格书（也就是规格对象）之间的操作只有这三种方法，是不需要扩展也不用预留扩展空间的。如此，我们就可以把与或非的实现放到基类中，那现在的问题变成了怎么在基类中实现与或非。注意看它们的返回值都需要返回规格书类型，很明显，我们在这里要用到递归调用了。可以这样理解，基类需要子类提供业务逻辑支持，因为基类是一个抽象类，不能实例化后返回，我们把简单类图画出来，如图38-3所示。

基类对子类产生了依赖，然后进行递归计算，大家一定会发出这样的疑问：父类怎么可能依赖子类，这还是面向接口编程吗？想想看，我们提出面向接口编程的目的是什么？是为了适应变化，拥抱变化，对于不可能发生变化的部分为什么不能固化呢？与或非操作符号还会增加修改吗？规格书对象之间的操作还有其他吗？思考清楚这些问题后，答案就迎刃而解了。

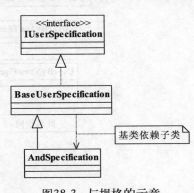

图38-3 与规格的示意

> **注意** 父类依赖子类的情景只有在非常明确不会发生变化的场景中存在，它不具备扩展性，是一种固化而不可变化的结构。

分析完毕，我们设计出详细的类图，如图38-4所示。

可能大家有很多的疑问，我们先来分析代码，代码分析完毕估计能解决你大部分的疑问。规格书接口如代码清单38-15所示，不再赘述。我们来看组合规格书（CompositeSpecification），它是一个抽象类，实现了与或非的操作，如代码清单38-16所示。

代码清单38-16 组合规格书

```
public abstract class CompositeSpecification implements IUserSpecification {
    //是否满足条件由实现类实现
    public abstract boolean isSatisfiedBy(User user);
```

```
        //and操作
        public IUserSpecification and(IUserSpecification spec) {
                return new AndSpecification(this,spec);
        }
        //not操作
        public IUserSpecification not() {
                return new NotSpecification(this);
        }
        //or操作
        public IUserSpecification or(IUserSpecification spec) {
                return new OrSpecification(this,spec);
        }
}
```

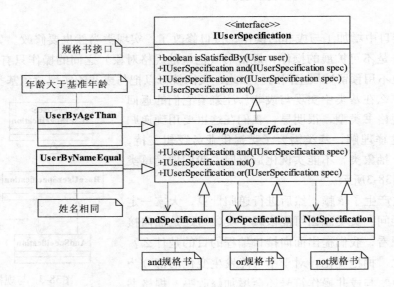

图38-4 完整规格书类图

候选对象是否满足条件是由isSatisfiedBy方法决定的，它代表的是一个判断逻辑，由各个实现类实现。三个与或非操作在抽象类中实现，它是通过直接new了一个子类，如此设计非常符合单一职责原则，每个子类都有一个独立的职责，要么完成"与"操作，要么完成"或"操作，要么完成"非"操作。我们先来看"与"操作规格书，如代码清单38-17所示。

代码清单38-17 与规格书

```
public class AndSpecification extends CompositeSpecification {
        //传递两个规格书进行and操作
        private IUserSpecification left;
        private IUserSpecification right;
        public AndSpecification(IUserSpecification _left,IUserSpecification _right){
                this.left = _left;
```

```
                this.right = _right;
        }
        //进行and运算
        @Override
        public boolean isSatisfiedBy(User user) {
                return left.isSatisfiedBy(user) && right.isSatisfiedBy(user);
        }
}
```

通过构造函数传递过来两个需要操作的规格书，然后通过isSatisfiedBy方法返回两者and操作的结果。或规格书和非规格书与此类似，分别如代码清单38-18、代码清单38-19所示。

代码清单38-18 或规格书

```
public class OrSpecification extends CompositeSpecification {
        //左右两个规格书
        private IUserSpecification left;
        private IUserSpecification right;
        public OrSpecification(IUserSpecification _left,IUserSpecification _right){
                this.left = _left;
                this.right = _right;
        }
        //or运算
        @Override
        public boolean isSatisfiedBy(User user) {
                return left.isSatisfiedBy(user) || right.isSatisfiedBy(user);
        }
}
```

代码清单38-19 非规格书

```
public class NotSpecification extends CompositeSpecification {
        //传递一个规格书
        private IUserSpecification spec;
        public NotSpecification(IUserSpecification _spec){
                this.spec = _spec;
        }
        //not操作
        @Override
        public boolean isSatisfiedBy(User user) {
                return !spec.isSatisfiedBy(user);
        }
}
```

这三个规格书都是不发生变化的，只要使用该框架，三个规格书都要实现的，而且代码基本上是雷同的，所以才有了父类依赖子类的设计，否则是严禁出现父类依赖子类的情况的。大家再仔细看看这三个规格书和组合规格书，代码很简单，但也很巧妙，它跳出了我们面向对象设计的思维，不变部分使用一种固化方式实现。

姓名相同、年龄大于基准年龄、Like格式等规格书都有少许改变，把实现接口变为继承基类，我们以名字相等规格书为例，如代码清单38-20所示。

代码清单38-20   姓名相同规格书

```java
public class UserByNameEqual extends CompositeSpecification {
        //基准姓名
        private String name;
        //构造函数传递基准姓名
        public UserByNameEqual(String _name){
                this.name = _name;
        }
        //检验用户是否满足条件
        public boolean isSatisfiedBy(User user) {
                return user.getName().equals(name);
        }
}
```

仅仅修改了黑体部分，其他没有任何改变。另外两个规格书修改相同，不再赘述。其他的User及UserProvider没有任何改动，不再赘述。

我们修改一下场景类，如代码清单38-21所示。

代码清单38-21   场景类

```java
public class Client {
        public static void main(String[] args) {
                //首先初始化一批用户
                ArrayList<User> userList = new ArrayList<User>();
                userList.add(new User("苏国庆",23));
                userList.add(new User("国庆牛",82));
                userList.add(new User("张国庆三",10));
                userList.add(new User("李四",10));
                //定义一个用户查询类
                IUserProvider userProvider = new UserProvider(userList);
                //打印出名字包含"国庆"的人员
                System.out.println("===名字包含国庆的人员===");
                //定义一个规格书
                IUserSpecification spec = new UserByAgeThan(25);
                IUserSpecification spec2 = new UserByNameLike("%国庆%");
                for(User u:userProvider.findUser(spec.and(spec2))){
                        System.out.println(u);
                }
        }
}
```

在场景类中我们建立了两个规格书，一个是年龄大于25的用户，另一个是名字中包含"国庆"两个字的用户，这两个规格书之间的关系是"与"关系，运行结果如下：

```
===名字包含国庆的人员===
用户名：国庆牛        年龄：82
```

到此为止我们的LINQ已经完成了很大一部分了，SQL语句中的where后面部分已经可以解析了，完全可以再增加年龄相等的规格书、姓名字数规格书等，你在SQL中使用过的条件在这里都能实现了。功臣还是依赖于三个与或非规格书，有了它们三个栋梁才能组合出一个精彩的条件查询世界。

38.1.2 最佳实践

我们在例子中多次提到规格两个字，该实现模式就叫做规格模式（Specification Pattern），它不属于23个设计模式，它是其中一个模式的扩展，是哪个模式呢？

我们用全局的观点思考一下，基类代表的是所有的规格书，它的目的是描述一个完整的、可组合的规格书，它代表的是一个整体，其下的And规格书、Or规格书、Not规格书、年龄大于基准年龄规格书等都是一个真实的实现，也就是一个局部，现在我们又回到了整体和部分的关系了，那这是什么模式？对，组合模式，它是组合模式的一种特殊应用，我们来看它的通用类图，如图38-5所示。

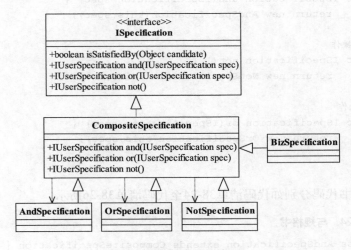

图38-5 规格模式通用类图

为什么在通用类图中把方法名称都定义出来呢？是因为只要使用规格模式，方法名称都是这四个，它是把组合模式更加具体化了，放在一个更狭小的应用空间中。我们再仔细看看，还能不能找到其他模式的身影？对，策略模式，每个规格书都是一个策略，它完成了一系列逻辑的封装，用年龄相等的规格书替换年龄大于指定年龄的规格书上层逻辑有什么改变吗？不需要任何改变！

规格模式非常重要，它巧妙地实现了对象筛选功能。我们来看其通用源码，首先看抽象规格书，如代码清单38-22所示。

代码清单38-22 抽象规格书

```
public interface ISpecification {
```

```
        //候选者是否满足要求
        public boolean isSatisfiedBy(Object candidate);
        //and操作
        public ISpecification and(ISpecification spec);
        //or操作
        public ISpecification or(ISpecification spec);
        //not操作
        public ISpecification not();
}
```

组合规格书实现与或非的算法，如代码清单38-23所示。

代码清单38-23　组合规格书

```
public abstract class CompositeSpecification implements ISpecification {
        //是否满足条件由实现类实现
        public abstract boolean isSatisfiedBy(Object candidate);
        //and操作
        public ISpecification and(ISpecification spec) {
                return new AndSpecification(this,spec);
        }
        //not操作
        public ISpecification not() {
                return new NotSpecification(this);
        }
        //or操作
        public ISpecification or(ISpecification spec) {
                return new OrSpecification(this,spec);
        }
}
```

与或非规格书代码分别如代码清单38-24至代码清单38-26所示。

代码清单38-24　与规格书

```
public class AndSpecification extends CompositeSpecification {
        //传递两个规格书进行and操作
        private ISpecification left;
        private ISpecification right;
        public AndSpecification(ISpecification _left,ISpecification _right){
                this.left = _left;
                this.right = _right;
        }
        //进行and运算
        @Override
        public boolean isSatisfiedBy(Object candidate) {
                return left.isSatisfiedBy(candidate) && right.isSatisfiedBy(candidate);
        }
}
```

代码清单38-25 或规格书

```
public class OrSpecification extends CompositeSpecification {
    //左右两个规格书
    private ISpecification left;
    private ISpecification right;
    public OrSpecification(ISpecification _left,ISpecification _right){
            this.left = _left;
            this.right = _right;
    }
    //or运算
    @Override
    public boolean isSatisfiedBy(Object candidate) {
            return left.isSatisfiedBy(candidate) || right.isSatisfiedBy(candidate);
    }
}
```

代码清单38-26 非规格书

```
public class NotSpecification extends CompositeSpecification {
    //传递一个规格书
    private ISpecification spec;
    public NotSpecification(ISpecification _spec){
            this.spec = _spec;
    }
    //not操作
    @Override
    public boolean isSatisfiedBy(Object candidate) {
            return !spec.isSatisfiedBy(candidate);
    }
}
```

以上一个接口、一个抽象类、3个实现类只要在适用规格模式的地方都完全相同，不用做任何的修改，大家闭着眼照抄就成，要修改的是下面的规格书——业务规格书，如代码清单38-27所示。

代码清单38-27 业务规格书

```
public class BizSpecification extends CompositeSpecification {
    //基准对象
    private Object obj;
    public BizSpecification(Object _obj){
            this.obj = _obj;
    }
    @Override
    public boolean isSatisfiedBy(Object candidate) {
            //根据基准对象和候选对象，进行业务判断，返回boolean
            return false;
    }
}
```

然后就是看怎么使用了，场景类如代码清单38-28所示。

代码清单38-28　场景类

```
public class Client {
    public static void main(String[] args) {
        //待分析的对象
        ArrayList<Object> list = new ArrayList<Object>();
        //定义两个业务规格书
        ISpecification spec1 = new BizSpecification(new Object());
        ISpecification spec2 = new BizSpecification(new Object());
        //规则的调用
        for(Object obj:list){
            if(spec1.and(spec2).isSatisfiedBy(obj)){   //and操作
                System.out.println(obj);
            }
        }
    }
}
```

　　规格模式已经是一个非常具体的应用框架了（相对于23个设计模式），大家遇到类似多个对象中筛选查找，或者业务规则不适于放在任何已有实体或值对象中，而且规则的变化和组合会掩盖那些领域对象的基本含义，或者是想自己编写一个类似LINQ的语言工具的时候就可以照搬这部分代码，只要实现自己的逻辑规格书即可。

38.2　对象池模式

　　上周二，师兄过来找我，他负责运维一个大型新闻网站，说是网站出现性能，让我帮忙分析调优。我这几天正好闲得手痒，同时又卖个人情，何乐而不为呢。于是我们俩就到机房蹲点，追查问题。

38.2.1　正确的池化

　　简单说明一下该系统的场景，这是一个专业的新闻追踪网站，关注的是专业新闻的深度，在行业内具有相当大的影响力。最近一段时间内出现偶发性缓慢，从监控情况上看，响应时间在2秒以上，由于最近软硬件环境都没有变更过，因此直觉判断：最快捷、直观的解决方案就是增加DB硬件设备。但由于东家是穷惯了，不同意在没有彻查问题之前而依靠增强硬件来解决问题，于是我们这些软件工程师就忙活起来了。

　　网站首页内容基本都是静态的（轮询生成），唯一的动态部分是网站的激励语，比如"积一时之跬步，臻千里之遥程"、"业精于勤，荒于嬉；行成于思，毁于随"等励志语句，这是一个简单的SQL随机查询结果，表中的数量在5000条左右，而且结构简单，查询性能不是问题。示例代码如代码清单38-29所示。

代码清单38-29　无缓存的SQL随机读取

```
@Service
public class WisdomProvider {
    @Autowire
    private WisdomDao wisdomDao;
    public String getOneWord() {
        return wisdomDao.randomOneWisdom();
    }
}
```

对于代码中的@Service、@Autowire注解，做过Spring开发的都懂，这是一个典型的三层架构，WisdomDao的randomOneWisdom方法是通过数据库随机函数查询一条记录。在跟踪过程中，发现高峰期数据库连接偶尔出现占满情况，而且都是查询该表（顺便说下，该数据库的随机查询算法有缺陷），问题找到了：每一次访问都会直接查询数据库，没有缓存。通常情况下，这没有问题，但是在高并发的情况下，例如在10万PV的压力下服务器基本就垮掉了，这是非常严重的问题。

怎么解决呢？好办，引入一个对象池，把这5000条记录（根据评估最多不超过20000条记录）在启动时直接加载到内存中，在需要时再从内存中取得，以后查询不再与数据库交互。示例代码如代码清单38-30所示。

代码清单38-30　增加缓存后的随机读取

```
@Service
public class WisdomProvider {
    @Autowire
    private WisdomDao wisdomDao;
    private List<String> wisdoms = null;

    @PostConstruct
    public void init() {
        wisdoms = wisdomDao.getAll();
    }
    public String getOneWord() {
        return RandomUtils.getOne(wisdoms);
    }
}
```

@PostConstruct注解的作用是Spring容器在启动完毕后，直接执行init方法，一次性读取所有的数据，然后在应用运行期间不再与数据库交互，直接从List列表中获取数据。通过这样的修正，系统性能有了大幅提升，在不增加硬件的情况下，彻底解决了性能问题。这就是对象池模式。

38.2.2　对象池模式的意图

对象池模式，或者称为对象池服务，其意图如下：

通过循环使用对象，减少资源在初始化和释放时的昂贵损耗[⊖]。

注意 这里的"昂贵"可能是时间效益（如性能），也可能是空间效益（如并行处理），在大多的情况下，"昂贵"指性能。

简单地说，在需要时，从池中提取；不用时，放回池中，等待下一个请求。典型例子是连接池和线程池，这是我们开发中经常接触到的。类图如图38-6所示。

图38-6 对象池模式通用类图

对象池提供两个公共的方法：checkOut负责从池中提取对象，checkIn负责把回收对象（当然，很多时候checkIn已经自动化处理，不需要显式声明,如连接池），对象池代码如代码清单38-31所示。

代码清单38-31 对象池示例代码

```java
public abstract class ObjectPool<T> {
    //容器，容纳对象
    private Hashtable<T, ObjectStatus> pool = new Hashtable<T, ObjectStatus>();
    //初始化时创建对象，并放入到池中
    public ObjectPool() {
        pool.put(create(), new ObjectStatus());
    }
    //从Hashtable中取出空闲元素
    public synchronized T checkOut() {
        //这是最简单的策略
        for (T t : pool.keySet()) {
            if (pool.get(t).validate()) {
                pool.get(t).setUsing();
                return t;
            }
        }
        return null;
    }
    //归还对象
    public synchronized void checkIn(T t) {
        pool.get(t).setFree();
    }
    class ObjectStatus {
        //占用
        public void setUsing() {
        }
        //释放
        public void setFree() {
            //注意：若T是有状态，则需要回归到初始化状态
```

⊖ 原文是Avoid expensive acquisition and release of resources by recycling objects that are no longer in use.

```
    }
    //检查是否可用
    public boolean validate() {
        return false;
    }
}
//创建池化对象
public abstract T create();
}
```

这是一个简单的对象池实现，在实际应用中还需要考虑池的最小值、最大值、池化对象状态（若有的话，需要重点考虑）、异常处理（如满池情况）等方面，特别是池化对象状态，若是有状态的业务对象则需要重点关注。

38.2.3 最佳实践

把对象池化的本意是期望一次性初始化所有对象，减少对象在初始化上的昂贵性能开销，从而提高系统整体性能。然而池化处理本身也要付出代价，因此，并非任何情况下都适合采用对象池化。

通常情况下，在重复生成对象的操作成为影响性能的关键因素时，才适合进行对象池化。但是若池化所能带来的性能提高并不显著或重要的话，建议放弃对象池化技术，以保持代码的简明，转而使用更好的硬件来提高性能为佳。

对象池技术在Java领域已经非常成熟，只要做过企业级开发的人员，基本都用过C3P0、DBCP、Proxool等连接池，也配置过minPoolSize、maxPoolSize等参数，这是对象池模式的典型应用。在实际开发中若需要对象池，建议使用common-pool工具包来实现，简单、快捷、高效。

38.3 雇工模式

38.3.1 雇工合作

我是一个富豪（当然只是想象中的），家里有很多佣人，家务活基本上不用我动手，我只要动动口就可以了，在这里每个人都有不同分工，我可以指挥厨师把厨房弄干净，这是他的地盘；我可以指挥园丁把花园收拾干净、漂亮，这是他应该做的；我还可以让裁缝把我的衣服收拾干净。注意看，我这里列举出的三个对象（厨师、园丁、裁缝）都具有相同的功能：清洁。从另一方面说，厨房、花园、衣服都具有被清洁的特性，我们从这一例子入手，编写代码如代码清单38-32所示。

代码清单38-32 三个对象的被清洁特质

```
//可以被清洁的对象
public interface Cleanable {
    //被清洁
```

```
    public void celaned();
}
//花园
class Garden implements Cleanable{
  public void celaned(){
      System.out.println("花园被清洁干净");
  }
}
//厨房
class Kitchen implements Cleanable{
  public void celaned(){
      System.out.println("厨房被清洁干净");
  }
}
//衣服
class Cloth implements Cleanable{
  public void celaned(){
      System.out.println("衣服被清洁干净");
  }
}
```

三个对象（厨房、花园、衣服）的共同特征抽取出来，同时也需要把厨师、裁缝、园丁的共同特征也抽象出来。从我这个主人的角度看来，他们三者都是清洁者，只是输入的对象不同而已，如代码清单38-33所示。

代码清单38-33　抽象的清洁者

```
public class Cleaner {
  //清洁
  public void clean(Cleanable clean){
      clean.celaned();
  }
}
```

非常简单，就这么一个清洁者就可以厨师、园丁、裁缝。我们再编写一个场景类，描述一下发生了什么事，如代码清单38-34所示。

代码清单38-34　场景类

```
public class Client {
  public static void main(String[] args) {
      //厨师清洁厨房
      Cleaner cookie = new Cleaner();
      cookie.clean(new Kitchen());
      //园丁清洁花园
      Cleaner gardener = new Cleaner();
      gardener.clean(new Garden());
      //裁缝清洁衣服
```

```
            Cleaner tailer = new Cleaner();
            tailer.clean(new Cloth());
        }
    }
```

场景写完了，运行一下，就可以看到厨师打扫了厨房，园丁清洁了花园，裁缝清洁了衣服。代码很简单，但是诸位有没有发觉这和我们通常的分析是不同的。通常的做法是：既然厨师、园丁、裁缝都具有清洁的功能，那就定义一个接口描述三者的清洁功能，然后再定义三个类，分别代表厨师、园丁、裁缝实现这个接口。这是一种常用的解决办法，可以解决该问题，但今天我们从另外一个侧面进行分析，引出一个新的模式:雇工模式。

38.3.2　雇工模式的意图

雇工模式也叫做仆人模式（Servant Design Pattern），其意图是：

雇工模式是行为模式的一种，它为一组类提供通用的功能，而不需要类实现这些功能，它是命令模式的一种扩展⊖。

看看我们的例子，厨师、裁缝、园丁是一组类，都具有清洁的能力，但是我们却没实现，而是采用一种更优雅的方式来实现，这就是雇工模式。雇工模式的类图如图38-7所示。

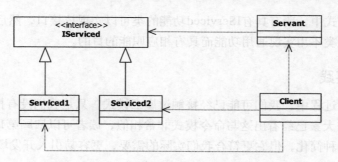

图38-7　雇工模式通用类图

在类图中，IServiced是用于定义"一组类"所具有的功能，其示例代码如代码清单38-35所示。

代码清单38-35　通用功能

```
public interface IServiced {
    //具有的特质或功能
    public void serviced();
}
```

针对不同的服务对象具备不同的服务内容，也就是具体的功能实现IServiced接口即可，示例代码如代码清单38-36所示。

⊖ 原文是A behavioral pattern used to offer some functionality to a group of classes without defining that functionality in each of them。

代码清单38-36 定义具体功能

```
public class Serviced1 implements IServiced {
  public void serviced(){
  }
}
public class Serviced2 implements IServiced{
  public void serviced(){
  }
}
```

功能定义完毕后，我们需要由一个雇工来执行这些功能。简单地说，就是需要有一个执行者，可以把一组功能聚集起来，示例代码如代码清单38-37所示。

代码清单38-37 雇工类

```
public class Servant {
  //服务内容
  public void service(IServiced serviceFuture){
      serviceFuture.serviced();
  }
}
```

在整个雇工模式中，所有具有IServiced功能的类可以实现该接口，然后由雇工类Servant进行集合，完成一组类不用实现通用功能而具有相应职能的目的。

38.3.3 最佳实践

在日常的开发过程中，我们可能已经接触过雇工模式，只是我们没有把它抽取出来，也没有汇编成册。或许大家已经看出这与命令模式非常相似，读者可以回顾第15章，会发现雇工模式是命令模式的一种简化，但它更符合我们实际的需要，更容易引入开发场景中。

38.4 黑板模式

38.4.1 黑板模式的意图

黑板模式（Blackboard Design Pattern）是观察者模式的一个扩展，知名度并不高，但是我们使用的范围却非常广。黑板模式的意图如下：

允许消息的读写同时进行，广泛地交互消息[⊖]。

简单地说，黑板模式允许多个消息读写者同时存在，消息的生产者和消费者完全分开。这就像一个黑板，任何一个教授（消息的生产者）都可以在其上书写消息，任何一个学生（消息的消费者）都可以从黑板上读取消息，两者在空间和时间上可以解耦，并且互不干扰。示意图

⊖ 原文是allows multiple readers and writers. Communicates information system-wide。

如图38-8所示。

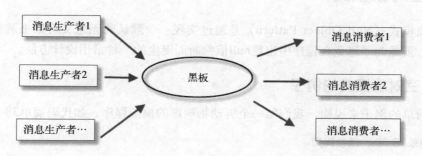

图38-8 黑板模式示意图

看到这个图大家可能会说：这不是一个简单的消息广播吗？是的，确实如此，黑板模式确实是消息的广播，主要解决的问题是消息的生产者和消费者之间的耦合问题，它的核心是消息存储（黑板），它存储所有消息，并可以随时被读取。当消息生产者把消息写入到消息仓库后，其他消费者就可以从仓库中读取。当然，此时消息的写入者也可以变身为消息的阅读者，读写者在时间上解耦。对于这些消息，消费者只需要关注特定消息，不处理与自己不相关的消息，这一点通常通过过滤器来实现。

38.4.2 黑板模式的实现方法

黑板模式一般不会对架构产生什么影响，但它通常会要求有一个清晰的消息结构。黑板模式一般都会提供一系列的过滤器，以便消息的消费者不再接触到与自己无关的消息。在实际开发中，黑板模式常见的有两种实现方式。

❑ 数据库作为黑板

利用数据库充当黑板，生产者更新数据信息，不同的消费者共享数据库中信息，这是最常见的实现方式。该方式在技术上容易实现，开发量较少，熟悉度较高。缺点是在大量消息和高频率访问的情况下，性能会受到一定影响。

在该模式下，消息的读取是通过消费者主动"拉取"，因此该模式也叫做"拉模式"。

❑ 消息队列作为黑板

以消息队列作为黑板，通过订阅-发布模型即可实现黑板模式。这也是黑板模式被淡忘的一个重要原因：消息队列（Message Queue）已经非常普及了，做Java开发的已经没有几个不知道消息队列的。

在该模式下，消费者接收到的消息是被主动推送过来的，因此该模式也称为"推模式"。

提示 黑板模式不做详细讲解，因为我们现在已经在大量使用消息队列，既可以做到消息的同步处理，也可以实现异步处理，相信大家已经在开发中广泛使用了，它已经成为跨系统交互的一个事实标准了。

38.5   空对象模式

空对象模式（Null Object Pattern）是通过实现一个默认的无意义对象来避免null值出现，简单地说，就是为了避免在程序中出现null值判断而诞生的一种常用设计方法。

38.5.1   空对象模式的例子

举个简单的例子来说明，我们写一个听动物叫声的模拟程序，如代码清单38-38所示。

代码清单38-38   动物叫声

```
//定义动物接口
public interface Animal {
  public void makeSound();
}
//定义一个小狗
class Dog implements Animal{
  public void makeSound(){
      System.out.println( "Wang Wang Wang!" );
  }
}
```

然后再定义一个人来听动物的叫声，如代码清单38-39所示。

代码清单38-39   听动物叫声的人

```
public class Person {
  //听到动物叫声
  public void hear(Animal animal){
      if(animal !=null){
          animal.makeSound();
      }
  }
}
```

注意看粗体部分，也许你觉得程序没有什么问题，输入参数animal是应该做空值判断。但是，我们这样思考：在一个完整的系统中，animal对象是如何产生？什么原因会产生null值？如果我们能够控制住null值的产生，是不是就可以去掉这个空值判断了？那这样，程序是不是更易读更简单？好，我们就编写一个更完美的程序，增加一个NullAnimal类，如代码清单38-40所示。

代码清单38-40   增加一个NullAnimal

```
class NullAnimal implements Animal{
  public void makeSound(){
  }
}
```

增加了NullAnimal类后，在Person类中就不需要"animal!=null"这句话了，因为我们提供了一个实现接口的所有方法，不会再产生null对象。想象一个Web项目中，animal对象可能由MVC框架映射产生，我们只要定义一个默认的映射对象是NullAnimal，就可以解决空值判断的问题，提升代码的可读性。这就是空对象模式（一些项目组把它作为编码规范的一部分），非常简单，但非常实用。

38.5.2　最佳实践

空对象模式是通过空代码实现一个接口或抽象类的所有方法，以满足开发需求，简化程序。它如此简单，以至于我们经常在代码中看到和使用，对它已经熟视无睹了，而它无论是事前规划或事后重构，都不会对我们的代码产生太大冲击，这也是我们"藐视"它的根本原因。

设计原本：计算机科学巨匠Frederick P.BrokkIs的反思（精装本）

如果说《人月神话》是近40年来所有软件开发工程师和项目经理们必读的一本书，那么本书将会是未来数十年内从事软件行业的程序员、项目经理和架构师必读的一本书。它是《人月神话》作者、著名计算机科学家、软件工程教父、美国两院院士、图灵奖和IEEE计算机先驱奖得主Brooks在计算机软硬件架构与设计、建筑和组织机构的架构与设计等领域毕生经验的结晶，是计算机图书领域的又一史诗级著作。

领域特定语言

本书是DSL领域的丰碑之作，由世界级软件开发大师和软件开发"教父"Martin Fowler历时多年写作而成。全面详尽地讲解了各种DSL及其构造方式，揭示了与编程语言无关的通用原则和模式，阐释了如何通过DSL有效提高开发人员的生产力以及增进与领域专家的有效沟通，能为开发人员选择和使用DSL提供有效的决策依据和指导方法。